国家科学技术学术著作出版基金资助出版

黄土高原生态建设的生态–水文过程及其响应机理

李占斌　李　鹏　徐国策　任宗萍　著

科　学　出　版　社

北　京

内 容 简 介

本书针对黄土高原大规模生态工程导致的下垫面变化和黄河泥沙锐减问题，以黄土高原典型流域为研究对象，以退耕还林还草、坡改梯、淤地坝等生态建设对生态-水文过程的作用机理为核心，论述流域生态-水文响应及其变化规律。通过模拟实验、定位观测和数值模拟等技术手段，探讨黄土高原流域水沙变化规律及影响因素，揭示流域径流侵蚀能量的分散消耗与调峰消能的侵蚀产沙阻控机制，阐明了流域地表水-土壤水-地下水转化及传输机制，提出了基于生态水文过程与生态系统服务功能的调控体系与治理格局。本书对深化流域水蚀动力机制认识，推动黄土高原地区水土流失过程预报和防治，促进区域社会经济与生态建设可持续协调发展具有重要科学意义和应用价值。

本书可为科研院所和高等学校土壤侵蚀、水土保持、生态水文和环境保护等研究方向的广大科研人员和师生提供参考。

审图号：陕 S（2025）14 号

图书在版编目（CIP）数据

黄土高原生态建设的生态-水文过程及其响应机理 / 李占斌等著.
北京：科学出版社，2025. 6. --ISBN 978-7-03-082604-6

Ⅰ. X171.4；P343

中国国家版本馆 CIP 数据核字第 2025ZY3847 号

责任编辑：祝　洁　汤宇晨 / 责任校对：郝璐璐
责任印制：徐晓晨 / 封面设计：陈　敬

科学出版社 出版
北京东黄城根北街 16 号
邮政编码：100717
http://www.sciencep.com

北京建宏印刷有限公司印刷
科学出版社发行　各地新华书店经销

*

2025 年 6 月第 一 版　开本：720×1000　1/16
2025 年 6 月第一次印刷　印张：22 1/2
字数：451 000
定价：280.00 元
（如有印装质量问题，我社负责调换）

前　　言

　　随着气候变化、经济发展及人口压力增大，全球水资源短缺日益加剧，水资源已提升到国家综合国力重要组成部分的战略地位，水资源开发利用程度已成为衡量国家社会经济发展和科技水平的重要标志之一。黄土高原地区是我国生态环境脆弱和水土流失严重的地区之一，干旱缺水等问题严重制约了区域经济和社会发展。随着西部大开发战略的深入实施，国家相继开展了退耕还林还草、坡改梯和淤地坝工程等大规模生态建设，使高速发展的社会经济与生态环境之间的矛盾得以缓解。1999 年以来，黄土高原地区相继开展了黄河水土保持生态工程、黄土高原地区淤地坝工程、坡改梯工程等一批重点生态建设工程，同时采取退耕还林还草等一大批小流域综合治理措施，提高了区域生态系统的质量，使得区域生态-水文过程发生了明显改变，也使水土流失加剧的趋势得以遏制。

　　随着生态环境建设的不断深入和社会经济的逐步发展，黄土高原地区的生态环境和生态过程都发生了系统的改变，黄河流域的水沙情势发生了巨大变化。大规模生态建设活动深刻影响了区域的水循环过程，与水循环过程密切相关的生态过程组成、结构、功能等发生了相应变化；生态-水文过程变化及其耦合作用在不同尺度上改变了区域水土资源的时空分布。开展的黄土高原地区主要生态-水文过程发生发展的内在驱动机制及其与水资源演变关系研究多属定性研究，特别是大规模生态建设条件下，区域水资源演变的不确定性及变化的区域水资源格局与生态过程响应机制认识须进一步理清。随着国家经济建设进程的不断加快，干旱半干旱地区水资源需求和消耗不断增加，大规模生态建设和开发建设扰动带来的自然环境情势变化对水土流失环境的影响及其与水土流失环境的响应尚需要深入系统的研究，以适应新形势下生态建设的需要。鉴于此，国家自然科学基金委员会于 2013 年批准实施"黄土高原生态建设的生态-水文过程响应机理研究"重点项目，旨在系统研究生态建设条件下流域生态-水文过程的变化规律及其响应机理，为黄土高原社会经济与生态建设可持续协调发展和维系黄河健康提供科学依据。

　　"黄土高原生态建设的生态-水文过程响应机理研究"项目以"理论-机理-调控"为途径，开展了一系列的理论研究、机理探索和调控方法研究。中国科学院水利部水土保持研究所、西安理工大学、西北农林科技大学等多个科研院所、高校及相关单位联合，在陕西省榆林市、延安市及相关区县水利部门支持下，课题组围绕生态建设条件下流域生态-水文过程的变化规律，流域水资源赋存特征和水传输时间的变化，地表径流汇聚过程中的能量传递与转化，生态建设对流域水资源时空分布与转化的作用机制，生态建设活动与流域水循环过程变化的作用机理，针对流域水资源生态-生产-生活服务功能的生态-水文调控方法等方面，基于不同区域尺度，对以无定河流域为代表的黄土高原典型地区和实验流域进行了连续 7 年的观测研究，采集万余份土壤样品和水体样品，取得万余组分析化验数据，为本书的形成奠定了坚实基础。

课题组在深入总结"黄土高原生态建设的生态-水文过程响应机理研究"项目研究成果的基础上，补充部分新的研究成果，凝练成书，以期在总结经验的同时，为未来研究奠定更好的基础。本书由李占斌组织并主笔，李鹏、徐国策、赵宾华等负责本书撰写及整理工作。本书具体撰写分工如下：第 1 章，李占斌、李鹏、赵宾华、高海东；第 2 章，徐国策、高海东、刘晓君、贾路；第 3 章，于坤霞、孙倩、李聪、苏远逸；第 4 章，任宗萍、程圣东、张乐涛、王杉杉；第 5 章，李占斌、徐国策、李鹏、徐明珠、惠波；第 6 章，赵宾华、王琦、靳宇蓉、张荷惠子；第 7 章，李鹏、常恩浩、周世璇、张磊、刘杰；第 8 章，李占斌、马波、赵宾华、陈婧林；第 9 章，李鹏、程圣东、刘小璐、李林、张磊；第 10 章，李鹏、袁水龙、张祎、张林红；第 11 章，李占斌、时鹏、陈怡婷、冯朝红、杨殊桐；第 12 章，李鹏、刘晓平、张磊、陈怡婷、潘金金、郭嘉嘉；第 13 章，李占斌、李鹏、赵宾华、徐国策。同时，一大批水利、水土保持、遥感等领域的专业技术人员、管理人员、现场检测工作人员和室内测试分析人员等，对本书出版做出了贡献，在此一并表示感谢。

感谢国家自然科学基金重点项目(41330858)、陕西省创新人才推进计划项目(2018TD-037)对本书研究和出版的资助。

由于作者水平有限，书中疏漏之处在所难免，敬请同行专家与广大读者批评指正。

作　者

2024 年 6 月

目　　录

第1章 绪 论

1.1 研 究 意 义

受气候变化、经济发展和人类活动影响，全球水资源短缺日益加剧，水资源已提升到国家综合国力重要组成部分的战略地位，水资源开发利用程度已作为衡量一个国家社会经济发展和科技发展水平的重要标志，水利调蓄能力和开源节流潜力已成为检验一个国家应变能力和后劲所在。

在干旱半干旱地区，水资源短缺和生态环境脆弱直接威胁着该地区经济社会和生态环境的可持续发展。我国西北地区地域辽阔，自然资源丰富，是我国能源、矿藏和重化工的重点地区，但干旱缺水、生态环境脆弱、水土流失严重，极大制约了区域经济与社会发展。随着西部大开发战略的实施，国家开展了退耕还林还草、坡改梯和淤地坝工程等大规模生态建设，逐步缓解了高速发展的社会经济与生态环境之间的矛盾；1999 年以来，国家在黄土高原地区开展了黄河水土保持生态工程、黄土高原地区淤地坝工程、坡改梯工程等一批重点生态建设工程，采取退耕还林还草等措施，提高了区域生态系统的质量，使区域的生态-水文过程发生了明显改变，也使水土流失恶化的趋势得以遏制。

随着生态环境的改善和社会经济的发展，黄土高原地区的生态环境和生态过程发生了系统改变，黄河流域水沙情势也发生了巨大变化。大规模生态建设活动深刻影响了区域的水循环过程，与水循环过程密切相关的生态过程的组成、结构、功能等发生了相应变化；生态-水文过程变化及其耦合作用在不同尺度上改变了区域水土资源的时空分布。长期以来，生态系统结构、功能和水分之间的相互关系、土地利用格局成因的控制性因素及植被分布格局对水土流失影响机制等，是生态-水文过程研究的重点，在干旱半干旱地区主要生态系统的组成结构、分布格局与演变过程及其与水循环过程方面取得了明显进展。随着流域二元水循环理论框架的建立，在深刻把握流域二元水循环演进历程的基础上，原创性地揭示了水循环发生二元演进的本质和内涵，为协调人类社会用水和生态环境系统用水提供了科学依据；对于无资料或资料缺乏的干旱半干旱地区，该理论仍需要做深入探讨。

黄土高原地区主要生态-水文过程发生发展的内在驱动机制及其与水资源演变关系研究多属定性研究，特别是大规模生态建设条件下，区域水资源演变的不确定性及这种变化的区域水资源格局与生态过程响应机制认识须进一步理清。随着国家经济建设进程的不断加快，干旱半干旱地区水资源的需求和消耗不断增加，大规模生态建设、开发扰动带来的自然环境情势变化对水土流失环境的影响及其与水土流失环境的响应尚需要深入系统的研究，以适应新形势下生态建设的需要。

1.2　研　究　进　展

随着社会经济发展，人与自然的冲突加大，地区性的水生态环境问题越来越突出，如水土流失、河道断流、湿地退化、入海水量减少、水体污染加剧等等(谢梦瑶等，2022；贾路等，2020；Walling，2006)。越来越多的水文学家开始关注与水相关的生态问题(Kondolf et al.，2006)。近30年来，生态学家和水文学家越来越意识到水文过程对生态系统功能的重要影响，并由此产生了新的学科生长点——生态水文学。生态水文学是20世纪90年代以后逐步发展起来的一门交叉学科，重点研究陆地表层系统生态格局与生态过程变化的水文学机理，揭示陆生植物和水生植物与水的相互作用关系，回答与水循环过程相关的生态环境变化的成因并进行调控(Young et al.，2010)。

1.2.1　旱区生态过程演变与水资源响应

20世纪末，气候变化和人类活动对水资源的影响成为全球变化研究中的重大问题之一，21世纪以来全球面临的水资源压力有增无减。未来气候变化对淡水供应及其可靠性的影响，建成或拟建的大型水利工程对水循环过程的影响及引发的水资源格局改变等问题，都受到国际社会的极大关注(张强等，2008；Gedney et al.，2006；Douglas et al.，2005；Xu，2005；Dai et al.，2004)。全球变化与人类活动双重影响下的水文循环与水资源脆弱性研究同样成为热点问题。20世纪70年代以来，国际有关组织实施了一系列国际水科学计划，如国际水文计划、世界气候研究计划、国际地圈生物圈计划、全球能量与水分循环21世纪研究计划等，从全球、区域和流域不同尺度和交叉学科途径，探讨了环境变化下的水资源安全问题。另外，联合国环境规划署(UNEP)、联合国开发计划署(UNDP)、国际能源机构(IEA)、经济合作与发展组织(OECD)、世界银行(WB)、联合国粮食及农业组织(FAO)、未来资源研究所(RFF)等国际研究机构，对水资源安全给予了关注(张强等，2008)。水文循环变化对生态过程的影响，气候变化和人类活动影响下的水资源演变规律及其与土地利用/覆被变化等区域主要生态过程的响应关系，特别是在干旱半干旱等生态脆弱地区(Yu et al.，2021；Xie et al.，2020；杨永刚等，2011)的相关研究，引起了越来越多的关注。

土壤水分是旱区生态-水文过程的关键影响因素(Singh et al.，1998)。在旱区，水与植被之间存在着互馈机制(吴芹芹等，2020；张镇玺等，2020；李小军等，2011；王新平等，2005；Cammeraat et al.，1999；Schlesinger et al.，1990)，即土壤水分的空间分布及有效性支配着植被格局的形成和植被盖度，反过来植被格局和盖度也直接影响土壤水分空间格局及再分配过程。研究表明，如果干燥度(降水量与潜在蒸发量的比值)P/E_{tp} 从>1 降到<0.3，植被会从全面覆盖状态演化到斑块状分布状态(Goutorbe et al.，1997)。在干旱区，胡杨、柽柳普遍呈紧缩分布现象，当干旱程度有所缓解时，植被在空间上的分布相对较为分散。在防止土壤侵蚀的人工植被建设方面，由于只考虑植被盖度和高度，忽视了斑块格局及配置方式，因此出现了北方人工植被土壤旱化、稳定性低的问题。这充分说明了水分动态对植被分布格局的重要影响(赵峰侠等，2007)。土壤水分植被承载力是在干旱区植被恢复过程中出现的概念(郭忠升等，2009；Wang et al.，2008)。随着森林植被的发育，人工林草地土壤水资源量下降。当林草地根系吸收层和利用层的土壤水资源量下降到一定程度，达到土壤水资源利用限度时，就需要依据土壤水分植被承载力调控植物与水的关系。

在干旱半干旱地区，生态建设项目和开发建设项目的实施、土地利用结构的调整、植被覆盖的变化改变了局部地形地貌、水流路径等，同时改变了区域水资源的分布和分配特征。这种改变的水资源分布格局反过来又对区域的生态环境产生了深刻影响。多年来，关于干旱区植被分布及其变化和开发建设活动引起的地形地貌变化如何影响径流和水分分布，如何影响干旱区侵蚀等问题的研究受到广泛重视(周壮壮等，2020；Zhao et al.，2020；陈浩等，2002)。在早期的研究中，针对地貌过程、水文过程和生态过程等单一过程的研究较多，在水循环机理和过程、生态系统演替与发展等方面取得了丰富的研究成果(Lin，2010；Newman et al.，2006)，但对地貌过程、水文过程和生态过程中的两两过程或多过程的综合研究不够，这些多过程的耦合作用机理往往是辨识系统动态演变的关键所在。在全球环境变化的背景下，地貌过程-水文过程-生态过程的耦合研究显得尤为重要(Wang et al.，2011)。迫切需要深刻认识人类活动影响下的生态-水文过程、流域水沙变化机理等，阐明环境变化和水文过程对生态恢复过程的影响，揭示生态恢复过程、水文过程自作用及互动机理，并提出生态恢复过程与水循环互动的应对机制。

1.2.2 水土保持生态活动对黄河年径流量的影响

梯田、林地、草地、淤地坝和封禁治理等措施改变了局地能量和水量平衡过程，显著减少了地表径流量，消耗了其携带的能量，增加了径流时空分布均匀性(Yuan et al.，2022a；袁水龙等，2019；任宗萍等，2018；龚珺夫等，2017)。植被的水文效应不仅受区域气候控制，还与林种、林龄及面积有关；生物措施与工程措施在空间上的混合性、在各流域分布的不均衡性，导致流域降水产流时空变化趋于复杂(马勇勇等，2018；李斌斌等，2017；李婧等，2017；赵宾华等，2017)。在水土保持措施时空混合条件下，流域降雨产流难以反映单一措施的影响，同时其规律的揭示还受资料序列长短限制。降水等气候变化和人类活动是影响径流变化的两个重要因素，哪一方面是主导因素一直是被关注的问题。研究表明，1997~2006年黄河中游干流区段总减水量中，气候因素带来的影响占近1/3(姚文艺等，2011)。随着相关学科及遥感、地理信息系统(GIS)等技术的发展，从不同角度充分认识变化环境条件下的流域径流量变化和区域表现特征，有利于理解和揭示区域环境效应的发展规律和演变机制。黄河中游河龙区间1949年以来经历了大面积、大强度的生态环境建设和水土保持综合治理活动，但受经济和政策形势的影响，时空分布差异很大。据遥感影像分析，20世纪80~90年代，河龙区间土地利用变化虽然以农耕地减少、林灌地增加为特征，但幅度微弱，林地的分布格局在各主要流域中并没有太大改观(水利部等，2010)。同时，20世纪50年代以来黄河流域总降水量呈减少趋势，但空间上北部以增加为主，南部以减少为主。气候要素和下垫面条件的改变，深刻地影响着区域水文水资源及其地区分配。典型流域研究表明，随着水土保持措施的实施，年径流量、地表径流量、基流量均呈减少趋势(Chen et al.，2007；Mu et al.，2007；Huang et al.，2004)。根据姚文艺等(2011)的研究，黄河中游河龙区间控制区及泾河、北洛河、渭河、汾河1997~2006年水土保持措施减水量为26亿 m^3，占该区域年径流量的38%。伴随着黄河年径流量的减少，黄河水资源承载力提高，黄土高原水土保持可以使黄河流域水资源多承载人口3974万~4179万，能大幅度提高黄河流域的水资源承载力(赵建民等，2010)。

为适应新形势下的治黄战略需求，水利部黄河水利委员会提出了"黄河健康"的概念，黄河健康的一个重要指标，就是河流要维持一定的低限径流。1986年以来，由于区域用水的大幅度增加和天然降水的减少，黄河干流中下游3%~8%时段、干流利津断面25%~60%时段的流量低于相应断面的低限流量(刘晓燕等，2006)，汾河和渭河等重点支流入黄流量也经常处于低限流量以下。水土保持措施是维持黄河健康的重要保障，探讨水土保持等生态建设工程对流域水循环过程的影响，从水资源承载力的角度优化水土保持措施格局尤为重要。

1.2.3 典型生态工程对生态-水文过程的作用

1. 淤地坝

淤地坝是指在多泥沙沟道修建的以控制沟道侵蚀、拦泥淤地、减少洪水和泥沙灾害为主要目的的沟道治理工程措施(Yuan et al.，2022b；陈祖煜等，2020；袁水龙等，2018)。淤地坝拦水拦沙的作用效果十分显著，作为黄土高原特有且应用广泛的水土保持措施，国内外学者对淤地坝的蓄水拦沙效益进行了广泛的研究，研究地区主要集中在黄土高原河口-龙门区间及泾渭洛汾等黄河泥沙主要来源区(张霞等,2022;呼媛等,2021;许炯心,2010;王随继等,2008;冉大川等,2004;焦菊英等,2001)。研究方法从基于经验的水保法逐渐发展到基于物理机制的水文模型法,从原型观测发展到室内模型试验(袁建平等,2000)。在研究过程中,特别注重气候变化与人类活动分别对减水减沙的贡献率。研究结果认为,淤地坝显著地削减了流域的洪峰流量,减少了流域的径流量,对径流过程具有明显的调控作用(冉大川等,2010;杨启红,2009)。也有学者认为淤地坝对流域的年径流量影响不大,綦俊谕等(2010)运用经验公式法、双累积曲线法和不同系列对比法分析得出,岔巴沟流域库坝等工程措施汛期减水作用大于25%;对流域年径流量的影响不大,减水作用在7%左右,但对径流量的时空分布作用明显;地下径流量占总径流量的比例提高了20.4%,对地下水的补充起到了很好的作用。

坝地是在淤地坝拦泥淤地过程中逐渐形成的,已经成为黄土高原地区的重要粮食高产区。在黄土高原丘陵区淤地坝内沉积的泥沙,往往是粗颗粒泥沙先沉积,其次是粉砂,最后是黏粒。不同暴雨的径流泥沙具有不同的淤积层厚度,坝地土壤垂直结构具有明显的分层特点,其厚度和分布与降雨特性、侵蚀泥沙特性密切相关,这一现象在众多的野外观测结果中得到验证(蒋凯鑫等,2020;薛凯等,2011;Zhao et al.,2009;龙翼等,2008;管新建等,2007;张信宝等,2007)。坝地层状结构的存在,影响了坝地土壤水分的运动,根据本书作者课题组成员的野外观测结果,坝地土壤水分具有明显的分层结构,坝地这种层状的土壤结构使坝地可以保持更多的水分,发挥着土壤水库的作用。张红娟等(2007)关于绥德县韭园沟流域三角坪坝和团圆沟 1#坝地土壤水分的分析结果表明:三角坪坝和团圆沟 1#坝存水量分别占 1954~1997 年韭园沟流域年均径流量的 6.12%和 1.87%。已淤平坝地贮存了大量水资源,在一定程度上会减少地表径流量。徐学选等(2007)对延安燕沟流域土壤水资源进行了研究,认为各类土地利用方式中坝地土壤含水量最高,梯田次之,灌木地最低。各类土地利用方式的储水能力指数从大到小依次为坝地、梯田、荒地、农坡地、林地、灌木地。水土保持措施主要增加深层储水,0~1m 浅层土壤储水往往减少,特别是 0~0.4m 土层。也有学者对坝地土壤水分与地下水的转化关系和坝地土壤水分的去向进行了初步研究。例如,宋献方等(2009)通过氢氧同位素示踪法进行研究,认为大部分支沟的地表径流主要是地下水排泄与淤地坝拦蓄的前期降雨径流混合而成,淤地坝在拦蓄降雨径流进而增大流域的基流量方面具有积极作用,完整的淤地坝促进地表水向地下水转化,是人类活动影响地表水与地下水转化的重要区域;淤地坝容易增大地表淤积物和地表径流的矿化度,尚未对较深层地下水的矿化度形成明显的影响。黄金柏等(2011)关于黄土高原北部六道沟流域的淤地坝数值计算结果表明:地表径流量、蒸散发量、入渗量和地下水流出量分别占淤地坝系统总来水量的 36.0%、49.3%、11.6%和 3.1%,淤地坝系统对水资源再分布的影响主要体现在减少地表径流量、增加蒸散发量和入渗量。

2. 梯田

梯田是黄土高原等土层深厚地区广泛采用的坡面水土保持措施，显著改变了坡面产汇流的下垫面特征。例如，梯田改变了地表的坡度组成，缩短了坡长，改变了坡面径流的方向(李亚龙等，2012)。长期大量的野外小区试验显示：梯田的减水效益在80%以上，且与梯田质量和降雨强度相关(康玲玲等，2005；吴发启等，2004；焦菊英等，1999)。坡改梯后，降水很快入渗，入渗过程中进入土壤中的水在运动时受分子力、毛管力和重力的影响，其运动过程也就是在各种力综合作用下寻求平衡的过程。分子力、毛管力随土壤水分的增加而减小，因此水分的入渗速度随着时间延长不断减小(Western et al.，2004)。高海东等(2012)对梯田、坝地、坡耕地等典型地类的蒸发特征进行了初步研究，结果表明，不同土地利用类型下的日蒸腾蒸发量表现为坝地>果园及林地>草地>梯田>坡耕地。

3. 林草恢复

林草恢复是治理水土流失、改善生态环境中一项重要且极为有效的生物措施，一直受到人们的关注(马晓妮等，2022；尚永泽等，2022；贾路等，2021)。降水和太阳辐射经过林草的重新分配，林地土壤水分状况和林草固定太阳能的比例会发生改变，从而直接影响土壤水分和养分的共同利用关系(云雷等，2011)。另外，林草凋落物形成腐殖质后，改善土壤结构，提高土壤入渗性能(Pritchett et al.，1987)，调节地表径流，从而对土壤侵蚀及养分流失起到重要的防治作用。从流域蓄水量的角度，林草恢复过程中存在着两个相反的效应：一方面是林草盖度增加，能提高流域的蓄水量(Zhang et al.，2010)，调控并减少水分消耗；另一方面是植被盖度增加，特别是林地增加，又增加了区域的蒸腾蒸发量，造成干旱化。受到广泛关注的黄土高原土壤干层问题就是在植被恢复过程中植被与土壤水分的互馈机制下产生的。土壤干层是指林草植被过度耗水情况下，深层土壤水分亏缺，土层剖面一定深度内形成的长期较稳定存在的干燥化土层(李玉山，2001)。据调查，土壤干层普遍存在于黄土高原各地区，由于气候条件干旱和土壤水储量较低，从东南到西北方向土壤干化程度逐渐增加(曹裕等，2012；Wang et al.，2010；王力等，2004；杨文治，2001)，其中较为严重的区域是产生大面积低效低产林的黄土高原丘陵沟壑区。

通过构建基于 DPSIR 概念模型的中尺度水土流失综合治理生态环境效应评估指标体系，王兵等(2012)认为退耕还林还草是生态恢复环境响应的敏感指标之一。张素芳等(2013)以半干旱坝上高原沽源县为例，对比分析距地表约25cm处不同自然区域内林地、草地土壤含水量，发现草地或灌木林地能够较好地保持土壤水分(金铭等，2009)，乔木林地则相对较差。葛菁等(2012)通过对二滩水库集水区10种未来土地覆被格局进行分析，发现随地表林地和草地面积的增加，保沙价值增加。另有研究表明(潘竟虎，2009；谢红霞等，2009)，不同的退耕还林还草模式可减少径流和土壤侵蚀，增加微生物活性，改善土壤肥力(徐学选等，2012)。

1.2.4 流域生态建设的生态水文响应研究

生态建设在改变流域土地利用/覆被的过程中，流域水资源消耗-补偿的动态平衡关系发生改变，流域的生态系统服务功能相应地发生变化。王浩等(2007)采用WEP-L分布式模型分析了黄河流域土壤水资源消耗效用，发现有植被覆盖的土地无效消耗量较裸地的无效消耗量小。在调控土壤水资源的利用效用时，按照减少无效消耗、提高低效消耗、增大高效消耗的原则进行区域植被覆盖的调整。毛慧慧等(2009)利用集对分析法，从微观层次上揭示了天津北三河系各流域水文变量间的相关关系和不确定性，指出部分流域入境洪水之间可能存在补偿特性，为流域的洪水资源化提供了条件。水的生态系统服务功能内涵和定义不清晰，评估方法不完善，研究范式较为单一。针对这些问题，张诚等(2011)提出了水的生态系统服务功能内涵与关键技术，并指出未来发展方向是采用生态水文过程模拟与原型观测手段结合的方法，评估流域水生态系统服务功能、面向流域生态安全与水安全的水资源配置和流域生态补偿机制。国内外对水的生态系统服务功能比较清晰的定义是水生态系统及其生态过程形成及维持人类赖以生存的自然环境条件与效用(欧阳志云，2007)。延安市安塞区退耕还林还草政策使区域生态系统服务功能在1998～2006年提升了12%，其中陡坡和中坡对生态系统服务功能增强的贡献率分别为27%和48%(冉圣宏等，2010)。高照良等(2012)从水土保持的生态系统功能角度，构建了水土保持措施生态系统服务功能物质量的计算公式。黄土高原大规模的生态建设继续实施，建立流域生态治理的优化布局模式，变化情势下流域生态水文的调控方法显得尤为重要。Maetens等(2012)统计分析了欧洲地中海地区103个径流小区水土保持措施对年径流量、产流系数和年产沙量的影响，指出水土保持措施减沙量约为20%，减流效果不如减沙效果明显，而且生物措施和工程措施的效果好于耕作措施，减流作用更为重要，但尚待深入研究。Ruiz-Sinoga等(2012)研究了西班牙南部半湿润、半干旱和干旱三种地区弃耕地土壤水分对植被格局的影响，研究表明，土壤水分在半干旱条件下对植被恢复有着非常重要的作用，农作物、植被措施(过滤带、覆膜、覆盖作物)和机械方法(梯田和等高耕作)比免耕或者少耕更有效地减少了径流和泥沙流失。Huang等(2013)研究了不同雨强、下垫面和坡度对入渗的影响，发现植被能够提高土壤渗透性和土壤持水能力；黑麦地比裸地湿润锋大10cm左右，且比裸地调节水分的能力更强。Sánchez等(2012)为了提高土壤水分的计算精度，对比了植被覆盖与土壤水分的不同计算方法，通过分析归一化植被指数(normalized difference vegetation index，NDVI)、叶面积指数(leaf area index，LAI)、植被盖度(fractional vegetation cover，FVC)之间的相关性，结合FAO56水量平衡方程确定作物系数，指出了它们对水量平衡的影响。

　　总之，大量研究表明生态建设活动对区域生态过程、水文过程产生了显著影响，然而由于问题的复杂性、认识的局限性和技术手段相对滞后，黄土高原地区主要生态过程发生发展的水文驱动机制、生态-水文过程耦合关系及其作用机制仍在定性阶段，迫切需要开展黄土高原植被恢复、坡沟工程等生态建设活动对生态-水文过程的作用机理研究，揭示流域水循环过程及水传输规律，阐明生态-水文耦合及其对流域水资源转化过程的作用机制，明确流域水资源承载力与生态功能的关系，以满足黄土高原地区生态建设与社会经济协调发展的需要。

参 考 文 献

曹裕, 李军, 张社红, 等, 2012. 黄土高原苹果园深层土壤干燥化特征[J]. 农业工程学报, 28(15): 72-79.

陈浩, 周金星, 陆中臣, 等, 2002. 黄河中游流域环境要素对水沙变异的影响[J]. 地理研究, 21(2): 179-186.

陈祖煜, 李占斌, 王兆印, 2020. 对黄土高原淤地坝建设战略定位的几点思考[J]. 中国水土保持, (9): 32-38.

高海东, 李占斌, 贾莲莲, 等, 2012. 利用 SEBAL 模型估算不同水土保持措施下的流域蒸腾蒸发量[J]. 土壤学报, 49(2): 46-54.

高照良, 田红卫, 王冬, 等, 2012. 水土保持工程措施生态服务功能的物质量化分析[J]. 生态经济, 28(11): 149-153.

葛菁, 吴楠, 高吉喜, 等, 2012. 不同土地覆被格局情景下多种生态服务的响应与权衡: 以雅砻江二滩水利枢纽为例[J]. 生态学报, 32(9): 2629-2639.

龚珺夫, 李占斌, 李鹏, 等, 2017. 基于 SWAT 模型的延河流域径流侵蚀能量空间分布[J]. 农业工程学报, 33(13): 120-126.

管新建, 李占斌, 李勉, 等, 2007. 基于 BP 神经网络的淤地坝次降雨泥沙淤积预测[J]. 西北农林科技大学学报(自然科学版), 35(9): 221-225.

郭忠升, 邵明安, 2009. 土壤水分植被承载力研究成果在实践中应用[J]. 自然资源学报, 24(12): 2187-2193.

呼媛, 鲁克新, 李鹏, 等, 2021. 延河流域骨干坝拦沙量反推与未来可拦沙年限预测[J]. 水土保持学报, 35(3): 38-45.

黄金柏, 付强, 桧谷治, 等, 2011. 黄土高原小流域淤地坝系统水收支过程的数值解析[J]. 农业工程学报, 27(7): 51-57.

贾路, 任宗萍, 李占斌, 等, 2020. 基于耦合协调度的大理河流域径流和输沙关系分析[J]. 农业工程学报, 36(11): 86-94.

贾路, 于坤霞, 徐国策, 等, 2021. 基于耦合协调度的黄土高原地区 NDVI 与降水关系的变异诊断[J]. 生态学报, 41(18): 7357-7366.

蒋凯鑫, 于坤霞, 李鹏, 等, 2020. 砒砂岩区典型淤地坝沉积泥沙特征及来源分析[J]. 水土保持学报, 34(1): 47-53.

焦菊英, 王万忠, 李靖, 1999. 黄土丘陵区不同降雨条件下水平梯田的减水减沙效益分析[J]. 水土保持学报, 5(3): 59-63.

焦菊英, 王万忠, 李靖, 等, 2001. 黄土高原丘陵沟壑区淤地坝的减水减沙效益分析[J]. 干旱区资源与环境, 15(1): 78-83.

金铭, 张学龙, 刘贤德, 等, 2009. 祁连山林草复合流域灌木林土壤水文效应研究[J]. 水土保持学报, 23(1): 169-172, 181.

康玲玲, 鲍宏喆, 刘立斌, 等, 2005. 黄土高原不同类型区梯田蓄水拦沙指标的分析与确定[J]. 中国水土保持科学, 3(2): 51-56.

李斌斌, 李占斌, 郝仲勇, 等, 2017. 植被格局特征对大理河流域侵蚀产沙的响应[J]. 农业工程学报, 33(19): 171-178.

李婧, 程圣东, 李占斌, 等, 2017. 模拟降雨条件下草被覆盖对坡地水土养分流失的调控机制研究[J]. 水土保持通报, 37(6): 28-33.

李小军, 汪君, 高永平, 2011. 荒漠化草原植被斑块分布对地表径流、侵蚀及养分流失的影响[J]. 中国沙漠, 31(5): 1112-1118.

李亚龙, 张平仓, 程冬兵, 等, 2012. 坡改梯对水源区坡面产汇流过程的影响研究综述[J]. 灌溉排水学报, 31(4): 111-114.

李玉山, 2001. 黄土高原森林植被对陆地水循环影响的研究[J]. 自然资源学报, 16(5): 427-432.

刘晓燕, 张原锋, 2006. 黄河健康的内涵及其指标[J]. 水利学报, 37(6): 649-661.

龙翼, 张信宝, 李敏, 等, 2008. 陕北子洲黄土丘陵区古聚湫洪水沉积层的确定及其产沙模数的研究[J]. 科学通报, 53(24): 3908-3913.

马晓妮, 任宗萍, 谢梦瑶, 等, 2022. 砒砂岩区植被覆盖度环境驱动因子量化分析: 基于地理探测器[J]. 生态学报, 42(8): 3389-3399.

马勇勇, 李占斌, 任宗萍, 等, 2018. 草带布设位置对坡沟系统水文连通性的影响[J]. 农业工程学报, 34(8): 170-176.

毛慧慧, 冯平, 周潮洪, 2009. 基于集对原理的水资源补偿特性分析方法[J]. 应用基础与工程科学学报, 17(2): 188-193.

欧阳志云, 2007. 中国生态建设与可持续发展[M]. 北京: 科学出版社.

潘竟虎, 2009. 黄土丘陵沟壑区小流域土壤侵蚀情景模拟: 以甘肃省静宁县清水沟流域为例[J]. 自然资源学报, 24(4): 577-584.

綦俊谕, 蔡强国, 方海燕, 等, 2010. 岔巴沟流域水土保持减水减沙作用[J]. 中国水土保持科学, 8(1): 28-33.

冉大川, 李占斌, 张志萍, 等, 2010. 大理河流域水土保持措施减沙效益与影响因素关系分析[J]. 中国水土保持科学, 8(4): 1-6.

冉大川, 罗全华, 刘斌, 等, 2004. 黄河中游地区淤地坝减洪减沙及减蚀作用研究[J]. 水利学报, 35(5): 7-13.

冉圣宏, 吕昌河, 王茜, 2010. 生态退耕对安塞县土地利用及其生态服务功能的影响[J]. 中国人口·资源与环境, 20(3): 111-116.

任宗萍, 李占斌, 李鹏, 等, 2018. 黄土高原植被建设应从扩大面积向提升质量转变[J]. 科技导报, 36(14): 12-14.

尚永泽, 马波, 李占斌, 等, 2022. 黄土丘陵沟壑区不同草灌植被土壤分离速率及其主导因素[J]. 水土保持通报, 42(5): 46-52.

水利部, 中国科学院, 中国工程院, 2010. 中国水土流失防治与生态安全(西北黄土高原区卷)[M]. 北京: 科学出版社.

宋献方, 刘鑫, 夏军, 等, 2009. 基于氢氧同位素的岔巴沟流域地表水-地下水转化关系研究[J]. 应用基础与工程科学学报, 17(2): 8-20.

王兵, 刘国彬, 张光辉, 等, 2012. 黄土丘陵中尺度流域水土流失治理环境效应评估[J]. 农业机械学报, 43(7): 28-35.

王浩, 杨贵羽, 贾仰文, 等, 2007. 基于区域 ET 结构的黄河流域土壤水资源消耗效用研究[J]. 中国科学 D 辑: 地球科学, 37(12): 1643-1652.

王力, 邵明安, 王全九, 2004. 黄土区土壤干化研究进展[J]. 农业工程学报, 20(5): 27-31.

王随继, 冉立山, 2008. 无定河流域产沙量变化的淤地坝效应分析[J]. 地理研究, 27(4): 811-818.

王新平, 张志山, 张景光, 等, 2005. 荒漠植被影响土壤水文过程研究述评[J]. 中国沙漠, 25(2): 196-201.

吴发启, 张玉斌, 王健, 2004. 黄土高原水平梯田的蓄水保土效益分析[J]. 中国水土保持科学, 2(1): 34-37.

吴芹芹, 莫淑红, 程圣东, 等, 2020. 黄土区冻融期不同土地利用土壤水分与温度的关系[J]. 干旱区研究, 37(3): 627-635.

谢红霞, 李锐, 杨勤科, 等, 2009. 退耕还林(草)和降雨变化对延河流域土壤侵蚀的影响[J]. 中国农业科学, 42(2): 569-576.

谢梦瑶, 任宗萍, 张晓明, 等, 2022. 砒砂岩区小流域坡沟系统地形及侵蚀分异规律[J]. 水土保持学报, 36(5): 112-120.

许炯心, 2010. 无定河流域的人工沉积汇及其对泥沙输移的影响[J]. 地理研究, 29(3): 397-407.

徐学选, 刘普灵, 琚彤军, 等, 2012. 黄土丘陵区燕沟流域水土流失治理的水沙效应[J]. 农业工程学报, 28(3): 113-117.

徐学选, 张北赢, 白晓华, 2007. 黄土丘陵区土壤水资源与土地利用的耦合研究[J]. 水土保持学报, 21(3): 166-169.

薛凯, 杨明义, 张凤宝, 等, 2011. 利用淤地坝泥沙沉积旋廻反演小流域侵蚀历史[J]. 核农学报, 25(1): 115-120.

杨启红, 2009. 黄土高原典型流域土地利用与沟道工程的径流泥沙调控作用研究[D]. 北京: 北京林业大学.

杨文治, 2001. 黄土高原土壤水资源与植树造林[J]. 自然资源学报, 16(5): 433-438.

杨永刚, 肖洪浪, 赵良菊, 等, 2011. 流域生态水文过程与功能研究进展[J]. 中国沙漠, 31(5): 1242-1246.

姚文艺, 徐建华, 冉大川, 等, 2011. 黄河流域水沙情势变化分析与评价[M]. 郑州: 黄河水利出版社.

袁建平, 雷廷武, 蒋定生, 等, 2000. 不同治理度下小流域正态整体模型试验: 工程措施对小流域径流泥沙的影响[J]. 农业工程学报, 16(1): 22-25.

袁水龙, 李占斌, 李鹏, 等, 2018. MIKE 耦合模型模拟淤地坝对小流域暴雨洪水过程的影响[J]. 农业工程学报, 34(13): 152-159.

袁水龙, 李占斌, 李鹏, 等, 2019. 基于 MIKE 模型的不同淤地坝型组合情景对小流域侵蚀动力和输沙量的影响[J]. 水土保持学报, 33(4): 30-36.

云雷, 毕华兴, 马雯静, 等, 2011. 晋西黄土区林草复合系统土壤养分分布特征及边界效应[J]. 北京林业大学学报, 33(2): 37-42.

张诚, 严登华, 郝彩莲, 2011. 水的生态服务功能研究进展及关键支撑技术[J]. 水科学进展. 22(1): 126-132.

张红娟, 延军平, 周立花, 等, 2007. 黄土高原淤地坝对水资源影响的初步研究: 以绥德县韭园沟典型坝地为例[J]. 西北大学学报(自然科学版), 37(3): 475-478.

张强, 赵映东, 张存, 2008. 西北干旱区水循环与水资源问题[J]. 干旱气象, 26(2): 1-8.

张素芳, 马礼, 2013. 坝上高原林草地表层土壤含水量对比研究[J]. 干旱区资源与环境, 27(2): 167-170.

张霞, 于国强, 李鹏, 等, 2022. 淤地坝对黄土浅层滑坡的减蚀作用[J]. 水土保持学报, 36(5): 51-57.

张信宝, 温仲明, 冯明义, 等, 2007. 应用 [137]Cs 示踪技术破译黄土丘陵区小流域坝库沉积赋存的产沙记录[J]. 中国科学 D 辑: 地球科学, 37(3): 405-410.

张镇玺, 徐国策, 黄绵松, 等, 2020. 固原市低影响开发措施下土壤水分时空变化[J]. 水土保持通报, 40(5): 162-169.

赵宾华, 李占斌, 李鹏, 等, 2017. 黄土区生态建设对流域不同水体转化影响[J]. 农业工程学报, 33(23): 179-187.

赵峰侠, 尹林克, 2007. 荒漠内陆河岸胡杨和多枝怪柳幼苗种群空间分布格局与种间关联性[J]. 生态学杂志, 26(7): 972-977.

赵建民, 陈彩虹, 李靖, 2010. 水土保持对黄河流域水资源承载力的影响[J]. 水利学报, 41(9): 1079-1086.

周壮壮, 任宗萍, 李鹏, 等, 2020. 不同植被覆盖下土壤含水量对降水的分级响应[J]. 中国水土保持科学, 18(6): 62-71.

CAMMERAAT L H, IMESON A C, 1999. The evolution and significance of soil-vegetation patterns following land abandonment and fire in Spain[J]. Catena, 37: 107-127.

CHEN L D, WEI W, FU B J, 2007. Soil and water conservation on the loess plateau in China: Review and perspective[J]. Progress in Physical Geography, 31(4): 389-403.

DAI A G, TRENBERTH K E, QIAN T T, 2004. A global dataset of Palmer Drought Severity Index for 1870—2002: Relationship with soil moisture and effect of surface warming[J]. Journal of Hydrometeorology, 5: 1117-1120.

DOUGLAS E M, VOGEL R M, 2005. Trends in floods and low flow in the united states: Impacts of spatial correlation[J]. Journal of Hydrological, 240: 90-105.

GEDNEY N, COX P M, BETTS R A, et al., 2006. Detection of a direct carbon dioxide effect in continental river runoff records[J]. Nature, 439: 835-838.

GOUTORBE J P, LEBEL T, TINGA A, et al., 1997. An overview of HAPEX-Sahel: A study in climate and desertification[J]. Journal of Hydrology, 188/189: 4-17.

HUANG M B, ZHANG L, 2004. Hydrological responses to conservation practices in a catchment of the Loess Plateau, China[J]. Hydrological Processes, 18:1885-1898.

HUANG R, HUANG L, HE B H, et al., 2013. Characteristics of soil water infiltration under different biological regulation measures in Three Gorges Reservoir Region[J]. Journal of Southwest University. Natural Science Edition, 35(1): 119-126.

KONDOLF G M, BOULTON A J, DANIEL S O, et al., 2006. Process-based ecological river restoration: Visualizing three-dimensional connectivity and dynamic vectors to recover lost linkages[J]. Ecology and Society, 11(2): 5-22.

LIN H, 2010. Linking principles of soil formation and flow regimes[J]. Journal of Hydrological, 393: 3-19.

MAETENS W, VANMAERCKE M, POESEN J, et al., 2012. Effects of land use on annual runoff and soil loss in Europe and the Mediterranean[J]. Progress in Physical Geography: Earth and Environment, 36(5): 599-653.

MU X M, ZHANG L, MCVICAR T R, et al., 2007. Estimating the impact of conservation measures on stream flow regime in catchments of the Loess Plateau, China[J]. Hydrological Processes, 21: 2124-2134.

NEWMAN B D, WILCOX B P, ARCHER S R, et al., 2006. Ecohydrology of water-limited environments: A scientific vision[J]. Water Resources Research, 42: W06302.

PRITCHETT W L, FISHER R F, 1987. Properties and Management of Forest Soils[M]. New York: John Wiley & Sons.

RUIZ-SINOGA J D, MARTÍNEZ-MURILLO J F, GABARRÓN-GALEOTE M A, et al., 2012. The effects of soil moisture variability on the vegetation pattern in Mediterranean abandoned fields (Southern Spain)[J]. Catena, 85(1): 1-11.

SÁNCHEZ N, MARTÍNEZ-FERNÁNDEZ J, GONZÁLEZ-PIQUERAS J, et al., 2012. Water balance at plot scale for soil moisture estimation using vegetation parameters[J]. Agricultural and Forest Meteorology, 166: 1-9.

SCHLESINGER W H, REYNOLDS J F, CUNNINGHAM G L, et al., 1990. Biological feedbacks in global desertification[J]. Science, 247: 103-247.

SINGH J S, MILCHUNAS D G, LAUENROTH W K, 1998. Soil water dynamics and vegetation patterns in a semiarid grassland[J]. Plant Ecology, 134: 77-89.

WALLING D E, 2006. Human impact on land-ocean sediment transfer by the world's rivers[J]. Geomorphology, 79(3/4): 192-216.

WANG S, FU B J, HE C S, et al., 2011. A comparative analysis of forest cover and catchment water yield relationships in northern China[J]. Forest Ecology and Management, 262(7): 1189-1198.

WANG Y H, YU P T, XIONG W, et al., 2008. Water-yield reduction after afforestation and related processes in the semiarid Liupan Mountains, Northwest China[J]. Journal of the American Water Resources Association, 44(5): 1086-1097.

WANG Y Q, SHAO M A, LIU Z P, 2010. Large scale spatial variability of dried soil layers and related factors across the entire Loess Plateau of China[J]. Geoderma, 159(1/2): 99-108.

WESTERN A W, ZHOU S L, GRAYSON R B, et al., 2004. Spatial correlation of soil moisture in small catchments and its relationship to dominant spatial hydrological processes[J]. Journal of Hydrology, 286: 113-134.

XIE M Y, REN Z P, LI Z B, et al., 2020. Changes in runoff and sediment load of the Huangfuchuan River following a water and soil conservation project[J]. Journal of Soil and Water Conservation, 75(5): 590-600.

XU J X, 2005. The water fluxes of the yellow river to the sea in the past 50 years in response to climate change and human activities[J]. Environmental Management, 35 (5): 620-631.

YOUNG M H, ROBINSON D A, RYEL R J, 2010. Introduction to coupling soil science and hydrology with ecology:

Toward integrating landscape processes[J]. Vadose Zone Journal, 9: 515-516.

YU K X, ZHANG X, XU B X, et al., 2021. Evaluating the impact of ecological construction measures on water balance in the Loess Plateau region of China within the Budyko framework[J]. Journal of Hydrology, 601: 126596.

YUAN S L, LI Z B, CHEN L, et al., 2022a. Effects of a check dam system on the runoff generation and concentration processes of a catchment on the Loess Plateau[J]. International Soil and Water Conservation Research, 10(1): 86-98.

YUAN S L, LI Z B, CHEN L, et al., 2022b. Influence of check dams on flood hydrology across varying stages of their lifespan in a highly erodible Catchment, Loess Plateau of China[J]. Catena, 210: 105864.

ZHANG B, LI W H, XIE G D, et al., 2010. Water conservation of forest ecosystem in Beijing and its value[J]. Ecological Economics, 69(7): 1416-1426.

ZHAO B H, LI Z B, LI P, et al., 2020. Effects of ecological construction on the transformation of different water types on Loess Plateau, China[J]. Ecological Engineering, 144: 105642.

ZHAO P, SHAO M, ZHUANG J, 2009. Fractal features of particle size redistributions of deposited soils on the dam farmlands[J]. Soil Science, 174: 403-407.

第2章 黄土高原土地利用与土壤侵蚀变化特征

2.1 黄土高原土地利用变化分析

2.1.1 面积变化分析

由 1985~2020 年黄土高原土地利用数据可知，黄土高原地区耕地、草地和林地是该区域的主要土地利用类型(表 2.1)。其中，草地面积最大，其次为耕地和林地。1985 年，黄土高原草地面积达 307075.30km²，占到区域总面积的 47.98%；耕地面积 211467.55km²，占到区域总面积的 33.04%；林地面积 73966.14km²，占到区域总面积的 11.56%。2020 年，黄土高原耕地面积比 1985 年减少了 26048.07km²，占比降到 28.97%；林地面积有所增加，达到 92942.59km²，占比上升到 14.52%；草地面积比 1985 年增加了 10649.38km²，占比为 49.64%；与 1985 年相比，荒地、灌木面积减少明显，分别减少了 15533.01km²、1856.29km²。

表 2.1　黄土高原 1985~2020 年土地利用类型面积 　　　　(单位：km²)

年份	耕地	林地	灌木	草地	水体	雪/冰	荒地	不透水面	湿地
1985	211467.55	73966.14	4010.08	307075.30	2522.20	157.79	34536.57	6264.23	0.12
1990	208977.94	74425.31	3804.46	307701.46	2554.33	149.81	35607.44	6779.04	0.20
2000	202467.59	78464.89	3903.36	312409.96	2304.29	166.36	30047.63	10235.77	0.15
2010	187542.78	85058.68	2592.23	324593.42	2797.13	312.93	22116.05	14986.71	0.09
2020	185419.48	92942.59	2153.79	317724.68	3118.27	165.51	19003.56	19471.58	0.53

2.1.2 黄土高原土地利用转移矩阵分析

土地利用转移矩阵可以直观地表现研究区域土地利用变化特征和各土地利用类型之间的流向，从而定量地表示土地利用类型之间的转化情况，揭示土地利用演变过程。计算 1985~1990 年、1990~2000 年、2000~2010 年和 2010~2020 年 4 个时期各土地利用类型的转移面积，经过统计分析，可得到这 4 个时期的土地利用类型转移矩阵。

1985~1990 年，原有耕地流转方向以向草地、不透水面、林地演变为主，转换率分别为 3.54%、0.25%、0.14%；原有林地流转方向以向耕地、灌木演变为主，转换率分别为 0.34%、0.18%；原有灌木流转方向以向林地、草地演变为主，转换率分别为 5.93%、5.74%；原有草地流转方向以向耕地、荒地演变为主，转换率分别为 1.83%、0.75%；原有水体流转方向以向草地、耕地演变为主，转换率分别为 4.92%、2.19%；荒地是除耕地外面积变化最剧烈的土地利用类型，增加了 1070.87km²，主要来自草地；黄土高原湿地面积占比较小，但 1985～1990 年增加了 66.67%，主要来自草地，见表 2.2。

表 2.2　黄土高原 1985～1990 年土地利用类型转移矩阵　（单位：km²）

1985 年	1990 年								
	耕地	林地	灌木	草地	水体	雪/冰	荒地	不透水面	湿地
耕地	203031.70	297.11	3.36	7487.42	119.07	0.00	0.00	528.90	0.00
林地	254.46	73576.55	135.11	0.00	0.00	0.00	0.00	0.02	0.00
灌木	3.65	237.63	3538.50	230.30	0.00	0.00	0.00	0.00	0.00
草地	5630.92	313.70	127.48	298631.57	59.55	0.00	2300.00	11.99	0.09
水体	55.19	0.32	0.00	124.12	2336.57	0.00	3.18	2.83	0.00
雪/冰	0.00	0.00	0.00	6.71	0.09	147.58	3.40	0.00	0.00
荒地	2.03	0.00	0.00	1221.33	7.76	2.23	33300.87	2.36	0.00
不透水面	0.00	0.00	0.00	0.00	31.29	0.00	0.00	6232.94	0.00
湿地	0.00	0.00	0.00	0.01	0.00	0.00	0.00	0.00	0.11

　　1990～2000 年，黄土高原地区耕地向其他土地利用类型演变的面积为 32730.28km²，同时有 26219.94km² 的其他土地利用类型演变为耕地，区域耕地总面积减少。耕地、荒地是黄土高原主要减少的土地利用类型。其中，耕地主要向草地、不透水面演变，转换率分别为 13.75%、1.39%；荒地主要向草地、耕地演变，转换率分别为 27.24%、1.12%。草地、林地、不透水面是区域主要增加的土地利用类型，其中草地主要由耕地和荒地演变，林地主要由草地和耕地演变，不透水面主要由耕地、草地演变。黄土高原湿地面积 1990～2000 年减少 25%，主要向草地、耕地转变，见表 2.3。

表 2.3　黄土高原 1990～2000 年土地利用类型转移矩阵　（单位：km²）

1990 年	2000 年								
	耕地	林地	灌木	草地	水体	雪/冰	荒地	不透水面	湿地
耕地	176247.67	796.90	26.02	28730.00	253.45	0.00	23.83	2900.08	0.00
林地	896.41	72702.48	698.45	124.74	0.40	0.00	0.00	2.84	0.00
灌木	20.30	639.68	2244.61	899.86	0.00	0.00	0.00	0.00	0.00

1990 年	2000 年								
	耕地	林地	灌木	草地	水体	雪/冰	荒地	不透水面	湿地
草地	24419.18	4322.27	934.28	272780.14	234.39	0.52	4668.08	342.53	0.06
水体	479.29	3.54	0.00	173.53	1693.66	0.02	41.14	163.15	0.00
雪/冰	0.00	0.00	0.00	0.29	2.33	111.35	35.86	0.00	0.00
荒地	398.20	0.01	0.00	9699.92	64.33	54.47	25278.44	112.07	0.00
不透水面	6.54	0.00	0.00	1.38	55.74	0.00	0.28	6715.10	0.00
湿地	0.02	0.00	0.00	0.09	0.00	0.00	0.00	0.00	0.09

2000~2010 年，受到退耕还林还草政策及城镇化快速发展的影响，耕地、荒地是黄土高原地区主要减少的土地利用类型，草地、林地、不透水面是主要增多的土地利用类型。耕地主要向草地、不透水面演变，转换率分别为 14.28%、1.79%；荒地主要向草地演变，转换率为 34.84%。草地主要由耕地和荒地演变，分别贡献了 8.91% 和 3.23%；林地主要由草地和耕地演变，分别贡献了 5.34% 和 2.24%；不透水面主要由耕地和草地演变，分别贡献了 24.23% 和 6.78%。湿地面积减少 40%，主要向草地转变；雪/冰面积增加 88.1%，主要由荒地、草地演变，见表 2.4。

表 2.4　黄土高原 2000~2010 年土地利用类型转移矩阵　（单位：km²）

2000 年	2010 年								
	耕地	林地	灌木	草地	水体	雪/冰	荒地	不透水面	湿地
耕地	167476.13	1901.99	7.62	28916.78	518.00	0.00	15.70	3631.38	0.00
林地	432.27	77644.44	216.89	160.35	0.20	0.00	0.00	10.73	0.00
灌木	10.14	965.01	1946.69	981.43	0.00	0.00	0.00	0.09	0.00
草地	19122.24	4538.73	421.03	283970.90	286.35	9.97	3044.47	1016.21	0.05
水体	320.42	8.40	0.00	93.66	1755.48	0.05	26.25	100.02	0.00
雪/冰	0.00	0.00	0.00	0.18	0.87	161.87	3.45	0.00	0.00
荒地	166.39	0.05	0.00	10468.96	67.96	141.04	19025.97	177.26	0.00
不透水面	15.17	0.07	0.00	1.03	168.28	0.00	0.21	10051.01	0.00
湿地	0.00	0.00	0.00	0.11	0.00	0.00	0.00	0.00	0.04

2010~2020 年，草地、荒地、耕地为黄土高原主要减少的土地利用类型，林

地、不透水面为主要增加的土地利用类型。草地主要向耕地和林地演变，转换率分别为 7.75%和 2.41%；荒地主要向草地和耕地演变，转换率分别为 30.27%、1.71%；耕地主要向草地和不透水面转变，转换率分别为 12.82%和 1.79%。林地主要由草地和耕地演变，分别贡献了 8.43%和 1.57%；不透水面主要由耕地和草地演变，分别贡献了 17.22%、5.19%。湿地面积增加了 488.89%，主要由草地、耕地演变；雪/冰面积减少 47.12%，主要向荒地、草地演变，见表 2.5。

表 2.5　黄土高原 2010～2020 年土地利用类型转移矩阵　（单位：km²）

2010 年	2020 年								
	耕地	林地	灌木	草地	水体	雪/冰	荒地	不透水面	湿地
耕地	158151.31	1462.75	3.05	24051.71	473.07	0.00	47.80	3353.05	0.04
林地	1371.72	83160.21	403.61	90.02	1.57	0.00	0.01	31.53	0.00
灌木	18.70	481.77	1384.81	706.70	0.06	0.00	0.11	0.08	0.00
草地	25170.45	7834.56	362.31	286061.18	240.63	1.28	3912.38	1010.22	0.40
水体	314.27	3.26	0.00	115.25	2187.23	0.75	38.04	138.32	0.00
雪/冰	0.00	0.00	0.00	2.72	0.30	131.57	178.34	0.00	0.00
荒地	377.26	0.03	0.00	6694.78	56.92	31.92	14826.37	128.78	0.00
不透水面	15.76	0.01	0.00	2.33	158.49	0.00	0.51	14809.61	0.00
湿地	0.00	0.00	0.00	0.01	0.00	0.00	0.00	0.00	0.08

2.1.3　黄土高原地区 1999～2019 年植被盖度演变分析

2000 年黄土高原地区植被盖度年平均值为 0.55，当年退耕还林还草政策开始大规模开展实施，植被逐年恢复，到 2019 年植被盖度年平均值已经增加到 0.67，二十年间黄土高原植被盖度年平均值增加了 21%(图 2.1)。黄土高原 2000～2019 年植被盖度年平均值表现出年际波动变化，但整体呈增加趋势。采用线性拟合法对这二十年的黄土高原植被盖度年平均值进行线性拟合，植被盖度年平均值与年份的线性拟合斜率为 0.0059，F 检验结果通过了 0.01 的置信水平，表明黄土高原植被盖度总体状况明显好转。

黄土高原植被盖度空间分布(图 2.2)显示，极低盖度植被主要分布在黄河南岸的内蒙古荒漠草原地区，该地区属风沙和水力复合侵蚀区，土地沙化严重；低盖度植被主要分布在黄土高原西北部的荒漠草原和陕北黄土丘陵沟壑区；中盖度植被主要分布在黄土高原北部丘陵草原、西部和东部森林-草原区；高盖度和极高盖度植被主要分布在黄土高原西部和东部森林草原区及南部森林地区。受退耕还林

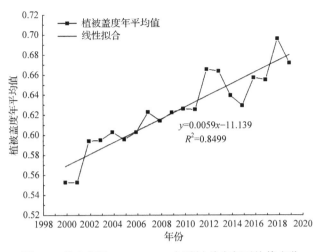

图 2.1　黄土高原 2000～2019 年植被盖度年平均值变化

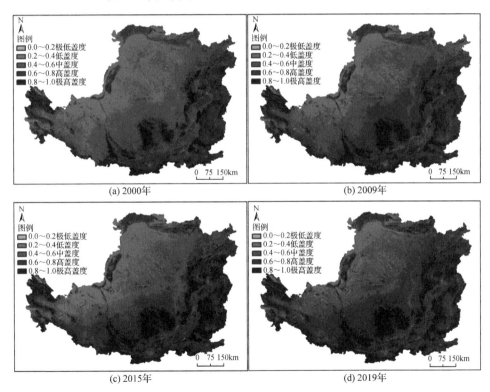

图 2.2　黄土高原 2000 年、2009 年、2015 年和 2019 年植被盖度空间分布

还草的影响,黄土高原高盖度植被面积从 2000 年的 184262.4km² 增加至 2019 年的 282524.8km²,极高盖度植被面积从 2000 年的 73861.96km² 增加至 2019 年的

$162966.8km^2$，增加面积主要分布在黄土高原中部丘陵地区。随着植被的恢复，盖度提高，黄土高原低盖度和中盖度植被演替为高盖度植被，成为区域内主要减少的植被覆盖类型。黄土高原低盖度植被面积从 2000 年的 $162146.6km^2$ 减少至 2019 年的 $54361.8km^2$，中盖度植被面积从 2000 年的 $219512.5km^2$ 减少至 2019 年的 $139928.5km^2$。整体而言，退耕植被经过二十年的恢复，植被盖度得到较大的提高。

植被盖度极低的地区 1999 年面积为 $36405.6km^2$，该类型面积 1999～2015 年出现波动下降的趋势，到 2015 年减少到了 $14753km^2$，表明黄土高原北部植被恢复有明显成效。低盖度植被主要分布在黄土高原西北部的荒漠草原和陕北黄土丘陵沟壑区，1999～2015 年面积呈现减少的趋势，2015 年低盖度植被面积比 1999 年减少了 $52489.56km^2$，减少地区主要分布在陕北黄土丘陵沟壑区。受到退耕还林还草的影响，黄土丘陵区坡耕地大部分退耕，从而增加了植被盖度。1999 年，中盖度植被主要分布在黄土高原北部丘陵草原、西部和东部森林-草原区，面积达到了 $168344.51km^2$。到 2001 年，黄土丘陵区大面积退耕还林还草，丘陵地带出现大面积中盖度植被地区，中盖度植被面积增加到了 $181404.69km^2$，2006 年该类型面积有所减少，面积为 $143984.33km^2$。随着植被的恢复，盖度也在提高，部分中盖度植被演替到高盖度植被，因此中盖度植被面积在 2015 年降低到 $110360.09km^2$。植被盖度≥0.6 包括高盖度和极高盖度，植被盖度处于较好的水平。高盖度和极高盖度植被主要分布在黄土高原西部和东部森林草原区及南部森林地区。高盖度植被面积从 1999 年的 $178896.19km^2$ 增加到了 2015 年的 $187020.24km^2$，极高盖度植被面积从 1999 年的 $101322.89km^2$ 增加到了 2015 年的 $225325.11km^2$。这两种植被盖度类型的增加主要在黄土高原中部丘陵地区，退耕植被经过十余年的恢复，植被盖度得到较大的提高。

2.2　典型区域土壤侵蚀变化分析

2.2.1　陕西省主要流域水资源状况

陕西省以秦岭为界，分属黄河流域和长江流域。境内黄河流域面积 13.33 万 km^2，约占全省总面积的 65%。陕西省内入黄较大河流主要有皇甫川、孤山川、窟野河、秃尾河、佳芦河、无定河、清涧河、延河、仕望河、汾川河、北洛河、渭河、洛河(陈芳莉等，2012)。各支流均有水文站，省内控制流域面积 $110922km^2$，占省内黄河流域面积的 83%。黄河流域陕西段主要河流 1950～2014 年年均径流量、输沙量如表 2.6 所示。

表 2.6　黄河流域陕西段主要河流年均径流量、输沙量

河流	测站	测站控制省内面积/km²	年均径流量/亿 m³					年均输沙量/万 t				
			1950～1979 年	1980～1989 年	1990～1999 年	2000～2009 年	2010～2014 年	1950～1979 年	1980～1989 年	1990～1999 年	2000～2009 年	2010～2014 年
皇甫川	皇甫站	363	1.85	1.27	0.90	0.36	0.34	685.98	489.63	291.63	109.86	58.24
孤山川	高石崖	1001	1.04	0.55	0.52	0.18	0.18	2139.90	1013.21	748.16	293.74	42.51
窟野河	温家川	3880	7.26	5.20	4.48	1.69	2.63	3759.74	5471.40	2699.60	358.87	58.33
秃尾河	高家川	3253	1.06	3.03	2.86	2.14	1.95	2764.67	997.90	1285.60	225.95	82.58
佳芦河	申家湾	1121	0.95	0.46	0.40	0.23	0.41	2350.00	460.03	692.80	214.91	364.66
无定河	白家川	21260	14.51	10.36	9.34	7.54	8.79	13044.70	3777.23	3024.93	2591.00	898.79
清涧河	延川	3468	1.57	1.17	1.60	1.03	1.00	4786.33	1448.10	3744.70	1879.20	402.96
延河	甘谷驿	5891	2.36	2.08	2.06	1.47	1.73	7190.67	3192.00	4285.80	1696.53	717.58
仕望河	大村	2141	1.00	0.83	0.41	0.45	0.79	389.00	124.05	55.05	11.88	98.65
汾川河	新市河	1662	0.39	0.38	0.29	0.20	0.44	95.00	255.44	207.34	72.06	339.40
北洛河	状头	23195	11.05	9.21	7.50	6.22	6.70	8819.44	5055.38	8683.10	2105.28	1149.46
渭河	华县	41290	77.81	79.14	43.79	44.90	61.33	15899.86	10692.95	10716.22	4968.46	3103.21
洛河	灵口	2397	5.90	6.29	3.55	4.12	4.97	100.00	79.31	45.10	45.96	56.41
总计		110922	126.75	119.97	77.70	70.53	91.26	62025.29	33056.63	42480.03	14573.70	7372.78

注：据 1950～2014 年实测水文资料分析，前 30 年年均径流量 126.75 亿 m³，年均输沙量 6.20 亿 t；后 35 年年均径流量 89.67 亿 m³，年均输沙量 2.68 亿 t；年均径流量、年均输沙量均有所下降，且年均输沙量降幅明显。

2.2.2　陕西省土壤侵蚀状况

　　陕西省跨长江、黄河两大流域，地形复杂，土壤侵蚀类型多样。2000 年和 2015年陕西省土壤侵蚀强度面积分布见表 2.7，佳芦河、清涧河、秃尾河和延河 2000年和 2015 年土壤侵蚀强度对比如图 2.3 所示。

表 2.7　2000 年和 2015 年陕西省土壤侵蚀强度面积分布　（单位：m³/(km² · s)）

2000 年					2015 年				
侵蚀强度	佳芦河	清涧河	秃尾河	延河	侵蚀强度	佳芦河	清涧河	秃尾河	延河
微度	38.34	342.30	80.98	776.97	微度	321.96	835.14	2353.32	1493.19
轻度	5.31	190.92	5.96	399.99	轻度	130.48	11.09	233.18	129.73
中度	5.61	1664.51	13.72	2082.40	中度	478.66	1853.84	778.84	3744.08
强烈	400.81	813.47	493.61	2049.96	强烈	115.06	591.50	206.89	536.78

续表

2000 年				2015 年			
侵蚀强度	佳芦河	清涧河	秃尾河	延河	侵蚀强度	佳芦河	清涧河	秃尾河	延河
极强烈	232.11	631.50	149.56	1534.84	极强烈	23.21	38.22	94.33	116.82
剧烈	313.17	434.24	574.50	840.82	剧烈	52.97	746.52	26.74	1650.87
总面积	995.35	4076.94	1318.32	7684.98	总面积	1122.35	4076.30	3693.30	7671.46

注：因数据进行了舍入修约，表中部分数据之和与总面积略有偏差。

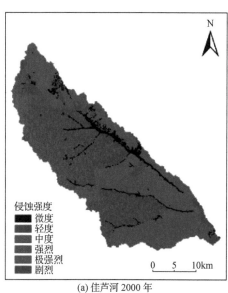

(a) 佳芦河 2000 年　　　　　　　　(b) 佳芦河 2015 年

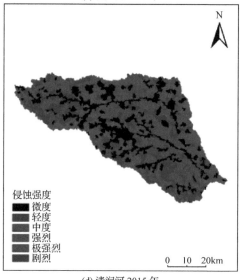

(c) 清涧河 2000 年　　　　　　　　(d) 清涧河 2015 年

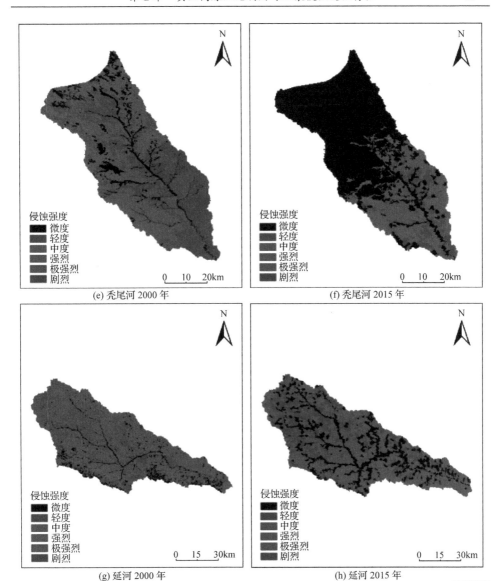

图 2.3　不同流域土壤侵蚀强度分布变化

扫描二维码查看高清图片

　　佳芦河流域侵蚀面积变化最大，微度、轻度、中度侵蚀强度的面积都大幅增大，其中中度侵蚀强度的面积增加最明显；强烈、极强烈、剧烈侵蚀强度的面积都大幅减小，其中极强烈侵蚀强度的面积减少幅度最大。2000～2015 年清涧河流域侵蚀面积变化最小，总面积几乎没有变化，但是不同侵蚀强度的面积变化很大，其中极强烈侵蚀强度的面积变化最大，中度侵蚀强度的面积变化最小。秃尾河流域微度侵蚀强度的侵蚀面积增加最明显，极强烈侵蚀强度面积变化幅度最小。延河流域侵蚀总面积变化不大,其中中度侵蚀强度的面积增加最明显,轻度侵蚀强度的面积变化最小。

2.2.3 典型区域水土流失状况

1. 陕北黄土丘陵沟壑区典型县遥感数据

陕北黄土丘陵沟壑区地形破碎,沟壑发育明显,水土流失严重,生态环境脆弱。其中,绥德、米脂一带是以峁为主的峁墚沟壑丘陵区;延安、延长、延川是以墚为主的墚峁沟壑丘陵区;西部为较大河流的分水岭,多墚状丘陵;延安以南是以塬为主的塬墚沟壑区(王正秋,2000)。

绥德县地势东北部最高,东南部最低,总的趋势是由西北部向东南部逐步降低,属黄土丘陵沟壑区第一副区,是典型的峁墚状黄土丘陵沟壑区,以峁状为主。全县辖区总面积 1853km²,2015 年水土流失面积 1570.10km²,约占全县面积的85%,其中中度及以上侵蚀强度的面积占比大,达全县总水土流失面积的 95%。根据 2015 年遥感普查,全县水土流失面积较 1996 年第二次遥感普查减少了101.79km²。绥德县土壤侵蚀强度变化和面积分别见图 2.4 和表 2.8。

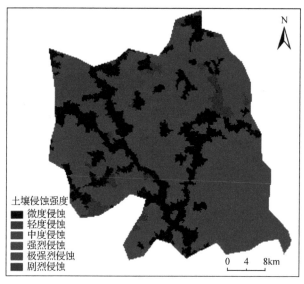

土壤侵蚀强度
■ 微度侵蚀
■ 轻度侵蚀
■ 中度侵蚀
■ 强烈侵蚀
■ 极强烈侵蚀
■ 剧烈侵蚀

0 4 8km

图 2.4 绥德县土壤侵蚀强度分布(地图边缘概化)
扫描二维码查看高清图片

表 2.8 绥德县水土流失变化状况

年份	总面积/km²	水土流失面积/km²	水土流失面积占比/%	微度侵蚀面积/km²	轻度侵蚀面积/km²	中度侵蚀面积/km²	强烈侵蚀面积/km²	极强烈侵蚀面积/km²	剧烈侵蚀面积/km²
2015	1853	1570.10	85	284.91	76.52	560.68	316.73	462.55	153.63

续表

年份	总面积/km²	水土流失面积/km²	水土流失面积占比/%	微度侵蚀面积/km²	轻度侵蚀面积/km²	中度侵蚀面积/km²	强烈侵蚀面积/km²	极强烈侵蚀面积/km²	剧烈侵蚀面积/km²
1996	1853	1671.89	90	183.12	134.99	38.74	511.96	561.82	424.37
1996~2015 年差异	—	-101.79	-5	101.79	-58.47	521.94	-195.23	-99.27	-270.74

延长县全县辖区总面积 2368.7km²。总体地貌大体可以划分为残塬墚峁区、黄土-岩质丘陵区、沟谷川道侵蚀-堆积区三种类型。区内主水系(延河)河道狭窄，弯曲多折，次级水系及黄土冲沟发育，地形支离破碎，黄土边坡高陡，植被覆盖率低。遥感普查结果显示，全县水土流失面积达 1888.34km²，占全县总面积的 80%，见图 2.5 和表 2.9。

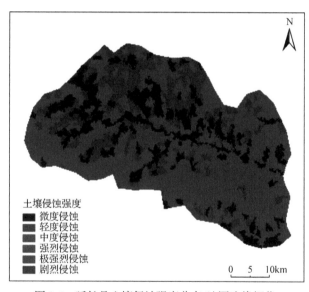

图 2.5　延长县土壤侵蚀强度分布(地图边缘概化)
扫描二维码查看高清图片

表 2.9　延长县水土流失变化状况

年份	总面积/km²	水土流失面积/km²	水土流失面积占比/%	微度侵蚀面积/km²	轻度侵蚀面积/km²	中度侵蚀面积/km²	强烈侵蚀面积/km²	极强烈侵蚀面积/km²	剧烈侵蚀面积/km²
2015	2368.7	1888.34	80	479.94	455.83	851.73	431.61	106.88	42.30
1996	2368.7	1939.00	82	429.28	12.43	979.29	813.41	42.87	91.00
1996~2015 年差异	—	-50.66	-2	50.66	443.40	-127.56	-381.80	64.01	-48.70

2. 渭北高原沟壑区典型县遥感数据

渭北高原沟壑区位于关中地区北部，区内沟坡崎岖破碎，山川塬交错，地形地貌独特。淳化县地处渭北高原南缘，塬面大而山地少，沟谷多而水流小，地势由西北向东南单向倾斜。全县辖区总面积 983km²，水土流失主要集中在沟道坡面，2015 年流失面积达 360.01km²，占全县面积的 37%，与 1996 年比较，水土流失面积减少了 263.99km²，2010～2015 年水土流失面积减少了 22.61km²，见图 2.6 和表 2.10。

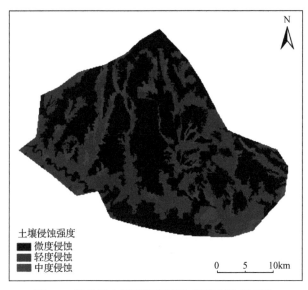

图 2.6　淳化县土壤侵蚀强度分布(地图边缘概化)
扫描二维码查看高清图片

表 2.10　淳化县水土流失变化状况

年份	总面积 /km²	水土流失 面积/km²	水土流失 面积占比 /%	微度侵蚀面 积/km²	轻度侵蚀面 积/km²	中度侵蚀面 积/km²	强烈侵蚀 面积/km²	极强烈 侵蚀面 积/km²	剧烈侵 蚀面积 /km²
2015	983	360.01	37	616.05	183.13	169.76	7.13	0	0
2010	983	382.62	39	593.45	200.31	172.57	9.74	0	0
1996	983	624.00	63	352.07	587.15	23.09	13.76	0	0
1996～ 2015 年差异	—	-263.99	-27	263.98	-404.02	146.67	-6.63	0	0

参 考 文 献

陈芳莉, 晁智龙, 邱玉茜, 2012. 秦岭生态区水资源分析评价[J]. 陕西水利, (5): 13, 18-19.

王正秋, 2000. 陕北黄土丘陵沟壑区生态环境建设刍议[J]. 中国水土保持, (2): 14-16.

第3章　黄土高原多沙粗沙区降水及水沙变化的影响

3.1　黄土高原多沙粗沙区水沙关系分析

3.1.1　降水、径流输沙变化趋势分析

本章选取数据涉及青阳岔、韩家峁、横山、殿市、李家河、绥德、赵石窑、丁家沟、高家川、王道恒塔、神木、温家川、高石崖、皇甫和申家湾水文站1956～2010年的年径流量、年输沙量和年降水量的资料。对15个水文站的年降水量、年径流量和年输沙量进行曼-肯德尔(Mann-Kendall，M-K)趋势检验和Pettitt突变点检验，对年降水量、年径流量和年输沙量的一致性进行分析。

综合分析年降水量、年径流量和年输沙量的一致性。降水量趋势检验结果见图3.1，显示出黄土高原1956～2010年降水量变化不大，无明显的增加或减少趋势。从图3.2和图3.3可以看出，黄河中游15个水文站的年径流量和年输沙量大部分具有显著减少的趋势，绥德站的年径流量和年输沙量、神木站的年输沙量、李家河的年输沙量、殿市的年输沙量虽然有减少的趋势，但是并不显著，因此不需要对其进行突变点分析。对年径流量和年输沙量有明显减少趋势的水文站进行突变年份分析，如表3.1所示。突变年份均在20世纪60年代之后，主要是因为这一时期兴修水利、开展梯田等水土保持工程，重视植被恢复，年径流量和年输沙量明显减少。

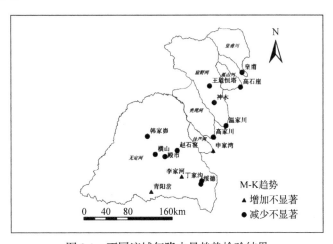

图3.1　不同流域年降水量趋势检验结果

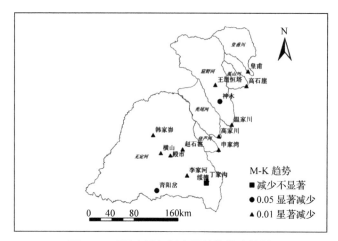

图 3.2   不同流域年径流量趋势检验结果

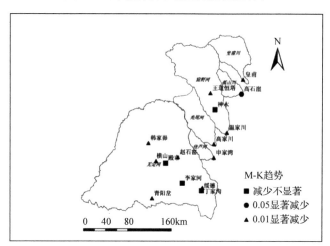

图 3.3   不同流域年输沙量趋势检验结果

表 3.1   黄河中游重要河流主要水文站年径流量和年输沙量突变点检验

流域	站名	年径流量			年输沙量		
		$P_{径流}$	突变年份	显著性	$P_{输沙}$	突变年份	显著性
	青阳岔	0.01	1971	**	0.12	1969	**
	李家河	0.02	1970	**	—	—	—
无定河	绥德	—	—	—	—	—	—
	丁家沟	0.00	1973	**	0.01	1998	**
	赵石窑	0.00	1973	**	0.00	1974	**
	殿市	0.01	1985	**	—	—	—

续表

流域	站名	年径流量			年输沙量		
		$P_{径流}$	突变年份	显著性	$P_{输沙}$	突变年份	显著性
无定河	横山	0.00	1973	**	0.00	1972	**
	韩家峁	0.00	1985	**	0.00	1987	**
佳芦河	申家湾	0.00	1978	**	0.00	1978	**
秃尾河	高家川	0.00	1980	**	0.00	2000	**
窟野河	王道恒塔	0.00	1985	**	0.00	1996	**
	神木	0.05	1996	*	—	—	—
	温家川	0.00	1996	**	0.00	1996	**
孤山川	高石崖	0.00	1979	**	0.00	1989	*
皇甫川	皇甫	0.00	1982	**	0.02	1984	**

注：**表示极显著；*表示显著。

无定河流域年径流量突变年份主要在 1972 年左右(除殿市和韩家峁)；佳芦河、孤山川、秃尾河、窟野河的王道恒塔、皇甫川年径流量的突变年份相近，为 1982 年左右，是因为 20 世纪七八十年代开展"农业学大寨"；窟野河神木和温家川年径流量的突变年份为 1996 年，是因为在 20 世纪八九十年代提出综合小流域治理政策。

年输沙量的突变年份基本与年径流量突变年份接近(表 3.1)。无定河流域年输沙量的突变年份主要在 1972 年左右(除丁家沟和韩家峁)；佳芦河突变年份为 1978 年；皇甫川和孤山川年输沙量突变年份在 1987 年左右，是因为这一时期开展"农业学大寨"；窟野河年输沙量突变年份为 1996 年，是因为在这一时期提出综合小流域治理政策。

通过趋势检验可初步判断，降水量对径流量和输沙量的影响可能偏小，需要进一步通过计算得出可靠的结论。

3.1.2 径流输沙贡献率分析

为了进一步分析降水和人类活动对输沙量和径流量的变化，本小节通过累积量变化率比较法计算降水和人类活动对径流和输沙的贡献率，通过降水量-年径流量和降水量-年输沙量双累积曲线进行分析计算。

将发生突变临界年份之前的时期作为基准期，将发生突变临界年份之后的时期作为措施期,将措施期各年累积降水量代入基准期双累积曲线建立的回归方程，得到年径流量和年输沙量计算值。不同时期计算值之差为降水变化的影响量；同时期计算值与实测值之差为人类活动影响的减水减沙量；将同时期人类活动影响的减少量与计算值相比，得到人类活动的减水减沙效益。由于需要计算突变前后的径流量、输沙量，对于无突变年份的水文站不需要进行贡献率计算。11 个水文站年径流量和年输沙量影响因素及贡献率见图 3.4 和图 3.5。

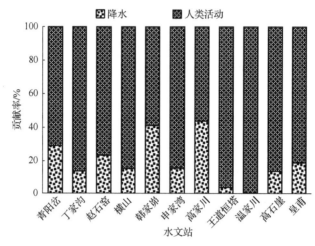

图 3.4　降水和人类活动对径流的贡献率

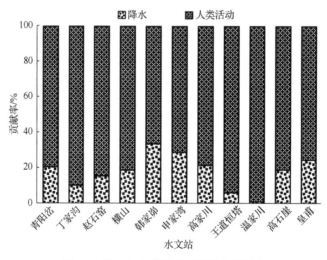

图 3.5　降水和人类活动对输沙的贡献率

窟野河流域人类活动对径流的贡献率为 97.3%，大于无定河流域的贡献率75.5%。除韩家峁和高家川外，人类活动对无定河、佳芦河、孤山川和皇甫川流域的贡献率相差不大；虽然韩家峁、高家川人类活动影响占的比例大，但降水和人类活动贡献率相差不大，韩家峁降水和人类活动的贡献率分别为 41.1%和 58.9%，高家川降水和人类活动的贡献率分别为 43.8%和 56.2%。窟野河温家川和王道恒塔降水对径流的贡献率最小，分别为 1.0%和 4.4%，温家川和王道恒塔径流变化几乎是人类活动引起的。

窟野河流域人类活动对输沙的贡献率分别为 95.9%，无定河流域该贡献率为 79.8%。除韩家峁和申家湾，人类活动对无定河、秃尾河、孤山川和皇甫川流域的贡献率相差不大；虽然韩家峁、申家湾人类活动影响占的比例大，但降水和人类活动贡献率相差较小，韩家峁降水和人类活动的贡献率分别为 35.0%和 65.0%，申家湾降水和人类活动的贡献率分别为 29.2%和 70.8%。窟野河温家川和王道恒塔降水对输沙的贡献率最小，分别为 1.7%和 6.6%，温家川和王道恒塔输沙变化几乎是人类活动引起的。

综上所述，人类活动对窟野河流域径流和输沙的贡献率大于无定河流域，这与窟野河煤炭资源开采和水土保持活动有关。人类活动对输沙的影响整体大于对径流的影响。

通过以上计算分析，可得出以下结论：年降水量虽有减少趋势，但不明显，年径流量和年输沙量均有显著减少趋势，且突变点均在 20 世纪 60 年代以后，主要是因为 60 年代末开展"农业学大寨"、兴修水库、梯田等水土保持工程，重视植被修复，径流量和输沙量明显减少。由此可初步得知，降水量对径流量和输沙量的影响较小。

人类活动对窟野河流域径流和输沙的影响大于无定河流域。人类活动、降水对无定河韩家峁和秃尾河高家川的径流贡献率相差不大，分别为 41.1%、58.9%和 43.8%、56.2%。人类活动、降水对无定河韩家峁和佳芦河申家湾的输沙贡献率相差不大，分别为 35.0%、65.0%和 29.2%、70.8%。

窟野河温家川和王道恒塔径流和输沙变化的原因主要是人类活动，人类活动对温家川径流和输沙的贡献率分别为 99.0%和 98.3%，人类活动对王道恒塔径流和输沙的贡献率分别为 95.6%和 93.4%。

3.2　黄河中游区含沙量和流量的不确定关系

本节以黄河中游多沙粗沙区李家河、绥德、高石崖、皇甫、王道恒塔和丁家沟 6 个水文站的雨季(5～10 月)日均流量和日均含沙量为研究对象，构建含沙量和影响因子的联合分布，基于联合分布进一步推求含沙量的条件概率分布，给出不同概率和模拟因子组合条件下的含沙量模拟结果，进而分析黄河中游区含沙量和流量的不确定关系。研究流域流量和含沙量的统计信息如表 3.2 所示。

表 3.2　研究流域流量和含沙量的统计信息

水文站	研究时段	样本容量	流量			含沙量		
			均值 /(m³/s)	变差系数	偏态系数	均值 /(kg/m³)	变差系数	偏态系数
李家河	1959~2005 年	36	1.07	0.55	1.03	38.02	0.74	1.45
高石崖	1958~1985 年	26	4.88	0.79	1.17	48.34	0.37	1.01
皇甫	1977~1985 年	26	11.01	0.75	1.16	64.68	0.34	0.39
王道恒塔	1955~1985 年	22	9.24	0.52	0.64	17.83	0.38	0.30
绥德	1960~2005 年	38	5.56	0.52	1.30	55.42	0.49	0.95
丁家沟	1957~1985 年	19	27.76	0.35	0.64	25.86	0.58	1.28

构建日均含沙量和日均流量的联合分布时，选用正态分布(normal distribution，NORM)、三参数对数正态分布(three-parameter lognormal distribution，LN3)、皮尔逊Ⅲ型分布(Pearson-Ⅲ distribution，PE3)作为边缘分布线形，选取常用于两变量水文频率中的函数 Clayton Copula、Gumbel Copula 和 Frank Copula 模拟日均含沙量和日均流量的相关性结构。三种 Copula 函数有不同的尾部特性：Clayton Copula 上尾部相关系数为 0，存在下尾部相关性，对下尾部的变化比较敏感；Gumbel Copula 存在上尾部相关性，对上尾部的变化比较敏感，下尾部相关系数为 0；Frank Copula 没有尾部相关性。

3.2.1　边缘分布和 Copula 函数对概率模拟结果影响分析

1. 日均含沙量和日均流量边缘分布和联合分布

科尔莫戈罗夫-斯米尔诺夫(Kolmogorov-Smirnov, K-S)检验表明，在 5%的显著性水平下，采用线性矩法估计的 6 个水文站流量和含沙量序列均不拒绝服从所选的 3 种理论分布。进一步根据理论分位点和经验分位点之间的确定性系数，评价 3 种理论分布的拟合优度，计算结果如表 3.3 所示。结果表明，LN3 和 PE3 描述流量和含沙量频率分布均优于 NORM，LN3 和 PE3 的差异主要在尾部。为了评价不同边缘分布对概率模拟结果的影响，3 种理论分布在后续分析中均用来描述流量和含沙量的边缘分布，因此对于同一种 Copula 函数，共有 9 种边缘分布组合类型。

表 3.3　流量和含沙量边缘分布的确定性系数

水文站	流量			含沙量		
	NORM	PE3	LN3	NORM	PE3	LN3
李家河	0.90	0.95	0.98	0.93	0.94	0.95

续表

水文站	流量			含沙量		
	NORM	PE3	LN3	NORM	PE3	LN3
高石崖	0.90	0.98	0.99	0.96	0.98	0.98
皇甫	0.82	0.96	0.99	0.84	0.93	0.97
王道恒塔	0.93	0.99	0.99	0.99	0.98	0.98
绥德	0.89	0.97	0.98	0.86	0.97	0.98
丁家沟	0.85	0.94	0.99	0.92	0.94	0.99

采用 3 种 Copula 函数构建流量和含沙量的联合分布。Clayton Copula、Gumbel Copula、Frank Copula 函数的参数 θ 采用相关性指标法推求，相关性指标法依据单参数 Copula 函数的参数 θ 与 Kendall 相关系数和 Spearman 相关系数存在一一对应的函数关系，由实测资料计算得到 Kendall 相关系数或者 Spearman 相关系数后，求得 Copula 函数的参数。相关性指标法没有对边缘分布的形式做出假设，计算简单且结果稳健，因此本小节采用单参数指标法，根据估计 Kendall 相关系数 Frank Copula 函数的参数，参数估计结果见表 3.4。采用 Cramér-von Mises S_n 对比理论频率和经验频率的差异，检验估计的 Copula 参数的拟合优度。结果表明，李家河水文站采用 Clayton Copula 和 Frank Copula 构建的联合分布被拒绝，丁家沟水文站采用 Clayton Copula 构建的联合分布被拒绝。进一步采用流量和含沙量理论频率和经验频率之间的均方差误差(RMSE)，分析三种 Copula 函数的差异性，结果表明同一流域不同 Copula 函数之间的差异较小。

表 3.4　Copula 参数估计值及联合分布拟合精度

水文站	Clayton Copula			Gumbel Copula			Frank Copula		
	θ	S_n	$\mathrm{RMSE_C}$	θ	S_n	$\mathrm{RMSE_C}$	θ	S_n	$\mathrm{RMSE_C}$
李家河	2.09	0.31*	0.05	2.04	0.10	0.03	5.93	0.14*	0.04
高石崖	2.51	0.15	0.04	2.26	0.12	0.03	6.88	0.08	0.03
皇甫	2.01	0.17	0.03	2.01	0.12	0.04	5.76	0.06	0.03
王道恒塔	2.98	0.05	0.04	2.49	0.13	0.05	7.90	0.10	0.04
绥德	1.83	0.18	0.04	1.92	0.07	0.02	5.36	0.09	0.03
丁家沟	1.20	0.27*	0.08	1.60	0.15	0.06	3.83	0.17	0.07

注：*表示原假设在 5%的显著性水平下被拒绝。

2. 概率模型稳健性分析

构建流量和含沙量联合分布后，可以推导出含沙量的条件分布，进而得到不同概率和流量组合条件下的含沙量估计值。对于每个水文站，共有 27 个 Copula 函数和边缘分布函数组合情景，每个组合情景会得到不同的概率模拟结果。因此，可以基于此分析得到概率模拟对于 Copula 函数和边缘分布函数的敏感性。

首先分析 5%、50%和 95%概率条件下实测流量对应的含沙量概率模拟结果。5%和 95%概率之间组成了 90%不确定区间。采用 P-因子和 R-因子量化不确定区间的效果，P-因子是落入不确定区间的经验点距的比例，R-因子是不确定区间的宽度除以模拟变量的标准差。当经验点距都落入狭窄的不确定区间内时，P-因子趋向 1，R-因子趋向 0。

27 个组合条件下，P-因子和 R-因子的箱线图分别如图 3.6 和图 3.7 所示。结果表明，除了王道恒塔水文站，其他水文站的 P-因子中值均大于 0.85，其中丁家沟水文站 P-因子中值高达 0.95，但是不同水文站之间的差异性很大。此外，R-因子中值表明不确定区间的宽度较大。6 个水文站中，李家河水文站 P-因子整体最大和 R-因子最小，说明李家河水文站不确定区间模拟精度最高。

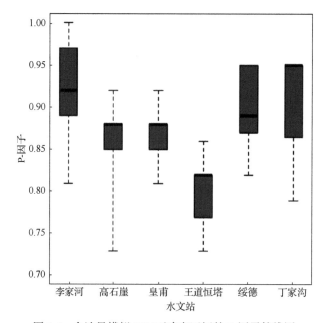

图 3.6　含沙量模拟 90%不确定区间的 P-因子箱线图

含沙量概率模型的潜在影响因子是 Copula 函数、流量边缘分布和含沙量边缘分布。采用方差分析检验 5%显著性水平时，在不同 Copula 函数和边缘分布的条件下，P-因子和 R-因子是否有显著的差异。方差分析结果同样表明，不同 Copula

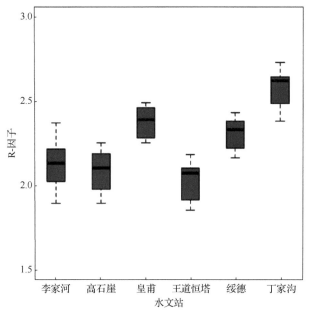

图 3.7　含沙量模拟 90%不确定区间的 R-因子箱线图

函数之间的 P-因子和 R-因子计算结果均存在显著性差异，不同含沙量边缘分布之间仅 P-因子的计算结果存在显著性差异，而对于 R-因子，Copula 函数和 P-因子之间存在交互作用。

3.2.2　含沙量和流量不确定性关系分析

概率模型稳健性分析表明，Copula 函数是概率模型的决定性因素，Copula 函数的尾部特性决定了概率模拟曲线的形状。当流量和含沙量边缘分布为 PE3 时，整体模拟精度较高。因此，后续分析中采用 PE3 作为流量和含沙量的边缘分布，每个水文站能最准确地模拟经验点距尾部特征的 Copula 函数构建联合分布，进一步进行含沙量概率模拟分析。将 Gumbel Copula 用于李家河和丁家沟水文站，Frank Copula 用于高石崖、皇甫和绥德水文站，Clayton Copula 用于王道恒塔水文站。

图 3.8 为 6 个水文站在 5%、25%、50%、75%和 95%概率条件下，实测流量对应的含沙量(SSC)模拟值。其中，5%和 95%概率之间为 90%不确定区间，25%和 75%概率之间为 50%不确定区间。由图 3.8 可知，大部分经验点距均落在了 90%不确定区间。6 个水文站 90%不确定区间 P-因子的估计值分布在 0.82~0.97，R-因子的估计值分布在 1.96~2.46(表 3.5)。此外，含沙量概率模拟的不确定性随着流量的增加而增加。

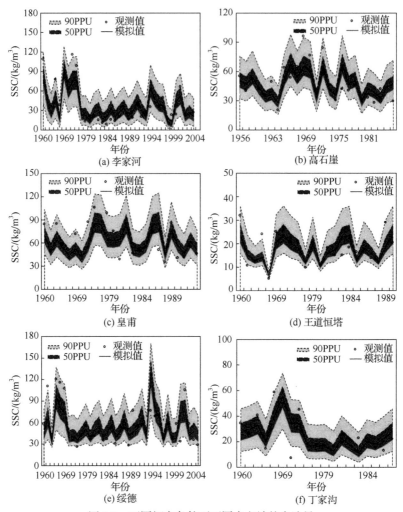

图 3.8　不同概率条件下不同水文站的含沙量

90PPU 是上下限分别为 5%和 95%的 90%不确定区间内样本点个数与总体的百分比；50PPU 是上下限分别为 25%和 75%的 50%不确定区间内样本点个数与总体的百分比

表 3.5　不同水文站 P-因子和 R-因子计算结果

水文站	90%不确定区间		50%不确定区间	
	P-因子	R-因子	P-因子	R-因子
李家河	0.97	1.96	0.53	0.78
高石崖	0.88	2.18	0.38	0.80
皇甫	0.85	2.46	0.58	0.91
王道恒塔	0.82	2.08	0.50	0.77
绥德	0.95	2.37	0.45	0.88
丁家沟	0.95	2.46	0.63	1.00

3.3　植被恢复、坡改梯等对流域产汇流及产输沙的影响

3.3.1　植被恢复对流域产汇流及产输沙的影响

坡沟系统作为黄土高原的特有地貌，其侵蚀产沙规律不同于坡面，且条带状格局系列鲜有研究。因此，本小节通过放水冲刷试验，采用相同的放水流量、相同的植被盖度和不同的草被覆盖位置，研究不同植被格局作用下坡沟系统水沙过程的演变特征。

1. 植被格局对坡沟系统产流产沙的影响

表 3.6 为不同植被格局条件下坡沟系统放水冲刷试验的径流总量和产沙总量。由表 3.6 可以看出，在放水冲刷试验中，种植植被后径流总量和产沙总量得到了不同程度的降低，植被起到了蓄水减沙的效益。对不同植被格局的径流量和产沙量进行单因素方差分析得出，植被格局对产流产沙均有显著性影响($\alpha < 0.05$)。为了更清晰地显示各植被格局保持水土作用的强弱，以格局 A(裸坡)为基础，计算各植被格局的蓄水减沙效益。

表 3.6　不同植被格局条件下坡沟系统放水冲刷试验的径流总量和产沙总量

水沙量	植被格局					
	A	B	C	D	E	F
径流总量/L	459.45	405.66	441.31	457.11	455.13	371.82
产沙总量/kg	109.33	33.87	87.68	58.52	84.03	67.21

图 3.9 为不同植被格局条件下坡沟系统每分钟径流量、产沙量的平均值。将不同格局的 30min 的径流泥沙样作为重复，对不同格局的径流泥沙样进行单因素方差分析，分析植被格局这一因素对径流泥沙的影响。从图 3.9 可以发现：①格局 B、C、F 的径流量与裸坡条件下的径流量有显著差异，其中格局 F 与裸坡条件下的径流量差异性最大，即格局 F 的蓄水效果最好；②植被格局对径流量有显著性影响；③格局 B、C、D、E、F 的产沙量与裸坡条件下的产沙量有显著差异，其中格局 B 与裸坡条件下的产沙量差异性最大，即格局 B 的减沙效果最好；④植被格局对产沙量有显著性影响。

表 3.7 为不同植被格局下坡沟系统蓄水减沙效益。从图 3.9 和表 3.7 可知，在放水冲刷试验中，不同植被格局下的蓄水减沙量不同，植被发挥了蓄水减沙的效益。不同植被格局的蓄水效益大小依次为 F > B > C > E > D，即坡上部>坡下部>

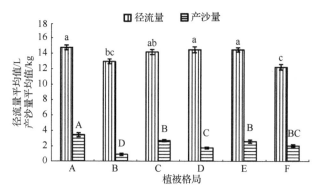

图 3.9　不同植被格局条件下坡沟系统每分钟径流量、产沙量平均值

不同字母表示差异显著，后同

坡中下部>坡中上部>坡中部。不同植被格局的减沙效益大小依次为 B > D > F > E > C。

表 3.7　不同植被格局条件下的蓄水减沙效益

蓄水减沙效益	植被格局				
	B	C	D	E	F
蓄水效益/%	11.71	3.95	0.51	0.94	19.07
减沙效益/%	69.02	19.80	46.48	23.14	38.53

2. 植被格局对坡沟系统水沙特征变化的影响

不同植被格局条件下，坡沟系统放水冲刷试验的初始产流时间、停止产流时间、流量峰值和输沙率峰值及其产生时间如表 3.8 所示。由表 3.8 可知，种植植被可以推迟初始产流时间和停止产流时间，同时可以减小流量和输沙率峰值，延缓流量和输沙率峰值的产生时间。就初始产流时间而言，植被格局 B 的初始产流时间最长，是裸坡的 3.25 倍，其效果依次为 B>F>D＝E>C>A。植被推迟初始产流时间优于停止产流时间，说明植被推迟产流时间在产流前期效果较好。在削减流量峰值方面，植被也起到了较好的效果，其效果依次为 F>B>C>D>E>A。相比削减流量峰值，植被削减输沙率峰值的效果更好。在种植植被后，不同植被格局的输沙率峰值大幅下降，下降幅度在 50%左右。

表 3.8　不同植被格局条件下坡沟系统水沙特征

植被格局	初始产流时间/s	停止产流时间/s	流量峰值/(L/s)	输沙率峰值/(kg/s)	流量峰值产生时间/min	输沙率峰值产生时间/min
A	0.82	33.05	17.27	7.48	25	1
B	2.67	35.67	15.26	3.61	28	29

植被格局	初始产流时间/s	停止产流时间/s	流量峰值/(L/s)	输沙率峰值/(kg/s)	流量峰值产生时间/min	输沙率峰值产生时间/min
C	1.96	42.05	16.24	4.06	13	5
D	2.30	40.98	16.47	3.41	18	1
E	2.30	42.30	16.65	4.97	26	10
F	2.57	35.43	14.93	4.02	24	21

3. 植被格局对坡沟系统产流产沙过程变化的影响

在放水冲刷过程中，水沙是系统间水流能量传递的媒介，不仅影响系统的产流能力，而且会影响系统产沙量。植被格局是影响水沙过程的一个重要因素，本小节进行 6 种植被格局下坡沟系统径流产沙过程研究。图 3.10 为不同植被格局下坡沟系统放水冲刷试验的径流量和产沙量随冲刷历时变化曲线。

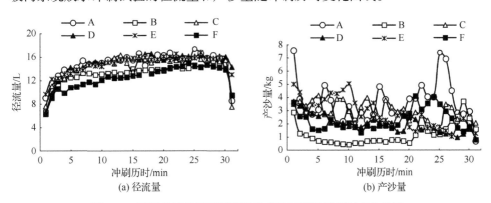

图 3.10　不同植被格局下径流量和产沙量随冲刷历时变化曲线

从图 3.10(a)可以看出，在放水冲刷条件下，不同植被格局坡沟系统的径流量均随着放水冲刷历时的增加呈先增加后稳定并在停水后急剧减少的趋势，径流过程波动较小。在产流后 5~10min，随着土壤含水量的增加，土壤入渗率逐渐减小，径流量逐渐增加。在产流后 10min，径流量基本稳定，维持不变。同时，不同植被格局间的差异不显著。总体来说，植被格局 F 的径流量维持在最低水平，说明相同盖度下此植被格局的蓄水效果最佳，即将草带种植在距离坡顶 2m 处时，蓄水效果最好。

从图 3.10(b)可以看出，在放水冲刷条件下，不同植被格局坡沟系统的产沙量随着放水冲刷历时的增加变化规律均不明显，产沙过程波动较大。产流 0~5min 时，坡沟系统的产沙量较大，5~30min 时产沙量较小，波动较大。总体来说，植被格局 B 的产沙量维持在最低水平，说明相同盖度下此植被格局的减沙效果最佳, 即将草带种植在距离坡顶 6m 处时, 减沙效果最好。

放水冲刷下不同植被格局的产流产沙特征如表 3.9 所示。由表 3.9 可知, 放水冲刷条件下, 坡沟系统不同植被格局径流过程的变异系数(Cv)在 14%左右, 径流量的波动程度均较小, 且植被格局对径流量的影响较小。产沙量的 Cv 基本在 35%以上, 且不同格局的 Cv 差异较大, 说明产沙过程波动较大, 且植被格局对产沙量的影响较大, 其影响程度大小依次为 B > C > D > F > E。

表 3.9　放水冲刷下不同植被格局的产流产沙特征

植被格局	径流量			产沙量		
	波动范围/(L/min)	均值/(L/min)	变异系数 Cv/%	波动范围 /(kg/min)	均值/(kg/min)	变异系数 Cv/%
A	8.42~17.27	14.82	13.63	0.57~7.48	3.53	43.94
B	6.52~15.26	13.09	13.85	0.33~3.61	1.09	74.25
C	7.39~16.24	14.24	15.25	1.41~4.06	2.83	26.91
D	6.43~16.47	14.75	14.27	0.75~3.41	1.89	35.73
E	9.60~16.65	14.68	10.38	0.94~4.97	2.71	43.07
F	6.21~8.93	12.39	16.28	0.69~4.02	2.17	38.78

3.3.2　坡改梯对流域产汇流及产输沙的影响

1. 梯田对坡面地形的影响

为了进一步研究梯田对地形的影响, 以陕西省绥德县韭园沟支沟王茂沟 4#坝控制流域为研究对象, 选择 5 块样地, 叠加原有地形图和高分辨率快鸟影像, 人为构造梯田。构造方法: 在田坎和田面的结合处, 根据田坎的宽度和高度, 人为加密等高线, 并使同一田面上的等高线高程相同。通过 Hutchinson 算法, 生成水文地貌关系正确的数字高程模型(hydrologically correct DEM, hc-DEM)。为保证梯田田坎不失真, DEM 的分辨率设为 0.1m, 见图 3.11。

在 GIS 软件的支持下, 提取 5 块样地修建梯田前后的表面积、体积、粗糙度等地形参数, 使用 Zhang 等(2013)开发的 LS 因子计算工具, 提取 5 块样地的坡度因子和坡长因子, 见表 3.10。其中, 粗糙度是指特定的区域内表面积与其投影面积之比。结果显示: 修建梯田后表面积增大 23.46%; 由于表面积增大, 地面粗糙度增加; 修建梯田后体积减小了 2.47%, 变化较小; 由于梯田田坎的存在, 梯田修建前后, 地表平均坡度变化不大; 修建梯田极大地缩短了坡长, 平均坡长由原来的 50.90m, 骤降至修建梯田后的 2.23m; 坡度坡长因子由原来的 8.16 降低至1.35, 变为原来的 17%。吴发启等(2004)根据小区和水平梯田的观测值, 得到水平梯田可以减少 88%坡面侵蚀, 减少为原来的 12%。因此, 从某种意义上说, 梯田

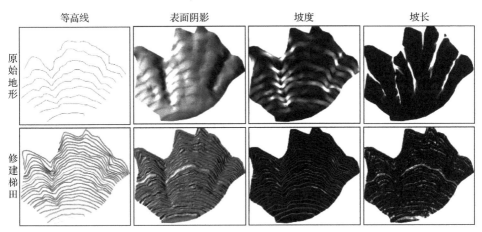

图 3.11 梯田的生成过程

的水土保持措施因子(P)，可以看作是梯田坡度坡长因子与原始坡面坡度坡长因子的比值。

表 3.10 梯田对地形的影响

样地	表面积/m²		体积/m³		粗糙度		坡度/(°)		坡长/m		坡度因子		坡长因子		坡度坡长因子	
	原始	梯田	原始	梯田	原始	梯田	原始	梯田	原始	梯田	原始	梯田	原始	梯田	原始	梯田
1	18490	22644	360425	354325	1.09	1.34	21.97	20.35	57.66	2.04	5.73	4.79	1.27	0.32	7.85	1.17
2	25968	30470	618373	626723	1.07	1.25	18.24	18.65	28.97	1.74	4.71	4.42	1.06	0.31	5.82	0.89
3	30894	37152	720245	702000	1.10	1.32	21.79	20.44	46.71	2.13	5.65	4.82	1.13	0.32	7.31	1.17
4	45939	58225	1186669	1141128	1.15	1.46	26.72	26.27	72.13	2.59	6.93	4.27	1.25	0.29	9.27	1.70
5	16881	22102	425271	404998	1.19	1.56	28.64	29.11	49.05	2.66	7.36	6.95	1.29	0.29	10.55	1.83
平均	27634	34118	662196	645834	1.12	1.39	23.47	22.96	50.90	2.23	6.08	5.05	1.20	0.31	8.16	1.35

2. 坡改梯对水流长度的影响

水流长度是指地面上一点沿水流方向到其流向终点间的最大地面距离在水平面上的投影长度。水流长度直接影响地表径流的速度。梯田改变了水流在地表的流速和流向，进而影响地表径流的侵蚀力。在 GIS 软件的支持下，进行流向(flow direction)提取，在流向栅格的基础上，采用逆流计算方法，提取径流长度(flow length)，见图 3.12。

使用水流动力指数(stream power index，SPI)和输沙能力指数(sediment transport capacity，STC)反映坡改梯后复合地形因子变化特征，水流动力指数和输沙能力指数的计算公式如下：

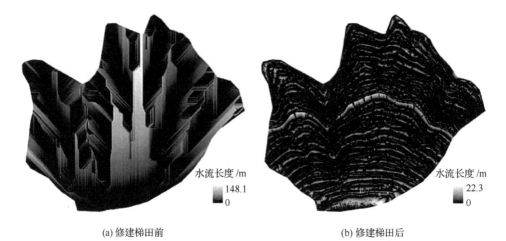

(a) 修建梯田前　　　　　　　　　　　　　　(b) 修建梯田后

图 3.12　梯田对水流长度的影响

$$SPI = A \times \tan \beta \tag{3.1}$$

$$STC = \left(\frac{A_s}{22.13}\right)^{0.6}\left(\frac{\sin \beta}{0.0896}\right)^{1.3} \tag{3.2}$$

式中，SPI 为水流动力指数；STC 为输沙能力指数；A_s 为单位等高线宽度汇流面积(m^2/m)；β 为地面坡度(°)。表 3.11 显示，坡改梯后，样地的水流长度显著减小，最大值从修建梯田前的 144.18m，降至修建梯田后的 36.42m。梯田对水流长度的截断，影响了水流动力指数和输沙能力指数，样地 3 水流动力指数最大值从 4218.82 降至 104.65，输沙能力指数最大值从 342.78 降至 28.72，见表 3.11。

表 3.11　坡改梯对复合地形指数的影响

复合地形指数	统计量	样地 1		样地 2		样地 3		样地 4		样地 5	
		梯田	坡地	梯田	坡地	梯田	坡地	梯田	坡地	梯田	坡地
水流长度/m	最大值	22.30	148.08	42.99	106.99	36.42	144.18	32.32	199.87	20.78	120.19
	平均值	0.63	17.50	0.51	15.51	0.68	14.76	0.75	15.36	0.85	20.88
水流动力指数	最大值	106.29	1525.99	184.49	418.80	104.65	4218.82	205.04	3699.55	308.38	2975.20
	平均值	0.05	1.55	0.04	0.72	0.05	1.45	0.08	2.25	0.10	2.37
输沙能力指数	最大值	27.57	166.74	38.82	68.19	28.72	342.78	50.48	294.38	38.53	262.03
	平均值	0.16	1.40	0.13	1.07	0.16	1.31	0.24	1.68	0.28	2.32

3. 坡面措施对土壤侵蚀模数的影响

黄河中游地区是黄河泥沙的主要来源区，采用修正的通用土壤流失方程(revised universal soil loss equation，RUSLE)计算不同坡面措施下的土壤侵蚀模数。

2000 年的土壤侵蚀模数来自第二次全国土壤侵蚀遥感调查，2013 年坡面土壤侵蚀模数和未来治理潜力下坡面土壤侵蚀模数均采用 RUSLE 计算。计算结果显示，2000 年坡面平均土壤侵蚀模数为 5077t/(km² · a)，2013 年坡面平均土壤侵蚀模数为 3617t/(km² · a)，在未来治理潜力下，坡面平均土壤侵蚀模数可降至 1228t/(km² · a)(图 3.13)。按以上土壤侵蚀模数计算，2000 年，河口至花园口区间坡面侵蚀量为 18.6 亿 t，2013 年坡面侵蚀量为 13.25 亿 t，未来治理潜力下的坡面侵蚀量为 4.50 亿 t。随着坡面工程措施的推进及植被恢复，黄河中游坡面来沙量进一步减少。

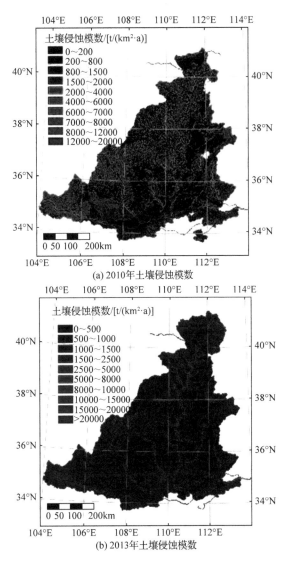

(a) 2010年土壤侵蚀模数

(b) 2013年土壤侵蚀模数

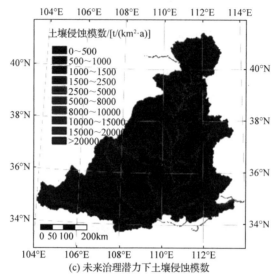

(c) 未来治理潜力下土壤侵蚀模数

图 3.13   河口至花园口土壤侵蚀模数

扫描二维码查看高清图片

参 考 文 献

吴发启, 张玉斌, 王建, 2004. 黄土高原水平梯田的蓄水保土效益分析[J]. 中国水土保持科学, 2(1): 34-37.

ZHANG H M, YANG Q K, LI R, et al., 2013. Extension of a GIS procedure for calculating the RUSLE equation LS factor[J]. Computers & Geosciences, 52: 177-188.

第 4 章　流域地表径流的能量汇聚过程
及其对产输沙的作用机理

4.1　多时空尺度流域侵蚀产沙与径流功率的关系

采用多元非线性模拟方法，基于流域月输沙模数(M_s)、月时间尺度的径流侵蚀功率(E)，分别与流域植被格局指数的六种分形维数(V_i)建立基于植被格局量化参数的流域降雨侵蚀产沙预测模型。

使用大理河上游青阳岔流域青阳岔水文站 1990～2010 年的 98 组月径流泥沙资料，中游小理河流域李家河水文站 1990～2005 年的 33 组月径流泥沙资料，岔巴沟流域曹坪水文站 1996～2010 年的 19 组月径流泥沙资料，大理河流域出口绥德水文站 1990～2005 年的 52 组月径流泥沙资料，计算流域月时间尺度的径流侵蚀功率(E)，建立流域次降雨侵蚀产沙预测模型，模型建立结果如表 4.1 所示。

表 4.1　基于植被格局量化参数的流域月降雨侵蚀产沙预测模型

流域	植被指数	分形算法	模型表达式	判定系数 R^2	F 检验	P	相对误差/%
青阳岔流域 $n=98$	NDVI	FBM	$M_s=63.09V_i^{3.73}E^{0.88}$	0.9394	1028.45	0.0001	0.03
		投影覆盖	$M_s=911.19V_i^{1.15}E^{0.88}$	0.9314	1028.56	0.0001	0.03
		盒维数	$M_s=7072.07V_i^{-0.20}E^{0.88}$	0.9307	1028.87	0.0001	0.03
	FVC	FBM	$M_s=1940.11V_i^{0.50}E^{0.88}$	0.9256	1027.39	0.0001	0.03
		投影覆盖	$M_s=48.00V_i^{5.99}E^{0.88}$	0.9222	1027.32	0.0001	0.03
		盒维数	$M_s=2300.55V_i^{0.488}E^{0.88}$	0.9310	1028.88	0.0001	0.03
小理河流域 $n=33$	NDVI	FBM	$M_s=1.00\times10^{-4}V_i^{26.89}E^{0.94}$	0.9310	249.78	0.0001	0.07
		投影覆盖	$M_s=124.22V_i^{13.02}E^{0.94}$	0.9254	247.89	0.0001	0.07
		盒维数	$M_s=1.22\times10^{6}V_i^{5.70}E^{0.94}$	0.9145	248.76	0.0001	0.07
	FVC	FBM	$M_s=2.45\times10^{7}V_i^{2.66}E^{0.94}$	0.9201	247.57	0.0001	0.07
		投影覆盖	$M_s=4.13\times10^{8}V_i^{-1.27}E^{0.88}$	0.9189	244.08	0.0001	0.05
		盒维数	$M_s=4.42\times10^{8}V_i^{-1.21}E^{0.01}$	0.9207	247.80	0.0001	0.07

流域	植被指数	分形算法	模型表达式	判定系数 R^2	F 检验	P	相对误差/%
岔巴沟流域 $n=19$	NDVI	FBM	$M_s=1.78\times10^8 V_i^{-3.78}E^{0.74}$	0.9334	335.45	0.0001	0.07
		投影覆盖	$M_s=2.42\times10^8 V_i^{-3.68}E^{0.74}$	0.8950	149.19	0.0001	0.07
		盒维数	$M_s=2.64\times10^8 V_i^{-3.68}E^{0.74}$	0.8960	150.80	0.0001	0.07
	FVC	FBM	$M_s=0.0001 V_i^{26.22}E^{0.89}$	0.9007	230.74	0.0001	0.07
		投影覆盖	$M_s=0.0001 V_i^{25.32}E^{0.88}$	0.9104	231.81	0.0001	0.06
		盒维数	$M_s=2.08 V_i^{22.67}E^{0.88}$	0.9037	235.06	0.0001	0.08
大理河流域 $n=52$	NDVI	FBM	$M_s=1.22\times10^{-16} V_i^{46.48}E^{0.68}$	0.7729	125.61	0.0001	0.08
		投影覆盖	$M_s=6.21\times10^5 V_i^{-1.03}E^{0.63}$	0.7539	102.39	0.0001	0.07
		盒维数	$M_s=0.25 V_i^{14.11}E^{0.68}$	0.7219	95.61	0.0001	0.08
	FVC	FBM	$M_s=1075.77 V_i^{5.82}E^{0.68}$	0.7589	105.61	0.0001	0.08
		投影覆盖	$M_s=6.21\times10^8 V_i^{-9.32}E^{0.64}$	0.7128	93.27	0.0001	0.06
		盒维数	$M_s=1.55\times10^8 V_i^{-7.73}E^{0.67}$	0.7365	99.42	0.0001	0.05

注：n 表示样本数；FBM 表示分形布朗运动维数；NDVI 表示植被归一化指数；FVC 表示植被盖度。

由表 4.1 中预测模型可以看出，四个流域的模型预测结果显著性水平均小于 0.01(P=0.001)、判定系数 R^2 均大于 0.70，F 检验和相对误差也都显示出良好的拟合效果。对比输沙模数(y)与月径流侵蚀功率(x)的关系(表 4.2)，可以发现，当引入植被格局量化参数后，大理河流域及其子流域基于植被和径流侵蚀功率的侵蚀产沙耦合关系模型预测精度，都要高于仅采用一个侵蚀动力因子的预测模型结果。

表 4.2　输沙模数与月径流侵蚀功率的关系

流域	控制站	控制面积/km²	模型表达式	判定系数 R^2	样本数量
青阳岔	青阳岔	662.0	$y=2329.4x+0.7165$	0.9286	98
小理河	李家河	807.0	$y=11497x+0.1765$	0.9199	33
岔巴沟	曹坪	187.0	$y=49568x+0.3238$	0.8566	19
大理河	绥德	3893.0	$y=1604.5x+0.0863$	0.6469	52

进一步分析发现，基于分形布朗运动维数的植被格局量化参数，对模型的预测精度明显高于其他植被格局量化参数。分析原因，流域植被覆盖的空间分布具有统计自相似性，流域植被覆盖 FBM 既能体现流域植被分布的基本情况，又能够避免 NDVI 像元点奇异值等对植被空间分布量化表征计算的干扰。不同层次

上的空间格局特征和机制都是与尺度紧密联系的，分形的算法很好地解决了尺度依赖的问题(程圣东，2016)。因此，可以选择基于 NDVI 的流域植被分形布朗运动维数作为流域植被格局量化参数，参与多元非线性回归的流域侵蚀产沙预报模型。

为了进一步验证该侵蚀产沙耦合关系模型的准确性与可靠性，选取未参与模型建立的月降雨场次数据进行验证。选取青阳岔 66 场降雨数据、岔巴沟 19 场降雨数据、绥德 28 场降雨数据、李家河 16 场降雨数据，利用基于 NDVI 的流域植被格局分形布朗运动维数和月时间尺度降雨侵蚀功率耦合关系模型进行验证，预测结果如图 4.1 所示。

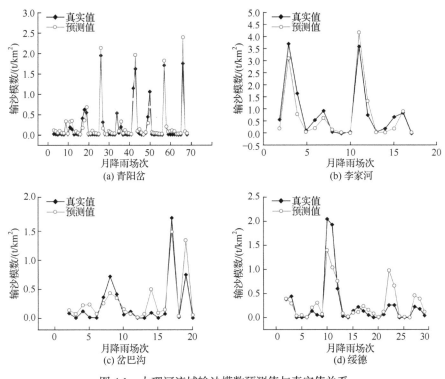

图 4.1　大理河流域输沙模数预测值与真实值关系

基于植被格局分形(NDVI 分形布朗运动维数)和月降雨侵蚀功率参数的大理河流域四个水文站点侵蚀产沙耦合关系模型，具有很好的模拟效果，其对侵蚀产沙的预测表现出很好的模拟能力，平均误差和相对误差都很小。尽管有些降雨事件中预测误差较大，但这可能归因于模型没有涉及地形地貌等流域下垫面情况，所以其预测精度是可以接受的。

4.2 基于分类思想和能量观点的径流输沙尺度效应分析

4.2.1 不同尺度洪水径流过程的类型及水沙传递关系演变

以黄土高原丘陵沟壑区非治理的岔巴沟小流域为例,收集 1959~1969 年该区坡面至流域出口的水文泥沙过程数据。以径流历时、径流深、洪峰流量为分类变量,综合采用聚类分析、判别分析和方差分析的方法,对全坡面、毛沟、支沟和干沟不同尺度洪水径流过程的类型进行综合划分。对不同洪水径流过程的主要侵蚀输沙特征进行统计分析、回归分析和方差分析,筛选相同径流深、不同径流过程且输沙模数>1t/km^2 的径流事件组成若干对比组,分析次洪水径流量一致条件下不同类型洪水径流过程的侵蚀输沙效应。

基于径流侵蚀功率理论,以径流深、瞬时流量、洪峰流量(最大流量)、平均流量、径流变率等径流相关参数为基础,构建不同类型洪水径流事件的能量参数,进行多元逐步回归分析,对含沙量过程进行数学描述,建立水沙传递关系。

假定径流泥沙过程观测的时间间隔为Δt,以 q 表示流量过程,观测断面控制面积为 A,则观测时段内平均径流深为

$$h = \frac{q\Delta t}{A} \tag{4.1}$$

次径流事件平均径流深:

$$H = \frac{\sum q\Delta t}{A} = \sum h \tag{4.2}$$

根据径流侵蚀功率理论,对次径流事件进行定义。

径流侵蚀功率:

$$E = q_{\mathrm{p}} \cdot H = q_{\mathrm{p}} \cdot \sum h \tag{4.3}$$

流量过程之于最大流量的变率:

$$\lambda = \frac{q}{q_{\mathrm{p}}} \tag{4.4}$$

流量过程之于平均流量的变率:

$$\lambda_0 = \frac{q}{q_{\mathrm{m}}} \tag{4.5}$$

则有

$$\frac{\lambda_0}{\lambda} = \frac{q_{\mathrm{p}}}{q_{\mathrm{m}}} = \mathrm{FV} \tag{4.6}$$

有效径流侵蚀功率:

$$P = \lambda \cdot E = q \cdot H \tag{4.7}$$

平均径流侵蚀功率：

$$W = \frac{E}{\mathrm{FV}} = q_{\mathrm{m}} \cdot H \tag{4.8}$$

式中，λ、λ_0、FV 均表示径流变率；E、P、W 表示径流侵蚀的作用功率($\mathrm{m^4/s}$)；q_{p} 表示最大(洪峰)流量($\mathrm{m^3/s}$)；q_{m} 表示平均流量($\mathrm{m^3/s}$)。

根据式(4.9)～式(4.11)，用如下指标反映次径流事件中径流侵蚀作用功率随径流过程的变化：

$$\varepsilon = q_{\mathrm{p}} \cdot h \tag{4.9}$$

$$p = q \cdot h \tag{4.10}$$

$$\omega = q_{\mathrm{m}} \cdot h \tag{4.11}$$

式中，ε、p、ω 单位为 $\mathrm{m^4/s}$。

由集流坡面至流域汇流系统，洪水径流过程类型的复杂性随尺度的增加呈降低趋势(图 4.2)。全坡面尺度径流过程多样，以中小型事件为主，大型事件是调控重点；径流类型较为复杂，水沙关系具有多变的特点，径流含沙量变化的主控因素因径流类型而异，形成不同的泥沙输出过程。与全坡面尺度相比，流域系统洪水事件的分类趋于简单化，以中小型事件为主，大型洪水事件是流域侵蚀输沙的主要动力；洪水类型复杂性降低，水沙关系趋于稳定，径流含沙量的主要影响因素趋于单一化。

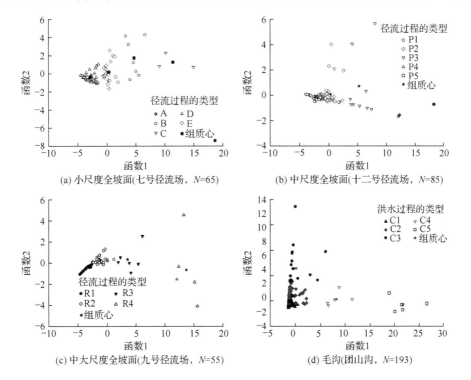

(a) 小尺度全坡面(七号径流场，$N=65$)　　　　(b) 中尺度全坡面(十二号径流场，$N=85$)

(c) 中大尺度全坡面(九号径流场，$N=55$)　　　　(d) 毛沟(团山沟，$N=193$)

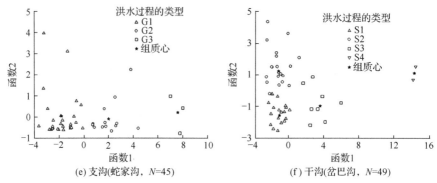

(e) 支沟(蛇家沟，*N*=45)　　　　　　(f) 干沟(岔巴沟，*N*=49)

图 4.2　洪水径流过程的类型

N 为参与统计的径流事件数

　　不同类型洪水事件的侵蚀输沙效应对洪水径流特性的依赖性较强，并表现出明显的尺度变化特征(图 4.3)。中小型产沙事件的侵蚀输沙效应主要受水沙关系的调节，大型产沙事件的侵蚀输沙效应则主要受径流总量的控制。从全坡面尺度到流域系统，在保持径流深相同的情形下，不同洪水径流类型间水沙关系改变引起的最大增沙效应总体表现出随尺度和径流总量增加而减小的趋势：全坡面尺度最大增沙效应为 790%，团山沟毛沟为 78%，蛇家沟支沟为 22%，岔巴沟干沟为 64%。

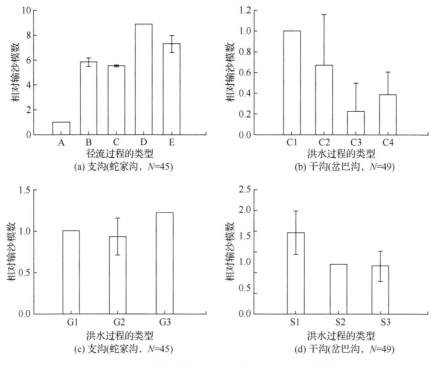

(a) 支沟(蛇家沟，*N*=45)　　　　　　(b) 干沟(岔巴沟，*N*=49)

(c) 支沟(蛇家沟，*N*=45)　　　　　　(d) 干沟(岔巴沟，*N*=49)

图 4.3　不同类型洪水径流过程的相对输沙模数

从全坡面尺度到流域系统,随尺度的延伸,径流能量参数的复杂性降低。径流含沙量与构建的能量参数主要呈幂函数关系和对数函数关系。基于流量(包括瞬时流量、平均流量、最大流量和径流变率)和径流深的不同侵蚀功率指标(有效径流侵蚀功率、平均径流侵蚀功率和径流侵蚀功率),能够反映径流量的累加效应及流量的瞬时作用强度,在构建全坡面尺度和毛沟尺度的水沙传递关系中表现出一定的适用性。

分析表明,侵蚀输沙的"结果"是洪水径流"过程"的"多值函数",水沙关系对侵蚀输沙过程的制约作用显著。坡面尺度的水沙关系具有多变的特点,水沙关系"紊乱"是坡面输沙剧烈变化的重要原因。进入沟道系统,强大的汇流能力和水沙关系的相对恒定是不同空间尺度输沙剧烈变化的重要原因。因此,塑造协调水沙关系是水沙综合调控的重点。

4.2.2　径流侵蚀输沙的空间尺度效应

以岔巴沟小流域不同面积的坡面径流场(二号、三号、四号、七号径流场)、团山沟(小尺度)、蛇家沟(中尺度)、岔巴沟(中大尺度)为典型尺度序列,以 1959～1969 年水文站和观测断面的实测水文泥沙资料为基础,分析次降雨尺度下从坡面至流域出口的径流侵蚀输沙的空间尺度效应。

在坡面尺度,根据数据记录描绘不同小区次径流事件的径流过程线,确定次径流事件最大流量出现的时间,计算不同尺度小区最大流量出现的时间差,筛选28 次全坡面径流事件。

进入流域系统后,为保持水沙过程时空尺度上的一致性和连续性,提取团山沟至流域出口(曹坪)的全流域洪水事件。为此,根据前期流量和含沙量、洪峰流量及其峰现时间确定次洪水过程起涨点与涨水历时,并估算不同尺度下次洪水过程洪峰流量向下游传递的时间。以广泛使用的幂函数形式对不同尺度水文站的水力几何关系进行回归,建立不同尺度水文站的流速-流量关系,如表 4.3 所示。1961～1969 年,蛇家沟站用于回归分析的有效样本量为 14～86,回归方程的决定系数 R^2 为 0.74～0.98。基于次洪水过程线,合理确定不同空间尺度雨洪侵蚀事件的起止时间,筛选全流域洪水事件,总计提取 44 条始于团山沟、止于曹坪的径流侵蚀链。

表 4.3　蛇家沟站流速-流量关系

年份	流速-流量关系	有效样本量	R^2
1961	$V=0.80q^{0.49}$	19	0.94
1962	$V=0.67q^{0.38}$	18	0.83
1963	$V=0.70q^{0.36}$	24	0.89
1964	$V=1.02q^{0.31}$	58	0.87

年份	流速-流量关系	有效样本量	R^2
1965	$V=1.65q^{0.52}$	14	0.74
1966	$V=0.95q^{0.37}$	86	0.94
1967	$V=0.91q^{0.34}$	50	0.76
1968	$V=0.89q^{0.39}$	34	0.98
1969	$V=0.95q^{0.41}$	30	0.97

选择径流量、洪峰流量、径流深、水流剪切力、水流功率、径流能量因子、单位面积径流能量因子、水流能量等指标，通过回归分析，对不同空间尺度内及尺度间径流含沙量、最大径流含沙量、输沙量的变化进行量化描述。

通用土壤流失方程中用径流能量因子表征径流侵蚀力因子：

$$RE = Q \cdot q_p \tag{4.12}$$

式中，RE 为径流能量因子(m^6/s)；Q 为总径流量(m^3)。将其平均至小区面积，得到单位面积径流能量因子：

$$RE_u = q_p \cdot H \tag{4.13}$$

式中，RE_u 为单位面积径流能量因子(m^4/s)；H 为径流深(mm)。

水流剪切力的计算公式为

$$\tau = \gamma_m gHJ \tag{4.14}$$

式中，τ 为水流剪切力(N/m^2)；γ_m 为浑水密度(kg/m^3)；g 为重力加速度($9.8m/s^2$)；J 为平均坡度。

水流功率基于已有算法进行如下改进：

$$\omega = \gamma_m gq_p J \tag{4.15}$$

式中，ω 为水流功率(W/m)。

在式(4.15)中引入 H 项，水流能量为

$$SE = \gamma_m gq_p HJ \tag{4.16}$$

式中，SE 为水流能量。

采用表征含沙量、输沙量及径流-能量相关指标尺度间变化的不同变量，进行回归分析，建立尺度间水沙关系，相关指标计算如下：

$$\Delta X = X_j - X_i, \quad \Delta Y = Y_j - Y_i \tag{4.17}$$

$$X_R = X_j / X_i, \quad Y_R = Y_j / Y_i \tag{4.18}$$

式中，X 表示泥沙变量，包括平均含沙量、最大含沙量和输沙量；Y 表示径流参量，

包括径流量、径流深、洪峰流量、径流能量因子、单位面积径流能量因子、水流剪切力、水流功率和水流能量；ΔX、ΔY 表示任意两尺度间的任一变量之差(顺流)；X_R、Y_R 表示任意两尺度间的任一变量之比(顺流)；i、j 表示不同空间尺度。

对坡面系统而言，$i=1,2,3$，$j=2,3,4$，且 $i \neq j$，1 代表四号径流场，2 代表二号径流场，3 代表三号径流场，4 代表七号径流场；对流域系统而言，$i=1,2$，$j=2,3$，且 $i \neq j$，1 代表团山沟(毛沟)，2 代表蛇家沟(支沟)，3 代表曹坪站(岔巴沟干沟)。

统计结果表明，由四号径流场至七号径流场，径流历时、输沙模数、平均含沙量、最大含沙量的变异系数整体呈减小趋势，而涨水历时、径流深的变异系数整体呈增大趋势，最大流量模数的变异系数呈先减小后增大的趋势(表4.4)。坡面系统不同尺度小区最大流量模数、径流深和输沙模数变异系数较大，平均含沙量和最大含沙量变异系数较小，表明与径流过程相比，坡面侵蚀输沙过程相对较为平稳。

表 4.4　坡面系统不同尺度小区径流泥沙特征

变量	尺度	最小值	最大值	平均值	标准差	变异系数/%
径流历时 T/min	四号径流场	5	70	23.61	17.97	76
	二号径流场	7	70	25.50	16.69	65
	三号径流场	5	74	26.04	17.73	68
	七号径流场	9	75	35.46	18.49	52
涨水历时 T_p/min	四号径流场	1	44	9.91	11.24	13
	二号径流场	1	45	11.73	12.66	108
	三号径流场	1	48	11.75	13.52	115
	七号径流场	1	107	15.25	20.61	135
最大流量模数 D_p /[m³/(km²·s)]	四号径流场	0.53	97.67	19.37	24.35	126
	二号径流场	0.27	75.17	20.96	22.57	108
	三号径流场	0.01	55.22	16.39	16.65	102
	七号径流场	0.04	52.21	11.32	13.42	119
径流深 H/mm	四号径流场	0.11	23.03	5.73	6.17	108
	二号径流场	0.09	28.57	6.91	7.93	115
	三号径流场	0.002	26.78	6.31	7.23	115
	七号径流场	0.01	24.41	6.25	8.13	130
输沙模数 SSY/(t/km²)	四号径流场	2.23	9065	1774	2600	147
	二号径流场	4.86	13314	2962	4029	136
	三号径流场	0.01	12691	2847	3789	133
	七号径流场	0.72	17522	4544	5881	129

变量	尺度	最小值	最大值	平均值	标准差	变异系数/%
平均含沙量 SCE/(kg/m³)	四号径流场	21	540	215	162	76
	二号径流场	44	709	311	194	62
	三号径流场	3	728	348	223	64
	七号径流场	24	935	573	276	48
最大含沙量 MSCE/(kg/m³)	四号径流场	28.4	778	323	218	68
	二号径流场	58.6	910	430	242	56
	三号径流场	5.16	957	449	281	63
	七号径流场	47.8	1120	711	309	43

随径流场面积的增加，径流历时、涨水历时、平均含沙量和最大含沙量呈增大趋势，最大流量模数呈先增大后减小的趋势，径流深呈现先增大后稳定的趋势，输沙模数呈先增大后减小又增大的趋势。上述现象的出现主要与坡面尺度地表过程中存在的非线性效应有关，即产流产沙过程与主要控制因子间存在非线性关系。由于作用于不同空间尺度的主要侵蚀过程不同，坡面系统不同地貌单元的侵蚀强度差异较大。自坡顶向下，侵蚀类型随坡长的增加发生变化。在无侵蚀带(或称为细沟侵蚀不显露带)中，溅蚀与片流搬运是主要的侵蚀作用，侵蚀强度和含沙量较小。顺坡向下进入细沟侵蚀带后，侵蚀强度和含沙量会显著增大。当浅沟出现后，水流的下切和浅沟沟壁的崩塌将会使水流含沙量进一步增大(尹武君，2012)。上述结果表明，坡面侵蚀过程中尺度的作用依赖于侵蚀形态的演变特征及侵蚀的程度。

简单回归分析输沙量、径流含沙量与径流-能量相关指标间的相关关系，建立坡面系统基于事件的水沙关系，如表 4.5 所示。

表 4.5　坡面系统基于事件的水沙关系

指标	ESY		SSY		SCE		MSCE	
	方程	R^2	方程	R^2	方程	R^2	方程	R^2
Q/m^3	ESY=719.2Q	0.98	SSY=229.1$Q^{1.22}$	0.84	SCE=191.7$Q^{0.39}$	0.61	MSCE=276.9$Q^{0.36}$	0.59
$q_p/(m^3/s)$	ESY=1×10⁶$q_p^{1.5}$	0.94	SSY=458938$q_p^{1.33}$	0.85	SCE=2541.7$q_p^{0.45}$	0.69	MSCE=2804.9$q_p^{0.41}$	0.65
H/mm	ESY=191.6$H^{1.27}$	0.71	SSY=193.5$H^{1.35}$	0.92	SCE=193.4$H^{0.35}$	0.42	MSCE=277.69$H^{0.32}$	0.43
τ/Pa	ESY=24.4$\tau^{1.3}$	0.79	SSY=99.9τ−264.2	0.95	SCE=107.97$\tau^{0.36}$	0.50	MSCE=162.4$\tau^{0.34}$	0.50
$\omega/(W/m)$	ESY=4.4$\omega^{1.4}$	0.94	SSY=8.9$\omega^{1.21}$	0.81	SCE=58.837$\omega^{0.43}$	0.71	MSCE=96.7$\omega^{0.38}$	0.67
$RE/(m^6/s)$	ESY=12772$RE^{0.74}$	0.96	SSY=9219.5$RE^{0.65}$	0.86	SCE=648.49$RE^{0.22}$	0.66	MSCE=830.5$RE^{0.19}$	0.63
$RE_u/(m^4/s)$	ESY=2×10⁶$RE_u^{0.75}$	0.88	SSY=2×10⁶$RE_u^{0.72}$	0.95	SCE=2835.5$RE_u^{0.22}$	0.59	MSCE=3203.6$RE_u^{0.20}$	0.58
SE/W	ESY=3856.5$SE^{0.74}$	0.91	SSY=3731.4$SE^{0.70}$	0.95	SCE=456.1$SE^{0.21}$	0.62	MSCE=607.9$SE^{0.19}$	0.60

注：ESY 为输沙量；SSY 为输沙模数；SCE 为平均含沙量；MSCE 为最大含沙量；回归结果均在 $P=0.001$ 水平上具有显著性，有效样本数量为 112。

　　表 4.5 表明，回归方程的形式以幂函数为主。除总径流量外，输沙量与主要径流参量呈幂函数关系。坡面系统不同空间尺度的输沙量则主要取决于总径流量(线性正相关，$R^2=0.98$)。水流剪切力、单位面积径流能量因子、水流能量等参数描述坡面系统不同空间尺度输沙模数变化的有效性相近($R^2=0.95$)。其中，输沙模数与水流剪切力线性相关，与单位面积径流能量因子和水流能量呈幂函数关系。平均含沙量和最大含沙量均与主要径流参量呈幂函数关系，其中水流功率的决定系数最大(R^2 分别为 0.71 和 0.67)。综合而言，与洪峰流量、径流能量因子等指标相比，水流功率更适宜描述平均含沙量和最大含沙量的变化。

　　坡面系统不同尺度间(顺坡)输沙量之比与单位面积径流能量因子之比关系最为密切($R^2=0.94$)，水流能量之比与径流深之比次之；输沙模数之比与径流深之比关系最为密切($R^2=0.92$)，单位面积径流能量因子之比次之；平均含沙量之比和最大含沙量之比均与单位面积径流能量因子之比关系最为密切(R^2 分别为 0.69 和 0.77)，水流能量之比次之(表 4.6)。就整体表现而言，单位面积径流能量因子优于径流深、水流能量等指标。欲消除坡面系统不同空间尺度输沙量的尺度效应，即 $ESY_R=1$，则需要将相应的单位面积径流能量因子之比减小至 1.8 以下，将相应的水流能量之比减小至 2.2 以下。将单位面积径流能量因子之比减小至 3.2 以下，或将水流能量之比减小至 4.2 以下，可消除输沙模数的尺度效应，即 $SSY_R=1$。类似地，欲消除平均含沙量的尺度效应，即 $SCE_R=1$，则需要将水流剪切力之比减小至 0.61 以下。欲消除最大含沙量的尺度效应，即 $MSCE_R=1$，则需要将对应的水流剪切力之比调整至 0.12。

表 4.6　坡面系统尺度间水沙关系(一)

指标	ESY_R		SSY_R		SCE_R		$MSCE_R$	
	方程	R^2	方程	R^2	方程	R^2	方程	R^2
Q_R	$ESY_R=0.9Q_R^{1.58}$	0.90	$SSY_R=0.32Q_R^{1.2}$	0.67	$SCE_R=0.9Q_R^{0.58}$	0.54	$MSCE_R=0.02Q_R^2$ $-0.12Q_R+1.69$	0.61
q_{pR}	$ESY_R=1.2q_{pR}^{1.52}$	0.83	$SSY_R=0.38q_{pR}^{1.2}$	0.67	$SCE_R=0.98q_{pR}^{0.58}$	0.54	$MSCE_R=0.93q_{pR}^{0.52}$	0.47
H_R	$ESY_R=33H_R^2$ $-41.5H_R+18.6$	0.92	$SSY_R=5.2H_R^2$ $-4.9H_R+1.2$	0.92	$SCE_R=0.6H_R^2$ $+0.1H_R+1.5$	0.60	$MSCE_R=0.8H_R^2$ $-0.75H_R+1.74$	0.73
τ_R	$ESY_R=10\tau_R^2$ $+3.9\tau_R-5.2$	0.91	$SSY_R=1.4\tau_R^{1.5}$	0.87	$SCE_R=2.3\tau_R-0.40$	0.54	$MSCE_R=0.22\tau_R^2$ $+0.56\tau_R+0.93$	0.70
ω_R	$ESY_R=1.02\omega_R^{1.36}$	0.85	$SSY_R=0.35\omega_R^{1.01}$	0.61	$SCE_R=0.9\omega_R^{0.52}$	0.55	$MSCE_R=0.87\omega_R^{0.47}$	0.48
RE_R	$ESY_R=RE_R^{0.8}$	0.89	$SSY_R=0.34RE_R^{0.6}$	0.69	$SCE_R=0.93RE_R^{0.3}$	0.56	$MSCE_R=0.015RE_R+1.4$	0.51
RE_{uR}	$ESY_R=5.5RE_{uR}-9.1$	0.94	$SSY_R=0.88RE_{uR}-1.8$	0.91	$SCE_R=0.13RE_{uR}$ $+1.57$	0.69	$MSCE_R=0.15RE_{uR}$ $+1.25$	0.77
SE_R	$ESY_R=3.3SE_R-6.3$	0.92	$SSY_R=0.53SE_R-1.2$	0.85	$SCE_R=0.08SE_R+1.67$	0.64	$MSCE_R=0.09SE_R+1.35$	0.73

　　注：ESY_R 为输沙量之比；SSY_R 为输沙模数之比；SCE_R 为平均含沙量之比；$MSCE_R$ 为最大含沙量之比；回归结果均在 $P=0.001$ 水平上具有显著性，有效样本数量为 168，后同。

　　坡面系统不同尺度间(顺坡)输沙量之差与总径流量之差关系为密切(R^2=0.98)，径流能量因子之差次之；输沙模数之差与水流剪切力之差关系最为密切(R^2=0.92)，水流能量之差与径流深之差次之(表4.7)。欲消除坡面系统不同空间尺度输沙量的尺度效应，即 ΔESY=0，则需要将径流能量因子之差减小至 56.5m^6/s，或将水流能量之差减小至 76.2W，或将单位面积径流能量因子之差减小至 0.01m^4/s，又或将水流功率之差减小至 5.56W/m。类似地，欲消除输沙模数的尺度效应，即 ΔSSY=0，则需要将水流能量之差减小至 53.3W。不同尺度间(顺坡)输沙量之差主要取决于总径流量的变化，理论上，总径流量每增加 1m^3 可使输沙量增加近 0.77t(顺坡)，洪峰流量每增加 1m^3/s 可使输沙量增加 402t(顺坡)。

表 4.7　坡面系统尺度间水沙关系(二)

指标	ΔESY		ΔSSY	
	方程	R^2	方程	R^2
ΔQ	ΔESY=768.2ΔQ	0.98	ΔSSY=79.6ΔQ+295	0.51
Δq_p	ΔESY=402130Δq_p	0.84	ΔSSY=37462Δq_p+379	0.35
ΔH	—	—	ΔSSY=16.8ΔH^2+639ΔH+1089	0.62
$\Delta\tau$	ΔESY=536.05$\Delta\tau$+5083.5	0.49	ΔSSY=105.9$\Delta\tau$+360	0.92
$\Delta\omega$	ΔESY=52.791$\Delta\omega$−293.55	0.87	ΔSSY=4.55$\Delta\omega$+463	0.31
ΔRE	ΔESY=−116.29ΔRE^2+6531.8ΔRE+2018.1	0.95	ΔSSY=−18.3ΔRE^2+814ΔRE+509	0.46
ΔRE$_u$	ΔESY=−3×$10^9\Delta$RE$_u^2$+3×$10^7\Delta$RE$_u$+1650	0.87	ΔSSY=2×$10^6\Delta$RE$_u$+639	0.46
ΔSE	ΔESY=−59.2ΔSE^2+4490ΔSE+1645	0.92	ΔSSY=−13.7ΔSE^2+725ΔSE+268	0.63

　　坡面系统不同尺度间(顺坡)平均含沙量之差和最大含沙量之差与径流参量之比呈对数函数关系。其中，水流功率之比的决定系数最大，分别为 0.62 和 0.53；径流能量因子之比次之，决定系数分别为 0.55 和 0.48(表4.8)。

表 4.8　坡面系统尺度间水沙关系(三)

指标	ΔSCE		ΔMSCE	
	方程	R^2	方程	R^2
Q_R	ΔSCE=120.3lnQ_R+58.9	0.51	ΔMSCE=138.3lnQ_R+52.1	0.47
q_{pR}	ΔSCE=124.8lnq_{pR}+73.4	0.55	ΔMSCE=136.3lnq_{pR}+75.3	0.46
H_R	ΔSCE=72.1lnH_R+213.9	0.13	ΔMSCE=84.8lnH_R+231.2	0.13
τ_R	ΔSCE=96.6lnτ_R+201.2	0.26	ΔMSCE=112.9lnτ_R+216.1	0.25
ω_R	ΔSCE=117.9lnω_R+52.2	0.62	ΔMSCE=129.7lnω_R+51	0.53
RE$_R$	ΔSCE=63.1lnRE$_R$+62.4	0.55	ΔMSCE=70.7lnRE$_R$+59.9	0.48
RE$_{uR}$	ΔSCE=60.1lnRE$_{uR}$+155.3	0.38	ΔMSCE=67.1lnRE$_{uR}$+164	0.33
SE$_R$	ΔSCE=62.1lnSE$_R$+140	0.44	ΔMSCE=69.5lnSE$_R$+146.6	0.39

与上游含沙水流相比，下游含沙水流维持相同径流含沙量(消除含沙量的尺度效应)，即 $\Delta X=0$ 时，对应的径流参量临界比值可由表 4.8 中的回归方程得到。

因此，令 $\Delta SCE=0$，可得 $\omega_R=0.64$，$RE_R=0.37$，$q_{pR}=0.56$，$Q_R=0.61$。

令 $\Delta MSCE=0$，可得 $\omega_R=0.67$，$RE_R=0.43$，$q_{pR}=0.58$，$Q_R=0.69$。

下游含沙水流的水流功率、径流能量、最大流量、径流总量分别需要平均减小 36%、63%、44%、39%，方可维持与上游含沙水流相同的径流含沙量。针对最大含沙量，以上几个径流参量相应的减小幅度分别为 33%、57%、42%、31%。这与坡面系统侵蚀方式的急剧演变密切相关。已有的研究表明，在裸露的黄土坡面上，在雨滴溅蚀作用下可形成高含沙水流，作为一种特殊的侵蚀营力。由于水流能耗降低，高含沙水流的搬运能力显著增强。黄土物质结构疏松，垂直节理发育，且抗剪强度较小，极易形成破裂面与滑动面(许炯心，1999)。在全坡面尺度(沟坡)发生崩塌、泻溜等形式的重力侵蚀情况下，形成大量的泥沙补给，而高含沙水流的作用方式未发生太大变化，因此较小的径流能量即可带走相对较多的泥沙。

径流侵蚀力侵蚀链内不同尺度水文站径流泥沙特征如表 4.9 所示。流域系统侵蚀链内不同尺度最大流量模数和输沙模数变异性较大，平均含沙量和最大含沙量变异性较低，意味着径流过程较为波动而输沙过程较为平稳。由团山沟站至曹坪站(岔巴沟)，所有变量的变异系数均呈减小趋势，表明流域面积越大，径流过程波动性越低、输沙过程越趋于平稳、含沙量及水沙关系越接近稳定。

表 4.9　径流侵蚀力侵蚀链内不同尺度水文站径流泥沙特征

变量	空间尺度	统计描述			
		最小值	最大值	平均值	变异系数/%
T/min	团山沟 TSG	35	1092	168[b]	112
	蛇家沟 SJG	64	1425	271[b]	89
	岔巴沟 CBG	138	1645	441[a]	56
T_p/min	团山沟 TSG	3	314	47[a]	156
	蛇家沟 SJG	3	465	55[a]	194
	岔巴沟 CBG	2	312	60[a]	131
D_p/[m³/(kg² · s)]	团山沟 TSG	0.0028	70.56	10.10[a]	167
	蛇家沟 SJG	0.0065	22.3	3.59[a]	153
	岔巴沟 CBG	0.0049	8.13	1.18[b]	138
H/mm	团山沟 TSG	0.01	31.6	5.6[a]	146
	蛇家沟 SJG	0.03	30.3	5.0[a]	137
	岔巴沟 CBG	0.1	35.6	4.7[a]	132

续表

变量	空间尺度	统计描述			
		最小值	最大值	平均值	变异系数/%
SSY/(t/km²)	团山沟 TSG	0.03	23710	3912[a]	160
	蛇家沟 SJG	0.08	19240	3285[a]	148
	岔巴沟 CBG	7.46	27859	3522[a]	141
SCE/(kg/m³)	团山沟 TSG	5.67	887	497[b]	49
	蛇家沟 SJG	1.73	829	524[b]	45
	岔巴沟 CBG	69.50	997	679[a]	28
MSCE/(kg/m³)	团山沟 TSG	11.9	1030	639[b]	42
	蛇家沟 SJG	1.9	953	634[b]	41
	岔巴沟 CBG	83.0	1220	800[a]	24

注：平均值上不同字母表示在 $P=0.05$ 水平上具有显著差异；统计样本数量为 44。

最大流量模数和径流深由团山沟站至曹坪站均呈减小趋势，团山沟站和蛇家沟站的最大流量模数无显著性差异，但显著大于曹坪站。平均含沙量从团山沟站至曹坪站呈增大趋势，这是因为流域系统高含沙水流具有能耗低、粗颗粒泥沙沉降速度小、挟沙能力大、侵蚀能力强的特点(闫云霞等，2010)；高含沙水流挟沙力与水流能耗间存在正反馈机制，即含沙量增大使水流能耗减小，水流挟沙能力增强，从而发生冲刷，使含沙量增大。输沙模数和最大含沙量则在蛇家沟站有所减小，在曹坪站又增大，其主要原因是：由毛沟至支沟，沟道比降减小，水流挟沙能力降低；由支沟到干沟，沟道密度增加，水流剪切力与沟道密度的综合作用又使得输沙模数增加。曹坪站的平均含沙量和最大含沙量显著大于团山沟站和蛇家沟站，团山沟站和蛇家沟站的平均含沙量和最大含沙量则无显著性差异。

表 4.10 给出了径流侵蚀链内基于事件的水沙关系回归结果。回归结果表明，除水流剪切力(指数函数关系)，平均含沙量和最大含沙量与主要径流参量均呈对数函数关系，输沙量与主要径流参量则主要呈幂函数关系。综合而言，与洪峰流量、径流深等单一指标和水流剪切力等力学指标相比，引入洪峰流量项的水流功率、单位面积径流能量因子和水流能量等复合能量指标更适宜描述平均含沙量和最大含沙量的变化。侵蚀链内不同尺度的输沙量主要取决于径流量，表明对高含沙水流而言，由于水沙关系趋于稳定(图 4.4)，输沙量增大主要来源于径流量增加。

表 4.10　径流侵蚀链内水沙关系回归结果

变量	SCE		MSCE		ESY	
	方程	R^2	方程	R^2	方程	R^2
Q	—	—	—	—	ESY=784.01Q	0.99
q_p	SCE=61.1lnq_p+461	0.58	MSCE=61.2lnq_p+585.2	0.51	ESY=4.42×10$^5q_p^{1.36}$	0.96
H	SCE=110.6ln$H$+489.3	0.56	MSCE=118.5ln$H$+607.9	0.57	—	—
τ	SCE=$e^{6.35}e^{-0.023/\tau}$	0.61	MSCE=$e^{6.58}e^{-0.022/\tau}$	0.67	—	—
ω	SCE=87.7lnω−85.2	0.76	MSCE=90.4lnω+18.6	0.72	ESY=436.28$\omega^{1.68}$	0.84
RE	—	—	—	—	ESY=4101RE$^{0.64}$	0.97
RE$_u$	SCE=46.2lnRE$_u$+773.5	0.67	MSCE=47.3lnRE$_u$+902.7	0.63	—	—
SE	SCE=53.3lnSE+501.4	0.73	MSCE=55.8lnSE+622.5	0.71	ESY=10^{7}SE	0.86

注：回归结果均在 P=0.001 水平上具有显著性，表中并未给出 R^2 小于 0.5 的回归结果，有效样本数量为 132。

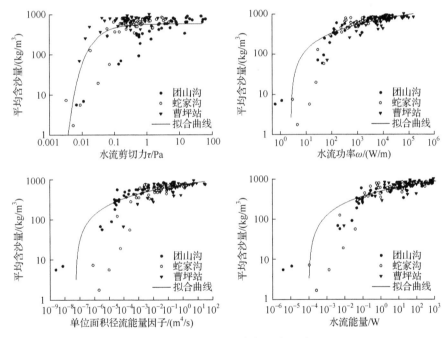

图 4.4　流域系统基于事件的水沙关系
最大含沙量的回归结果与平均含沙量类似，图中未给出

ΔX、X_R 与 ΔY、Y_R 的关系如图 4.5 所示。在沙源丰富区存在侵蚀阈值(受分离能力限制)，一般径流侵蚀动力或能量耗散速率处于较低水平时，平均含沙量随侵蚀动力或能量耗散速率的增大迅速增加；当径流侵蚀动力或能量耗散速率处于高水平时，平均含沙量则维持在较为稳定的状态，该现象存在于侵蚀链内毛沟至干沟不同空间尺度的水沙过程中。高含沙水流分离能力受限，其驱动的侵蚀过程以

泥沙输移过程为主。尽管高含沙水流存在正反馈效应，但当超越侵蚀阈值状态(受分离能力限制)后，径流侵蚀动力或能量耗散速率的增大将不会引起含沙量的进一步增加。因此，侵蚀事件的含沙量极值(受分离能力限制)可以看作是水流最大挟沙力的反映。

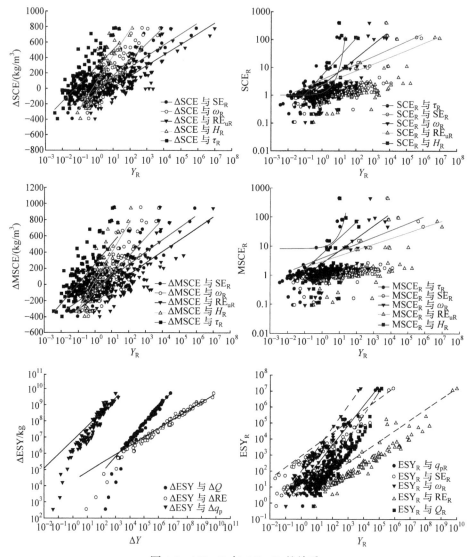

图 4.5　ΔX、X_R 与 ΔY、Y_R 的关系

尺度间水沙关系的回归结果如表 4.11 所示。径流侵蚀链内不同尺度间(顺流)的平均含沙量之差和最大含沙量之差与相应的径流参量之比呈对数函数关系。总体上看，复合指标优于单一指标，能量参数优于力学参数。其中，引入洪峰流量

和径流深的水流能量指标拟合效果最佳，水流剪切力的拟合效果最差，表明水流能量的变化更能解释流域尺度含沙量的变化，而基于平均径流深的水流剪切力已不太适宜描述流域系统的径流输沙过程。

表 4.11　尺度间水沙关系回归结果

指标	ΔSCE		ΔMSCE		ΔESY		ESY_R	
	方程	R^2	方程	R^2	方程	R^2	方程	R^2
$SE_R/\Delta SE$	$\Delta SCE=62.3\ln SE_R-9$	0.76	$\Delta MSCE=69.1\ln SE_R-36.9$	0.70	$\Delta ESY=1\times10^6\Delta SE+3\times10^8$	0.82	$ESY_R=21.4SE_R$	0.96
ω_R	$\Delta SCE=91.5\ln\omega_R-47.1$	0.71	$\Delta MSCE=102.3\ln\omega_R-80.7$	0.65	—	—	$ESY_R=2445.9\omega_R$	0.96
$RE_{uR}/RE_R/\Delta RE$	$\Delta SCE=60\ln RE_{uR}-115.9$	0.69	$\Delta MSCE=65.1\ln RE_{uR}-149.7$	0.60	$\Delta ESY=2726.2\Delta RE^{0.66}$	0.96	$ESY_R=0.0017RE_R$	0.97
$H_R/Q_R/\Delta Q$	$\Delta SCE=147.3\ln H_R+84.3$	0.67	$\Delta MSCE=161.2\ln H_R+67.3$	0.59	$\Delta ESY=785.5\Delta Q$	0.99	$ESY_R=109.3Q_R$	0.94
$q_{pR}/\Delta q_p$	$\Delta SCE=185.4\ln q_{pR}-195$	0.60	$\Delta MSCE=92.1\ln q_{pR}-233.6$	0.51	$\Delta ESY=7\times10^5\Delta q_p^{1.29}$	0.99	$ESY_R=206.5q_{pR}$	0.99
R	$\Delta SCE=197.9\ln R+279.1$	0.52	$\Delta MSCE=112.6\ln R+289.2$	0.51				

下游含沙水流与上游维持相同的径流含沙量(消除含沙量的尺度效应)，即 $\Delta X=0$ 时，相应径流参量的临界比值可由表 4.11 中的回归方程得到。

因此，令 $\Delta SCE=0$，可得 $SE_R=1.2$，$\omega_R=1.7$，$RE_{uR}=6.9$，$H_R=0.6$，$q_{pR}=2.9$，$\tau_R=0.2$。

令 $\Delta MSCE=0$，可得 $SE_R=1.7$，$\omega_R=2.2$，$RE_{uR}=10$，$H_R=0.7$，$q_{pR}=12.6$，$\tau_R=0.08$。

下游含沙水流的水流能量、水流功率、单位面积径流能量因子、洪峰流量分别需要平均增大 20%、70%、590%、190%，方可维持与上游含沙水流相同的径流含沙量。对于最大含沙量，径流参量相应的增加幅度分别为 70%、120%、900%、1160%。下游径流维持与上游径流一致的含沙量并不需要水流剪切力的进一步增大，H_R、τ_R 均小于 1。可能的原因是，进入高含沙水流范畴以后，悬浮力和水流阻力减小，含沙量增大，只需更弱的水流强度即可维持悬移质运动及平衡输沙。

坡面系统含沙水流的尺度效应随径流场控制面积的增大呈降低趋势，径流侵蚀输沙过程的非线性规律在全坡面尺度开始明显。流域系统径流侵蚀链内，随流域面积的增大，含沙水流的空间尺度效应降低，对下游径流输沙的影响也逐渐变得有限，输沙模数大于 $300t/km^2$ 的大型侵蚀产沙事件尤为明显。

坡面系统不同尺度间(顺坡)输沙量之差主要取决于径流总量的变化，总径流量每增加 $1m^3$ 可使输沙量增加近 $0.77t$(顺坡)，而洪峰流量每增加 $1m^3/s$ 可使输沙量增加 $402t$(顺坡)。欲消除坡面系统不同空间尺度输沙量的尺度效应，则需要将单位面积径流能量因子之比调控至 1.8 以下，将径流能量因子之差调至 $56.5m^6/s$ 以下。流域系统径流侵蚀链中，径流对流域产沙的空间尺度效应变化不大，径流变率是造成不同空间尺度流域产沙显著差异的重要因素。洪峰流量反映了侵蚀链内的径流变率，其增沙作用是相同条件下径流量增沙作用的 875 倍以上，是侵蚀输沙空间尺度效应的重要原因。欲消除上下游之间输沙量的尺度效应，则需要将洪峰流量之比调至 5‰以下，将径流能量因子之比调至 600 以下。

4.2.3 上游含沙水流对下游输沙的影响

分别分析毛沟-支沟(团山沟站-蛇家沟站)、支沟-干沟(蛇家沟站-曹坪站)尺度下的含沙量关系及其对径流输沙的影响。

对全部事件而言，在毛沟-支沟尺度下，蛇家沟站的平均含沙量和最大含沙量与团山沟站的平均含沙量和最大含沙量相关性较好，呈幂函数关系[式4.19 和图 4.6(a)]。在支沟-干沟尺度下，相关性迅速减小[式(4.20)和图 4.6(b)]。显然，由毛沟-支沟尺度扩大至支沟-干沟尺度，上游含沙水流对下游径流的含沙量影响受到限制，表明随着流域面积的增大，径流含沙量的尺度依赖性降低。尽管如此，剔除输沙模数小于 300t/km^2 的小事件后，毛沟-支沟尺度和支沟-干沟尺度下的相关关系均有不同程度的减弱[式(4.21)和式(4.22)]，表明在流域系统中，与低含沙水流相比，高含沙水流对下游径流含沙量的影响更为有限。

$$\begin{cases} SCE_{she} = 0.19SCE_{tuan}^{1.24}, & R^2 = 0.76 \\ MSCE_{she} = 0.48MSCE_{tuan}^{1.12}, & R^2 = 0.73 \end{cases} \quad N = 44 \quad (4.19)$$

$$\begin{cases} SCE_{she} = 0.35SCE_{she} + 493, & R^2 = 0.19 \\ MSCE_{cha} = 545.5e^{0.001MSCE_{she}}, & R^2 = 0.11 \end{cases} \quad N = 44 \quad (4.20)$$

$$\begin{cases} SCE_{she} = 0.64SCE_{tuan} + 215.6, & R^2 = 0.59 \\ MSCE_{she} = e^{7.14}e^{\frac{-410.3}{MSCE_{tuan}}}, & R^2 = 0.45 \end{cases} \quad N = 27 \quad (4.21)$$

$$\begin{cases} SCE_{cha} = 17.7SCE_{she}^{0.58}, & R^2 = 0.37 \\ MSCE_{cha} = 111.8MSCE_{she}^{0.30}, & R^2 = 0.08 \end{cases} \quad N = 32 \quad (4.22)$$

式中，SCE_{tuan}、SCE_{she}、SCE_{cha} 分别为团山沟站、蛇家沟站、曹坪站的平均含沙量(kg/m^3)；

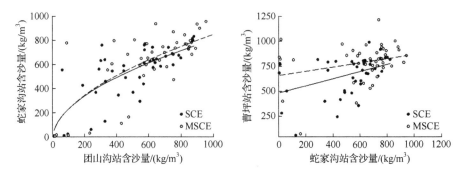

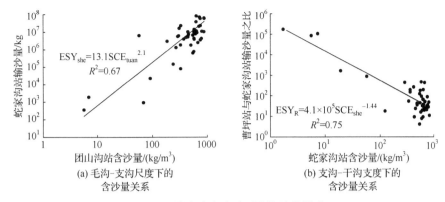

图 4.6 上游含沙水流对下游输沙的影响

$MSCE_{tuan}$、$MSCE_{she}$、$MSCE_{cha}$ 分别为团山沟站、蛇家沟站、曹坪站的最大含沙量(kg/m^3)。R^2 超过 0.3 均在 0.001 水平上显著，R^2 小于 0.3 均在 0.001 水平上不显著。

对全部事件而言，在毛沟-支沟尺度下，蛇家沟站的输沙量与团山沟站的含沙量密切相关，呈幂函数增加趋势[图 4.6(c)]。在支沟-干沟尺度下，曹坪站与蛇家沟站的输沙量之比与蛇家沟含沙量呈幂函数减小趋势[图 4.6(d)]。这一方面表明，毛沟-支沟尺度下上游含沙水流促进了下游的泥沙输出；另一方面表明，上游径流含沙量的增加限制了下游水流挟沙能力的进一步增大，使支沟-干沟尺度下的输沙量之比减小。筛选输沙模数大于 $300t/km^2$ 的大事件后重新分析，结果显示，毛沟-支沟尺度和支沟-干沟尺度下相应的回归关系减弱[式(4.23)和式(4.24)]，表明随着流域面积的增大，高含沙水流驱动下的输沙过程空间尺度效应减小。

$$ESY'_R = 181.5e^{-0.003SCE_{tuan}}, \quad R^2 = 0.52 \tag{4.23}$$

$$ESY_R = 1.5 \times 10^5 SCE_{she}^{-1.24}, \quad R^2 = 0.08 \tag{4.24}$$

式中，ESY'_R 为毛沟-支沟尺度下的输沙量之比；ESY_R 为支沟-干沟尺度下的输沙量之比。

尺度问题在地貌过程及水文模拟研究中具有重要意义，基于毛沟-支沟-干沟尺度序列典型水文站的实测径流泥沙数据，分析流域系统基于事件的径流侵蚀链内泥沙输移的空间尺度效应。①基于毛沟-支沟-干沟侵蚀链不同空间尺度的平均输沙模数、平均含沙量、最大含沙量分别依次为 $3912t/km^2$、$3285t/km^2$、$3522t/km^2$，$497kg/m^3$、$524kg/m^3$、$679kg/m^3$，$639kg/m^3$、$634kg/m^3$、$800kg/m^3$，均保持空间上的不变性。②与单一力学指标相比，引入洪峰流量项的水流功率、单位面积径流能量因子和水流能量等复合能量指标，能更好地描述侵蚀链不同尺度内及尺度间水沙关系。③侵蚀链的输沙量主要取决于径流量，洪峰流量能更好地解释侵蚀链内不同尺度径流输沙的差异，在侵蚀输沙的预测变量中引入表征径流变率的指标将会提高中小型产沙事件泥沙预报的可靠性；单位洪峰流量(增加 1m³/s)引起的输沙增量是单位径流量(增加 1m³)的 875 倍以上，欲使侵蚀链内不同尺度间达到输沙平衡，则需要将对应的洪峰流量之比调控至 5‰以下，或将对应的径流能量之比调控至 600 以下。④侵蚀链内上游含沙水流对下游的泥沙输移影响有限，随流域面积增大，含沙水流的空间尺度效应降低，输沙模数大于 300t/km² 的大型侵蚀产沙事件尤为明显。分析结果突出了流域系统径流侵蚀的过程特性和洪水调控可能引起的巨大减沙潜力。因此，针对高含沙水流，侵蚀链内的泥沙调控及其水土保持措施的效益评估和功能评价应基于过程。研究结果可为全面揭示径流调控系统的水土保持意义、推动水土保持措施效益的精细化评估提供理论依据和科学支撑。

4.3 流域系统不同类型洪水过程的侵蚀输沙效应及其侵蚀能量特征

4.3.1 毛沟尺度不同类型洪水过程的侵蚀输沙效应及其侵蚀能量特征

基于事件的团山沟毛沟洪水径流及泥沙统计特征(表 4.12)表明，统计变量的变化范围较广。1961～1969 年，团山沟毛沟洪水事件历时较长，平均洪水历时 203.9min。历时不超过 200min 的洪水事件 125 次，占全部洪水事件的 64.8%；历时超过 500min 的洪水事件共 14 次，占全部洪水事件的 7.3%，其中 4 次洪水事件的历时超过 1000min，最大洪水历时为 1832min。洪峰流量的平均值为 0.44m³/s。其中，洪峰流量超过 0.04m³/s 的洪水事件 59 次，占全部洪水事件的 30.6%；洪峰流量超过 0.4m³/s 的洪水事件 28 次，其中 16 次洪峰流量超过 1m³/s，6 次超过 4m³/s。洪水径流深的变化范围为 0.0001～31.6mm，平均值为 1.4mm。其中，径流深超过 1mm 的洪水事件 32 次，径流深超过 5mm 的洪水事件 12 次，径流深超过 10mm 的洪水事件 7 次。径流变率最小值为 1.1，最大值为 98.1，平均值为 8.4，径流变率不超过 2 的洪水事件 33 次，占全部洪水事件的 17.1%。

表 4.12 基于事件的团山沟毛沟洪水径流及泥沙统计特征

变量	统计描述					N
	最小值	最大值	平均值	标准差	变异系数/%	
T/min	6	1832	203.9	235.1	120	193

续表

变量	统计描述					N
	最小值	最大值	平均值	标准差	变异系数/%	
T_p/min	1	1322	54	124.4	230	193
T_r/min	5	905	136	150.5	110	193
q_p/(m³/s)	0.0001	12.7	0.44	1.6	360	193
H/mm	0.0001	31.6	1.4	4.5	320	193
q_m/(m³/s)	0.000038	0.82	0.02	0.08	400	193
FV	1.1	98.1	8.4	11.6	140	193
SSY/(t/km²)	0.0002	23712	1124.9	3715	330	158
SCE/(kg/m³)	0.44	886.9	201.3	256.4	130	158
MSCE/(kg/m³)	0.569	1030	273.9	321.7	120	158
SCV	1	10.6	1.8	1	60	158

注：N 表示参与统计分析的事件数；T、T_p、T_r、q_p、H、q_m、FV、SSY、SCE、MSCE、SCV 分别表示洪水历时、涨水历时、落水历时、洪峰流量、径流深、平均流量、径流变率、输沙模数、平均含沙量、最大含沙量和含沙量变率。

次径流侵蚀过程的平均含沙量变化范围为 0.44～886.9kg/m³，平均值为 201.3kg/m³；最大含沙量变化范围为 0.569～1030kg/m³，平均值为 273.9kg/m³；输沙模数变化范围为 0.0002～23712t/km²，平均值为 1124.9t/km²。团山沟水文站洪水径流特征与输沙特征变量的简单回归分析如表 4.13 所示。结果显示，SSY 与 H、q_p、q_m、T 等均显著相关，表明 H、q_p、q_m、T 等均是影响团山沟毛沟侵蚀产沙过程的重要因素。其中，SSY 与 H 的相关系数最大，为 0.99，表明输沙模数主要受洪水径流深控制。SCE、MSCE 与 q_p、q_m、H、FV 均显著相关。

表 4.13　团山沟水文站洪水径流特征与输沙特征变量的简单回归分析

变量	T	T_p	T_r	q_p	H	q_m	FV	SSY	SCE	MSCE
T	1	—	—	—	—	—	—	—	—	—
T_p	0.80[a]**	1	—	—	—	—	—	—	—	—
T_r	0.91**	0.58**	1	—	—	—	—	—	—	—
q_p	0.23**	0.33**	0.34**	1	—	—	—	—	—	—
H	0.49**	0.53**	0.53**	0.94**	1	—	—	—	—	—
q_m	0.13	0.29**	0.22**	0.97**	0.93**	1	—	—	—	—
FV	0.40**	0.33**	0.56**	0.82**	0.74**	0.67**	1	—	—	—
SSY	0.25**	0.29**	0.28**	0.98**	0.99[a]**	0.97**	0.70**	1	—	—
SCE	0.10[b]	0.12	0.15[b]	0.93**	0.85**	0.94**	0.68[b]**	0.96**	1	—
MSCE	0.09[b]	0.13	0.13[b]	0.91**	0.84[b]**	0.91**	0.67[b]**	0.94**	0.99**	1

注：a 表示线性回归；b 表示对数函数；无标记表示幂函数关系；*表示在 0.05 水平上显著(双尾)；**表示在 0.01 水平上显著(双尾)。

反映径流特征的指标中，q_p 与 q_m、H、FV 显著相关，q_p 与 q_m、H 的相关系数均在 0.9 以上。从水文的角度看，可将洪水径流深视为不同下垫面条件下洪水径流产汇流过程的综合反映，其反映了下垫面产汇流条件对降雨再分配的综合效应和分配效率。鉴于 SSY 与 H 的关系最为密切，H 可以表征洪水径流侵蚀产沙的综合潜力。q_p 和 q_m 是基于过程的变量，SCE、MSCE 与 q_p、q_m 密切相关，表明 q_p 或 q_m 可以表征水流潜在侵蚀能力和挟沙力的变化。因此，洪水径流诱发的土壤侵蚀速率不仅取决于总径流量的大小，而且受水流强度的影响，筛选 q_p 作为反映坡面径流过程的典型指标。此外，洪水历时决定了径流侵蚀力对雨洪侵蚀过程影响的时效性，对上述各项指标产生重要影响。因此，选取 T、H 和 q_p 三个指标概化事件尺度的洪水径流过程。

对不同类型洪水事件驱动的输沙模数与基本径流参量进行多元逐步回归分析，得到如下关系：

$$\text{SSY} = e^{9.75} T^{0.44} q_p^{1.02} H^{0.85}, N = 87, R^2 = 0.98, P \leqslant 0.001 (\text{C1 型}) \tag{4.25}$$

$$\text{SSY} = e^{9.22} q_p T^{-0.54} H^{1.43}, N = 47, R^2 = 0.98, P \leqslant 0.001 (\text{C2 型}) \tag{4.26}$$

$$\text{SSY} = e^{12.55} q_p T^{-1.25} H^{2.16}, N = 14, R^2 = 0.99, P \leqslant 0.001 (\text{C3 型}) \tag{4.27}$$

$$\text{SSY} = e^{6.66} q_p H^{0.85}, N = 10, R^2 = 0.98, P \leqslant 0.001 (\text{C4、C5 型}) \tag{4.28}$$

式(4.25)～式(4.28)表明，不同类型洪水过程侵蚀产沙的主控因子有所不同。对于平均径流深小于 1mm 的小洪水事件(C1、C2 型洪水过程)，洪水历时、洪峰流量、径流深对洪水事件的产沙量均有重要作用，输沙模数与洪峰流量、径流深间呈幂函数正相关关系，与洪水历时则呈负相关关系。对于平均径流深为 1～2mm 的中等洪水事件(C3 型洪水过程)，输沙模数在统计上独立于洪峰流量的影响，洪水历时则对输沙模数呈现负面效应，径流深对输沙模数呈正面效应。对于径流深大于 10mm 的大型洪水事件(C4、C5 型洪水过程)，输沙模数几乎不受洪水历时的影响，与洪峰流量和径流深呈幂函数正相关关系。

图 4.7 为运用比例函数回归的基于不同类型洪水过程的 SSY-H 关系。由于 C4、C5 型洪水过程是大型产沙事件且几乎完全独立于 C1、C2、C3 型洪水过程，将 C4、C5 型洪水过程作为整体进行 SSY-H 关系的回归。回归系数可以表征单位面积上单位径流深的平均输沙能力。C4、C5 型洪水过程单位面积上单位径流深的输沙能力最大，C1、C2、C3 型洪水过程的输沙能力相对较小(B>C>A)。结合表 4.13、表 4.14 和图 4.7 可以发现，对于大型产沙事件(C4、C5 型洪水过程)而言，产沙量的差异主要受总径流量的影响。对于相对小型的产沙事件(C1、C2、C3 型洪水过程)而言，洪水事件的产沙能力主要受水沙关系的制约。

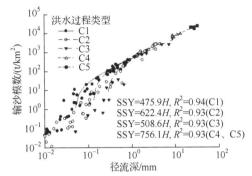

图 4.7　不同类型洪水过程输沙模数与径流深关系

表 4.14　不同类型洪水过程的输沙特征

洪水过程类型	主要统计特征				
	N	SSY/(t/km²)	SCE/(kg/m³)	MSCE/(kg/m³)	SCV
C1	87	83.7[d]	142.7[b]	211.6[b]	1.82
C2	47	809.4[c]	151.3[b]	221.3[b]	1.72
C3	14	485.6[c]	205.5[b]	271.6[b]	2.15
C4	5	7396.7[b]	746.3[a]	894.8[a]	1.21
C5	5	19863.3[a]	775.3[a]	906.0[a]	1.18

注：不同字母表示均值在 $P<0.01$ 水平上具有显著差异。

为进一步定量分析相同径流深条件下不同类型洪水过程对输沙模数的影响，筛选 59 次输沙模数大于 1t/km² 的洪水事件，构建不同的对比组进行不同类型洪水过程的对比分析。共构建 38 个对比组，平均洪水径流深变化范围为 0.07～8.88mm，标准差变化范围为 0.001～1.040mm，变异系数变化范围为 0.5%～14%。其中，C1 型与 C2 型对比组 24 个，C2 型与 C3 型对比组 6 个，C1 型与 C3 型对比组 5 个，C3 型与 C4 型对比组 3 个，C5 型洪水过程没有与之匹配的对比组。以 C1 型洪水过程为基准，分别计算不同类型洪水过程驱动下(径流深相同)的相对输沙模数(C2、C3、C4 型洪水过程输沙模数与 C1 型洪水过程输沙模数的比值)，结果如图 4.8 所示。

相同径流深条件下，不同类型洪水事件驱动的平均输沙模数之比为 C1：C2：C3：C4=1：0.67：0.22：0.38，相应的平均洪水历时之比为 C1：C2：C3：C4=1：3.6：10.8：3.1。径流深相同时，C1 型洪水过程历时最短而产沙量最大，C3 型洪水过程历时最长而产沙量最小。与 C1 型洪水过程相比，C2 型洪水过程的输沙模数平均减少 33%，C3 型洪水过程的输沙模数平均减少 78%，C4 型洪水过程的输沙模数平均减少 62%。将对比组泥沙变量与洪水径流相关因子进行回归分析，得到如下关系：

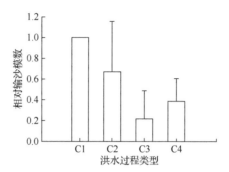

图 4.8　不同洪水过程的相对输沙模数

$$\mathrm{SSY_R} = 0.97 q_{pR}^{\ 0.4} T_R^{-0.4}, N = 38, R^2 = 0.60, P \leqslant 0.001 \tag{4.29}$$

$$\Delta \mathrm{SCE} = 57.6(\ln q_{pR} - \ln T_R) + 18.9, N = 38, R^2 = 0.57, P \leqslant 0.001 \tag{4.30}$$

$$\Delta \mathrm{MSCE} = 72.9(\ln q_{pR} - \ln T_R) + 2.8, N = 38, R^2 = 0.55, P \leqslant 0.001 \tag{4.31}$$

式中，$\mathrm{SSY_R}$(输沙模数比)表示径流深一致的情形下不同类型洪水事件之间输沙模数的比值，q_{pR}(洪峰流量比)和 T_R(洪水历时比)的定义与之类似；$\Delta \mathrm{SCE}$(平均含沙量之差，$\mathrm{kg/m^3}$)表示径流深一致的情形下不同类型洪水事件间平均含沙量的差，$\Delta \mathrm{MSCE}$(最大含沙量之差，$\mathrm{kg/m^3}$)的定义与之类似。

洪峰流量比与洪水历时比的比值(SV)表征了基于径流量(深)单次洪水事件的洪水特性(径流深一致)。输沙模数比随 SV 的增大呈幂函数增加，$\Delta \mathrm{SCE}$ 和 $\Delta \mathrm{MSCE}$ 随 SV 自然对数值的增加呈线性增加趋势。

表 4.15 给出了不同类型洪水过程及涨水、落水情形下水沙关系简单回归的最优拟合关系。结果表明，不同类型洪水过程及涨水、落水情形下径流含沙量的主控因素及其函数形式有所不同。C2 型洪水过程的径流含沙量主要受流量过程的影响，而 C1、C3、C4 型洪水过程驱动的泥沙动态则主要受控于复合因素(径流侵蚀功率)而并非单一因素(流量)。在数理统计上，基于不同类型洪水过程的水沙关系可用幂函数和对数函数方程进行描述，其中以幂函数方程为主。

表 4.15　不同洪水过程下的水沙响应关系

洪水过程的类型	综合		涨水段		落水段	
	参数结构	水沙响应关系	参数结构	水沙响应关系	参数结构	水沙响应关系
C1	$\omega = q \cdot h$	$S = 8361.4\omega^{0.26}$ (n=446,R^2=0.52, P≤0.001)	$\omega = q \cdot h$	$S = 5854.7\omega^{0.24}$ (n=208,R^2=0.51,P<0.001)	q	$S = 1672.6q^{0.49}$ (n=238,R^2=0.60,P<0.001)
C2	q	$S = 1240.9q^{0.53}$ (n=531,R^2=0.66,P<0.001)	q	$S = 849.2\ln q + 567.4$ (n=208,R^2=0.63,P<0.001)	q	$S = 2050.1q^{0.58}$ (n=323,R^2=0.74,P<0.001)
C3	$\omega = q \cdot h$	$S = 81852\omega^{0.44}$ (n=332,R^2=0.73,P≤0.001)	$\omega = q \cdot h$	$S = 128178\omega^{0.46}$ (n=205,R^2=0.76,P<0.001)	q	$S = 2418q^{0.71}$ (n=127,R^2=0.70,P<0.001)

续表

洪水过程的类型	综合		涨水段		落水段	
	参数结构	水沙响应关系	参数结构	水沙响应关系	参数结构	水沙响应关系
C4	$\omega=q\cdot h$	$S=49.8\ln\omega+1104.1$ $(n=115,R^2=0.68,P<0.001)$	λ_0	$S=101.1\ln\lambda_0+403.2$ $(n=48,R^2=0.85,P<0.001)$	λ_0	$S=95\ln\lambda_0+611$ $(n=67,R^2=0.72,P<0.001)$
C5	$\omega=q\cdot h$	$S=2814.6\omega^{0.2}$ $(n=174,R^2=0.79,P<0.001)$	$\omega=q\cdot h$	$S=2541.5\omega^{0.2}$ $(n=96,R^2=0.84,P<0.001)$	$\omega=q\cdot h$	$S=47.2\ln\omega+1068.8$ $(n=78,R^2=0.81,P<0.001)$

地表径流是诱发水蚀及其伴随泥沙搬运的基本动力,由于径流量(深)与地表径流直接相关,因此可以表征水流的侵蚀产沙能力。尽管如此,地表水流过程的变化(包括径流历时及变率)能够影响径流侵蚀能量的时变格局,进而造成水流挟沙能力的变化,不同水文格局下各具特点的泥沙输出动态及水沙关系得以形成。洪水过程的类型对土壤侵蚀和泥沙输出的影响至少可以分解为两部分:其一是受总径流量(深)影响的输沙过程,即直接的泥沙输出或直观输沙(输沙结果可视);其二是受水沙关系变化调节的产沙过程,即间接产沙或非直观产沙(产沙结果不可视)。显然,在其他因素(流域下垫面水文地质等基本条件)保持近似一致的情况下,水沙关系的改变主要受控于洪水过程洪水历时、洪峰流量及变率的变化。

径流侵蚀功率由瞬时流量和观测时段径流深的乘积得到,因此其表征了径流量(深)和径流强度对侵蚀输沙过程的累积效应与瞬时作用强度,也体现出洪水径流侵蚀能量对侵蚀过程的影响是连续性作用与非连续性作用的统一。除 C2 型洪水过程,不同类型洪水过程驱动的泥沙输出主要取决于径流侵蚀功率,表明径流含沙量的动态变化极大地依赖于径流能量的释放速率。

基于事件的泥沙输出特征主要影响因素因洪水过程的类型而异,描述径流含沙量动态的回归方程主要符合幂函数形式和对数函数形式(表 4.15)。径流参量(q、ω)的指数或其自然对数值($\ln q$、$\ln\omega$、$\ln\lambda_0$)的系数表征了用于搬运泥沙的相对耗能。为方便一致性比较,q 作为 h 的指数为 0 的单一指标,可以认为是与 ω 具有相同结构的预测变量。因此,与 C1、C2、C3 型洪水过程驱动的低含沙水流事件相比,由于径流阻力减小,C4、C5 型洪水过程驱动的高含沙水流维持悬移质运动消耗的径流能量更低。相对较多的径流能量耗散于泥沙分离以进一步增加高含沙水流的含沙量,即正反馈效应。C4、C5 型洪水过程驱动的土壤侵蚀更可能是受水流的搬运能力限制的过程,而 C1、C2、C3 型洪水过程驱动的土壤侵蚀更可能是受分离过程限制的过程。对于不同的洪水阶段,C1、C2、C3 型洪水过程涨水段径流含沙量的变化主要受径流侵蚀功率的驱动,而落水段引起径流含沙量变化的主控因素为瞬时流量。因此,涨水段的侵蚀更可能是以分离为主的过程,落水段的侵蚀

更可能是以搬运为主的过程。受此影响，C1、C2、C3 型洪水过程的径流含沙量
过程表现出陡涨陡落的特点，主要原因是可被搬运的侵蚀泥沙较为有限(图 4.9)。
对于 C4 型洪水过程，涨水段和落水段的径流含沙量变化均取决于径流变率；对
于 C5 型洪水过程，径流含沙量的变化主要受制于径流侵蚀功率；C4、C5 洪水
过程在落水段存在明显的径流含沙量正反馈关系。因此，C4、C5 型高含沙水流的
径流含沙量过程表现出陡涨缓落的特征(图 4.10)。

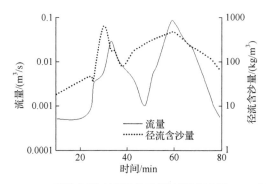

图 4.9　C1、C2、C3 型洪水影响下的典型径流泥沙过程(1962 年 8 月 11 日)

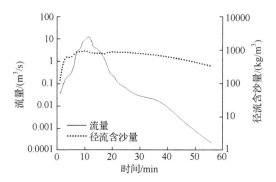

图 4.10　C4、C5 型洪水影响下的典型径流泥沙过程(1968 年 7 月 15 日)

4.3.2　支沟尺度不同类型洪水过程的侵蚀输沙效应及其侵蚀能量特征

以洪水历时(T)、涨水历时(T_p)、落水历时(T_r)、洪峰流量(q_p)、径流深(H)、平
均流量(q_m)、洪水变率(洪峰流量与平均流量的比值，FV)等指标反映基于事件的洪
水径流特征；以输沙模数(SSY)、平均含沙量(SCE)、最大含沙量(MSCE)和含沙量
变率(最大含沙量与平均含沙量之比，SCV)等指标反映基于事件的侵蚀输沙特征。

统计结果(表 4.16)表明，1961～1969 年，蛇家沟洪水事件的各项指标变化范
围均较大。次洪水事件的洪水历时变化范围为 180～1680min，平均值为 638min。
其中，洪水历时超过 1000min 和小于 600min 的洪水事件分别为 6 次和 28 次，占
全部洪水事件的 13.3%和 62.2%。洪峰流量的变化范围为 0.13～95m³/s，平均值为

15.98m³/s。其中，洪峰流量小于 16m³/s 的洪水事件共 33 次，占全部洪水事件的 73.3%；洪峰流量大于 30m³/s 的洪水事件共 6 次，占全部洪水事件的 13.3%。径流深最小值为 0.2mm，最大值为 30.7mm，平均值为 5.4mm。其中，径流深小于 5mm 的洪水事件共 33 次，占全部洪水事件的 73.3%；径流深大于 10mm 的洪水事件共 7 次，占全部洪水事件的 15.6%。洪水变率的变化范围为 5.09～107.18，平均值为 22.44，洪水变率小于 30 的洪水事件共 36 次，占全部洪水事件的 80%。

表 4.16　蛇家沟洪水事件统计特征(1961～1969 年)

参数	最小值	最大值	平均值	标准差	变异系数/%
T/min	180	1680	638	370.69	58
T_p/min	12	481	93.6	128.11	137
T_r/min	165	1500	544	317.07	58
q_p/(m³/s)	0.13	95	15.98	23.07	144
H/mm	0.2	30.7	5.4	6.94	129
q_m/(m³/s)	0.02	4.77	0.74	1.05	143
FV	5.09	107.18	22.44	19.94	89
SSY/(t/km²)	0.48	19254.8	3495.65	4952.98	142
SCE/(kg/m³)	2.62	827.94	538.98	203	38
MSCE/(kg/m³)	12.6	953	680.04	217.47	32
SCV	1.06	5.92	1.48	0.88	59

次洪水事件输沙模数的变化范围为 0.48～19254.8t/km²，平均值为 3495.65t/km²。其中，输沙模数小于 3500t/km² 的洪水事件共 35 次，占全部洪水事件的 77.8%；输沙模数大于 10000t/km² 的洪水事件共 5 次，占全部洪水事件的 11.1%。平均含沙量的变化范围为 2.62～827.94kg/m³，平均值为 538.98kg/m³。其中，平均含沙量小于 300kg/m³ 和大于 500kg/m³ 的洪水事件分别为 5 次和 33 次，分别占全部洪水事件的 11.1% 和 73.3%。最大含沙量为 12.6～953kg/m³，平均值 680.04kg/m³。其中，最大含沙量小于 300kg/m³ 和大于 600kg/m³ 的洪水事件分别为 4 次和 35 次，占全部洪水事件的 8.9% 和 77.8%。

洪峰流量、径流深的变异系数大于平均含沙量、最大含沙量的变异系数，表明洪水事件的变异程度较高，而侵蚀输沙事件的变异程度则相对较低。洪水变率的变异系数大于含沙量变率的变异系数，表明洪水径流过程波动性较大，而侵蚀输沙过程则较为平稳。

蛇家沟水文站径流与输沙特征变量的简单回归相关系数见表 4.17。结果显示，H、q_p、q_m、FV 与 SSY 均显著相关($P<0.01$)，是影响洪水径流侵蚀输沙的重要因素。其中，SSY 与 H 呈线性相关，相关性系数最大，为 0.99，表明作为流域地表

产汇流综合信息的反映，径流深可以表征地表径流潜在的侵蚀产沙能力。SCE、MSCE、SCV 与 q_p、q_m、H、FV 均显著相关($P<0.01$)。其中，SCE、MSCE 与 q_p 关系较为密切，呈对数函数关系，相关性系数分别为 0.85 和 0.78；SCV 与 q_p 呈幂函数负相关关系，相关性系数为-0.72，表明洪峰流量可以表征洪水径流挟沙能力的变化，是产生含沙量变率的主要因素。同时，洪水历时越长，次洪水事件变率越大($P<0.01$)。因此，综合选取 T、H 和 q_p 三个指标综合表征蛇家沟洪水径流基本特征。

表 4.17　蛇家沟水文站径流与输沙特征变量的简单回归相关系数

变量	T	q_p	H	q_m	FV	SSY	SCE	MSCE	SCV
T	1	—	—	—	—	—	—	—	—
q_p	0.1	1	—	—	—	—	—	—	—
H	0.30*	0.93ᵃ**	1	—	—	—	—	—	—
q_m	−0.22	0.89ᵃ**	0.90ᵃ**	1	—	—	—	—	—
FV	0.50**	0.64ᵃ**	0.46ᵃ**	−0.03	1	—	—	—	—
SSY	0.26	0.92**	0.99**	0.88ᵃ**	0.48ᵃ**	1	—	—	—
SCE	−0.01	0.85ᵇ**	0.73ᵇ**	0.77ᵇ**	0.53ᵇ**	0.89ᵃ**	1	—	—
MSCE	0.03	0.78ᵇ**	0.69ᵇ**	0.70ᵇ**	0.49ᵇ**	0.88ᵃ**	0.99ᵃ**	1	—
SCV	0.08	−0.72ᵃ**	−0.61ᵃ**	−0.68ᵃ**	−0.40ᵃ**	−0.83ᵃ**	−0.91ᵃ**	−0.83ᵃ**	1

注：a 表示幂函数回归；b 表示对数函数回归；无字母标记表示线性回归。

以 45 场次洪水径流事件为统计样本，以 T、H 和 q_p 作为分类变量对洪水事件进行分组。经反复试错和结果检验，综合使用 K 均值聚类和判别分析对洪水事件进行分类。全部洪水事件被划分为 3 类，见表 4.18。在 3 种不同类型的洪水过程中，G1 型洪水过程历时最短、径流深最小、洪水变率最小、洪峰流量居中、发生频率最高，其事件数占全部洪水事件数的 62.2%。G2 型洪水过程具有中历时、中径流深、中洪水变率、洪峰流量最小的特点，发生频率居中，其事件数占全部洪水事件数的 31.1%。G3 型洪水过程发生频率最低，其洪水事件的历时最长、径流深最大、洪水变率最大、洪峰流量最大，事件数仅占全部洪水事件数的 6.7%。

表 4.18　蛇家沟不同洪水过程类型的主要径流及侵蚀输沙统计特征

洪水过程类型/事件数	主要统计特征										
	T/min	T_p/min	T_r/min	q_p/(m³/s)	H/mm	q_m/(m³/s)	FV	SSY/(t/km²)	SCE/(kg/m³)	MSCE/(kg/m³)	SCV
G1/28	405	41	364	16.3	4.6	0.9	16.9	3071	571	707	1.3
G2/14	894	163	731	14.1	5.9	0.4	27.9	3676	448	600	2.0
G3/3	1617	265	1349	22.1	10.2	0.5	49.2	6618	664	802	1.2

各类型洪水过程的累积径流量占全部洪水事件总径流量的比例依次为 G1(53%)>G2(34%)>G3(13%)。各类型洪水过程的主要径流特征值由大到小依次为：T，G3>G2>G1；H，G3>G2>G1；q_p，G3>G1>G2。方差分析结果显示，不同类型的洪水历时具有显著性差异($P<0.001$)，而洪峰流量和径流深受洪水类型的影响较小($P>0.3$)，表明蛇家沟小流域的洪水过程主要取决于洪水事件的时间尺度。

蛇家沟不同洪水过程类型的水沙响应关系如表 4.19 所示。蛇家沟小流域不同类型洪水过程含沙量的变化主要受洪水径流过程的驱动，最优回归方程均符合 $S=a\ln q+b$ 的形式(S 为含沙量，kg/m³；q 为流量，m³/s)，决定系数 R^2 为 0.69～0.72。回归参数 a、b 的变化范围均不大。综合过程，a 为 94.1～110.2，b 为 447～505；涨水段，a 为 84.8～108.1，b 为 384～447；落水段，a 为 101.4～118.6，b 为 486～559。反映多因素综合作用的复合指标并不能提高回归方程的有效性，表明流量是决定该尺度洪水径流输沙动力的主导因素，其余因素皆处于从属地位，其在流域输沙过程中的作用被掩盖。

表 4.19　蛇家沟不同洪水过程类型的水沙响应关系

洪水过程类型	水沙响应关系		
	综合	涨水段	落水段
G1	$S=95.4\ln q+496$($R^2=0.69$, $n=416$，$P<0.001$)	$S=86.3\ln q+403$($R^2=0.76$，$n=139$，$P<0.001$)	$S=107.5\ln q+556$($R^2=0.72$，$n=277$，$P<0.001$)
G2	$S=94.1\ln q+447$($R^2=0.72$, $n=242$，$P<0.001$)	$S=84.8\ln q+384$($R^2=0.71$，$n=86$，$P<0.001$)	$S=101.4\ln q+486$($R^2=0.75$，$n=156$，$P<0.001$)
G3	$S=110.2\ln q+505$($R^2=0.71$, $n=68$，$P<0.001$)	$S=108.1\ln q+447$($R^2=0.76$，$n=30$，$P<0.001$)	$S=118.6\ln q+559$($R^2=0.72$，$n=38$，$P<0.001$)

与该区全坡面尺度相比，蛇家沟小流域尺度洪水过程的类型显得并不复杂，不同类型洪水过程之间除洪水历时不同外，只有规模的大小，不存在本质区别。这与流域下垫面水文、地貌条件(产汇流状况)有关。不同类型洪水过程的侵蚀输沙效应也只存在量级大小，对特定尺度的输沙模数、平均含沙量、最大含沙量均没有显著影响。此外，不同于全坡面尺度不同类型洪水过程下水沙关系的不稳定性，小流域不同类型洪水过程驱动的含沙量对洪水径流的响应关系具有一致性，表明该尺度下的水沙关系趋于稳定(郑明国等，2007)。因此，不同洪水过程通过改变水沙关系改变流域总泥沙输出的作用有限，输沙量的大小主要取决于洪水总径流量的变化。

明确侵蚀产沙特点是制订治理策略的重要依据。全坡面尺度的侵蚀治理应致力于建立稳定的水沙关系，而小流域尺度的泥沙调控应以控制流域产水量为导向。为维持流域水资源总量,理想的治理途径应当既能够维持一定规模的水资源总量,又能够打破流域既有水沙关系的稳定性，通过调节洪水事件的径流量和洪水径流-泥沙传递关系，控制流域尺度的泥沙输出。1970～1980 年，岔巴沟流域处于初步规模治理阶段，水土保持措施发挥减水减沙效益始于 20 世纪 70 年代。林草措施、梯田措施的广泛实施，尤其是淤地坝的大规模建设，深刻影响了下垫面的物理特性，重塑了流域侵蚀环境，改变了流域地表水文过程，势必造成径流侵蚀能量和动力的重新分配，进而调控流域的泥沙输出过程。因此，分析 20 世纪 70 年代以后治理条件下水土保持措施对流域洪水类型的影响及其侵蚀输沙效应，对于进一步阐明径流调控利用的水土保持意义具有重要的启示作用。

4.3.3　干沟尺度不同类型洪水过程的侵蚀输沙效应及其侵蚀能量特征

岔巴沟(曹坪站)洪水事件统计特征(表 4.20)表明，1961～1969 年，岔巴沟(曹坪站)洪水事件的各项指标变化范围均较大。次洪水事件的洪水历时在 465～3360min 变动，平均值为 1540min。其中，洪水历时超过 1500min 和小于 1000min 的洪水事件分别发生 23 次和 12 次，占全部洪水事件数的 46.9%和 24.5%；洪水历时超过 3000min 的洪水事件共发生 2 次。洪峰流量为 1.19～1520m³/s，平均值为 209.51m³/s。其中，洪峰流量小于 200m³/s 的洪水事件共 38 次，占全部洪水事件数的 77.6%；洪峰流量大于 300m³/s 的洪水事件共 9 次，占全部洪水事件数的 18.4%；洪峰流量大于 600m³/s 的洪水事件共 4 次；洪峰流量大于 1000m³/s 的洪水事件共 1 次。径流深最小值为 0.14mm，最大值为 36.26mm，平均值为 4.97mm。其中，径流深小于 5mm 的洪水事件共计 36 次，占全部洪水事件数的 73.5%；径流深大于 10mm 的洪水事件共 5 次，占 10.2%。洪水变率在 2.20～46.54 变动，平均值为 17.75，洪水变率小于 30 的洪水事件共计 43 次，占全部洪水事件数的 87.8%。

表 4.20　岔巴沟(曹坪站)洪水事件统计特征(1961～1969 年)

参数	最小值	最大值	平均值	标准差	变异系数/%
T/min	465	3360	1540	703.44	46
T_p/min	3	1182	230	266.95	116
T_r/min	399	2856	1301	623.03	48
q_p/(m³/s)	1.19	1520	209.51	290.41	139
H/mm	0.14	36.26	4.97	6.57	132
q_m/(m³/s)	0.50	48.08	11.09	12.46	112
FV	2.20	46.54	17.75	9.78	55
SSY/(t/km²)	12.07	28144	3640	5196.75	143
SCE/(kg/m³)	58.04	976	650	188.61	29
MSCE/(kg/m³)	98.5	1220	825	192.81	23
SCV	1.08	2.32	1.32	0.25	19

次洪水事件输沙模数在 12.07～28144t/km² 变动，平均值为 3640t/km²。其中，输沙模数小于 3500t/km² 和大于 10000t/km² 的洪水事件分别发生 36 次和 4 次，占全部洪水事件数的 73.5%和 8.2%。平均含沙量在 58.04～976kg/m³ 变动，平均值为 650kg/m³。其中，平均含沙量小于 300kg/m³ 的洪水事件仅发生 2 次，占全部洪水事件数的 4.1%；平均含沙量大于 500kg/m³ 的洪水事件共发生 41 次，占 83.7%。最大含沙量在 98.5～1220kg/m³ 变动，平均值为 825kg/m³。其中，最大含沙量小于 500kg/m³ 的洪水事件发生 2 次，仅占全部洪水事件数的 4.1%；最大含沙量大于 600kg/m³ 的洪水事件共发生 45 次，占 91.8%。

平均含沙量、最大含沙量的变异系数小于洪峰流量、径流深的变异系数，表明侵蚀输沙事件的变异程度相对较低，而洪水事件的变异程度较高。同时，含沙量变率的变异系数小于洪水变率的变异系数，表明侵蚀输沙过程更为平稳，洪水径流过程波动性较大。

岔巴沟(曹坪站)径流与输沙特征变量的简单回归相关系数如表 4.21 所示。结果显示，SSY 与 H、q_p、q_m、FV 均显著相关($P<0.01$)，表明 H、q_p、q_m、FV 是影响洪水径流侵蚀输沙的重要因素。其中，SSY 与 H 呈线性相关，相关系数最大，为 0.99，表明径流深作为流域地表产汇流综合信息的反映指标，可以用于表征地表径流潜在的侵蚀产沙能力。SCE、MSCE、SCV 与 q_p、q_m、H、FV 显著相关($P<0.01$)。其中，SCE、MSCE 与 q_p 相关性较强，分别呈对数函数和幂函数关系，相关性系数分别为 0.78 和 0.66；SCV 与 q_p 呈幂函数负相关关系，相关系数为 −0.63，表明洪峰流量可用以表征洪水径流挟沙能力的变化，是影响含沙量变率的主要因素。表 4.20 还表明，洪水历时越长，次洪水事件变率越大，二者呈对数函数正相关。因此，综合选取 T、H 和 q_p 三个指标用于表征岔巴沟洪水径流的基本特征。

表 4.21　岔巴沟(曹坪站)径流与输沙特征变量的简单回归相关系数

变量	T	q_p	H	q_m	FV	SSY	SCE	MSCE	SCV
T	1	—	—	—	—	—	—	—	—
q_p	0.01	1	—	—	—	—	—	—	—
H	0.17	0.93[a]**	1	—	—	—	—	—	—
q_m	−0.19	0.91[a]**	0.91[a]**	1	—	—	—	—	—
FV	0.52[b]**	0.68[a]**	0.51[a]**	0.31[a]*	1	—	—	—	—
SSY	0.13	0.97[a]**	0.99**	0.90[a]**	0.61[a]**	1	—	—	—
SCE	−0.09	0.78[b]**	0.62[b]**	0.65[b]**	0.66[a]**	0.78[a]**	1	—	—
MSCE	0.09	0.66[a]**	0.5[b]**	0.48[a]**	0.66[a]**	0.69[a]**	0.95[a]**	1	—
SCV	0.27	−0.63[a]**	−0.52[a]**	−0.62[a]**	−0.23	−0.60[a]**	−0.74[c]**	−0.30*	1

注：a 表示幂函数关系；b 表示对数函数关系；c 表示指数函数关系；无字母标记表示线性回归。

以 49 场次洪水径流事件为统计样本，全部洪水事件被划分为 4 类(表 4.22)。在 4 种洪水过程类型中，S1 型洪水过程具有历时最短、径流深最小、洪水变率最小、洪峰流量最小、发生频率高的特点，其事件数占全部洪水事件数的 38.8%。S2 型洪水过程历时最长、小径流深、中洪水变率、洪峰流量小、发生频率高，其事件数占全部洪水事件数的 40.8%。S3 型洪水过程发生频率低，其洪水事件的历时居中、径流深居中、洪水变率居中、洪峰流量居中，事件数仅占全部洪水事件数的 16.3%。S4 型洪水过程发生频率最低，仅包含 2 次洪水径流事件，该类型洪水过程的主要特征是历时长、洪峰流量最大、径流深最大、径流变率最大。

表 4.22　岔巴沟不同洪水过程类型的主要径流及侵蚀输沙统计特征

洪水过程类型/事件数	主要统计特征										
	T/min	T_p/min	T_r/min	q_p/(m³/s)	H/mm	q_m/(m³/s)	FV	SSY/(t/km²)	SCE/(kg/m³)	MSCE/(kg/m³)	SCV
S1/19	959	162	796	82.9	2.05	6.99	10.84	1351	605	767	1.32
S2/20	2171	356	1792	103.0	3.17	4.54	22.48	2054	619	829	1.40
S3/8	1202	62	1139	514.9	9.56	27.99	20.21	7674	799	919	1.15
S4/2	2106	286	1820	1256.5	32.32	47.88	26.22	25108	777	961	1.24

各类型洪水过程的累积径流量占全部洪水事件总径流量的比例依次为 S3(31.4%)>S4(26.6%)>S2(26.0%)>S1(16.0%)。各类型洪水过程的主要径流特征值由大到小依次为：T, S2>S4>S3>S1; H, S4>S3>S2>S1; q_p, S4>S3>S2>S1。方差分析表明，S2、S4 型洪水过程的历时显著大于 S1、S3 型洪水过程的历时($P<0.05$)(S2、S4 间无显著性差异，S1、S3 间也无显著性差异)。S4 型洪水过程的径流深显著大于 S3 型洪水过程的径流深($P<0.05$)，S3 型洪水过程的径流深显著大于 S2 型洪水过程的径流深($P<0.05$)，S2 型与 S1 型洪水过程间则无显著性差异。不同类型洪水过程的洪峰流量差异与径流深差异的显著性水平一致。

不同洪水过程类型的水沙响应关系(表 4.23)表明，岔巴沟干沟不同类型洪水事件含沙量的变化均主要受洪水径流过程的驱动，最优回归方程以 $S=a\ln q+b$ 的形式为主，部分符合 $S=mq^n$ 的幂函数形式。对数函数方程的决定系数 R^2 为 0.37～0.67。回归参数 a、b 的变化范围较小。综合过程中，a 和 b 的变化范围分别为 94.3～131.9 和 258.0～358.2；涨水段，a 和 b 的变化范围分别为 66.1～93.1 和 307～373；落水段，a 和 b 的变化范围分别为 98.9～143.3 和 277.4～368.5。幂函数方程的决定系数 R^2 为 0.38～0.76，回归参数 m、n 的变化范围也不大。综合过程(S4 型洪水过程)，m 为 301.6，n 为 0.19；涨水段，S1 型洪水的 m 为 25，n 为 0.94，S2 型洪水的 m 为 26.6，n 为 0.88；落水段，S4 型洪水的 m 为 313.8，n 为 0.19。反映多因素综合作用的复合指标并不能显著提高回归方程的精准度，表明流量是决定该尺度洪水径流输沙动力的主要驱动因素，其余因素在流域输沙过程中的作用甚微。回归参数相对恒定(S1 型、S2 型洪水涨水段, S3 型洪水综合过程与涨水段、落水段等), 反映了不同类型洪水过程间及洪水阶段间水沙关系相对稳定的特点。

表 4.23　岔巴沟不同洪水过程类型的水沙响应关系

洪水过程类型	水沙响应关系		
	综合	涨水段	落水段
S1	$S=116\ln q+293.5(R^2=0.59,$ $n=326,\ P<0.001)$	$S=25q^{0.94}(R^2=0.76,\ n=127,$ $P<0.001)$	$S=118.7\ln q+347.3(R^2=0.59,$ $n=199,\ P<0.001)$
S2	$S=131.9\ln q+258.0(R^2=0.64,$ $n=456,\ P<0.001)$	$S=26.6q^{0.88}(R^2=0.69,\ n=139,$ $P<0.001)$	$S=143.3\ln q+277.4(R^2=0.66,$ $n=317,\ P<0.001)$
S3	$S=94.3\ln q+358.2(R^2=0.64,$ $n=180,\ P<0.001)$	$S=93.1\ln q+307(R^2=0.63,\ n=51,$ $P<0.001)$	$S=98.9\ln q+368.5(R^2=0.67,$ $n=129,\ P<0.001)$
S4	$S=301.6q^{0.19}(R^2=0.38,\ n=86,$ $P<0.001)$	$S=66.1\ln q+373(R^2=0.37,\ n=33,$ $P<0.001)$	$S=313.8q^{0.19}(R^2=0.43,\ n=53,$ $P<0.001)$

综上所述, 洪水历时、洪水总径流量(深)和洪峰流量可用来描述小流域尺度洪水事件的基本特征。岔巴沟小流域 1961～1969 年 49 次洪水事件按以上 3 个指标可划分为 4 种不同类型的洪水过程。不同类型洪水过程及洪水阶段(涨水段与落水段)含沙量对洪水径流过程的响应关系可用对数函数或幂函数进行描述, 不同类型洪水过程驱动下的平均含沙量和最大含沙量并无显著差异, 不同类型洪水事件输出泥沙量的差异主要来源于径流量的变化。岔巴沟干沟的水沙关系趋于稳定, 不同类型洪水过程对流域侵蚀输沙的影响有限。洪水总径流量一致的情形下, 不同类型洪水过程驱动的输沙模数相对大小为 S1︰S2︰S3=1.64︰1︰0.96。当洪水历时缩短 56%时, 其增沙作用达到极大值, 输沙模数最大增幅为 64%。

参 考 文 献

程圣东, 2016. 黄土区植被格局对坡沟-流域侵蚀产沙的影响研究[D]. 西安: 西安理工大学.

许炯心, 1999. 黄土高原的高含沙水流侵蚀研究[J]. 水土保持学报, 5(1): 27-34, 45.

闫云霞, 许炯心, 2010. 黄河多沙粗沙区高含沙水流发生频率的空间分异及其与侵蚀产沙的关系[J]. 泥沙研究, 35(3): 9-16.

尹武君, 2012. 黄土坡面土壤侵蚀能量描述[D]. 杨凌: 西北农林科技大学.

郑明国, 蔡强国, 陈浩, 2007. 黄土丘陵沟壑区植被对不同空间尺度水沙关系的影响[J]. 生态学报, 27(9): 3572-3581.

第5章 生态建设影响下流域水资源时空分布与转化规律

5.1 林地坡面土壤水分空间分布及时间稳定性

5.1.1 土壤含水量统计特征

全年和雨季 8 个土壤深度的土壤含水量统计特征见表 5.1。每个土层的平均土壤含水量均较低。8 个土壤深度下土壤含水量在全年和雨季的变化范围分别为 0.27%~26.68% 和 0.33%~26.40%，低于田间持水量(25%)并且远低于饱和含水量(45%)。

表 5.1 全年和雨季不同土壤深度的土壤含水量统计特征(林地坡面)

时期	土壤深度/m	土壤含水量统计特征							
		平均值/%	最小值/%	最大值/%	标准差/%	Cv/%	偏度	峰度	K-S(P)
全年	L1(0~0.2)	7.39	0.27	21.07	0.14	52	0.66	0.69	0.02
	L2(0.2~0.4)	10.29	0.46	26.68	0.16	42	0.50	0.90	0.00
	L3(0.4~0.6)	11.58	1.38	24.82	0.12	27	1.14	2.48	0.00
	L4(0.6~0.8)	10.53	5.81	21.51	0.09	22	1.64	3.89	0.00
	L5(0.8~1.0)	10.13	6.53	20.63	0.07	19	1.60	4.81	0.00
	L6(1.0~1.2)	10.46	5.80	21.98	0.07	18	1.59	5.44	0.00
	L7(1.2~1.4)	10.85	4.81	21.61	0.08	20	1.28	3.10	0.00
	L8(1.4~1.6)	11.16	5.43	20.46	0.08	20	0.98	1.53	0.00
雨季	L1(0~0.2)	6.93	0.33	19.90	0.09	48	0.30	−0.03	0.18
	L2(0.2~0.4)	10.44	0.46	26.40	0.11	40	−0.07	0.18	0.00
	L3(0.4~0.6)	12.36	2.16	22.74	0.09	26	0.72	0.27	0.00
	L4(0.6~0.8)	10.81	6.85	20.68	0.07	23	1.57	2.32	0.00
	L5(0.8~1.0)	10.17	7.12	18.44	0.06	21	1.65	3.19	0.00
	L6(1.0~1.2)	10.56	7.29	18.71	0.05	19	1.60	3.51	0.00
	L7(1.2~1.4)	11.03	6.71	19.50	0.06	21	1.28	2.01	0.00
	L8(1.4~1.6)	11.39	6.32	19.26	0.07	21	0.99	0.81	0.00

注：均经过 $P>0.05$ 的显著性水平正态检验。

除 L1 外，所有土层雨季的土壤含水量均大于全年的土壤含水量。全年和雨季的最低平均土壤含水量均发生在 L1。2 个时期的最高平均土壤含水量均发生在 L3，表明土壤水分在 L3 储存最多。2 个时期的变异系数(coefficient of variation, Cv)和标准差总体上随着土壤深度的增加而减小。Cv 是空间变异性大小的指标，弱变异 Cv≤10%，中等变异 10%<Cv<100%，强变异 Cv≥100%。8 个土层的土壤含水量变异系数为 18%～52%，均为中等变异。Kolmogorov-Smirnov(K-S)检验、偏度和峰度表明土壤含水量雨季只在 L1 呈正态分布，但每个时间点不同深度下的土壤含水量均呈正态分布(P>0.05)。

5.1.2　土壤含水量空间分布的时间稳定性

全年和雨季 21 个位置点 0～1.6m 土层平均土壤含水量在最干燥和最湿润日期的变化特征见图 5.1。全年、雨季的最干燥和最湿润日期分别是 2015 年 2 月 3 日和 2015 年 11 月 30 日、2015 年 8 月 28 日和 2014 年 7 月 23 日。2 个时期最湿润日期的平均土壤含水量均显著高于最干燥日期的平均土壤含水量(P<0.01)。最干燥和最湿润日期的土壤含水量空间分布呈强相关性(P<0.01)，其土壤含水量空间分布模式几乎没有变化。

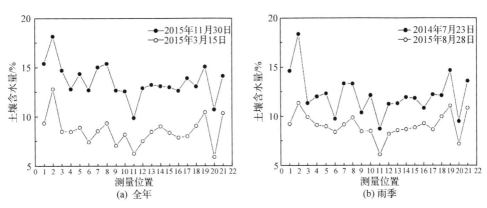

图 5.1　全年和雨季 21 个位置点在最干燥和最湿润日期 0～1.6m 平均土壤含水量(林地坡面)

土壤含水量空间分布的时间稳定性用 Spearman 秩相关系数(r_s)进一步进行分析，r_s 可以描述土壤含水量空间模式在不同测量时间的相似性(Douaik et al.,2006)。全年和雨季不同土壤深度下，每个监测日期与其他监测日期的平均 Spearman 秩相关系数(r_s)时间序列见图 5.2。2 个时期的土壤含水量模式在不同日期均存在显著相关性(P<0.05)，大部分呈极显著相关性(P<0.01)，表明每个深度的土壤含水量空间模式均具有强烈时间稳定性。全年和雨季不同土壤深度下的 r_s 变化范围分别为 0.47～0.93 和 0.41～0.96。r_s 总体上接近于 1，表明每个深度下的土壤含水量空间模式呈现强时间持续性。雨季每个土壤深度的平均 r_s 均大于全年相应土层

的 r_s,说明雨季的土壤含水量空间模式呈现更强的时间稳定性。此外,雨季 L1 和 L4～L8 的平均 r_s 均显著大于全年相应土层的 r_s($P<0.01$)。两个时期 L1 的 r_s 均显著小于其他 7 个土层的 r_s($P<0.01$)。

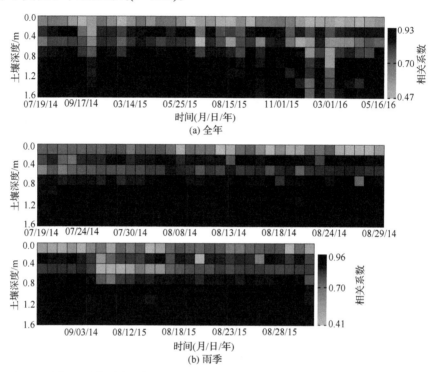

图 5.2 全年和雨季不同土壤深度下的平均 Spearman 秩相关系数时间序列(林地坡面)

5.1.3 不同土壤深度的代表性位置点

相对差分分析可以定量识别土壤含水量始终等于坡面平均土壤含水量的位置点。两个时期不同土壤深度下的平均相对差分(mean relative difference,MRD)排序及相应的相对差分标准差(relative difference standard deviation,SDRD)见图 5.3。最佳代表性位置点随土壤深度变化,不同土层的代表性位置点数量不是恒定的。全年和雨季 L1～L8 的 MRD 极差分别为 1.18、1.32、0.71、0.63、0.65、0.71、0.71、0.66 和 1.17、1.35、0.67、0.65、0.71、0.76、0.76、0.68。L1 和 L2 的 MRD 变化范围比其他 6 个土层的 MRD 变化范围大,这也证实了土壤含水量在 0～0.4m 深度的空间变异性较大。此外,全年和雨季的 MRD 变化范围不存在显著差异($P>0.05$)。Spearman 秩相关分析表明,两个时期的 MRD 秩是相似的($P<0.01$),这也表明土壤含水量空间模式在林地坡面具有时间稳定性。

具体位置点的土壤含水量时间稳定性可以用 SDRD 描述。全年和雨季 L1～

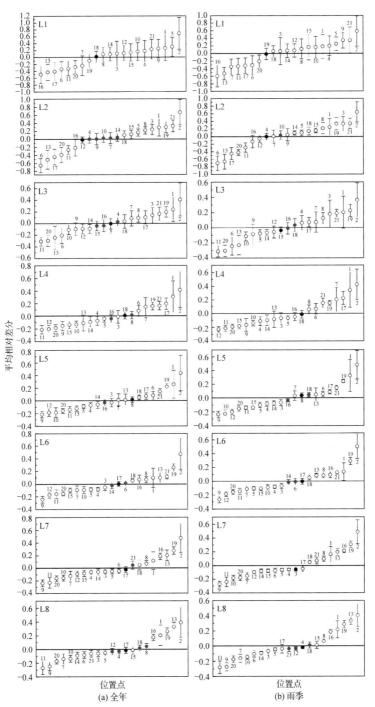

图 5.3　全年和雨季不同土壤深度的平均相对差分(林地坡面)

误差棒代表相对差分标准差；灰色点为每个土层的代表性位置点；黑色点为最佳代表性位置点

L8 的平均 SDRD 分别为 0.26、0.15、0.12、0.09、0.07、0.06、0.07、0.06 和 0.24、0.14、0.10、0.08、0.06、0.05、0.05、0.05。总体来说，平均 SDRD 随土壤深度的增加而减小，这与 Cv 的变化趋势一致。L1 的土壤含水量时间稳定性在两个时期均最小，平均 SDRD 均最大。因此，土壤含水量空间分布的时间稳定性总体上随土壤深度的增加呈增强趋势。

5.1.4　最佳代表性位置点对平均土壤含水量的估计精度

确定选择的最佳代表性位置点对每个土层平均土壤含水量的估计精度，全年和雨季不同土壤深度下平均土壤含水量与最佳代表性位置点的土壤含水量估计值见图 5.4。全年和雨季的决定系数 R^2 变化范围分别为 0.52～0.93 和 0.72～0.95，所有拟合方程均在 $P<0.01$ 水平显著。全年 8 个土层的均方根误差(root mean square error，RMSE)为 0.37%～1.17%，平均值为 0.69%；平均绝对误差(mean absolute error，MAE)为 0.31%～0.88%，平均值为 0.53%。雨季 8 个土层的 RMSE 为 0.31%～1.06%，平均值为 0.67%；MAE 为 0.26%～0.83%，平均值为 0.53%。两个时期 8 个土层的 RMSE 和 MAE 没有显著差异($P>0.05$)。RMSE 和 MAE 较小表示对平均土壤含水量的估计置信度高，误差较小。每个土层的 MAE 均小于 1%。Cosh 等(2008)认为，当 RMSE 小于 2%时，估计是准确的。两个时期的最大 RMSE 为 1.17%，因此最佳代表性位置点对每个土壤深度的估计值是可靠的。与其他研究相比，最佳代表性位置点测量的土壤含水量对不同深度下平均土壤含水量的估计精度是可以接受的(陈钰馨等，2023；刘淑珍等，2020；Gao et al.，2012；Hu et al.，2010；Brocca et al.，2009)。

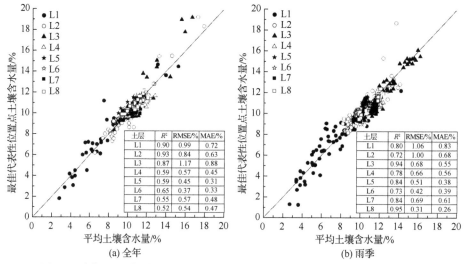

图 5.4　全年和雨季不同土壤深度下的平均土壤含水量与最佳代表性位置点的
土壤含水量估计值(林地坡面)

5.1.5 土壤含水量时空变化

不同土壤深度下最佳代表性位置点的土壤含水量与 21 个位置点平均土壤含水量的时间序列如图 5.5 所示，土壤含水量的时空分布受土壤深度的显著影响。2015 年 8 月的土壤含水量较 2014 年 7 月 19 日～9 月 3 日的土壤含水量低，这是因为 2015 年 8 月的降水量较少(77.4mm)，且大部分降水发生在 2015 年 8 月 2 日(50.2mm)。2014 年 7 月 19 日～9 月 3 日的降水量为 135.4mm。8 个土层的平均土壤含水量时间序列显现出 3 个空间模式：逐渐增加(0～0.6m)、逐渐降低(0.6～1.0m)和逐渐增加(1.0～1.6m)。两个时期不同土壤深度下最佳代表性位置点的土壤含水量和平均土壤含水量的时空模式是相似的。T 检验表明，最佳代表性位置点的土壤含水量与坡面平均土壤含水量的差异不显著($P>0.05$)。

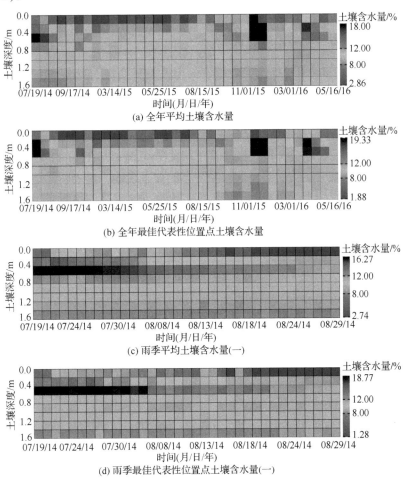

(a) 全年平均土壤含水量

(b) 全年最佳代表性位置点土壤含水量

(c) 雨季平均土壤含水量(一)

(d) 雨季最佳代表性位置点土壤含水量(一)

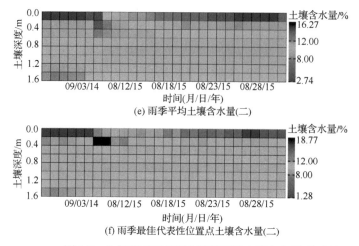

(e) 雨季平均土壤含水量(二)

(f) 雨季最佳代表性位置点土壤含水量(二)

图 5.5　全年和雨季不同土壤深度的土壤含水量(林地坡面)

5.1.6　土壤含水量与影响因素的关系

8 个土层 MRD、SDRD 与影响因素的相关关系见表 5.2。两个时期 MRD 和 SDRD 的显著影响因素相同；MRD 与海拔、土壤有机碳含量(SOC)、总氮含量(TN)、总磷含量(TP)和根密度没有显著相关性。两个时期 MRD 与砂粒含量呈极显著负相关($P<0.01$)，与粉粒和黏粒含量呈极显著正相关($P<0.01$)；SDRD 与海拔、SOC、根密度、粉粒含量和黏粒含量呈极显著正相关($P<0.01$，与 TN、TP 不存在显著相关性。MRD 和 SDRD 均受到土壤粒径分布的显著影响，这表明林地坡面的土壤含水量时空模式受到土壤颗粒的严重影响，土壤含水量高的位置点土壤应具有较低的砂粒含量。

表 5.2　不同土层 MRD、SDRD 与影响因素的相关关系(林地坡面)

因子	时期	海拔	SOC	TN	TP	黏粒含量	粉粒含量	砂粒含量	根密度
MRD	全年	0.146	−0.012	0.025	0.031	0.211**	0.300**	−0.301**	−0.138
	雨季	0.103	−0.032	0.025	0.037	0.221**	0.274**	−0.276**	−0.127
SDRD	全年	0.275**	0.277**	0.047	0.088	0.208**	0.241**	−0.242**	0.218**
	雨季	0.263**	0.318**	0.072	0.056	0.205**	0.230**	−0.231**	0.211**

注：**表示极显著性相关，$P<0.01$。

5.1.7　土壤含水量时间稳定性的主要影响因素

全年和雨季，土壤粒径分布均较海拔、SOC、TN、TP 和根密度对 MRD 的影响大。MRD 与黏粒和粉粒含量呈极显著正相关，而与砂粒含量呈极显著负相关($P<0.01$)。多元线性回归分析表明，两个时期砂粒含量是 MRD 的主要影响因素(表 5.2)，这可能是因为土壤颗粒对土壤保水和降低蒸发具有重要影响(Xie et al.，2010)。许多研究也报道了土壤粒径分布对 MRD 有显著影响(Chaney et al.，2015；Penna et al.，2013；Biswas et al.，2011；Vachaud et al.，1985)。MRD 与海拔、SOC、TN、TP 和根密度没有显著相关性，但是有其他研究报道了土壤含水量与海拔有显著负相关关系(Gao et al.，2012；Biswas et al.，2011；Zhao et al.，2010)。同时，其他研究者发现土壤含水量受到海拔的轻微影响(Hébrard et al.，2006)，这可能与研究位置的地形、植被和土壤质地等有关。本节 MRD 与 SOC 无显著相关性，这与 Zhao 等(2010)和 Biswas 等(2011)研究得到的 MRD 与 SOC 存在显著相关性不同。关于 TN、TP 和根密度对 MRD 影响的研究很少，本节发现 TN、TP 和根密度与 MRD 无显著相关性。此外，MRD 与影响因素间的关系不随季节而变化。

代表性位置点必须具有较小的 SDRD，SDRD 越小，位置点的土壤含水量就越稳定，但 SDRD 与影响因素关系的研究很少。两个时期 SDRD 与 TN 和 TP 没有显著相关性，而与海拔、SOC、根密度和土壤粒径分布存在显著相关性($P<0.01$)，这可能是因为海拔影响了太阳辐射时间和温度，从而产生蒸散发的差异。根系吸水对土壤含水量有重要影响。多元线性回归分析表明，全年海拔是 SDRD 的主要影响因素，雨季 SOC 是 MRD 的主要影响因素。海拔和 SOC 与粉粒含量的显著正相关关系使 SDRD 与粉粒含量具有显著正相关性($P<0.01$)，这表明土壤含水量时间变异性特征主要受海拔和 SOC 的影响。

MRD、SDRD 与相关影响因素的多元线性回归方程如表 5.3 所示，回归函数都在 $P<0.01$ 显著，但是决定系数较小，表明回归方程的预测准确性是不可靠的。因此，基于关键影响因素进行代表性位置点的预测在目前是不可行的。

表 5.3　MRD、SDRD 与相关影响因素的多元线性回归方程(林地坡面)

因子	时期	线性回归方程	R^2	样品数	P
MRD	全年	$Y_1=-0.012X_1+0.388$	0.10	168	<0.01
	雨季	$Y_1=-0.011X_1+0.380$	0.09	168	<0.01
SDRD	全年	$Y_2=0.003X_2+0.347X_3+0.06X_4-2.719$	0.20	168	<0.01
	雨季	$Y_2=0.009X_5+0.31X_3+0.047X_4-0.095$	0.19	168	<0.01

注：Y_1 表示 MRD；Y_2 表示 SDRD；X_1 表示砂粒含量；X_2 表示海拔；X_3 表示黏粒含量；X_4 表示根密度；X_5 表示土壤有机碳含量；R^2 表示决定系数。

5.2 梯田对土壤含水量时空分布格局的影响

5.2.1 土壤含水量统计特征

全年和雨季不同土壤深度的土壤含水量统计特征见表 5.4，8 个土层的平均土壤含水量均小于田间持水量(19%)。8 个土层的土壤含水量在全年和雨季的变化范围分别为 1.24%~27.61%和 0.81%~21.96%，远低于饱和土壤含水量(44%)。全年的平均土壤含水量大于雨季相应土层的平均土壤含水量。全年平均土壤含水量最低的土层是 L6，雨季平均土壤含水量最低的土层是 L1。2 个时期的最高平均土壤含水量均位于 L3，表明土壤水分在 L3 储存最多。2 个时期的标准差(SE)和变异系数(Cv)总体上随着土壤深度的增加而减小。8 个土层的土壤含水量变异系数(Cv)为 14%~39%，属于中等变异。偏度、峰度和 Kolmogorov-Smirnov 检验表明，两个时期的土壤含水量只在 L6 呈正态分布，但每个时间点不同深度下的土壤含水量均呈正态分布($P>0.05$)。

表 5.4　全年和雨季不同土壤深度的土壤含水量统计特征(梯田)

时期	土壤深度/m	土壤含水量统计特征						
		平均值/%	最小值/%	最大值/%	标准差/%	Cv/%	偏度	峰度
全年	L1(0~0.2)	10.99	1.24	27.61	0.17	39	1.53	1.06
	L2(0.2~0.4)	12.80	3.10	26.32	0.16	31	0.98	0.74
	L3(0.4~0.6)	13.53	3.73	24.91	0.14	26	0.48	0.54
	L4(0.6~0.8)	12.46	6.06	21.97	0.11	21	1.04	0.92
	L5(0.8~1.0)	10.68	5.20	19.14	0.07	17	2.30	0.67
	L6(1.0~1.2)	10.34	5.31	15.97	0.06	15	1.47	0.27
	L7(1.2~1.4)	10.39	3.24	15.85	0.07	17	2.12	−0.54
	L8(1.4~1.6)	10.72	5.32	15.77	0.06	14	1.19	−0.03
雨季	L1(0~0.2)	9.76	0.81	21.90	0.09	34	0.29	0.62
	L2(0.2~0.4)	11.80	1.98	20.17	0.09	28	−0.22	0.29
	L3(0.4~0.6)	13.05	3.60	21.96	0.09	25	−0.38	0.27
	L4(0.6~0.8)	12.18	5.71	21.86	0.07	22	0.66	0.85
	L5(0.8~1.0)	10.30	4.92	19.14	0.05	19	3.05	1.10
	L6(1.0~1.2)	10.04	4.51	16.30	0.05	17	1.65	0.72
	L7(1.2~1.4)	10.22	3.91	15.87	0.05	19	0.82	0.15
	L8(1.4~1.6)	10.63	4.96	16.13	0.05	18	0.45	0.43

5.2.2 土壤含水量空间分布的时间稳定性

全年和雨季 21 个位置点 0~1.6m 平均土壤含水量在最干燥和最湿润日期的变化特征见图 5.6。全年、雨季的最湿润和最干燥日期分别是 2015 年 11 月 30 日和 2015 年 6 月 15 日、2014 年 7 月 23 日和 2015 年 8 月 27 日。2 个时期最湿润日期和最干燥日期的平均土壤含水量存在极显著差异($P<0.01$)。最湿润和最干燥日期的土壤含水量空间分布显示出很强的相关性($P<0.01$)，其土壤含水量空间分布模式几乎没有变化。

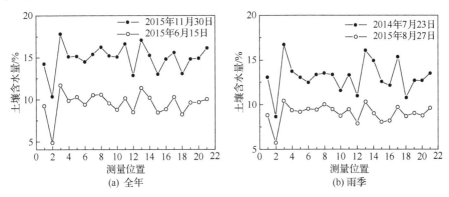

图 5.6　全年和雨季 21 个位置点在最湿润和最干燥日期的 0~1.6m 平均土壤含水量(梯田)

土壤含水量空间分布的时间稳定性可以用土壤含水量在同一位置不同时间点的 Spearman 秩相关系数(r_s)进一步分析，r_s 可以表达同一变量在不同测量时间的变化方向和强度(Douaik et al.，2006)。全年和雨季，不同土壤深度下每个监测日期与其他监测日期的平均 Spearman 秩相关系数(r_s)时间序列见图 5.7。2 个时期的土壤含水量空间模式在不同日期均存在显著相关性($P<0.05$)，大部分呈极显著相关性($P<0.01$)，表明不同深度的土壤含水量空间模式均具有强烈时间稳定性。全年和雨季不同土壤深度下的 r_s 变化范围分别为 0.31~0.91 和 0.47~0.92。除去个别低值，r_s 接近于 1，表明 8 个土层的土壤含水量空间模式具有强时间持续性。雨季每个土层的平均 r_s 均大于全年相应土层的 r_s，说明雨季的土壤含水量空间模式较全年有更强的时间稳定性。此外，雨季 L1~L4 的平均 r_s 与全年显著不同($P<0.01$)，两个时期 L1 的 r_s 均显著小于其他 7 个土层的 r_s($P<0.01$)。

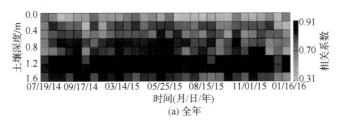

(a) 全年

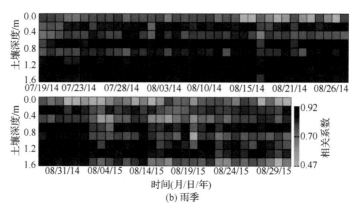

图 5.7　全年和雨季不同深度下的平均 Spearman 秩相关系数时间序列(梯田)

5.2.3　基于相对差分分析的代表性位置点识别

定量识别土壤含水量始终大于、小于或等于平均土壤含水量的位置点，是进行土壤含水量时间稳定性分析的一个目的(陈峰峰等，2023；陈维梁等，2021；朱青等，2015)。基于相对差分分析，两个时期不同土壤深度下的土壤含水量 MRD 排序及相应的 SDRD 见图 5.8。土壤含水量代表性位置点随土壤深度变化。全年和雨季 L1～L8 的 MRD 极差分别为 0.47、0.75、0.68、0.56、0.65、0.63、0.75、0.59 和 0.55、0.76、0.66、0.61、0.74、0.67、0.74、0.64。L1 的 MRD 范围最小，表明 L1 的位置点土壤含水量和平均土壤含水量差异最小。此外，全年和雨季的 MRD 变化范围不存在显著差异($P>0.05$)。

具体位置点的土壤含水量时间稳定性可以用 SDRD 描述。全年和雨季 L1～L8 的平均 SDRD 分别为 0.13、0.08、0.07、0.07、0.07、0.05、0.06、0.06 和 0.13、0.07、0.07、0.07、0.07、0.06、0.06、0.06。全年每个土层的平均 SDRD 和雨季的相似。平均 SDRD 总体随土壤深度的增加而减小，L1 的 SDRD 显著大于其他 7 个土层的 SDRD($P<0.01$)。平均 SDRD 的变化趋势与相应土层的 Cv 变化趋势一致，表明土壤含水量在较深土层趋于更稳定。

不同土层含水量始终大于或小于平均土壤含水量的位置点是相似的，而且全年和雨季不同土层的代表性位置点总体上也是相似的。每个土层的最佳代表性位置点通常是不同的，每个土层的代表性位置点数量不是恒定的。

5.2.4　最佳代表性位置点对平均土壤含水量的估计精度

全年和雨季不同土壤深度的平均土壤含水量与最佳代表性位置点土壤含水量估计值见图 5.9。全年和雨季最佳代表性位置点的土壤含水量与不同深度下平均土壤含水量相关性很好。全年和雨季的决定系数 R^2 变化范围分别为 0.44～0.96 和

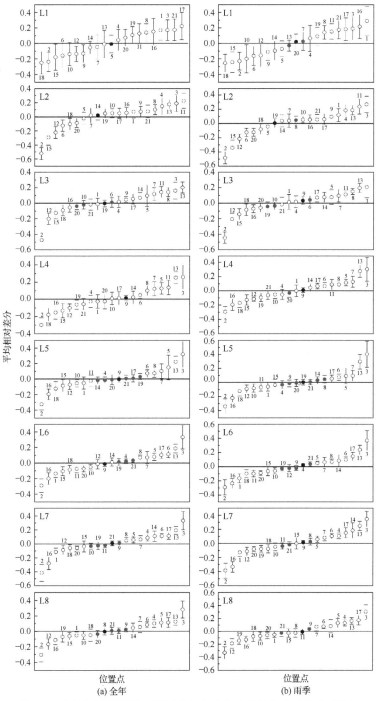

图 5.8 全年和雨季不同土壤深度的土壤含水量平均相对差分(梯田)

误差棒代表相对差分标准差；灰色点为每个土层的代表性位置点；黑色点为最佳代表性位置点

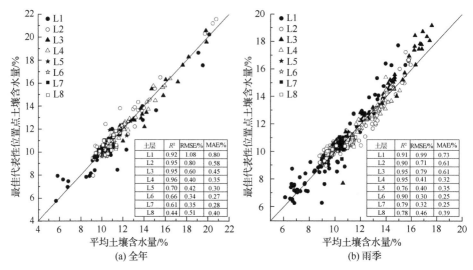

图 5.9　全年和雨季不同土壤深度的平均土壤含水量与最佳代表性位置点土壤含水量估计值(梯田)

0.78～0.95，所有拟合方程均在 $P<0.01$ 水平显著。RMSE 和 MAE 较小表示预测值和观察值之间的差异小，预测精度高。全年 MAE 为 0.27%～0.80%，平均值为 0.43%；RMSE 为 0.34%～1.08%，平均值为 0.56%。雨季 MAE 为 0.25%～0.73%，平均值为 0.44%；RMSE 的变化范围为 0.30%～0.99%，平均值为 0.55%。两个时期 8 个土层的 RMSE 和 MAE 没有显著差异($P>0.05$)。Cosh 等(2008)认为，当 RMSE 小于 2% 时，估计是准确的。因此，不同土层下的估计值是可靠的，因为全年和雨季最大的 RMSE 分别为 1.08% 和 0.99%。与其他研究相比，估计的准确性也是可接受的(Gao et al., 2012；Hu et al., 2010；Brocca et al., 2009)。

5.2.5　不同深度下土壤含水量的时间变化

8 个土层最佳代表性位置点的土壤含水量与平均土壤含水量的时间序列如图 5.10 所示，土壤深度显著影响土壤含水量分布的时空变化。2015 年 8 月的土壤含水量较 2014 年 7 月 19 日～9 月 3 日低，这是因为 2015 年 8 月的降水量较少(77.4mm)，且大部分降水发生在 2015 年 8 月 2 日(50.2mm)。2014 年 7 月 19 日～9 月 3 日的降水量是 135.4mm。

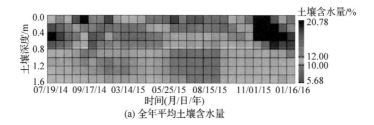

(a) 全年平均土壤含水量

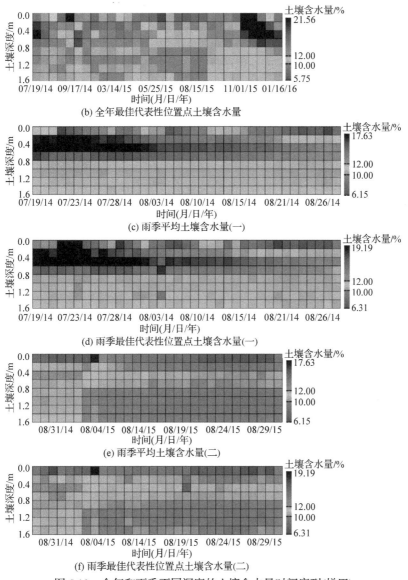

图 5.10　全年和雨季不同深度的土壤含水量时间序列(梯田)

8个土层的平均土壤含水量时间序列显现出 3 个空间模式:逐渐增加(0～0.6m)、逐渐降低(0.6～1.2m)和逐渐增加(1.2～1.6m)。不同深度下最佳代表性位置点的土壤含水量和平均土壤含水量在两个时期的时间序列时空模式非常相似。T 检验表明差异不显著($P>0.05$),说明最佳代表性位置点的土壤含水量与不同土层的平均土壤含水量是相等的。

5.2.6 土壤含水量时间稳定性的影响因素

海拔、根密度和一些土壤性质与土壤含水量 MRD 和 SDRD 的相关关系见表5.5。MRD 与海拔、SOC、黏粒含量和根密度没有显著相关性，两个时期 MRD 与粉粒含量呈极显著正相关，与砂粒含量呈极显著负相关($P<0.01$)。全年和雨季的 SDRD 与 SOC 和根密度呈极显著正相关($P<0.01$)，SDRD 与海拔的 Pearson 相关关系不显著。SDRD 也受到土壤颗粒粒径分布的显著影响。雨季 SDRD 与砂粒含量呈极显著正相关，而与粉粒含量呈极显著负相关($P<0.01$)，全年 SDRD 与砂粒和粉粒含量的相关关系仅在 $P<0.05$ 水平显著，这表明梯田土壤含水量的分布受土壤颗粒粒径分布的显著影响。土壤含水量高的位置点应具有高的粉粒含量。全年和雨季土壤含水量空间模式的时间稳定性主要受 SOC 和根密度的影响。

表 5.5 不同土壤深度下 MRD、SDRD 和影响因素的相关关系(梯田)

因子	时期	样品数	海拔	SOC	黏粒含量	粉粒含量	砂粒含量	根密度
MRD	全年	168	−0.04	0.09	0.13	0.24**	−0.24**	0.01
	雨季	168	−0.09	0.12	0.15	0.22**	−0.22**	−0.01
SDRD	全年	168	−0.06	0.28**	0.22**	−0.19*	0.18*	0.50**
	雨季	168	−0.10	0.26**	0.17*	−0.24**	0.23**	0.47**

注: *表示显著性相关，$P<0.05$；**表示极显著性相关，$P<0.01$。

5.2.7 土壤含水量时间稳定性与影响因素的关系

MRD 与海拔呈负相关，但相关性不显著，与 SOC 没有显著相关性。MRD 与土壤颗粒粒径分布存在显著相关性。MRD 与砂粒含量负相关，与粉粒含量正相关，表明具有中等粉粒含量和砂粒含量的位置点可能就是土壤含水量代表性位置点。土壤颗粒粒径分布对 MRD 的显著影响已被广泛报道(Zhang et al.，2019；Chaney et al.，2015；Penna et al.，2013；Gao et al.，2012；Biswas et al.，2011；Zhao et al.，2010；Guber et al.，2008；Vachaud et al.，1985)。很少有研究分析根系对土壤含水量时间稳定性的作用，本节发现 MRD 与根密度之间没有显著相关性。

代表性位置点必须具有较小的 SDRD，但是很少有研究调查 SDRD 及其与可能影响因素间的关系。SDRD 与海拔没有显著相关性，SOC、土壤颗粒粒径分布和根密度与 SDRD 存在显著相关性，表明土壤颗粒分布对土壤含水量代表性位置点的影响更大，SOC 和根密度对土壤含水量时间稳定性起着至关重要的作用。

采用多元线性回归分析确定两个时期 MRD 和 SDRD 的主要影响因素，回归方程见表 5.6。粉粒含量是全年 MRD 的主要影响因素，砂粒含量是雨季 MRD

的主要影响因素，这可能是因为土壤细颗粒在保水和降低蒸发方面具有重要作用(Xie et al.，2010)。全年和雨季 SDRD 的主要影响因素是根密度，原因是根系吸水对土壤含水量时空变异具有重要影响。决定系数 R^2 和 P 用来进一步确定回归方程的预测精度。值得注意的是，4 个回归方程均在 $P<0.01$ 水平显著，但 R^2 均小于 0.30，说明回归方程的预测精度较低。因此，基于关键性影响因素进行代表性位置点的预测识别在目前是不可行的。两个时期不同土层的最佳代表性位置点总体上均是位置点 9，表明多数情况下土壤含水量最佳代表性位置点位于梯田中部。

表 5.6　MRD、SDRD 和相关影响因素的多元线性回归方程(梯田)

因子	时期	回归方程	R^2	样品数	P
MRD	全年	$Y_1=-0.014X_1-0.955$	0.10	168	<0.01
	雨季	$Y_1=-0.013X_2+0.388$	0.15	168	<0.01
SDRD	全年	$Y_2=0.002X_3+0.134X_4+0.038$	0.27	168	<0.01
	雨季	$Y_2=0.002X_3+0.144X_4+0.037$	0.23	168	<0.01

注：Y_1 表示 MRD；Y_2 表示 SDRD；X_1 表示砂粒含量；X_2 表示海拔；X_3 表示黏粒含量；X_4 表示根密度；R^2 表示决定系数。

5.3　坝地土壤含水量时空变化

5.3.1　坝地土壤含水量的统计特征

表 5.7 为不同土壤深度坝地土壤含水量统计特征。王茂沟流域淤地坝坝地土壤含水量在 3.24%～41.60%变化，平均值为 22.42%，接近延安黄绵土的全容水量(25.6%)界限。说明坝地下层土壤含水量太高而影响其通透性，不利于水分的蒸发上移，上层干旱严重缺水时，坝地的强大水分供应说明蒸发动力仍可使其下层水分上移，有效补偿上层作物的需求。这种高持水性有利于旱季保水保墒，为坝地作物旱年稳产高产提供了水分保障。在不同的土壤深度下，坝地剖面土壤含水量的变异系数为 25.53%～44.40%，均属于中等空间变异性。0～60cm 土层的土壤含水量变异系数比其他土层的变异系数大，主要因为坝地 0～60cm 土层影响土壤含水量空间变异的因子较多，如光照、降雨、坝地种植玉米的根系分布等。通过上述分析可以得到土壤深度与变异系数的关系：土层越深，其变异系数越小，且越稳定；土层越浅，其变异系数越大。即变异系数和土壤深度存在相反的变化趋势，这种现象反映了土壤深度(土壤的干湿状况)对土壤水分变异程度的影响。

表 5.7 坝地不同深度土壤含水量统计特征

土壤深度 /cm	土壤含水量统计特征						
	最小值/%	最大值/%	平均值/%	标准差/%	变异系数/%	峰度	偏度
0~10	8.67	34.70	18.16	6.28	34.56	0.83	1.16
10~20	3.24	41.60	18.01	8.00	44.40	1.27	1.25
20~30	8.98	39.57	16.15	6.69	41.43	2.53	1.67
30~40	10.08	33.20	16.06	4.79	29.83	2.58	1.53
40~50	8.90	28.38	15.98	4.84	30.28	0.10	0.91
50~60	7.98	33.74	15.60	5.41	34.68	3.41	1.60
60~70	9.68	36.51	16.16	5.07	31.35	5.84	2.07
70~80	9.45	34.05	16.24	4.61	28.40	4.32	1.74
80~90	9.34	33.95	17.63	5.31	30.13	1.18	1.15
90~100	9.83	29.90	17.57	4.63	26.38	0.88	1.19
100~110	9.82	29.70	17.46	4.46	25.53	0.58	0.95
110~120	11.47	38.21	18.31	5.13	27.99	3.44	1.44
120~130	10.28	31.61	18.67	4.97	26.63	−0.47	0.57
130~140	9.33	35.07	19.01	4.88	25.66	1.74	1.12
140~150	9.13	28.69	17.62	4.60	26.09	−0.01	0.59
150~160	12.02	33.74	18.32	5.26	28.70	1.53	1.39
160~170	6.43	33.97	19.37	5.47	28.26	0.33	0.46
170~180	10.97	30.91	19.17	5.41	28.24	−0.58	0.78
180~190	8.88	30.61	18.49	4.91	26.56	0.04	0.70
190~200	8.92	28.74	18.41	5.15	27.98	−0.67	0.28

5.3.2 王茂沟骨干坝坝地土壤含水量分析

由王茂沟坝地土壤含水量与土壤粒径分布的相关关系(表 5.8)可知,坝地土壤含水量与黏粒含量、粉粒含量呈极显著正相关关系,与砂粒含量呈极显著负相关关系。黏粒含量、粉粒含量越大,土壤含水量越大;砂粒含量越大,土壤含水量越小。

表 5.8 坝地土壤含水量与土壤粒径分布的相关关系

指标	黏粒含量	粉粒含量	砂粒含量
土壤含水量	0.827**	0.484**	−0.576**

在王茂沟 1#坝坝前、坝中、坝后三点取样,取样深度分别为 400cm、220cm、300cm。由图 5.11(a)可以看出,坝前、坝中、坝后土壤深度为 0~100cm 的土壤含水量均变化较大。坝前土壤深度 200cm 以下的土壤含水量随土壤深度增加呈递减趋势,主要是由于坝前深层土壤水补给困难;坝中土壤深度 150cm 以下的土壤含水量基本保持不变,由于 200cm 以下的土壤含水量较大,取样时在水压的作用下能够快速上升至 200cm 处,因此暂用 200cm、220cm、240cm 处的土壤含水量平均值 27.94%代替 200cm 以下各土层土壤含水量;坝后土壤深度 280cm 以下土壤含水量趋于稳定,可用 35.6%代替以下各土层土壤含水量。坝中土壤含水量最高,坝后次之,坝前最低。王茂沟 2#坝坝前、坝中、坝后取样深度均为 400cm,由图 5.11(b)可知,100cm 之内的土壤含水量变化大,100cm 以下的土壤含水量处于相对稳定。两个骨干坝的土壤样品均取自玉米地,地表以下 50cm 之内土壤含水量曲线变化明显,起伏较大。坝地的主要作物是玉米,玉米是浅根作物,根系比较发达,且大部分根系分布在 40cm 以上的土层内,能够吸收土壤浅层水分,引起表层土壤含水量剧烈变化。

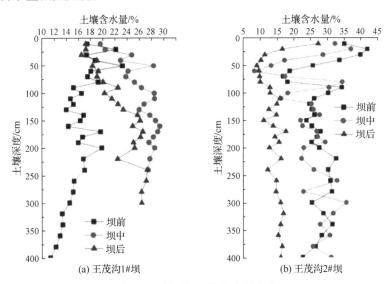

图 5.11 骨干坝土壤含水量变化

5.3.3 坝地垂直方向上土壤水分分布特征

坝地表层土壤含水量变化较大,随着土壤深度的增加,坝地土壤含水量越来越稳定。根据表 5.9 中的坝地土壤含水量分布,并结合其他学者关于黄土丘陵沟壑区土壤水分的研究,将坝地土壤水分按深度划分为 4 个层次。①水分剧变层(0~20cm):该层受降水、温度、风速等自然因素影响而变化剧烈。②水分活跃层(20~60cm):坝地作物基本是玉米等高秆作物(王茂沟坝地只有玉米),该层是玉米等深根系作物的吸水层和分布层，其下层水分可以及时补偿作物根系吸收的水分，对作物长势良好具有积极的作用。③水分次活跃层(60~140cm)：该层主要调节上下层水分的供给与积蓄，使土壤含水量达到动态平衡，即补给上层因作物消耗而减少的水分，同时通过下层积蓄减少的水分，水分含量有一定变化，但幅度不大。④水分相对稳定层(140cm 以下)：该层土壤含水量相对比较稳定，在干旱条件下可以补给上层需水。

表 5.9　不同位置淤地坝的土壤含水量变率

土壤深度/cm	坝前		坝中		坝后	
	含水量/%	变率	含水量/%	变率	含水量/%	变率
0~10	18.61	0.048	20.12	0.223	17.10	0.066
10~20	17.75	0.038	25.91	0.376	16.05	0.102
20~30	17.10	0.019	18.83	0.066	14.56	0.017
30~40	17.43	0.012	17.67	0.009	14.31	0.010
40~50	17.23	0.066	17.83	0.103	14.17	0.050
50~60	16.16	0.071	16.15	0.008	14.93	0.007
60~70	17.39	0.077	16.28	0.203	14.82	0.018
70~80	16.14	0.110	20.44	0.096	15.09	0.033
80~90	18.14	0.021	22.61	0.159	15.60	0.024
90~100	18.52	0.033	19.51	0.006	15.98	0.020
100~110	17.92	0.044	19.63	0.004	16.31	0.064
110~120	18.75	0.001	19.72	0.101	17.43	0.008
120~130	18.78	0.032	21.92	0.025	17.58	0.018
130~140	19.40	0.115	21.39	0.080	17.90	0.041
140~150	17.40	0.064	19.81	0.088	17.20	0.010
150~160	18.59	0.055	21.71	0.058	17.02	0.052
160~170	19.67	0.018	23.04	0.053	17.96	0.028
170~180	20.02	0.086	21.89	0.063	17.46	0.022
180~190	18.44	0.051	23.35	0.012	17.08	0.046
190~200	17.55	—	23.07	—	17.90	—

5.3.4　淤地坝的水资源效应及坝地储水量估算

进行坝地储水量估算时，先根据王茂沟流域淤地坝坝地土壤质量含水量和土壤容重换算坝地土壤体积含水量,然后根据土壤体积含水量和淤地坝已淤积库容计算坝地储水量(坝地储水量=土壤体积含水量×淤地坝淤积库容),计算结果见表 5.10。经计算,王茂沟流域淤地坝总储水量约为 82.09 万 m³。减水效益采用焦菊英等(2001)的坝系减水效益经验公式计算。坝系的减水效益与坝地面积占流域面积的比例关系密切,减水效益随坝地面积占比的增加而增加,呈递增关系(图 5.12)。

表 5.10　王茂沟流域淤地坝坝地储水量

淤地坝	土壤质量含水量 M_1/%			土壤体积含水量 M_2/(g/cm³)			M_2平均值 /(g/cm³)	M_1平均值 /%	淤积库容 /万 m³	储水量 /万 m³
	坝前	坝中	坝后	坝前	坝中	坝后				
王茂沟 1#坝	16.35	26.38	22.66	22.08	35.61	30.60	29.43	21.80	58.07	17.09
黄柏沟 1#坝	21.88	—	14.70	29.54	—	19.85	24.70	18.29	5.72	1.41
黄柏沟 2#坝	15.89	—	16.94	21.46	—	22.87	22.17	16.42	1.90	0.42
康河沟 1#坝	15.31	11.19		20.68	15.10		17.89	13.25	16.32	2.92
康河沟 2#坝	16.31	14.42		22.02	19.47		20.75	15.37	11.13	2.31
康河沟 3#坝	15.99	20.00		21.59	27.00		24.30	18.00	12.58	3.06
埝堰沟 1#坝	25.04		18.04	33.81		24.36	29.09	21.54	13.10	3.81
埝堰沟 2#坝	17.27	19.95	16.82	23.32	26.94	22.70	24.32	18.01	26.64	6.48
埝堰沟 3#坝	14.99	—	14.88	20.24	—	20.09	20.17	14.94	5.95	1.2
埝堰沟 4#坝	14.26		15.19	19.25		20.51	19.88	14.73	5.02	1.00
王茂沟 2#坝	27.77	25.37	14.06	37.49	34.26	18.98	30.24	22.40	58.67	17.74
死地嘴 1#坝	21.28	19.38	14.98	28.73	26.17	20.22	25.04	18.55	18.24	4.57
死地嘴 2#坝	19.26	—	14.15	26	—	19.51	22.76	16.71	4.11	0.94
王塔沟 1#坝	17.25		15.20	23.28		20.51	21.90	16.23	11.77	2.58
王塔沟 2#坝	19.55	—	16.16	26.4	—	21.82	24.11	17.86	10.95	2.64
关地沟 1#坝	20.51	18.03	14.43	27.69	24.34	19.48	23.84	17.66	34.26	8.17
关地沟 2#坝	17.40	—	16.07	23.49	—	21.70	22.60	16.74	1.39	0.31
关地沟 3#坝	16.04	—	17.61	21.65	—	23.78	22.72	16.83	0.75	0.17
关地沟 4#	14.41	—	22.31	19.46	—	30.11	24.79	18.36	16.91	4.19
背塔沟坝	15.94	—	15.32	21.52	—	20.68	21.10	15.63	1.27	0.27
马地嘴坝	18.50	15.71	15.85	24.97	21.21	21.40	22.53	16.69	3.65	0.82

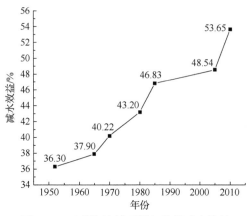

图 5.12　王茂沟流域不同年份的减水效益

5.3.5　坝地土壤双环入渗实验研究

坝地土壤初始入渗速率、典型时刻(5min、10min、30min、60min、70min、90min)入渗速率和稳定入渗速率如表 5.11 所示。由表 5.11 可以看出,王茂沟流域坝地土壤初始入渗速率为 3.50~5.00mm/min,经综合分析,坝地的稳定入渗速率为 0.12mm/min。

表 5.11　坝地的双环入渗特征　　　　　　　(单位：mm/min)

典型时刻	土地利用类型		
	坝地 1	坝地 2	坝地 3
初始入渗速率	3.50	4.00	5.00
5min 时入渗速率	0.40	0.55	0.25
10min 时入渗速率	0.18	0.23	0.08
30min 时入渗速率	0.15	0.14	0.07
60min 时入渗速率	0.16	0.14	0.07
70min 时入渗速率	0.13	0.12	—
90min 时入渗速率	0.10	—	—
稳定入渗速率	0.10	0.12	0.07

根据野外实验实测的不同时刻入渗速率绘制土壤入渗过程曲线,如图 5.13 所示。同一坝地土壤入渗过程基本上差异不大,入渗速率往往在入渗开始阶段陡降,随着时间的推移,入渗速率降低的幅度逐渐减小,最终达到稳定入渗。坝地达到稳定入渗的平均时间为 70min。

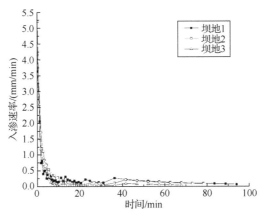

图 5.13　坝地土壤入渗过程

5.3.6　小流域土壤有效水参数空间分布特征

土壤有效水参数主要有田间持水量和凋萎系数。本小节的田间持水量和凋萎系数都是通过土壤水分特性曲线计算得到的。通常,对于某一确定类型的土壤,其凋萎系数是一个常数,对应的土壤水势为 1.5bar[①]。田间持水量不是一个土壤水分常数,但是可以很好地反映坝地土壤的持水能力。不同土壤田间持水量对应的土壤水势差异比较大,多数集中在 0.1～0.3bar。田间持水量的测定是比较复杂的,尚缺乏特别精确的仪器测定方法。具体测定时,大体上可分为田间和室内测定两种方法(许静,2018),本小节采用室内环刀法测量。通常,将田间持水量看作常数。一些学者在黄土高原地区实际测定田间持水量时发现,多数情况下,田间持水量的大小与土壤吸力为 0.3bar 时的土壤含水量基本相同。于是,用测定土壤吸力为 0.3bar 时的土壤含水量来确定田间持水量,这成为科学研究中普遍采用的方法。野外实地采集原状坝地土壤样品,测定土壤的水分特征曲线,进而将 0.3bar 时的土壤含水量确定为该点田间持水量,将 1.5bar 时的土壤含水量确定为该点凋萎系数。

按照不同土地利用类型(5 种)采集土样,分 0～20cm(A1)、20～40cm(A2)、40～60cm(A3)三个土层,分析不同土地利用类型土壤水分特征曲线,并采用常用的 van Genuchten 模型对其进行拟合,如图 5.14 所示。可以看出,不同土地利用类型土壤水分特征曲线相当类似,但是饱和含水量、残余含水量、van Genuchten 模型参数 α 和 n 有差异。通过土壤水分特征曲线,分别在曲线上找到 0.3bar 和 1.5bar 对应的土壤含水量,分别作为该土地利用类型土壤田间持水量和凋萎系数。根据毛细管理论,土壤水分特性曲线实际反映的是土壤孔隙状况和含水量之间的

---

① 1bar=0.1MPa=10N/cm²

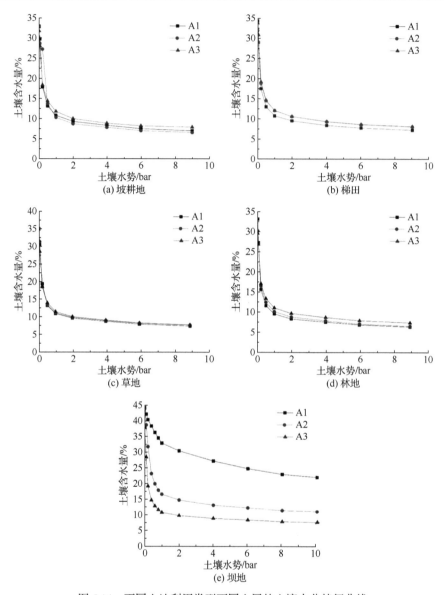

图 5.14　不同土地利用类型不同土层的土壤水分特征曲线

关系，所以影响土壤孔隙状况和水分特性的因素都会对土壤水分特征曲线产生影响(张鹏飞等，2022；夏天等，2021；马昌臣，2013)。土壤的颗粒组成是决定土壤孔隙结构的主要因素之一。一般黏粒含量越高的土壤，任何吸力下的土壤含水量都较大，因为黏质土中细孔隙较多，表面能较大，能吸持较多的水分。砂质土中大孔隙发育，水分容易排走，保持的水分较少。黏土中孔隙分布比较均匀，当吸力增加时，含水量减少得比较缓慢，曲线坡度比较缓和，砂质土中绝大多数孔隙容量集中在孔径范围很窄的孔隙内，一旦达到一定吸力，这些孔隙中的水分会很快排空，土壤含水量急剧下降，因此曲线坡度比较陡。

基于以上分析，得到王茂沟小流域不同土地利用类型和土层的田间持水量和凋萎系数，如表 5.12 所示。坡面的田间持水量草地最大，凋萎系数也表现为相似的分布规律，主要原因可能是草地黏粒含量和土壤有机碳含量较高。沟道的坝地土壤具有显著较大的田间持水量和凋萎系数，其主要原因也可能是汇水道具有较高的黏粒含量和土壤有机碳含量。用田间持水量减去凋萎系数即为土壤有效水容量。通过分析可知，坝地土壤有效水容量明显高于其他土地利用类型。

表 5.12　不同土地利用类型和土层的田间持水量和凋萎系数　(单位：%)

| 土层 | 土壤性质 | 坡面 | | | | 沟道 |
		坡耕地	草地	林地	梯田	坝地
A1	田间持水量	16.30	17.54	14.46	15.86	38.87
	凋萎系数	10.03	10.40	9.04	10.03	31.24
	土壤有效水容量	6.27	7.14	5.41	5.83	7.63
A2	田间持水量	17.71	17.08	15.32	17.22	27.09
	凋萎系数	9.47	10.62	9.58	11.22	18.46
	土壤有效水容量	8.24	6.46	5.74	6.01	8.64
A3	田间持水量	17.03	17.22	16.01	17.55	16.71
	凋萎系数	10.86	10.90	10.50	11.21	10.10
	土壤有效水容量	6.17	6.32	5.52	6.35	6.61
平均值	田间持水量	17.01	17.28	15.26	16.88	27.56
	凋萎系数	10.12	10.64	9.71	10.82	19.93
	土壤有效水容量	6.89	6.64	5.56	6.06	7.62

注：数据已进行舍入修约。

由图 5.14(e)可以看出，坝地不同土层的土壤水分特征曲线与其他土地利用类型的土壤水分特征曲线有显著的不同，表明坝地通过土壤侵蚀形成了异质性土壤。不同土层坝地土壤水分特征曲线表现了坝地土壤颗粒垂直方向从上到下(A1→A2→A3)土壤细颗粒越来越少，粗颗粒越来越多。在垂直方向(0~60cm)，土壤田间持水量由上到下呈现递减趋势，A1、A2、A3 土层田间持水量分别为 38.87%、27.09%、16.71%，平均值为 27.56%，由以上分析可知，田间持水量与土壤的颗粒组成表现出良好的一致性。一般情况下，随着质地变细，土壤田间持水量呈增加趋势。这是因为土壤中细颗粒含量越多，单位体积土壤中细孔隙所占的比例就越大，毛管力就越强；同时细颗粒土壤的比表面积较大，土壤水分的田间持水能力随之增加，凋萎系数减小，土壤水分的有效性增加，表现为流域的水分调节能力增强。王茂沟小流域田间持水量、凋萎系数、土壤有效水容量的空间分布如图 5.15 所示。

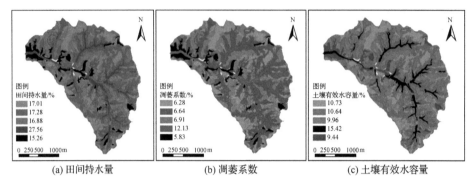

| (a) 田间持水量 | (b) 凋萎系数 | (c) 土壤有效水容量 |

图 5.15　王茂沟小流域田间持水量、凋萎系数、土壤有效水容量的空间分布
扫描二维码查看高清图片

在一定程度上，土壤容重、饱和含水量也能反映土壤的持水能力。容重作为土壤基本的物理性质之一，其大小不仅与土壤的发育程度、成土母质有较强的相关性，也受土地利用、人为翻耕、放牧等的影响，直接反映了土壤中孔隙的多少，在一定程度上也能反映土壤的结构性、土壤持水的容量和通气性。饱和导水率是土壤导水能力的一个重要指标，可以直接反映降水入渗的速率。用定水头法测定坝地土壤饱和导水率，A1、A2、A3 坝地土层的饱和导水率分别为 0.28mm/min、0.32mm/min、0.21mm/min，如表 5.13 所示。

表 5.13　不同土地利用类型不同土层的土壤性质

| 土层 | 土壤性质 | 坡面 | | | | 沟道 |
		坡耕地	草地	林地	梯田	坝地
A1	饱和导水率/(mm/min)	0.37	0.47	0.44	0.12	0.28
	饱和含水量/%	36.23	37.27	36.52	34.76	45.59
	容重/(g/cm³)	1.34	1.18	1.28	1.31	1.37
A2	饱和导水率/(mm/min)	0.50	0.43	0.55	0.19	0.32
	饱和含水量/%	36.77	37.79	33.35	32.90	46.11
	容重/(g/cm³)	1.35	1.36	1.28	1.38	1.35
A3	饱和导水率/(mm/min)	0.43	0.33	0.36	0.22	0.21
	饱和含水量/%	33.80	34.81	31.58	35.53	42.95
	容重/(g/cm³)	1.36	1.34	1.45	1.41	1.32

续表

| 土层 | 土壤性质 | 坡面 | | | | 沟道 |
		坡耕地	草地	林地	梯田	坝地
平均值	饱和导水率/(mm/min)	0.44	0.41	0.45	0.18	0.27
	饱和含水量/%	35.60	36.62	33.82	34.40	44.88
	容重/(g/cm³)	1.35	1.29	1.34	1.37	1.35

5.4 生态建设对流域土壤水资源分布的影响

5.4.1 不同水土保持措施土壤含水量空间差异性分析

水土保持措施是黄土高原人类改造下垫面性质的主要活动因素之一，水土保持措施包括工程措施(如坡面工程中的梯田、水平阶、鱼鳞坑等和沟道工程中的坝库等)、植被措施(如退耕还林还草等)和农业耕作措施等(段景峰，2021；肖培青等，2020；严丽等，2013)。水土保持措施影响土壤水分的分布和变化过程，土壤水分的分布和变化也会影响水土保持措施的实施和效益(薛少博等，2021；穆兴民等，1999)，因此水土保持措施与土壤水分相互作用的研究应得到重视。本小节研究不同水土保持措施下土壤水分剖面垂直分布，揭示不同水土保持措施对土壤水分的影响规律。

分析不同时期不同水土保持措施条件下土壤剖面含水量的差异和变化。图5.16是2001年4月坡地、鱼鳞坑、梯田三种不同水土保持措施的土壤含水量剖面垂直分布。由于受到大气降水的补给和蒸散发作用，土壤水分随土壤深度变化有明显差异。各水土保持措施下，0～70cm土层土壤含水量差异不明显，70cm以下，三种类型的土壤含水量均出现反复的波动变化，但基本上表现为梯田>坡地>鱼鳞坑。土壤含水量不仅与降水有关，还与植被类型和土壤蒸发有密切关系。梯田浅

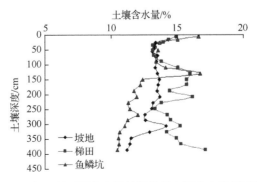

图5.16 2001年4月不同水土保持措施的土壤含水量剖面垂直分布

层土壤土质疏松，受降水的补偿作用明显，因此梯田的保水作用显著。鱼鳞坑栽种元宝枫乔木林，且密度较大，受植被根系耗水的影响，150cm 以下土层中含水量小于坡地和梯田。坡地在 100～200cm 土层土壤含水量保持相对稳定，在 300cm 以下土层发生较大波动。150cm 以下土层，坡地土壤含水量大于鱼鳞坑，分析其原因有两点：①鱼鳞坑建造时间较短，保水效益还未完全发挥；②坡地取样点位于坡面中下部，相比坡面其他坡位的土壤含水量明显要高一些。

　　图 5.17 是 2001 年 6 月坡地和水平沟土壤含水量剖面垂直分布。受降水补给影响，0～30cm 土层两者土壤含水量差异并不明显，在 30cm 时发生变化，水平沟的土壤含水量随土壤深度增大而增大，坡地土壤含水量随土壤深度增大缓慢增大，并且水平沟的土壤含水量明显大于坡地，这一现象证明了水平沟这一水土保持措施对土壤水分的积极作用。

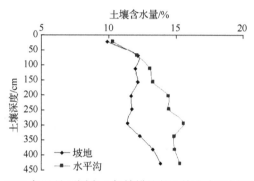

图 5.17　2001 年 6 月不同水土保持措施的土壤含水量剖面垂直分布

　　图 5.18 是 2001 年 9 月不同退耕年限草坡地的土壤含水量剖面垂直分布。在 0～15cm 浅层土壤中，退耕一年的草坡地土壤含水量大于退耕两年的草坡地，这是因为退耕两年草坡地植被生长茂盛，植物蒸腾作用较大，根系耗水量较大。不同退耕年限草坡地在 15cm 以下土层的土壤含水量整体呈现明显的差异，表现为退耕三年>退耕两年>退耕一年，表明退耕年限越长，对坡面的保水作用更加明显。

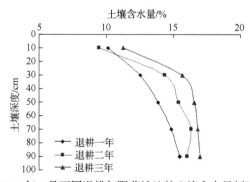

图 5.18　2001 年 9 月不同退耕年限草坡地的土壤含水量剖面垂直分布

　　在黄土丘陵地区，植被生长耗水是土壤水分的主要消耗方式之一，植被种类、种植方式、植被长势等都是影响植被耗水的重要因素(杨涛等，2008)。此外，不同的降水年、立地条件和不同土地利用方式也是影响土壤水分空间异质性的重要因素。通常情况下，阴坡的土壤含水量要大于阳坡。在降水丰水年，受重力作用，土壤中的水分由坡上向坡下运移，完整坡面坡下部土壤含水量要大于坡上部；如果在平水年或者枯水年，降水补给地表土壤水分非常有限，土壤剖面达不到田间持水量的标准，降水后只有浅层土壤水分得到补充，并且运移范围较小，不能汇集到坡底，加上植物根系耗水，会出现坡下部土壤含水量小于坡上部。水土保持措施也对土壤水分分布有重要的影响，通过各种水土保持措施如水平阶、梯田、鱼鳞坑等有效拦截降水，增加水分入渗量，可使土壤水分得到更加充分的补给(侯雷等，2020；张北赢等，2009)。此外，土壤的性质和周围的环境也会扰乱土壤水分的一般分布规律。例如，容重较大的土壤含水量就比土质疏松的土壤含水量低，因为降水时其表面结痂，降水不容易下渗，更容易形成地表径流。总之，土壤水分是各种影响因素共同作用的结果，分析研究时不能只考虑单一因素。

5.4.2　土壤水资源与土地利用类型的耦合效应

1. 不同土地利用类型的土壤容重变化分析

　　将土地利用类型划分为 6 类，利用环刀法测定不同土地利用类型下不同土层的土壤容重，见表 5.14。分析发现，在 0～100cm 土层，不同土地利用类型的土壤容重随土壤深度的增加而增大，100cm 以下的土壤容重差异不大。整个 0～200cm 土壤剖面上，乔木林土壤容重最小，坝地土壤容重最大；100cm 以内，坡耕地土壤容重最小，灌木林最大；100cm 以下，乔林地土壤容重最小，坝地最大。说明不同土地利用方式对土壤紧实度的改善作用不同。乔木林、坡耕地的土壤容重接近，梯田、坝地、灌木林(鱼鳞坑灌木)、荒地的土壤容重相对接近，前者小于后者。尽管不同土地利用类型下的土壤容重有差异，但总体来说差异较小，对土层储水能力的影响不大。

表 5.14　不同土地利用类型下土壤容重随土壤深度变化　　　(单位：g/cm³)

土地利用类型	土壤深度				
	0～40cm	40～100cm	100～150cm	150～200cm	0～200cm
坝地	1.16	1.24	1.27	1.32	1.30
梯田	1.15	1.22	1.25	1.30	1.28
坡耕地	1.03	1.13	1.20	1.25	1.23
乔木林	1.10	1.17	1.19	1.23	1.21
灌木林	1.17	1.23	1.26	1.30	1.27
荒地	1.15	1.20	1.25	1.30	1.23

2. 不同土地利用类型的土壤含水量

表 5.15 为不同土地利用类型下不同土壤深度的土壤含水量。坝地土壤含水量明显高于其他土地利用类型的土壤含水量,荒地土壤含水量最低。荒地表层相对紧实,不利于降水入渗,因此土壤含水量偏低。坡耕地土壤含水量高于乔木林、灌木林和荒地,却低于坝地与梯田,这也证明了相对于坡耕地,坝地和梯田的保水作用更加明显。乔木林和灌木林在 0~200cm 土层的土壤含水量差异不大,是因为植物根系耗水量较大,这与植被品种及生长状况密切相关。上述分析表明,坡耕地梯田化可以增加流域储水量,而发展乔木林、灌木林则可能减少流域储水量。

表 5.15   不同土地利用类型下不同土壤深度的土壤含水量   (单位:%)

土地利用类型	土壤深度				
	0~40cm	40~100cm	100~150cm	150~200cm	0~200cm
坝地	20.15	23.99	27.32	28.47	27.69
梯田	19.04	20.83	25.04	27.22	25.63
坡耕地	14.18	16.27	17.98	18.93	17.54
乔木林	13.86	15.81	15.55	15.53	15.06
灌木林	13.15	15.74	14.53	14.53	14.90
荒地	11.93	13.80	13.19	13.35	12.80

3. 不同土地利用类型下的土壤储水量

不同土地利用类型下的土壤储水量如图 5.19 和表 5.16 所示。观察分析可以发现:不同土地利用类型下各土层的土壤储水量有明显差异,反映出的储水能力与表 5.17 中结果是一致的;深层土壤储水量明显高于浅层土壤,0~40cm 土层的土壤储水量明显低于其他土层;坝地和梯田的各土层土壤储水量明显高于坡耕地、乔木林、灌木林、荒地,证明了各类水土保持措施对土壤有明显保水作用。

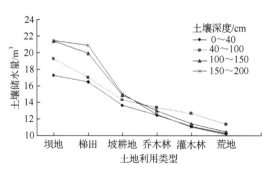

图 5.19   不同土地利用类型下的土壤储水量

表 5.16　不同土地利用类型下的土壤储水量　　　（单位：m³）

土地利用类型	土壤深度				
	0～40cm	40～100cm	100～150cm	150～200cm	0～200cm
坝地	957	1709	1621	1690	6574
梯田	3699	6068	6079	6610	24888
坡耕地	68	117	108	114	421
乔木林	5345	9144	7497	7489	29047
灌木林	1501	2695	2072	2073	8500
荒地	4695	8149	6490	6570	25198
合计	16265	27882	23867	24546	94628

表 5.17　不同土地利用类型的土壤储水能力

土地利用类型	面积/hm²	储水量/m³	储水量排序	储水能力指数	储水能力排序
坝地	118.7	6574	5	1.67	1
梯田	485.6	24888	3	1.54	2
坡耕地	12.0	421	6	1.06	3
乔木林	964.1	29047	1	0.91	4
灌木林	285.3	8500	4	0.90	5
荒地	984.2	25198	2	0.77	6
合计	2849.9	94628	—	—	—

0～40cm 土层的土壤储水量为 16265m³，40～100cm 土层的土壤储水量为 27882m³，100～150cm 土层的土壤储水量为 23867m³，150～200cm 土层的土壤储水量为 24546m³，分别占总储水量的 17.19%、29.46%、25.22%、25.94%。

为了更加明确地说明不同土地利用类型对流域土壤水资源的贡献大小，引入储水能力的概念。具体定义为某种土地利用类型的单位面积蓄水量与流域平均单位面积储水量的比值，代表不同土地利用类型下的土壤储水能力指数，统计结果见表 5.17。观察分析可以看出：各土地利用类型的储水量存在很大差异，流域不同土地类型储水量大小次序为乔木林、荒地、梯田、灌木林、坝地、坡耕地，这与不同土地利用类型的面积大小有直接关系；不同土地利用类型的储水能力指数大小次序为坝地 1.67、梯田 1.54、坡耕地 1.06、乔木林 0.91、灌木林 0.90、荒地 0.77。

参 考 文 献

陈峰峰, 赵江平, 陈云明, 2023. 黄土丘陵区典型人工幼林土壤水分特征[J]. 水土保持研究, 30(1): 190-196.

陈维梁, 王树学, 齐统祥, 等, 2021. 黄土丘陵区不同恢复年限人工刺槐林土壤水分时空动态及其时间稳定性[J]. 生态学报, 41(14): 5643-5657.

陈钰馨, 郑博福, 傅赫, 等, 2023. 不同植被类型根系对土壤水分分布的影响[J]. 中国水土保持科学, 21(1): 37-46.

段景峰, 2021. 西北黄土高原沟壑区水土保持工程措施研究与应用[J]. 现代农业研究, 27(7): 44-45.

侯雷, 谢欣利, 姚冲, 等, 2020. 不同规格鱼鳞坑坡面侵蚀过程及特征研究[J]. 农业工程学报, 36(8): 62-68.

焦菊英, 王万忠, 李靖, 等, 2001. 黄土高原丘陵沟壑区淤地坝的减水减沙效益分析[J]. 干旱区资源与环境, 15(1): 78-83.

刘淑珍, 高伟达, 任图生, 2020. 利用最小水分限制范围评价东北黑土区免耕和垄作的土壤水分稳定性[J]. 农业工程学报, 36(10): 107-115.

马昌臣, 2013. 不同种植密度下小麦盆栽试验土壤水分特性研究[D]. 杨凌: 教育部水土保持与生态环境研究中心.

穆兴民, 陈霁伟, 1999. 黄土高原水土保持措施对土壤水分的影响[J]. 土壤侵蚀与水土保持学报, 5(4): 39-44.

夏天, 田军仓, 2021. 基于黏粒量的土壤水分特征曲线预测模型[J]. 灌溉排水学报, 40(3): 9-14.

肖培青, 王玲玲, 杨吉山, 等, 2020. 大暴雨作用下黄土高原典型流域水土保持措施减沙效益研究[J]. 水利学报, 51(9): 1149-1156.

许静, 2018. 不同试验方法测定田间持水量的对比研究[D]. 长春: 吉林大学.

薛少博, 李鹏, 于坤霞, 等, 2021. 2002—2020 年黄土高原土壤水变化及其相关性分析[J]. 水土保持学报, 35(5): 221-226.

严丽, 侯群群, 王飞, 等, 2013. 黄土高原坡面水土保持措施减沙水代价分析[J]. 水土保持通报, 33(2): 213-217.

杨涛, 王得祥, 刘雅娟, 等, 2008. 黄土丘陵区不同植被类型土壤贮水动态变化[J]. 水土保持研究, 15(6): 81-84.

张北赢, 徐学选, 刘文兆, 2009. 黄土丘陵沟壑区不同水保措施条件下土壤水分状况[J]. 农业工程学报, 25(4): 54-58.

张鹏飞, 贾小旭, 赵春雷, 等, 2022. 初始容重对土壤水分特征曲线的影响[J]. 干旱区研究, 39(4): 1174-1180.

朱青, 史伯强, 廖凯华, 2015. 基于聚类和时间稳定性的土壤含水量优化监测[J]. 土壤通报, 46(1): 74-79.

BISWAS A, CHENG SI B, 2011. Scales and locations of time stability of soil water storage in a hummocky landscape[J]. Journal of Hydrology, 408(1-2): 100-112.

BROCCA L, MELONE F, MORAMARCO T, et al., 2009. Soil moisture temporal stability over experimental areas in Central Italy[J]. Geoderma, 148(3-4): 364-374.

CHANEY N W, ROUNDY J K, HERRERA-ESTRADA J E, et al., 2015. High-resolution modeling of the spatial heterogeneity of soil moisture: Applications in network design[J]. Water Resources Research, 51(1): 619-638.

COSH M H, JACKSON T J, MORAN S, et al., 2008. Temporal persistence and stability of surface soil moisture in a semi-arid watershed[J]. Remote Sensing of Environment, 112(2): 304-313.

DOUAIK A, VAN MEIRVENNE M, TÓTH T, 2006. Temporal stability of spatial patterns of soil salinity determined from laboratory and field electrolytic conductivity[J]. Arid Land Research and Management, 20(1): 1-13.

GAO L, SHAO M, 2012. Temporal stability of shallow soil water content for three adjacent transects on a hillslope[J]. Agricultural Water Management, 110: 41-54.

GUBER A K, GISH T J, PACHEPSKY Y A, et al., 2008. Temporal stability in soil water content patterns across agricultural fields[J]. Catena, 73(1): 125-133.

HÉBRARD O, VOLTZ M, ANDRIEUX P, et al., 2006. Spatio-temporal distribution of soil surface moisture in a heterogeneously farmed Mediterranean catchment[J]. Journal of Hydrology, 329(1): 110-121.

HU W, SHAO M, REICHARDT K, 2010. Using a new criterion to identify sites for mean soil water storage evaluation[J]. Soil Science Society of America Journal, 74(3): 762-773.

PENNA D, BROCCA L, BORGA M, et al., 2013. Soil moisture temporal stability at different depths on two alpine hillslopes during wet and dry periods[J]. Journal of Hydrology, 477: 55-71.

VACHAUD G, PASSERAT DE SILANS A, BALABANIS P, et al., 1985. Temporal stability of spatially measured soil water probability density function 1[J]. Soil Science Society of America Journal, 49(4): 822-828.

XIE Z K, WANG Y J, CHENG G D, et al., 2010. Particle-size effects on soil temperature, evaporation, water use efficiency and watermelon yield in fields mulched with gravel and sand in semi-arid Loess Plateau of northwest China[J]. Agricultural Water Management, 97(6): 917-923.

ZHANG Y, LI P, LIU X, et al., 2019. Effects of farmland conversion on the stoichiometry of carbon, nitrogen, and phosphorus in soil aggregates on the Loess Plateau of China[J]. Geoderma, 351: 188-196.

ZHAO Y, PETH S, WANG X, et al., 2010. Controls of surface soil moisture spatial patterns and their temporal stability in a semi-arid steppe[J]. Hydrological Processes, 24: 2507-2519.

第6章 流域地表水-土壤水-地下水转化机制及传输规律

6.1 流域地表水-土壤水-地下水同位素特征及转化关系

6.1.1 生态建设对比流域水同位素统计特征

在研究区野外采样不同水体的样品，测试其氢氧同位素数据，统计韭园沟、裴家峁和王茂沟流域 2015～2017 年降水、地表水、浅层地下水、水库水和雪水五种水体的氢氧同位素特征。因为只有韭园沟流域存在水库，所以裴家峁流域和王茂沟流域均无水库水氢氧同位素特征统计值(δD 和 $\delta^{18}O$)。生态建设流域(韭园沟、王茂沟)和生态建设未治理流域(裴家峁)2015～2017 年不同水体氢氧同位素统计特征见表 6.1～表 6.3。

表 6.1 2015 年韭园沟、裴家峁和王茂沟流域不同水体氢氧同位素统计特征

流域名称	水体类型	δD/‰				$\delta^{18}O$/‰			
		最大值	最小值	均值	标准差	最大值	最小值	均值	标准差
韭园沟	降水	−14.94	−94.58	−55.02	23.41	−2.68	−13.15	−7.88	3.29
	地表水	−74.53	−45.02	−59.15	5.27	−2.29	−9.41	−7.01	1.40
	浅层地下水	−34.94	−71.85	−59.43	7.37	−0.89	−9.14	−7.05	1.68
	水库水	−45.52	−70.02	−56.81	5.55	−2.74	−8.87	−6.65	1.48
	雪水	−72.77	−91.80	−83.02	8.29	−6.55	−11.40	−9.55	2.11
裴家峁	降水	−14.94	−94.58	−55.02	23.41	−2.68	−13.15	−7.88	3.29
	地表水	−39.62	−96.12	−59.82	5.83	−4.43	−11.73	−7.17	0.94
王茂沟	降水	20.54	−97.30	−56.68	27.14	2.41	−13.15	−8.05	3.65
	地表水	−38.25	−80.60	−63.15	5.48	−3.22	−10.68	−7.80	1.43
	浅层地下水	−42.01	−69.96	−64.37	4.16	−2.37	−9.10	−7.93	1.43
	雪水	−72.77	−91.80	−83.02	8.29	−6.55	−11.40	−9.55	2.11

表 6.2　2016 年韭园沟、裴家峁和王茂沟流域不同水体氢氧同位素统计特征

流域名称	水体类型	δD/‰				$\delta^{18}O$/‰			
		最大值	最小值	均值	标准差	最大值	最小值	均值	标准差
韭园沟	降水	−9.11	−113.12	−52.60	20.43	−2.92	−15.37	−7.61	2.63
	地表水	−26.48	−71.58	−60.52	4.75	−1.66	−9.14	−7.60	0.85
	浅层地下水	−49.75	−67.89	−61.98	3.38	−6.14	−8.70	−7.80	0.56
	水库水	−43.01	−65.47	−57.50	5.30	−4.32	−8.48	−7.02	0.95
	雪水	−43.64	−81.44	−59.01	16.61	−6.69	−12.29	−9.32	2.36
裴家峁	降水	−14.01	−97.72	−58.39	19.86	−3.81	−15.78	−8.21	2.72
	地表水	−47.53	−74.19	−61.09	4.49	−5.60	−9.27	−7.73	0.67
	浅层地下水	−58.49	−66.95	−63.34	2.10	−6.52	−9.67	−8.14	0.54
	雪水	−45.39	−49.03	−47.20	1.54	−5.04	−6.76	−5.97	0.88
王茂沟	降水	−9.11	−113.12	−52.60	20.43	−2.92	−15.37	−7.61	2.63
	地表水	29.37	−74.91	−55.55	26.46	1.40	−10.10	−7.12	2.95
	浅层地下水	−42.72	−89.36	−65.43	3.37	−5.66	−13.10	−8.50	0.62
	雪水	−51.21	−73.07	−61.71	9.02	−8.17	−11.18	−9.97	1.41

表 6.3　2017 年韭园沟、裴家峁和王茂沟流域不同水体氢氧同位素统计特征

流域名称	水体类型	δD/‰				$\delta^{18}O$/‰			
		最大值	最小值	均值	标准差	最大值	最小值	均值	标准差
韭园沟	降水	39.57	−103.36	−38.33	31.35	8.12	−14.71	−5.82	4.67
	地表水	−36.99	−77.51	−61.31	7.45	−4.78	−35.18	−8.17	2.73
	浅层地下水	−42.52	−75.60	−59.79	8.63	−4.70	−10.87	−7.62	1.40
	水库水	−44.85	−65.73	−57.86	7.26	−5.47	−8.83	−7.50	1.14
	雪水	−10.08	−46.16	−34.01	15.83	−3.66	−7.13	−6.00	1.47
裴家峁	降水	8.62	−100.09	−47.66	30.11	2.44	−15.24	−7.30	4.22
	地表水	−44.66	−80.50	−61.24	6.22	−5.55	−11.56	−7.93	1.17
	浅层地下水	−59.61	−73.82	−64.93	3.02	−6.76	−11.77	−8.39	0.93
	雪水	−14.61	−53.68	−29.55	14.87	−0.51	−9.31	−4.82	3.01
王茂沟	降水	−1.57	−103.36	−38.33	31.35	8.12	−14.71	−5.82	4.67
	地表水	−38.97	−76.72	−64.28	6.55	−6.18	−15.42	−8.74	1.58
	浅层地下水	−62.30	−77.74	−67.63	3.30	−7.97	−12.06	−9.00	0.96
	雪水	−10.08	−61.65	−40.27	21.13	−3.66	−11.18	−7.51	2.99

流域不同水体的来源、补给和转化过程都受到多种因素的影响而不尽相同，通过分析生态建设对比流域不同水体氢氧同位素特征，可以定性判别不同水体的蒸发分馏程度和水体转化特征。由表 6.1 可知，2015 年韭园沟流域不同水体δD 大小排序是降水>水库水>地表水>浅层地下水>雪水，不同水体$\delta^{18}O$ 大小排序是水库水>地表水>浅层地下水>降水>雪水；裴家峁流域不同水体δD 大小排序是降水>地表水，不同水体$\delta^{18}O$ 大小排序是地表水>降水；王茂沟流域不同水体δD 大小排序是降水>地表水>浅层地下水>雪水，不同水体$\delta^{18}O$ 大小排序是地表水>浅层地下水>降水>雪水(裴家峁和王茂沟没有水库，所以没有水库水同位素统计特征)。

由表 6.2 可知，2016 年韭园沟流域不同水体δD 大小排序是降水>水库水>雪水>地表水>浅层地下水，不同水体$\delta^{18}O$ 大小排序是水库水>地表水>降水>浅层地下水>雪水；裴家峁流域不同水体δD 大小排序是雪水>降水>地表水>浅层地下水，不同水体$\delta^{18}O$ 大小排序是雪水>地表水>浅层地下水>降水；王茂沟流域不同水体δD 大小排序是降水>地表水>雪水>浅层地下水，不同水体$\delta^{18}O$ 大小排序是地表水>降水>浅层地下水>雪水。

由表 6.3 可知，2017 年韭园沟流域不同水体δD 大小排序是雪水>降水>水库水>浅层地下水>地表水，不同水体$\delta^{18}O$ 大小排序是降水>雪水>水库水>浅层地下水>地表水；裴家峁流域不同水体δD 大小排序是雪水>降水>地表水>浅层地下水，不同水体$\delta^{18}O$ 大小排序是雪水>降水>地表水>浅层地下水；王茂沟流域不同水体δD 大小排序是降水>雪水>地表水>浅层地下水，不同水体$\delta^{18}O$ 大小排序是降水>雪水>地表水>浅层地下水。

三个流域不同水氢氧同位素值标准差的变化趋势基本和均值变化趋势一致，反映不同水体氢氧同位素值的离散程度。三个流域降水氢氧同位素值变化范围最大。2015 年，韭园沟流域降水δD 和$\delta^{18}O$ 变化范围分别为-94.58‰～-14.94‰和-13.15‰～-2.68‰，裴家峁流域降水δD 和$\delta^{18}O$ 变化范围分别为-94.58‰～-14.94‰和-13.15‰～-2.68‰，王茂沟流域降水δD 和$\delta^{18}O$ 变化范围分别为-97.30‰～20.54‰和-13.15‰～2.41‰，其相应的变幅分别为 79.64‰和 10.47‰、79.64‰和10.47‰、117.84‰和 15.56‰。2016 年，韭园沟流域降水δD 和$\delta^{18}O$ 变化范围分别为-113.12‰～-9.11‰和-15.37‰～-2.92‰，裴家峁流域降水δD 和$\delta^{18}O$ 变化范围分别为-97.72‰～-14.01‰和-15.78‰～-3.81‰，王茂沟流域降水δD 和$\delta^{18}O$ 变化范围分别为-113.12‰～-9.11‰和-15.37‰～-2.92‰，其相应的变幅分别为104.01‰和 12.45‰、83.71‰和 11.97‰、104.01‰和 12.45‰。2017 年，韭园沟流域降水δD 和$\delta^{18}O$ 变化范围分别为-103.36‰～39.57‰和-14.71‰～8.12‰，裴家峁流域降水δD 和$\delta^{18}O$ 变化范围分别为-100.09‰～8.62‰和-15.24‰～2.44‰，王茂沟流域降水δD 和$\delta^{18}O$ 变化范围分别为-103.36‰～-1.57‰和-14.71‰～8.12‰，其相应的变幅分别为 142.93‰和 22.83‰、108.71‰和 17.68‰、101.79‰

和 22.83‰。年际间的降水同位素和不同流域的降水同位素具有不同的变化幅度，但是整体变化趋势趋于一致，表明三个研究区的降水在不同年份具有相同或者类似的降水水汽来源和降水过程。

本章研究区地处黄土高原干旱和半干旱地区，夏季温度高、蒸发大，降水水汽富集重同位素，加之季风气候的影响，降水氢氧同位素较其他水体富集且具有较大的变幅。同时，在降水补给地表水和地下水过程中，伴随径流路径和土壤植被等的阻隔作用，氢氧同位素值变幅减小。受强烈的蒸发作用，地表水和水库水氢氧同位素较地下水富集；由于有较厚黄土层的覆盖，地下水氢氧同位素表现最为稳定，变幅最小(王贺等，2016；Craig，1961)。研究区水库水氢氧同位素相较于地表水和浅层地下水富集，主要是因为水库汇水面积很大，增加了水面蒸发，引起较为强烈的氢氧同位素蒸发分馏作用。

考虑流域生态建设措施的对比作用，发现生态建设治理流域(韭园沟流域和王茂沟流域)的降水 δD 和 $\delta^{18}O$ 较未治理流域富集。由于生态建设的实施，林地和草地等植被面积大幅度增加，同时水库和淤地坝工程的实施增加了流域蒸散发作用，降低了空气湿度，生态建设治理流域降水氢氧同位素较未治理流域富集。生态建设治理流域(韭园沟流域和王茂沟流域)的地表水 δD 和 $\delta^{18}O$ 较未治理流域富集。流域水土保持工程措施的拦蓄使流域水面面积增加，增加了地表水的蒸发作用，使生态建设治理流域地表水氢氧同位素较未治理流域富集。生态建设治理流域(韭园沟流域和王茂沟流域)的浅层地下水 δD 和 $\delta^{18}O$ 较未治理流域富集。生态建设措施的实施影响了流域的蒸散发作用等，使生态建设治理流域降水、地表水和水库水的氢氧同位素较未治理流域富集，同时流域的地表水和浅层地下水采样点均分布在流域主沟道附近，地表水和浅层地下水的交换作用比较频繁，流域浅层地下水又较为稳定，最终使生态建设治理流域的浅层地下水氢氧同位素较未治理流域富集。

6.1.2 对比流域不同水体氢氧同位素关系

大气降水的 δD 和 $\delta^{18}O$ 关系研究始于 20 世纪 60 年代。Craig(1961)在研究北美地区的大气降水时发现，大气降水氢氧同位素值 δD 和 $\delta^{18}O$ 之间呈线性关系变化，线性拟合方程为 $\delta D=8\delta^{18}O+10$，其意义在于揭示了大气水汽在非平衡蒸发和凝结过程中平衡分馏作用下 δD 和 $\delta^{18}O$ 的关系(徐学选等，2010；Dansgaard，1964)，降水线方程可以很好地反映流域降水的水汽来源和转化过程中受到的混合蒸发作用。各地大气降水线存在不同程度的差异，因此往往定义为地区大气降水线，它能够反映水汽来源和随后二次混合及再蒸发的过程，流域不同水体的 δD 和 $\delta^{18}O$ 蒸发分馏作用和转化关系可以通过降水线的斜率和截距反映(宋献方等，2007)。

图 6.1 为生态建设治理流域韭园沟不同水体(降水、地表水、浅层地下水、水

库水和雪水)的 δD 和 $\delta^{18}O$ 关系,图 6.2 为生态建设未治理流域裴家峁不同水体(降水、地表水、浅层地下水和雪水)的 δD 和 $\delta^{18}O$ 关系,图 6.3 为生态建设治理流域王茂沟不同水体(降水、地表水、浅层地下水和雪水)的 δD 和 $\delta^{18}O$ 关系。

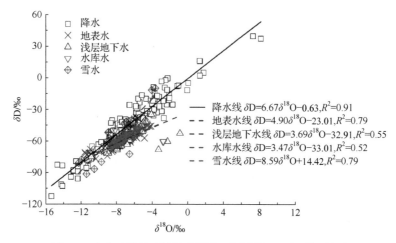

图 6.1 生态建设治理流域韭园沟不同水体 δD 和 $\delta^{18}O$ 关系

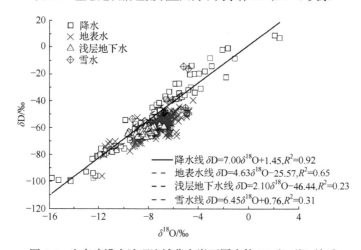

图 6.2 生态建设未治理流域裴家峁不同水体 δD 和 $\delta^{18}O$ 关系

如图 6.1～图 6.3 所示,韭园沟流域降水氢氧同位素拟合线为 $\delta D=6.67\delta^{18}O-0.63$,裴家峁流域降水氢氧同位素拟合线为 $\delta D=7.00\delta^{18}O+1.45$,王茂沟流域降水氢氧同位素拟合线为 $\delta D=6.88\delta^{18}O+0.24$。与全球大气降水线进行对比可以发现,韭园沟流域、裴家峁流域和王茂沟流域降水线的斜率和截距均较小,这说明降水过程中发生了氢氧同位素分馏和二次蒸发作用,符合研究区的干旱气候特征(李小飞等,2012)。

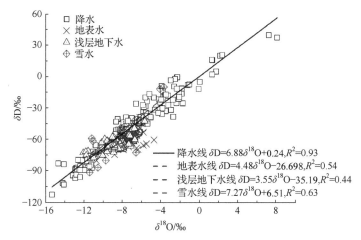

图 6.3　生态建设治理流域王茂沟不同水体 δD 和 $\delta^{18}O$ 关系

作为生态建设治理流域，韭园沟流域降水线的斜率和截距均小于对比研究流域裴家峁，表明包括植被恢复、梯田和淤地坝等生态建设措施的实施使流域蒸散发作用更为强烈，降水水汽在空气中凝结过程受到强烈的蒸发分馏作用，使得生态建设治理流域降水氢氧同位素较未治理流域富集，生态建设治理流域在水汽凝聚和降水形成过程中受到强烈的蒸发分馏作用。流域的雪水线接近于流域降水线，表明降水和降雪的水汽来源基本相同，氢氧同位素值也较为接近。生态建设治理流域王茂沟的降水线和韭园沟类似，具有类似的氢氧同位素关系。

韭园沟流域和裴家峁流域的地表水线较降水线的斜率和截距更小，表明地表水在形成和传输过程中受到了更为强烈的蒸发分馏作用。地表水氢氧同位素的组成取决于其补给源的同位素分布，由大气降水补给的地表水具有大气降水的氢氧同位素组成特征。研究区地表水受到强烈的蒸发作用，往往在蒸发分馏过程中轻同位素较重同位素更容易从水体中分离出来，使水体中的重同位素富集。韭园沟流域的水库水线接近地表水线，主要是因为流域的水库和沟道处于贯通状况，水库水能够和地表水产生良好的交换和互补作用。韭园沟流域和王茂沟流域的浅层地下水氢氧同位素都较为稳定，因为黄土高原地区黄土覆盖厚度为 30～200m，地下水埋藏较深，本章研究的浅层地下水虽属于地下水，但是其氢氧同位素和深层地下水一样表现不活跃，氢氧同位素分布较为集中。

6.1.3　流域降水氢氧同位素变化及其影响效应

1. 降水氢氧同位素及氘盈余变化

1) 降水氢氧同位素变化

降水氢氧同位素受水汽初始来源地状态、形成降水的气象状况和水汽输送路径等众多因素的影响,主要包括温度效应、季节效应和降水量效应等(吴华武等,2014)。本小节主要对生态建设治理流域韭园沟和生态建设未治理流域裴家峁的降水氢氧同位素进行分析,研究流域降水同位素的时间变化特征。图 6.4 为 2015~2017 年韭园沟流域气温和降水量变化,图 6.5 为 2015~2017 年韭园沟流域的降水氢氧同位素值变化情况,图 6.6 为 2015~2017 年裴家峁流域的降水氢氧同位素值变化情况。

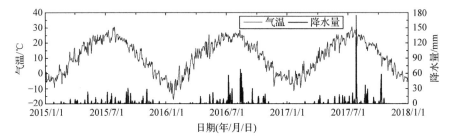

图 6.4　2015~2017 年韭园沟流域气温和降水量变化

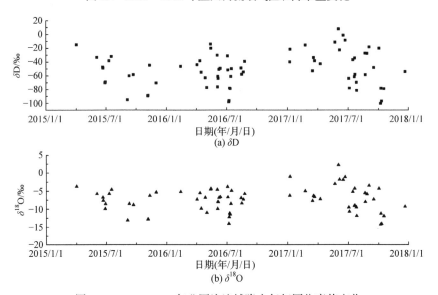

(a) δD

(b) δ^{18}O

图 6.5　2015~2017 年韭园沟流域降水氢氧同位素值变化

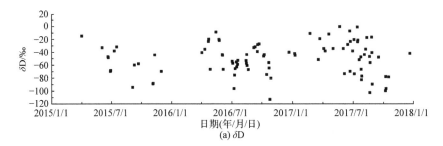

(a) δD

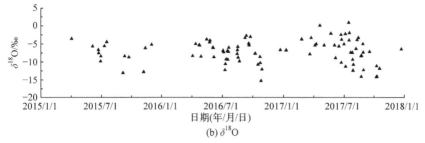

图 6.6　2015～2017 年裴家峁流域降水氢氧同位素值变化

通过分析 2015～2017 年韭园沟流域的气象资料、降水氢氧同位素和裴家峁流域的降水同位素发现，研究流域旱季(12 月～翌年 5 月)气温较低，雨季(6～11 月)气温较高，降水主要集中在 5～11 月。两个生态建设对比流域的降水 δD 和 $\delta^{18}O$ 波动较为剧烈，韭园沟流域和裴家峁流域氢氧同位素值波动范围分别为-113.12‰～-4.82‰、-15.37‰～1.76‰和-99.69‰～7.64‰、-15.78‰～2.25‰。雨季同位素值偏低而旱季同位素值偏高，研究区雨季降水量占全年总降水量的 71.6%，大多以暴雨形式发生，降水量的增多会影响降水氢氧同位素值，主要是雨滴离开大气云团以后会继续经历一次蒸发，使得氢氧同位素值增大。研究流域雨季不同场次降水的氢氧同位素值差异较大，分析其原因，雨季水汽来源主要包括西北水汽通道、东亚季风水汽通道和南亚季风水汽通道，使各场次降水的水汽来源和组成不同，而且此过程伴随着不断地凝结和蒸发过程，最终表现为各场次降水氢氧同位素值不同(柳鉴容等，2009)。

2) 降水氘盈余变化

Dansgaard 于 1964 年提出了氘盈余(d-excess)的概念($d=\delta D-8\delta^{18}O$)，认为氘盈余的大小与水汽源区的风速、湿度及最初蒸发时的海洋表面温度相关，同时受到降水蒸发和水分内循环过程的影响(Dansgaard，1964)。蒸发速度越快，氘盈余就越大，也就是说，氘盈余可以表示蒸发过程的不平衡度。全球降水氘盈余均值约为 10‰。降水氘盈余可以反映流域上空水汽团的氢氧同位素特征，主要取决于水汽蒸发水源地的状况。需要说明的是，同一个水汽团在整个输送和冷凝过程中，其氘盈余一般不会发生变化，由于水汽来源地不同及降水形成过程中不同因素的影响，不同地区的氘盈余在时空分布上有较大变化，因此众多学者运用氘盈余变化特征来追踪水汽来源地。

表 6.4 是 2015～2017 年韭园沟和裴家峁流域旱季和雨季氘盈余变化特征。从表 6.4 可以看出，生态建设治理流域韭园沟的氘盈余均值为 10.33‰，生态建设未治理流域裴家峁的氘盈余均值为 9.96‰。有研究发现，氘盈余的大小和流域大气湿度成反比。生态建设措施的实施使流域的大气湿度降低，主要是因为流域林草植被面积增加及水库和淤地坝等工程措施的实施，流域蒸发分馏作用增强，虽然

生态建设措施发挥了有效的保水保土作用,但是增加了流域的蒸散发。从表 6.4 还可以看出,韭园沟流域和裴家峁流域的降水氘盈余都表现为旱季高而雨季低,表明旱季受到强烈的蒸发作用,流域的大气湿度较低,雨季的大气湿度较高,但是两个流域的蒸发作用程度不同。

表 6.4　2015~2017 年韭园沟和裴家峁流域旱季和雨季氘盈余变化特征

流域名称	季节	氘盈余/‰	氘盈余均值/‰
韭园沟	旱季	12.61	10.33
	雨季	8.04	
裴家峁	旱季	11.58	9.96
	雨季	8.33	

2. 降水氢氧同位素的影响效应研究

降水氢氧同位素受水汽初始来源地状态、形成降水的气象状况和水汽输送路径等众多因素的影响,主要包括降水量效应、温度效应和季节效应等(吴华武等,2014)。本小节基于此开展降水同位素的影响效应研究。

1) 降水氢氧同位素的降水量效应

对韭园沟流域和裴家峁流域的降水量与降水 $\delta^{18}O$ 进行回归分析研究,其线性拟合结果见图 6.7。

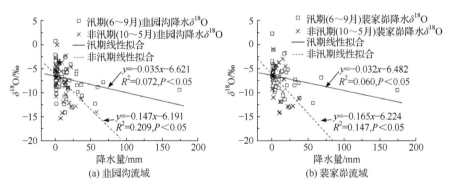

图 6.7　生态建设治理流域韭园沟和未治理流域裴家峁降水量与降水 $\delta^{18}O$ 的关系

将全年划分为汛期(6~9 月)和非汛期(10~5 月),发现两个流域非汛期的降水量(p)和 $\delta^{18}O$ 呈负相关关系,韭园沟 $\delta^{18}O=-0.147p-6.191(R^2=0.209,P<0.05)$,裴家峁 $\delta^{18}O=-0.165p-6.224(R^2=0.147,P<0.05)$。两个流域汛期的降水量和 $\delta^{18}O$ 呈负相关关系,韭园沟 $\delta^{18}O=-0.035p-6.621(R^2=0.072,P<0.05)$,裴家峁 $\delta^{18}O=-0.032p-$

6.482(R^2=0.060，P<0.05)。两个流域的降水量效应均不明显，可能由于研究区地处黄土高原干旱半干旱区，流域旱季降水较少，同位素效应不明显，而雨季降水量大，降水又有着不同的水汽来源，流域降水氢氧同位素和降水量之间的关系不明显。

2) 降水氢氧同位素的温度效应

温度是影响同位素分馏的主导因素，温度越高，提供的能量就越多，原子或分子受到促进作用后振动速度加快，化合物的轻、重原子或分子形成的化学键也就相对容易断裂，重新键合后不同组分之间同位素分馏作用较小。相反，温度越低，提供的能量就只能破坏少数质量数较小的同位素原子或分子形成的化学键，使参与同位素交换组分间出现显著的同位素分馏。因此，对研究区韭园沟流域和裴家峁流域大气温度与降水 δ^{18}O 进行了回归分析研究，见图 6.8。

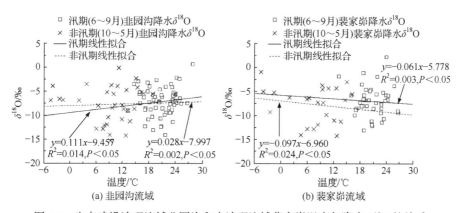

图 6.8　生态建设治理流域韭园沟和未治理流域裴家峁温度与降水 δ^{18}O 的关系

将全年划分为汛期(6~9月)和非汛期(10~5月)，发现韭园沟流域汛期和非汛期的大气温度(t)和 δ^{18}O 呈正相关关系，汛期 δ^{18}O=0.111t-9.457(R^2=0.014，P<0.05)，非汛期 δ^{18}O=0.028t-7.997(R^2=0.002，P<0.05)。裴家峁流域汛期和非汛期的大气温度和 δ^{18}O 呈现负相关关系，汛期 δ^{18}O=-0.061t-5.778(R^2=0.003，P<0.05)；非汛期 δ^{18}O=-0.097t-6.960(R^2=0.024，P<0.05)。两个流域的大气温度与 δ^{18}O 呈现一定相关关系，但关系不明显。

3) 降水氢氧同位素的季节效应

结合前人的研究发现，受到降水量、温度、水汽来源等因素影响，氢氧同位素的分布具有明显的季节变化特征。氢氧同位素值随季节变化特征如图 6.9 所示。

7月、8月降水氢氧同位素值较小，9月明显偏大，这与夏季风和局地再循环水汽的影响有关。气候进入雨季，随着降水量的不断增加且暴雨较多，降水量效应开始逐渐影响降水氢氧同位素的变化(柳鉴容等，2008)。根据瑞利分馏原理，随

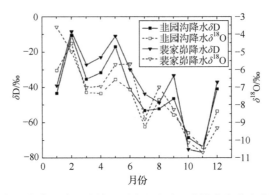

图6.9　2015～2017年生态建设治理流域韭园沟和未治理流域裴家峁降水同位素值随季节变化

着降水历时延长，降水水汽中的重同位素会优先从水蒸气中发生分馏作用，则富集重同位素的雨滴从云团中开始降落，随着时间的延长，云团中重同位素越来越少。因此，伴随着降水历时的延长，降水氢氧同位素值则越来越小。

6.1.4　地表水和浅层地下水氢氧同位素时空分布

同位素是水循环研究中一种有效的示踪研究手段，不同水体具有不同的氢氧同位素特征，因此可以根据不同水体的氢氧同位素赋存特征来判别不同水体间的转化关系等。本小节着重研究研究区不同水体的氢氧同位素时空分布特征及氢氧同位素的降水量效应、温度效应、季节效应和海拔效应。

1. 氢氧同位素的空间分布

同位素能够有效反映水体蒸发分馏作用的影响。不同海拔流域的不同水体具有不同的氢氧同位素特征。本小节研究生态建设治理流域韭园沟、王茂沟和生态建设未治理流域裴家峁地表水和浅层地下水氢氧同位素的海拔效应，数据为3年数据均值，结果如图6.10所示。其中，韭园沟流域地表水和浅层地下水氢氧同位素值随海拔变化分别如图6.10(a)和(b)所示，裴家峁流域地表水和浅层地下水氢氧

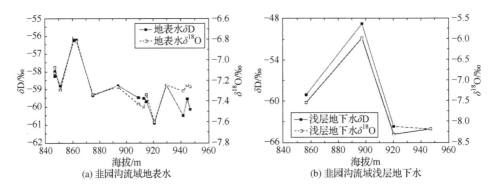

(a) 韭园沟流域地表水　　　　　　　　　　(b) 韭园沟流域浅层地下水

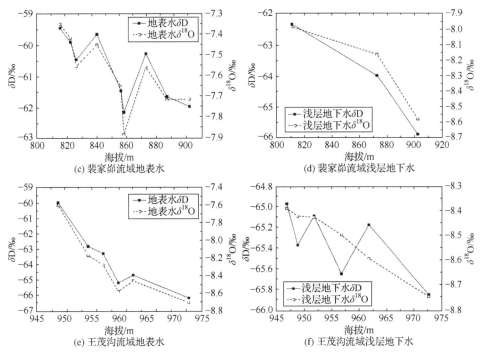

图 6.10 生态建设流域韭园沟、王茂沟和未治理流域裴家峁地表水和浅层地下水同位素值随海拔变化

同位素值随海拔变化分别如图 6.10(c)和(d)所示,王茂沟流域地表水和浅层地下水氢氧同位素值随海拔变化分别如图 6.10(e)和(f)所示。

随着海拔的升高,韭园沟流域、王茂沟流域和裴家峁流域地表水和浅层地下水的氢氧同位素值都表现为贫化的趋势。海拔效应的产生与温度效应有关,实际是凝结效应的复合。当湿空气团被抬升时,伴随凝结过程的发生,水汽中的同位素贫化(章新平等,2003)。海拔升高使流域局部区域的气温降低,流域地表水和浅层地下水的氢氧同位素值发生的蒸发分馏作用减小,同位素呈贫化趋势。浅层地下水的氢氧同位素值变化趋势和地表水相同,主要是因为浅层地下水采样点和地表水采样点位置较为接近,浅层地下水和地表水能够进行有效的相互补给和交换作用,浅层地下水可能受到地表水的氢氧同位素值变化影响,从而表现出同样的变化趋势。

韭园沟流域地表水氢氧同位素约在海拔 930m 处产生富集现象,通过现场调研发现,该点沟道地势较低,面积较大,形成类似小水库的大面积集水面,长时间的蒸发作用使该点氢氧同位素较为富集。同时,海拔 860m 处氢氧同位素值明显升高,韭园沟流域该处有一个淤地坝拦蓄水形成的水库,主要为县城供应水源,水库体积和集水面积均较大,因此该点采集的地表水氢氧同位素最为富集。韭园沟流域浅层地下水在海拔 897m 附近产生氢氧同位素富集现象，通过调研发现，该采样点的水井位于沟道半坡，浅层地下水不能和沟道水发生交换作用，使该点浅层地下水氢氧同位素较其他两个点富集。

裴家峁流域地表水在海拔 870m 和 840m 附近产生氢氧同位素富集现象，通过调查发现，由于流域内道路的施工，部分水流被拦截存蓄于此，经过长时间的蒸发分馏作用，氢氧同位素表现为富集的现象。同时，流域地表水氢氧同位素在海拔 858m 附近存在一定贫化现象，该点河道存在一条支沟，支沟水的输入使地表水氢氧同位素发生贫化现象。

王茂沟流域浅层地下水氢氧同位素值具有一定的波动，可能与该流域中部地下水埋藏较浅(距离地面 3～5m)有关。同时，地表水和浅层地下水交换较为频繁，导致浅层地下水氢氧同位素值变化波动较大。

2. 氢氧同位素的时间变化

结合前人的研究发现，受到降水量、温度、水汽来源等因素影响，氢氧同位素的分布具有明显的季节变化特征。韭园沟流域、裴家峁流域和王茂沟流域地表水和浅层地下水氢氧同位素值随季节变化如图 6.11～图 6.13 所示。

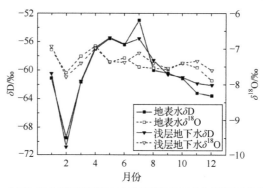

图 6.11　2015～2017 年韭园沟流域地表水和浅层地下水氢氧同位素值随季节变化

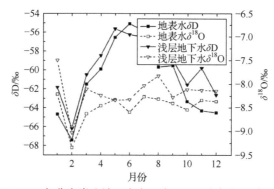

图 6.12　2015～2017 年裴家峁流域地表水和浅层地下水氢氧同位素值随季节变化

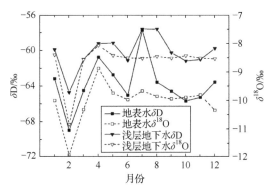

图 6.13 2015～2017 年王茂沟流域地表水和浅层地下水同位素值随季节变化

如图 6.11～图 6.13 所示，生态建设治理流域韭园沟、王茂沟和生态建设未治理流域裴家峁月尺度下的氢氧同位素值变化均呈现先增大后减小的变化趋势，变化规律较为一致，春冬季小，夏秋季大。全年尺度下，研究区的温度效应较为明显，随着温度的升高，$\delta^{18}O$ 逐渐增大，最大值出现在夏季，最小值出现在冬季(李亚举等，2011)。

生态建设治理流域韭园沟地表水 δD 和 $\delta^{18}O$ 均大于生态建设未治理流域裴家峁。分析原因，主要是淤地坝、水库等工程措施的拦蓄作用降低了河道水流速度，增加了水体蒸发程度，使重同位素富集。同时，林草、梯田等坡面工程措施的实施有效减缓了降雨和径流的传递和入渗过程，氢氧同位素更容易受到蒸发分馏作用。

6.1.5 土壤水氢氧同位素时空变化特征

1. 不同土地利用类型的土壤水同位素特征

对梯田、林地、坝地、草地和坡耕地的样地土壤水 δD、$\delta^{18}O$ 进行统计分析，见表 6.5。由表 6.5 可看出，从土壤水 δD、$\delta^{18}O$ 平均值来看，不同土地利用类型的土壤水同位素有较大差别，坝地、坡耕地的变化较大。从标准差来看，坝地的变化最大，原因是降水补给土壤水过程受到土壤结构、植被结构的影响。坝地土壤水同位素值平均值最小、最为贫化，是因为淤地坝淤积层上具有较通畅的水道，降水能够迅速地补给，且监测期间坝地玉米能够有效地减少坝地的水分蒸发。

表 6.5 不同土地利用类型的土壤水 δD、$\delta^{18}O$ 统计特征

土地利用类型	δD/‰				$\delta^{18}O$/‰			
	最大值	最小值	平均值	标准差	最大值	最小值	平均值	标准差
梯田	-32.62	-77.01	-61.68	9.49	-2.82	-10.03	-7.90	1.37
林地	-35.17	-98.57	-61.16	9.07	-3.64	-16.33	-7.93	1.63

土地利用类型	δD/‰				$\delta^{18}O$/‰			
	最大值	最小值	平均值	标准差	最大值	最小值	平均值	标准差
坝地	−34.98	−92.36	−70.01	14.65	−5.00	−12.48	−9.47	1.98
草地	−39.16	−74.00	−62.75	7.05	−4.45	−10.16	−8.37	1.00
坡耕地	−30.86	−101.21	−55.50	11.58	−3.50	−14.90	−7.24	1.57

利用最大值、最小值、平均值和标准差来表征不同土地利用类型下不同土壤深度的同位素值，表 6.6～表 6.10 为监测期间梯田、林地、坝地、草地和坡耕地五种典型样地的不同土壤深度的土壤水 δD、$\delta^{18}O$ 特征。

表 6.6 梯田不同土壤深度的土壤水 δD、$\delta^{18}O$ 特征

土壤深度 /cm	δD/‰				$\delta^{18}O$/‰			
	最大值	最小值	平均值	标准差	最大值	最小值	平均值	标准差
0～20	−32.62	−61.02	−52.05	13.09	−2.82	−8.38	−6.78	2.65
20～40	−41.22	−45.17	−42.95	1.67	−4.40	−6.38	−5.29	0.85
40～60	−47.20	−70.88	−56.40	10.79	−5.32	−9.38	−7.28	1.66
60～80	−60.16	−76.24	−68.72	8.27	−8.09	−9.92	−9.08	0.91
80～100	−64.94	−77.01	−71.55	5.15	−9.17	−10.03	−9.47	0.40
100～120	−48.52	−75.14	−64.20	11.22	−6.83	−9.46	−8.41	1.19
120～140	−59.59	−71.99	−67.23	5.66	−7.39	−9.85	−8.55	1.07
140～160	−60.28	−76.90	−65.94	7.48	−7.25	−9.93	−8.28	1.17
160～180	−48.45	−74.36	−61.59	10.62	−6.85	−9.47	−7.89	1.17
180～200	−61.74	−64.65	−62.71	1.33	−7.40	−8.25	−7.81	0.37
200～220	−62.53	−71.47	−65.69	3.96	−7.90	−9.52	−8.42	0.75
220～240	−61.35	−65.61	−63.05	1.82	−7.73	−8.37	−7.97	0.28
240～260	−60.98	−63.58	−62.18	1.08	−7.36	−7.93	−7.72	0.25
260～280	−43.72	−63.68	−58.33	9.75	−5.85	−8.08	−7.46	1.08
280～300	−61.13	−63.43	−62.63	1.03	−7.82	−8.27	−8.07	0.20

表 6.7 林地不同土壤深度的土壤水 δD、$\delta^{18}O$ 特征

土壤深度 /cm	δD/‰				$\delta^{18}O$/‰			
	最大值	最小值	平均值	标准差	最大值	最小值	平均值	标准差
0～20	−46.53	−60.67	−53.61	5.83	−6.46	−7.55	−7.18	0.49
20～40	−38.45	−60.27	−47.39	9.90	−5.18	−8.07	−6.24	1.37

土壤深度 /cm	δD/‰				$\delta^{18}O$/‰			
	最大值	最小值	平均值	标准差	最大值	最小值	平均值	标准差
40~60	-53.64	-65.11	-61.71	5.43	-6.67	-8.38	-7.92	0.83
60~80	-59.95	-74.29	-69.02	6.38	-7.55	-10.11	-9.15	1.12
80~100	-60.18	-71.82	-67.47	5.33	-8.10	-9.40	-8.76	0.59
100~120	-61.50	-65.82	-64.00	2.04	-7.77	-10.06	-8.60	1.01
120~140	-48.49	-64.88	-58.32	6.96	-6.27	-8.52	-7.53	0.93
140~160	-59.27	-73.41	-63.72	6.58	-7.37	-9.74	-8.28	1.06
160~180	-51.33	-62.65	-59.11	5.24	-4.41	-8.10	-6.96	1.72
180~200	-61.04	-63.66	-62.20	1.26	-7.38	-8.23	-7.82	0.35
200~220	-58.09	-62.62	-60.89	1.99	-7.21	-8.16	-7.71	0.42
220~240	-60.85	-62.76	-61.86	0.78	-7.70	-8.17	-7.89	0.22
240~260	-58.28	-62.78	-61.04	2.42	-7.44	-8.35	-7.88	0.45
260~280	-61.59	-63.61	-62.80	1.07	-7.76	-8.44	-8.11	0.34
280~300	-62.54	-62.64	-62.59	0.07	-7.68	-8.20	-7.94	0.37

表 6.8　坝地不同土壤深度的土壤水 δD、$\delta^{18}O$ 特征

土壤深度 /cm	δD/‰				$\delta^{18}O$/‰			
	最大值	最小值	平均值	标准差	最大值	最小值	平均值	标准差
0~20	-34.98	-53.62	-45.05	7.88	-5.00	-9.13	-6.71	1.75
20~40	-42.01	-65.15	-51.51	9.92	-5.28	-8.47	-6.75	1.33
40~60	-48.47	-64.01	-57.23	6.81	-6.56	-8.99	-8.02	1.07
60~80	-48.35	-74.41	-62.61	10.93	-6.65	-10.82	-8.85	1.73
80~100	-64.59	-81.57	-71.74	8.13	-8.22	-11.36	-9.71	1.30
100~120	-48.17	-82.57	-71.83	16.17	-6.55	-11.38	-9.96	2.31
120~140	-47.24	-88.56	-75.52	19.11	-6.54	-12.08	-10.22	2.50
140~160	-47.66	-83.00	-73.29	17.17	-6.67	-11.63	-9.89	2.26
160~180	-68.21	-83.00	-76.45	6.12	-8.67	-11.25	-10.21	1.13
180~200	-66.97	-80.81	-74.34	5.99	-8.75	-11.03	-10.03	0.95
200~220	-65.33	-88.27	-75.32	10.08	-8.40	-11.45	-9.85	1.42
220~240	-66.33	-90.72	-80.63	10.26	-8.45	-12.32	-10.94	1.74
240~260	-65.78	-91.90	-77.45	11.05	-8.27	-12.16	-10.25	2.10
260~280	-64.36	-92.36	-80.80	12.34	-8.01	-12.48	-10.68	1.95
280~300	-64.63	-89.22	-76.37	12.63	-8.36	-11.46	-9.92	1.65

表 6.9 草地不同土壤深度的土壤水 δD、δ¹⁸O 特征

土壤深度/cm	δD/‰				$\delta^{18}O$/‰			
	最大值	最小值	平均值	标准差	最大值	最小值	平均值	标准差
0~20	−48.81	−62.90	−58.41	6.50	−6.21	−8.51	−7.57	1.03
20~40	−39.16	−67.22	−51.60	13.57	−4.45	−9.03	−7.40	2.07
40~60	−44.45	−60.24	−53.00	6.50	−6.63	−8.26	−7.40	0.71
60~80	−59.21	−74.00	−67.02	6.08	−8.85	−9.81	−9.34	0.40
80~100	−63.73	−71.50	−67.67	3.19	−8.85	−9.46	−9.16	0.29
100~120	−67.54	−71.78	−69.62	2.17	−8.78	−10.16	−9.45	0.57
120~140	−44.92	−70.83	−61.83	11.52	−5.65	−9.06	−8.04	1.61
140~160	−64.47	−67.21	−65.65	1.40	−8.43	−8.76	−8.55	0.15
160~180	−59.51	−67.35	−63.82	3.23	−8.00	−9.09	−8.47	0.46
180~200	−61.37	−65.53	−64.16	1.93	−8.00	−8.55	−8.39	0.26
200~220	−63.80	−70.99	−66.24	3.31	−8.22	−8.95	−8.60	0.30
220~240	−59.04	−64.13	−61.54	2.89	−5.84	−8.63	−7.63	1.23
240~260	−62.92	−68.03	−64.60	2.31	−7.94	−9.37	−8.61	0.64
260~280	−60.82	−65.66	−63.88	2.22	−8.04	−8.91	−8.57	0.40
280~300	−61.16	−63.50	−62.26	0.96	−7.96	−8.69	−8.31	0.30

表 6.10 坡耕地不同土壤深度的土壤水 δD、δ¹⁸O 特征

土壤深度/cm	δD/‰				$\delta^{18}O$/‰			
	最大值	最小值	平均值	标准差	最大值	最小值	平均值	标准差
0~20	−38.29	−56.05	−47.71	6.26	−5.03	−8.12	−6.28	1.08
20~40	−30.86	−65.00	−45.59	9.72	−4.70	−8.22	−5.71	1.06
40~60	−30.96	−66.89	−49.90	11.05	−3.50	−8.90	−6.45	1.45
60~80	−43.53	−68.03	−56.95	10.01	−5.76	−8.78	−7.56	0.99
80~100	−39.82	−71.40	−57.41	10.58	−5.06	−9.23	−7.53	1.25
100~120	−43.64	−70.64	−58.29	9.42	−5.97	−9.13	−7.67	1.04
120~140	−42.69	−101.21	−61.39	14.72	−6.02	−14.90	−8.19	2.30
140~160	−44.84	−92.05	−62.58	14.91	−6.25	−13.96	−8.41	2.25
160~180	−44.96	−65.59	−57.68	8.29	−6.55	−8.08	−7.51	0.52
180~200	−44.55	−65.97	−57.34	8.09	−5.47	−8.31	−7.06	0.91
200~220	−38.29	−56.05	−47.71	6.26	−5.03	−8.12	−6.28	1.08

由表 6.6~表 6.10 可以得到，在 2014 年 7~9 月监测期间，梯田 0~20cm 土

层土壤水同位素值变化范围最大，δD、δ^{18}O 分别为$-61.02‰\sim-32.62‰$、$-8.38‰\sim$
$-2.82‰$，变化幅度分别为 28.40‰、5.65‰，标准差整体上随着土壤深度的增加越
来越小，说明土壤深度增加使降水对土壤水的影响越来越小。林地 $20\sim40$cm 土
层的土壤水同位素值变化范围最大，δD、δ^{18}O 分别为$-60.27‰\sim-38.45‰$、
$-8.07‰\sim-5.18‰$，变化幅度分别为 21.82‰、2.89‰；$80\sim180$cm 土层的标准差
呈现增大的趋势，说明这一土壤深度范围内的土壤水同位素值有较大的变化，原
因是这个深度范围是树木根系的活跃范围，树木根系对土壤水有影响。坝地 $120\sim$
140cm 土层的土壤水同位素值变化范围最大，δD、δ^{18}O 分别为$-88.56‰\sim$
$-47.24‰$、$12.08‰\sim-6.54‰$，变化幅度分别为 41.32‰、5.54‰，同位素值变化无
明显规律，原因是受淤地坝淤积分层的影响。草地 $20\sim40$cm 土层的土壤水同位
素值变化范围最大，δD、δ^{18}O 分别为$-67.22‰\sim-39.16‰$、$-9.03‰\sim-4.45‰$，变
化幅度分别为 28.06‰、4.58‰，$20\sim40$cm 土层是草地植物根系吸水的活跃地区，
因此该层的土壤水同位素值变化较大。坡耕地 $120\sim160$cm 土层的土壤水同位素
值变化范围最大，δD、δ^{18}O 分别为$-101.21‰\sim-42.69‰$、$-14.90‰\sim-6.02‰$，变
化幅度分别为 58.52‰、8.88‰，其余各层也有较明显的变化。综上，不同土地利
用类型下，土壤水同位素的分布、入渗与转化有一定的差别，原因是植被类型的
差别。土壤淤积分层是影响淤地坝坝地土壤水分层变化及同位素值的主要因素。

分别拟合梯田、林地、坝地、草地和坡耕地五种典型样地的土壤水 δD、δ^{18}O
线性关系，见图 6.14，图中虚线均为当地大气降水线。

根据图 6.14 可知，土壤水 δD、δ^{18}O 关系点主要分布在当地大气降水线附近，
说明土壤水分主要由降水补给。从拟合结果来看，不同土地利用类型下，土壤水
δD、δ^{18}O 有良好的线性关系。线性关系式分别为：梯田，δD $= 6.53\delta^{18}$O $- 10.11$；
林地，δD $= 5.43\delta^{18}$O -18.07；草地，δD $= 6.00\delta^{18}$O $- 12.54$；坝地，δD $= 7.15\delta^{18}$O $-$
2.36；坡耕地，δD $= 6.54\delta^{18}$O $- 8.16$。不同土地利用类型下的蒸发强度不一样，坝
地斜率(7.15)最大，与大气降水线斜率(7.94)最为接近，说明降水补给坝地土壤水

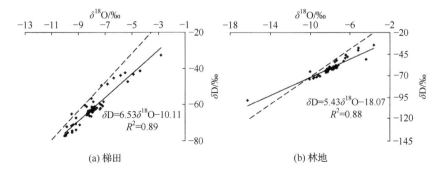

(a) 梯田　　　　　　　　　　　　　　(b) 林地

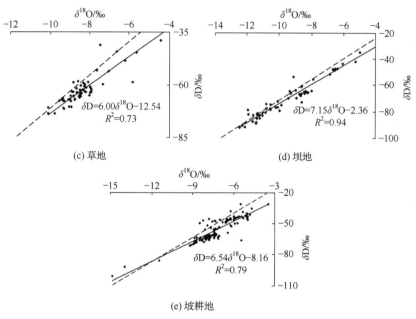

图 6.14　不同土地利用类型下的土壤水 δD 和 $\delta^{18}O$ 线性关系

之后，蒸发作用较小，坝地能够有效地保持水分。

2. 土壤水同位素剖面变化规律

降水补给土壤的过程受到降水、土壤特征、土层厚度、植被覆盖和蒸发气象条件等因素的影响(陶泽，2017)，剖面土壤水 δD、$\delta^{18}O$ 处于动态变化当中。剖面土壤水同位素值具有以下特征：①不同土地利用类型下，上部土壤水同位素值变化较大，随着深度的增加，土壤水同位素值趋于稳定，且趋于一致；②相同土地利用类型下，上部土壤水同位素值变化剧烈，随着深度的增加及随着时间的推移，土壤水同位素值趋于一致，但是坝地和坡耕地土壤水同位素值随着时间的推移并没有趋于一致，这与坝地土壤淤积层和坡面水分运动有关。

3. 土壤水同位素随时间变化特征

图 6.15 为梯田土壤水 δD、$\delta^{18}O$ 及体积含水量随时间的变化。随时间推移，$80\sim160cm$ 土层体积土壤含水量减小，原因是该层是植物水分利用的活跃区，植被的蒸腾蒸发作用使得含水量变小。将 7 月 18 日(表层 $\delta D=-56.37‰$)第一次采样作为土壤水同位素值的初始值，7 月 20 日、21 日发生降水事件，7 月 22 日表层 $0\sim20cm$ 土壤同位素值变小($\delta D=-58.20‰$)；7 月 $22\sim26$ 日无降水事件，受到蒸发影响，7 月 26 日同位素值($\delta D=-32.62‰$)变大；7 月 29 日降雨，使得 7 月 30 日表

层 0~20cm 土壤水同位素值变小($\delta D=-61.02‰$)。总体而言，表层 0~20cm 土壤水同位素值呈现减小—增大—减小，即同位素贫化—富集—再贫化的规律。200~300cm 土层土壤水同位素值随土壤深度增大和时间推移的变化较为平稳。7 月 20 日、21 日降水，7 月 22 日 80~140cm 土层土壤水同位素值变小，即贫化，说明 7 月 20 日、21 日富含轻同位素的降水对该层进行了补给，但是不同深度的补给比例有所差别，因此不同深度土壤水同位素值有差别。同时，说明前期降水已经入渗到 140cm 处，由于植被的存在，土壤内部存在大孔隙，发生优先流，降雨能迅速对该层进行补给。到 7 月 26 日，其间未发生降水事件，相较于 7 月 22 日，20~120cm 土层的土壤水均受到了不同程度的蒸发影响，随深度增加，受到蒸发逐渐减弱；7 月 29 日降水对浅层土壤水的补给使表层土壤水同位素值再次变小。随着土壤深度增加和时间的推移，深层土壤水同位素值趋于平稳，原因是土壤水在入渗过程中伴随着蒸发、交换混合作用。

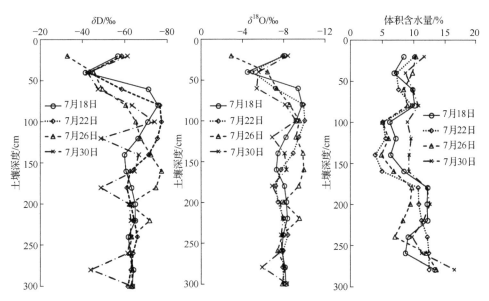

图 6.15 不同时间梯田土壤水 δD、$\delta^{18}O$ 及体积含水量变化

图 6.16 为林地土壤水 δD、$\delta^{18}O$ 及体积含水量随时间变化。40~80cm 和 120~160cm 土层的体积含水量有变小的趋势，说明此深度范围是树木根系吸水的活跃区。以 7 月 18 日采样的同位素值为初始值，7 月 20 日、21 日降水，0~20cm 表层土壤水有补给过程，7 月 18~21 日，表层 0~20cm 土壤水 δD 由-46.53‰变化至-54.61‰；7 月 22 日~26 日未发生降水事件，受到蒸发影响，0~20cm 表层土壤水 δD 由-54.61‰变化至-52.63‰，变化范围较小，说明林地受到的蒸发作用较小；7 月 29 日降水补给了土壤水，表层土壤水同位素值变小，土壤深度 40cm 处土

水同位素急剧富集，同位素值达到最大值，160cm 处土壤水同位素值趋于一致，总体呈现出先增大后减小的趋势。原因是 40～160cm 土层是树木根系吸水的活跃区，160cm 以下各层的土壤体积含水量和同位素值随深度增加趋于稳定，7 月 18～30 日降水及前期降水对土壤水的补给并未到达该层；在入渗过程中伴随着蒸发、交换混合及同位素扩散作用，使得深层土壤水同位素值变化不明显。

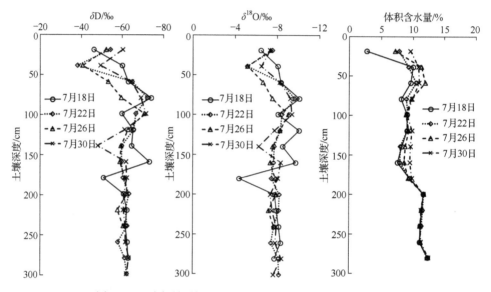

图 6.16　不同时间林地土壤水 δD、$\delta^{18}O$ 及体积含水量变化

图 6.17 为草地土壤水 δD、$\delta^{18}O$ 及体积含水量随时间变化。草地表层 0～20cm 土壤水同位素值和体积含水量均表现出先增大后减小最后再增大的规律，与梯田、林地有相似的变化规律。40～60cm 土层的土壤体积含水量有减小的趋势，原因是该土层植物根系吸水的活跃区。60～280cm 土层的土壤体积含水量随时间、深度无明显变化。表层 0～20cm 土壤水同位素变化表现出与梯田、林地相同的趋势，即先贫化后富集最后再贫化；40～120cm 土壤水同位素随深度增加而贫化，与不同土壤深度受到的蒸发强度不同有关；120～300cm 土层，随着深度的增加，土壤水氢氧同位素值趋于稳定。

图 6.18 为坝地土壤水 δD、$\delta^{18}O$ 及体积含水量随时间变化。淤地坝坝地土壤体积含水量在采样期间表现出相同的变化趋势，土壤水氢氧同位素值没有明显的规律。淤地坝坝地淤积分层，淤地坝坝地土壤每一沉积旋回层下部的泥沙由下到上逐渐变细，下部为粗沙颗粒，上部为含水量大的黏土、淤泥层，层与层之间界限明显。淤地坝坝地土壤分层特征，是坝地含水量和同位素值变化的主要原因。

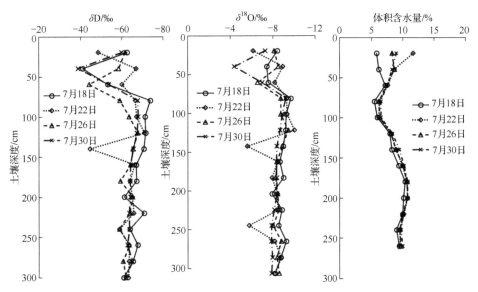

图 6.17　不同时间草地土壤水 δD、$\delta^{18}O$ 及体积含水量变化

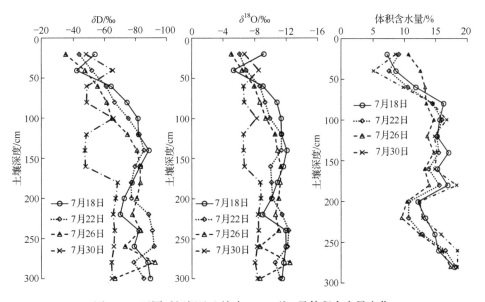

图 6.18　不同时间坝地土壤水 δD、$\delta^{18}O$ 及体积含水量变化

4. 坡耕地土壤水同位素变化规律

图 6.19～图 6.21 为不同坡位土壤水 δD、$\delta^{18}O$ 及体积含水量随时间变化。0～160cm 土层，体积含水量随深度变化呈现相同的变化趋势，0～60cm 变化较大，60～160cm 体积含水量随时间基本无变化。7 月 20 日、21 日降水，表层 0～20cm

土壤水受到降雨的补给，同位素值减小；7 月 22～26 日无降水，表层土壤水受到蒸发而富集，7 月 26 日土壤水同位素值增大；7 月 29 日降水，随后 7 月 30 日土壤水同位素值变小。表层土壤水在监测期间呈现先减小后增大再减小的规律，即先贫化后富集再贫化；随着土壤深度增加，同位素逐渐稳定，随时间变化基本表现出先贫化后富集再贫化的规律。

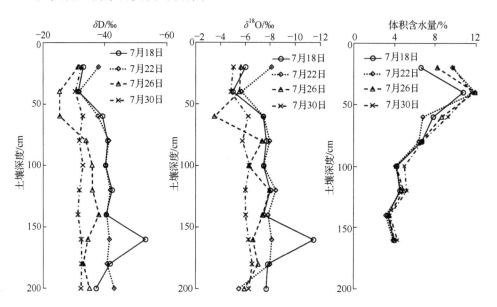

图 6.19　不同时间坡上土壤水 δD、δ¹⁸O 及体积含水量变化

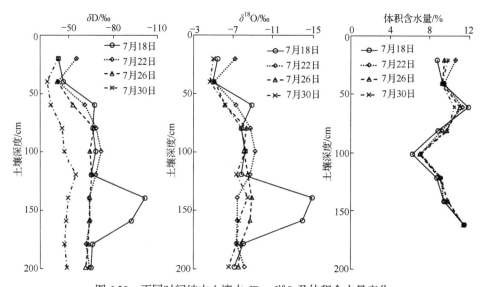

图 6.20　不同时间坡中土壤水 δD、δ¹⁸O 及体积含水量变化

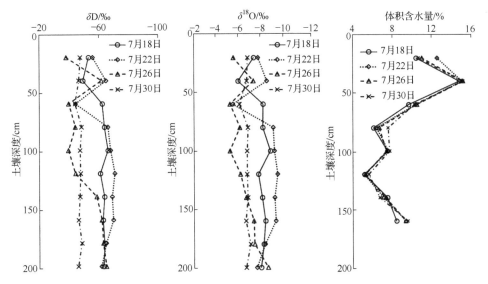

图 6.21　不同时间坡下土壤水 δD、δ^18O 及体积含水量变化

坡耕地不同坡位的土壤体积含水量变化如图 6.22 所示，由图可知，土壤水明显从坡上向坡下富集。

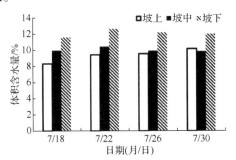

图 6.22　不同坡位不同时间土壤体积含水量变化

由以上分析可得，梯田、林地、草地、坝地和坡耕地表层 0～20cm 土壤水同位素随时间的变化规律为先贫化后富集最后再贫化，梯田、林地、草地随着土壤深度的增加，由于蒸发、交换混合及同位素扩散作用而趋于稳定，坝地含土壤水量和同位素变化主要是淤地坝地的土壤分层作用引起的，土壤水分从坡上向坡下迁移是坡耕地同位素和含水量变化的主要原因。

6.1.6　对比流域多水源补给转化及来源比例

1. 对比流域不同水源补给来源变化

流域水体不停地发生着传输、交换和转化过程，降水降落地表形成地表径流，地表径流汇聚形成地表水，地表水和浅层地下水随时发生着交换，同时地表径流也会渗入土壤形成土壤水，土壤水经过缓慢的下渗过程最终转化形成深层地下水。不同的水体通过不同的介质发生着交换和补给，因此研究流域内不同水体的相互转化对于了解流域水循环过程具有重要的意义。本小节主要结合研究区野外监测的降水、地表水和浅层地下水氢氧同位素数据，分析流域河道径流水分的来源补给变化规律。

1) 韭园沟流域

韭园沟流域旱季和雨季不同水体氢氧同位素值如表 6.11 所示。从表 6.11 可以看出，旱季降水 δD 和 δ^{18}O 分别为-29.69‰和-5.29‰，地表水 δD 和 δ^{18}O 分别为-59.82‰和-7.52‰，浅层地下水 δD 和 δ^{18}O 分别为-63.69‰和-8.12‰。地表水氢氧同位素值介于降水和浅层地下水之间，表明韭园沟流域旱季主要发生着降水和浅层地下水补给地表水的过程。雨季降水 δD 和 δ^{18}O 分别为-64.26‰和-9.37‰，地表水 δD 和 δ^{18}O 分别为-59.52‰和-7.47‰，浅层地下水 δD 和 δ^{18}O 分别为-62.59‰和-7.86‰。浅层地下水氢氧同位素值介于降水和地表水之间，表明韭园沟流域雨季主要发生着降水和地表水补给浅层地下水的过程。

表 6.11 韭园沟流域旱季和雨季不同水体氢氧同位素值

时期	水体名称	δD/‰	δ^{18}O/‰
	降水	−29.69	−5.29
旱季	地表水	−59.82	−7.52
	浅层地下水	−63.69	−8.12
	降水	−64.26	−9.37
雨季	地表水	−59.52	−7.47
	浅层地下水	−62.59	−7.86

2) 裴家峁流域

裴家峁流域旱季和雨季不同水体氢氧同位素值如表 6.12 所示。从表 6.12 可以看出，旱季降水 δD 和 δ^{18}O 分别为-28.78‰和-5.72‰，地表水 δD 和 δ^{18}O 分别为-61.77‰和-7.76‰，浅层地下水 δD 和 δ^{18}O 分别为-65.15‰和-8.45‰。地表水氢氧同位素值介于降水和浅层地下水之间，表明裴家峁流域旱季主要表现为降水和浅层地下水补给地表水。雨季降水 δD 和 δ^{18}O 分别为-65.39‰和-9.22‰，地表水 δD 和 δ^{18}O 分别为-59.94‰和-7.45‰，浅层地下水 δD 和 δ^{18}O 分别为-63.63‰和-8.14‰。浅层地下水氢氧同位素值介于降水和地表水之间，表明裴家峁流域雨季主要表现为降水和地表水补给浅层地下水。

表6.12 裴家峁流域旱季和雨季不同水体氢氧同位素值

时期	水体名称	δD/‰	$\delta^{18}O$/‰
旱季	降水	−28.78	−5.72
	地表水	−61.77	−7.76
	浅层地下水	−65.15	−8.45
雨季	降水	−65.39	−9.22
	地表水	−59.94	−7.45
	浅层地下水	−63.63	−8.14

3) 王茂沟流域

王茂沟流域旱季和雨季不同水体氢氧同位素值如表 6.13 所示。从表 6.13 可以看出，旱季降水 δD 和 $\delta^{18}O$ 分别为−21.73‰和−4.31‰，地表水 δD 和 $\delta^{18}O$ 分别为−63.62‰和−8.39‰，浅层地下水 δD 和 $\delta^{18}O$ 分别为−65.49‰和−8.53‰。地表水氢氧同位素均值介于降水和浅层地下水之间，表明王茂沟流域旱季主要表现为降水和浅层地下水补给地表水。雨季降水 δD 和 $\delta^{18}O$ 分别为−66.26‰和−9.37‰，地表水 δD 和 $\delta^{18}O$ 分别为−63.80‰和−8.22‰，浅层地下水 δD 和 $\delta^{18}O$ 分别为−65.22‰和−8.50‰。浅层地下水氢氧同位素值介于降水和地表水之间，表明王茂沟流域雨季主要表现为降水和地表水补给浅层地下水。

表6.13 王茂沟流域旱季和雨季不同水体氢氧同位素值

时期	水体名称	δD/‰	$\delta^{18}O$/‰
旱季	降水	−21.73	−4.31
	地表水	−63.62	−8.39
	浅层地下水	−65.49	−8.53
雨季	降水	−66.26	−9.37
	地表水	−63.80	−8.22
	浅层地下水	−65.22	−8.50

2. 不同水源补给季节变化特征

利用二端元混合模型，计算流域不同时期降水、地表水和浅层地下水之间的相互转化比例，采用不同水体的 δD 和 $\delta^{18}O$ 进行水体转化比例计算，结果分别见表 6.14 和表 6.15。

表 6.14　运用 δD 计算生态建设治理和未治理流域旱季和雨季不同水体转化比例

流域名称	时期	水体名称	δD/‰	转化比例/%
韭园沟	旱季	降水	−29.69	11.40
		地表水	−59.82	—
		浅层地下水	−63.69	88.60
	雨季	降水	−64.26	64.68
		地表水	−59.52	35.32
		浅层地下水	−62.59	—
裴家峁	旱季	降水	−28.78	5.68
		地表水	−61.77	—
		浅层地下水	−65.15	94.32
	雨季	降水	−65.39	67.66
		地表水	−59.94	32.34
		浅层地下水	−63.63	—
王茂沟	旱季	降水	−21.73	4.27
		地表水	−63.62	—
		浅层地下水	−65.49	95.73
	雨季	降水	−66.26	57.61
		地表水	−63.80	42.39
		浅层地下水	−65.22	—

表 6.15　运用 $\delta^{18}O$ 计算生态建设治理和未治理流域旱季和雨季不同水体转化比例

流域名称	时期	水体名称	$\delta^{18}O$/‰	转化比例/%
韭园沟	旱季	降水	−5.29	21.10
		地表水	−7.52	—
		浅层地下水	−8.12	78.90
	雨季	降水	−9.37	20.51
		地表水	−7.47	79.49
		浅层地下水	−7.86	—
裴家峁	旱季	降水	−5.72	25.30
		地表水	−7.76	—
		浅层地下水	−8.45	74.70

续表

流域名称	时期	水体名称	$\delta^{18}O$/‰	转化比例/%
裴家峁	雨季	降水	-9.22	38.97
		地表水	-7.45	61.03
		浅层地下水	-8.14	—
王茂沟	旱季	降水	-4.31	3.22
		地表水	-8.39	—
		浅层地下水	-8.53	96.78
	雨季	降水	-9.37	24.17
		地表水	-8.22	75.83
		浅层地下水	-8.50	—

运用 δD 和 $\delta^{18}O$ 计算的韭园沟流域、王茂沟和裴家峁流域不同季节的水体转化方式不同，转化比例也不同。表 6.14 和表 6.15 都表明，生态建设治理流域(韭园沟、王茂沟流域)和裴家峁流域不同季节的水体转化方式不同。旱季，通过氘同位素计算得到，韭园沟流域降水和浅层地下水补给地表水的比例分别为 11.40%和 88.60%，王茂沟流域降水和浅层地下水补给地表水的比例分别为 4.27%和 95.73%，裴家峁流域降水和浅层地下水补给地表水的比例分别为 5.68%和 94.32%。通过氧同位素计算得到，旱季韭园沟流域降水和浅层地下水补给地表水的比例分别为 21.10%和 78.90%，王茂沟流域降水和浅层地下水补给地表水的比例分别为 3.22%和 96.78%，裴家峁流域降水和浅层地下水补给地表水的比例分别为 25.30%和 74.70%。韭园沟流域、王茂沟流域和裴家峁流域均表现为旱季降水和浅层地下水补给地表水的补给关系，但是转化比例不同。相较于韭园沟流域，裴家峁流域流域的降水能够更为直接地补给地表水。经过生态建设治理，旱季浅层地下水补给地表水比例增加了 4.20%～22.08%。由于植被建设和工程措施的实施，生态建设治理流域的降水并不能直接补给地表水，转化比例较小。

雨季，通过氘同位素计算，韭园沟流域降水和地表水补给浅层地下水的比例分别为 64.68%和 35.32%，王家沟流域降水和地表水补给浅层地下水的比例分别为 57.61%和 42.39%，裴家峁流域降水和地表水补给浅层地下水的比例分别为 67.66%和 32.34%。通过氧同位素计算，雨季韭园沟流域降水和地表水补给浅层地下水的比例分别为 20.51%和 79.49%，王茂沟流域降水和地表水补给浅层地下水的比例分别为 24.17%和 75.83%，裴家峁流域降水和地表水补给浅层地下水的比例分别为 38.97%和 61.03%。韭园沟流域、王茂沟流域和裴家峁流域均表现为降水和地表水对浅层地下水的补给作用，但是转化比例不同。主要是因为雨季降水充足，流域降水能够有效补给径流和地下水，进行地下水储存。相较于韭园沟流域，生态建设未治理流域裴家峁的降水能够更为直接补给浅层地下水。经过生态建设治理，雨季降水补给浅层地下水的比例降低了 14.80%～18.46%。生态建设治理流域韭园沟流域的降水首先经过植被和工程措施的拦蓄，形成地表径流，进而入渗土壤补给地下水。经分析发现，地表水和浅层地下水的补给较为密切，主要是因为研究区采样点均分布在流域主沟道附近，地表水和浅层地下水可以时刻不停地发生相互转化作用。

6.2 生态建设对流域水传输方式、传输时间变化的作用机理

6.2.1 降水、地表水和浅层地下水氢氧同位素值年际变化

计算水传输时间的基础是收集输入水体和输出水体的同位素连续监测数据，通过监测数据进行模拟，选择适合研究区的水传输计算模型。本小节对研究区降水、地表水和浅层地下水氢氧同位素的长系列监测数据进行研究，以期发现降水、地表水和浅层地下水氢氧同位素值年际变化规律，为后续研究提供一定的基础。

生态建设治理流域韭园沟流域和生态建设未治理流域裴家峁流域 3 年监测期的降水、地表水和浅层地下水氢氧同位素值年际变化分别如图 6.23 和图 6.24 所示。

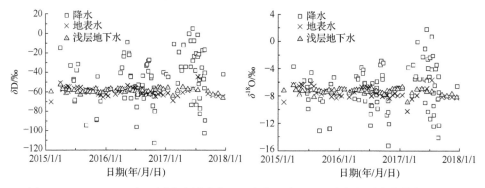

图 6.23 2015～2017 年韭园沟流域降水、地表水和浅层地下水氢氧同位素值年际变化

从图 6.23 和图 6.24 可以看出，研究区降水氢氧同位素值具有较大的波动幅度，地表水和浅层地下水氢氧同位素值相较降水氢氧同位素值稳定，主要是因为大气降水来源地不同，降水氢氧同位素值差异较大，同时降水形成时受到强烈的蒸发分馏作用。

生态建设对比流域的降水氢氧同位素值均呈季节性变化趋势，雨季氢氧同位素值偏小，旱季氢氧同位素值偏大，表明氢氧同位素值受到降水量效应和温度效应影响，分别与降水量和大气温度成正比和反比。研究区雨季降水量占全年总降

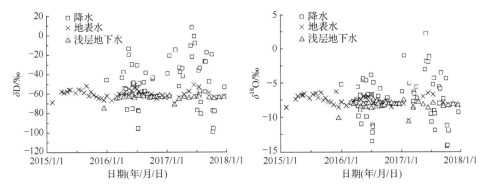

图 6.24　2015~2017 年裴家峁流域降水、地表水和浅层地下水氢氧同位素值年际变化

水量的 71.6%，降水量增多会影响降水氢氧同位素值。雨滴离开大气云团以后会继续经历一次蒸发，使得氢氧同位素值增大。研究流域雨季不同场次降水的氢氧同位素值差异较大，分析其原因主要是水汽来源不同，各场次降水的水汽来源和组成不同，同时伴随着不断地凝结和蒸发过程，最终表现为各场次降水氢氧同位素值不同。

　　韭园沟流域、裴家峁流域的地表水具有较为稳定的氢氧同位素值变化趋势，雨季氢氧同位素值偏大而旱季偏小，主要是因为雨季流域温度高、蒸发大，水面受到强烈蒸发作用。韭园沟流域、裴家峁流域的浅层地下水氢氧同位素值均比较稳定，变化幅度较小，主要是由于黄土区土层较厚，浅层地下水不容易蒸发。浅层地下水氢氧同位素值存在滞留效应，地表水与地下水的交换周期较长，地下水长期接受补给。

6.2.2　不同水体的正弦函数拟合

　　结合韭园沟流域、裴家峁流域的降水、地表水和浅层地下水氢氧同位素值年际变化研究，表明流域降水、地表水和浅层地下水的氢氧同位素值变化特征具有季节性，呈现出一定的周期性，可以通过正弦回归函数来表示(Dewalle et al.，1997)，公式如下：

$$\delta = X + A \cdot \cos(c \cdot t - \theta) \tag{6.1}$$

式中，δ 为 δD 或 $\delta^{18}O$；X 为 δD 或 $\delta^{18}O$ 的年际平均值；A 为振幅；c 为 δD 或 $\delta^{18}O$ 的波动频率(0.017214rad/d)；t 为时间；θ 为滞后时间。

　　对韭园沟流域和裴家峁流域不同水体(降水、地表水和浅层地下水)的氢氧同位素值进行正弦函数拟合，以确定函数周期变化的振幅 A，得到流域水传输时间计算的重要参数。不同流域不同水体季节氢氧同位素值散点图及正弦函数拟合结果见图 6.25~图 6.28。

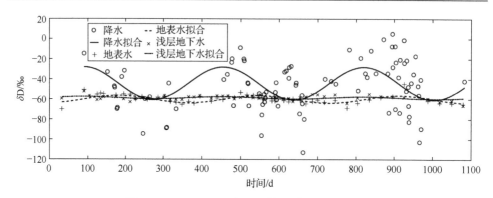

图 6.25　2015～2017 年韭园沟流域 δD 正弦拟合

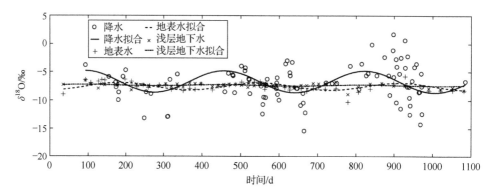

图 6.26　2015～2017 年韭园沟流域 $\delta^{18}O$ 正弦拟合

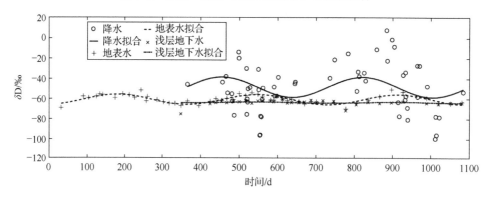

图 6.27　2015～2017 年裴家峁流域 δD 正弦拟合

从图 6.25 和图 6.26 可以看出，韭园沟流域降水 δD 或 $\delta^{18}O$ 随季节变化幅度最大，δD 和 $\delta^{18}O$ 的振幅分别是 16.30‰和 1.93‰。地表水变化幅度次之，δD 和 $\delta^{18}O$ 的振幅分别是 3.69‰和 0.6568‰。浅层地下水变化幅度最小，δD 和 $\delta^{18}O$ 的振幅分别是 1.105‰和 0.1105‰。

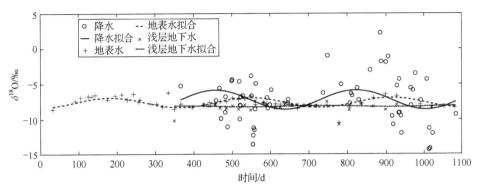

图 6.28　2015～2017 年裴家峁流域 $\delta^{18}O$ 正弦拟合

从图 6.27 和图 6.28 可以看出，裴家峁流域降水 δD 或 $\delta^{18}O$ 随季节变化幅度最大，δD 和 $\delta^{18}O$ 的振幅分别是 10.01‰和 1.359‰。地表水变化幅度次之，δD 和 $\delta^{18}O$ 的振幅分别是 4.95‰和 0.687‰。浅层地下水变化幅度最小，δD 和 $\delta^{18}O$ 的振幅分别是 0.69‰和 0.08‰。

韭园沟流域和裴家峁流域的降水、地表水和浅层地下水氢氧同位素值正弦拟合参数和水传输时间见表 6.16，拟合参数主要包括年均值、总方差、R^2、均方根误差等。

表 6.16　生态建设对比流域不同水体的正弦拟合参数水传输时间

流域名称	同位素值	水体类型	振幅/‰	年均值/‰	总方差	R^2	均方根误差	水传输时间/d	水传输时间/a
韭园沟	δD	降水	16.30	-44.60	45190.00	0.18	22.41	250	0.68
		地表水	3.69	-60.34	410.50	0.59	2.87		
		降水	16.30	-44.60	45190.00	0.18	22.41	855	2.34
		浅层地下水	1.11	-58.88	207.60	0.28	2.04		
	$\delta^{18}O$	降水	1.93	-6.67	847.00	0.14	3.07	161	0.44
		地表水	0.66	-7.51	15.87	0.50	0.56		
		降水	1.93	-6.67	847.00	0.14	3.07	1015	2.78
		浅层地下水	0.11	-7.29	0.59	0.93	0.11		
裴家峁	δD	降水	10.01	-48.78	32970.00	0.08	23.64	102	0.28
		地表水	4.95	-61.14	289.20	0.67	2.43		
		降水	10.01	-48.78	32970.00	0.08	23.64	841	2.30
		浅层地下水	0.69	-63.92	23.52	0.90	0.89		
	$\delta^{18}O$	降水	1.36	-7.22	619.40	0.08	3.24	99	0.27
		地表水	0.69	-7.62	1.19	0.96	0.16		

续表

流域名称	同位素值	水体类型	振幅/‰	年均值/‰	总方差	R^2	均方根误差	水传输时间/d	水传输时间/a
裴家峁	$\delta^{18}O$	降水	1.36	−7.22	619.40	0.08	3.24	935	2.56
		浅层地下水	0.08	−8.15	4.58	0.65	0.39		

6.2.3　基于 EM 模型的流域水传输时间计算

不同流域水传输时间有所差异，区域的土壤类型、地形地貌、植被类型及地表水、地下水水流路径等因素都会对流域水传输时间产生一定的影响作用。本小节以流域降水氢氧同位素值为模型模拟的输入序列，以地表水或者浅层地下水氢氧同位素值作为输出序列，分别采用 D 和 ^{18}O 同位素作为示踪剂，采用指数模型(exponential model，EM 模型)模拟计算流域水传输时间，计算结果见表 6.16。

采用 δD 和 $\delta^{18}O$ 计算的韭园沟流域降水转化为地表水的水传输时间分别约为 250d 和 161d，裴家峁流域降水转化为地表水的水传输时间分别为 102d 和 99d。韭园沟流域和裴家峁流域属于研究对比流域，除了韭园沟流域采样面积约为裴家峁流域采样面积的 1.15 倍，其余流域地理特征较为相似，但韭园沟流域水传输时间约为裴家峁流域的 1.81 倍，表明治理流域(韭园沟)水传输时间较未治理流域(裴家峁)有所增加。生态建设工程(淤地坝、水库和林草梯)的实施，减缓了流域水体间的转化，降低了水传输速率。

采用 δD 和 $\delta^{18}O$ 计算的韭园沟流域降水转化为浅层地下水的水传输时间分别为 855d 和 1015d，裴家峁流域降水转化为浅层地下水的水传输时间分别为 841d 和 935d。已有研究表明，流域面积为 $3\sim40km^2$ 的流域水传输时间为 $0.26\sim5a$(Asano et al.，2002；Dewalle et al.，1997)。本小节取得的结果较为合理，具有一定的可靠性。

同时，研究区的降水-地下水的水传输时间约为降水-地表水的水传输时间的 6 倍。降水-地表水-地下水之间存在复杂的转化关系，降水与地表水之间的水力联系较为密切，同时地表水和地下水之间也在发生着较为缓慢的相互转换，最终使降水-地下水的水传输时间大于降水-地表水的水传输时间。

6.2.4　多尺度生态建设对比流域水传输时间变化规律

流域水传输时间主要受到流域地形地貌、植被覆盖、降水气象等因素的影响。计算水传输时间的方法中，应用同位素进行模拟和计算只能得到流域的水传输时间计算结果，并不能有效分析水传输时间变化的规律等，因此针对流域不同尺度的水传输时间研究显得尤为必要。

　　基于水传输时间的计算公式，本小节研究韭园沟流域、裴家峁流域不同断面的流域水传输时间变化规律。依据野外采样点的分布情况，将韭园沟流域地表水划分为 12 个断面，裴家峁流域地表水划分为 9 个断面，分别进行水传输时间的计算。图 6.29 为韭园沟流域和裴家峁流域不同断面控制子流域的水传输时间(WTT)。

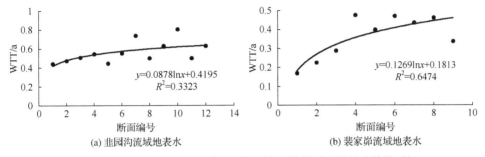

图 6.29　韭园沟流域和裴家峁流域不同断面控制子流域的水传输时间

　　从图 6.29 可以看出，韭园沟流域、裴家峁流域不同尺度下流域水传输时间具有一定的尺度效应。韭园沟流域和裴家峁流域不同断面的水传输时间拟合均呈现对数函数变化。韭园沟流域不同断面降水转化为地表水的水传输时间拟合方程为 $y=0.0878\ln x+0.4195$，裴家峁流域不同断面降水转化为地表水的水传输时间拟合方程为 $y=0.1269\ln x+0.1813$。有研究发现，水传输时间的主要影响因素包括植被、土壤、地形、地质层分布等。同时，随着流域尺度的变化，水传输时间也会产生变化。通过模拟计算不同断面的水传输时间发现，随着流域尺度的变化，水传输时间呈现一定的尺度效应。或者说，水传输时间随着流域尺度的增加呈现增加趋势，且增加趋势越来越小，最终会达到一个稳定的状态。

　　韭园沟流域、裴家峁流域不同尺度下的水传输时间变化趋势不同。裴家峁流域不同断面水传输时间增加趋势相较于韭园沟流域快。相比裴家峁流域，韭园沟流域不同断面水传输时间很快就达到了稳定阶段，这可能是由于韭园沟流域大面积生态建设措施的实施降低了水体转化速率，水体同位素值表现得更加稳定。裴家峁流域的降水能够快速地入渗土壤，同时产生径流并且发生汇流，因此水传输时间变化速率较快。

6.3　流域水资源赋存的时空特征和转化机制

6.3.1　入渗补给方式下的土壤水同位素特征

　　图 6.30 是黄绵土土柱土壤水氢氧同位素值分布剖面。从图 6.30 可以看出，黄绵土土壤水氢氧同位素值基本随着土壤深度的增加增大。这是因为随着水分的入

渗，土壤水与入渗水源发生交换混合，入渗水源比土壤水的初始同位素值小，水分到达一定深度处土壤水表现为入渗水源的同位素特征，在 20cm 深度处最接近入渗水源的氢氧同位素特征；入渗水源补给为一次 60mm 的降水，水分不能完全入渗至更深层土壤，因此土壤水的氢氧同位素特征逐渐表现为土壤水初始同位素特征，入渗水源的同位素特征逐渐消失，在 35cm 深度以下完全消失。

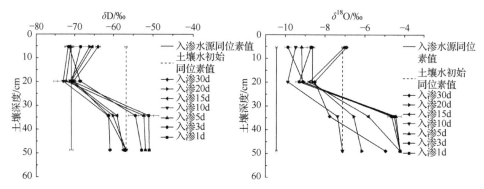

图 6.30 黄绵土土柱土壤水氢氧同位素值分布剖面

图 6.31 是黄棕壤土土柱土壤水氢氧同位素值分布剖面。从图 6.31 可以看出，土壤水氢氧同位素值随着深度的增加逐渐富集，最终与土壤水初始同位素值接近，土壤水氢氧同位素值在入渗水源和土壤水初始同位素值之间变化。表层 0～5cm 土壤水迅速与入渗水源交换，土壤水氢氧同位素表现为入渗水源特征，但水分不能完全入渗至更深层的土壤中，只有少量水分入渗至 20cm 深度处，使入渗水源和土壤初始水之间的交换混合作用减弱。入渗水源运移不到更深层的土壤中，因此深层土壤水保留有土壤水初始氢氧同位素特征。

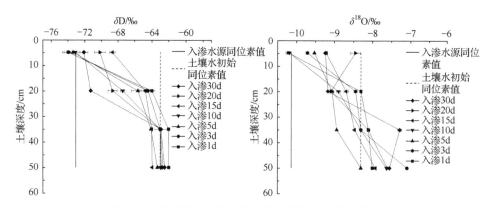

图 6.31 黄棕壤土土柱土壤水氢氧同位素值分布剖面

不同土壤类型的土壤水氢氧同位素值剖面分布特征大致相似，均在入渗水源

与土壤水初始同位素值之间变化，但是仍有一定区别。图 6.30 中，表层 0～5cm
土壤水氢氧同位素值并没有落在入渗水源线上，而是与之有一定差距，但图 6.31
中入渗 15d 之前的表层 0～5cm 土壤水氢同位素值均落在入渗水源线上，这表明
黄绵土表层土壤水与入渗水源的交换作用较黄棕壤土弱。黄绵土质地松散，黏粒
含量少，不容易保水，风干后的土壤水分来自与土壤颗粒紧密结合的薄膜水，很
难逸出，当入渗水源补给时，这部分薄膜水短时间内不容易被交换出来，使得入
渗水源短时间内难以转化为土壤水；黄棕壤土质地松软，黏粒含量较多，保水性
也较好，风干后土壤含有一部分自由水，这部分水在发生入渗补给时很容易与入
渗水源交换，快速转化为土壤水。

　　为了更好地表征入渗补给方式下的土壤水氢氧同位素特征，分析入渗补给方
式下土壤水再分布 30d 的 δD 与 $\delta^{18}O$ 统计特征，如表 6.17 所示。两种土壤类型土
壤水的 δD 均属于弱变异，而黄绵土的 $\delta^{18}O$ 大部分属于中等变异，黄棕壤土的
$\delta^{18}O$ 属于弱变异，黄绵土 δD 和 $\delta^{18}O$ 的变异系数大于黄棕壤土。这表明黄棕壤土
土壤水不轻易变化，保水能力好。比较 δD 与 $\delta^{18}O$ 的变异系数，可以看出同一土
壤深度 $\delta^{18}O$ 的变异系数大于 δD，这说明 ^{18}O 的混合作用更强，利用 ^{18}O 研究入
渗方式下土壤水分运动特征更明显。

表 6.17　入渗补给方式下土壤水 δD 和 $\delta^{18}O$ 统计特征

同位素值	土壤深度/cm	黄绵土			黄棕壤土		
		最小值/‰	最大值/‰	变异系数/%	最小值/‰	最大值/‰	变异系数/%
δD	5	−71.69	−63.77	5	−76.13	−68.68	3
	20	−72.98	−68.55	2	−71.32	−64.02	4
	35	−61.12	−50.43	8	−64.12	−62.02	1
	50	−60.56	−56.30	3	−63.97	−62.00	1
$\delta^{18}O$	5	−9.88	−6.82	14	−10.18	−8.42	7
	20	−9.88	−8.47	5	−9.14	−8.27	4
	35	−7.69	−4.24	25	−8.90	−7.25	6
	50	−7.02	−4.78	13	−8.27	−7.06	5

　　对土壤水氢氧同位素值与土壤体积含水量进行相关性分析，得到黄绵土土壤
体积含水量与 δD 和 $\delta^{18}O$ 的皮尔逊相关系数分别是−0.92($P<0.01$，$n=14$)和
−0.68($P<0.01$，$n=14$)，黄棕壤土土壤体积含水量与 δD 和 $\delta^{18}O$ 的皮尔逊相关系数
分别是−0.79($P<0.01$，$n=28$)和−0.75($P<0.01$，$n=28$)，均表现为极显著水平负相关。
分别对两种类型土壤的体积含水量 θ 与 δD、$\delta^{18}O$ 进行线性回归拟合，得到它们
的关系式。

黄绵土:

$$\delta\mathrm{D} = -0.86\theta - 53.30, \quad R^2 = 0.85 \tag{6.2}$$

$$\delta^{18}\mathrm{O} = -0.14\theta - 6.12, \quad R^2 = 0.46 \tag{6.3}$$

黄棕壤土:

$$\delta\mathrm{D} = -0.17\theta - 62.04, \quad R^2 = 0.62 \tag{6.4}$$

$$\delta^{18}\mathrm{O} = -0.03\theta - 7.78, \quad R^2 = 0.56 \tag{6.5}$$

6.3.2　地下水补给方式下的土壤水同位素特征

图 6.32 和图 6.33 分别是地下水补给方式下黄绵土、黄棕壤土土柱土壤水再分布 30d 的氢氧同位素值剖面分布。地下水补给方式下,黄绵土各深度土壤水氢氧同位素值大部分在地下水补给水源同位素值与土壤水初始同位素值之间变化;

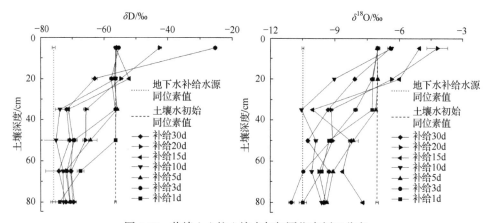

图 6.32　黄绵土土柱土壤水氢氧同位素剖面分布

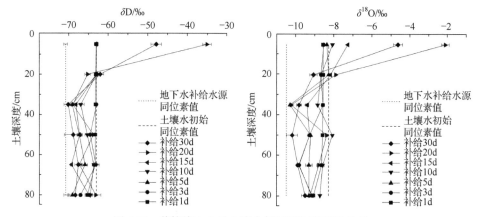

图 6.33　黄棕壤土土柱土壤水氢氧同位素剖面分布

补给 20d 后，表层 0～5cm 土壤水同位素值小于土壤水初始同位素值；随着土壤深度的增大，不同补给时长的土壤水氢氧同位素值逐渐向地下水氢氧同位素值趋近，并最终保持稳定。

图 6.33 中，黄棕壤土土壤水同位素值均在地下水补给水源同位素值与土壤水初始同位素值之间变化。可以看出，黄棕壤土土壤水氢氧同位素值与黄绵土变化基本一致。表层 0～5cm 土壤水在补给 20d 后富集重同位素，越接近地下水源，土壤水氢氧同位素值越接近地下水补给水源氢氧同位素值。

在地下水为唯一水分补给来源方式下，水分受毛管吸引力作用向上迁移，迁移过程中地下水与土壤水发生混合交换作用，逐渐失去地下水同位素特征，最终转化为土壤水。水分迁移至土壤表层，在蒸发作用下表层土壤水重同位素富集，因此大部分土壤水同位素值在地下水与土壤水初始氢氧同位素值之间变化，只有表层 0～5cm 土壤水在一定时长后受蒸发作用逸出，出现富集。随着水分向土壤表层的迁移，地下水对土壤水的影响逐渐减弱，土壤水同位素值随着时间推移逐层减小，这表明水分的运动是以活塞式推进向上运移的。

对比图 6.32 和图 6.33，发现两种土壤类型土壤水的 δD 与 $\delta^{18}O$ 变化趋势一致，但是黄绵土较黄棕壤土的变化剧烈。对两种土壤类型地下水补给 30d 的土壤水 δD 与 $\delta^{18}O$ 进行统计分析，结果如表 6.18 所示。随着土壤深度的增加，两种土壤类型土壤水的 δD 与 $\delta^{18}O$ 变异系数整体上呈减小趋势。黄绵土土壤水的 δD 与 $\delta^{18}O$ 变异系数表现为 0～5cm 土层最大，5～35cm 均属于中等变异，35cm 以下变异系数最小，属于弱变异；黄棕壤土土壤水的 δD 与 $\delta^{18}O$ 变异系数表现为 0～5cm 土层最大，属于中等变异水平，其余为弱变异。表层 0～5cm 变异系数最大是因为蒸发分馏引起重同位素不断富集，这一层土壤水同位素发生了变化。黄绵土土壤水的 δD 与 $\delta^{18}O$ 的变异系数大于黄棕壤土，这与前文结果一致。

表 6.18　地下水补给方式下土壤水 δD 和 $\delta^{18}O$ 统计特征

同位素值	土壤深度/cm	黄绵土			黄棕壤土		
		最小值/‰	最大值/‰	变异系数/%	最小值/‰	最大值/‰	变异系数/%
δD	5	−56.30	−25.24	24	−63.12	−35.12	20
	20	−62.97	−52.06	6	−65.29	−62.06	2
	35	−73.81	−55.81	13	−70.16	−63.02	4
	50	−75.02	−56.30	9	−68.86	−63.33	3
	65	−74.19	−67.35	3	−69.31	−63.18	4
	80	−73.86	−69.30	2	−69.08	−63.22	3
$\delta^{18}O$	5	−7.04	−4.21	18	−8.57	−2.11	37
	20	−9.03	−6.00	14	−9.06	−7.91	5
	35	−10.54	−7.09	15	−10.28	−8.57	8

续表

同位素值	土壤深度/cm	黄绵土			黄棕壤土		
		最小值/‰	最大值/‰	变异系数/%	最小值/‰	最大值/‰	变异系数/%
$\delta^{18}O$	50	−10.24	−8.13	8	−10.17	−8.07	8
	65	−10.45	−8.63	6	−9.88	−8.58	6
	80	−11.00	−7.69	11	−9.49	−8.72	3

地下水补给方式下，黄绵土土壤体积含水量与土壤水 δD 的皮尔逊相关系数为−0.79($P<0.01$, $n=28$)，与土壤水 $\delta^{18}O$ 的皮尔逊相关系数为−0.67($P<0.01$, $n=28$)，表现为极显著水平负相关；黄棕壤土土壤体积含水量与土壤水 δD、$\delta^{18}O$ 的皮尔逊相关系数分别为−0.56($P<0.05$, $n=17$)、−0.59($P<0.05$, $n=17$)，表现为显著水平负相关。分别对两种土壤类型的体积含水量 θ 与 δD、$\delta^{18}O$ 进行线性回归拟合，得到它们的关系式。

黄绵土：

$$\delta D = -0.43\theta - 52.59, \quad R^2 = 0.62 \tag{6.6}$$

$$\delta^{18}O = -0.07\theta - 6.81, \quad R^2 = 0.45 \tag{6.7}$$

黄棕壤土：

$$\delta D = -0.55\theta - 37.53, \quad R^2 = 0.32 \tag{6.8}$$

$$\delta^{18}O = -0.14\theta - 2.03, \quad R^2 = 0.35 \tag{6.9}$$

6.3.3　二水源补给方式下的土壤水运移及转化规律

图 6.34 和图 6.35 分别是黄绵土和黄棕壤土在二水源补给方式下土壤水再分布 5d 的氢氧同位素值剖面分布。δD 和 $\delta^{18}O$ 均在土壤水初始同位素值和两种水源同位素值之间变化，这是因为入渗水源、地下水源与土壤水三者之间交换和混合，

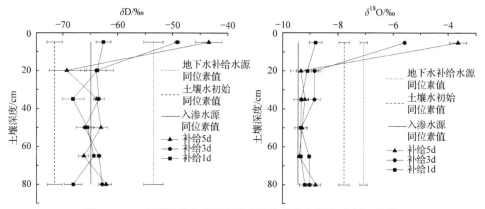

图 6.34　二水源补给方式下黄绵土土壤水氢氧同位素剖面分布

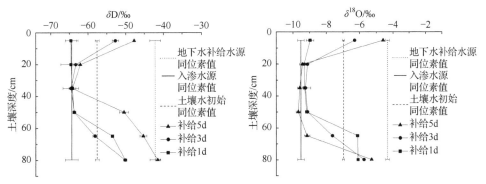

图 6.35　二水源补给方式下黄棕壤土土壤水氢氧同位素剖面分布

土壤水同位素值在三条线之间变化。δD 和 $\delta^{18}O$ 主要在入渗水源线附近变化，两种水源进入入土壤中与土壤水发生交换作用，入渗水源的交换作用大于地下水源；随着补给时间的延长，表层 0～5cm 土壤水氢氧同位素均出现富集现象，而 5cm 以下并未出现，这是蒸发分馏的缘故。由此可以断定，蒸发主要发生在土壤表层，对深层影响不大。

图 6.35 中，随着土壤深度的增加，土壤水的 δD 与 $\delta^{18}O$ 剖面分布呈现规律性变化。补给发生时，入渗水源迅速与土壤水交换混合，随着深度的增加，入渗水源特征越来越明显，在 35cm 处入渗水源特征最为明显，35cm 以下土壤水主要与地下水源交换和混合，逐渐显现地下水源的特征；随着补给时间的延长，表层 0～5cm 土壤水 δD 与 $\delta^{18}O$ 由于蒸发分馏富集重同位素，5～20cm 土层仍保留着入渗补给水源的同位素特征，20cm 深度以下地下水源的交换混合作用逐渐增大，补给 5d 时土壤水完全被地下水源替换。

对比图 6.34 和图 6.35 发现，在二水源补给方式下的黄绵土和黄棕壤土的氢氧同位素值剖面分布规律既相似但又有区别。相似之处是两种土壤类型在二水源补给方式下的土壤水同位素值均在补给水源与土壤水初始同位素值之间变化，随着深度的增加，控制土壤水的因子以入渗水源→初始土壤水→地下水源转换，且随着补给时间的延长，表层 0～5cm 均出现富集重同位素现象。不同之处在于，地下水补给水源对黄绵土的影响微小，几乎无影响，控制土壤水组成的主要因子是入渗水源，且 δD 分布规律不明显，$\delta^{18}O$ 分布更为规律；黄棕壤土受两种水源共同影响，35cm 深度以上主要由入渗水源控制，35cm 以下主要由地下水源控制，且 δD 与 $\delta^{18}O$ 分布相似，也有一定的规律性可循。

对二水源补给方式下两种土壤类型土壤水补给 5d 的 δD 与 $\delta^{18}O$ 进行统计分析，结果见表 6.19。黄绵土表层 0～5cm 土壤水 δD 属于中等变异水平，5cm 以下深度土壤水 δD 与 $\delta^{18}O$ 属于弱变异；黄棕壤土 δD 在表层 0～5cm 和 50～80cm 属于中等变异，5～50cm 为弱变异，$\delta^{18}O$ 在表层 0～5cm 和 50～65cm 为中等变异，其余各土层为弱变异。在两种土壤类型同属于中等变异水平的土壤深度，黄绵土的变异系数大于黄棕壤土。

表 6.19　二水源补给方式下土壤水 δD 和 $\delta^{18}O$ 统计特征

同位素值	土壤深度/cm	黄绵土			黄棕壤土		
		最小值/‰	最大值/‰	变异系数/%	最小值/‰	最大值/‰	变异系数/%
δD	5	−62.64	−43.43	19	−64.63	−47.71	16
	20	−69.31	−63.80	5	−64.60	−62.05	2
	35	−68.19	−63.49	4	−64.61	−64.23	0
	50	−66.07	−63.09	2	−63.79	−50.46	13
	65	−66.25	−63.46	2	−58.15	−45.26	12
	80	−68.13	−62.12	5	−50.19	−41.49	11
$\delta^{18}O$	5	−8.79	−3.64	4	−8.96	−4.59	33
	20	−9.32	−8.83	3	−9.43	−9.12	2
	35	−9.31	−8.83	3	−9.59	−9.24	2
	50	−9.32	−9.28	0	−9.68	−9.12	3
	65	−9.37	−9.02	2	−9.15	−6.12	20
	80	−9.17	−8.79	2	−6.09	−5.27	7

为了探究二水源补给方式下 δD、$\delta^{18}O$ 与土壤体积含水量的关系,进行皮尔逊相关系数和显著性水平的计算,得到黄绵土 δD 和 $\delta^{18}O$ 与土壤体积含水量的皮尔逊相关系数分别是 0.02($P>0.01$, $n=18$)和 0.11($P>0.01$, $n=18$),黄棕壤土 δD 和 $\delta^{18}O$ 与土壤体积含水量的皮尔逊相关系数分别是 0.43($P>0.01$, $n=18$)和 0($P>0.01$, $n=18$)。两种土壤类型的 δD、$\delta^{18}O$ 与土壤体积含水量表现为极不相关。二水源补给方式复杂,两种水源对土壤水都有影响,引起土壤水 δD、$\delta^{18}O$ 变化的因素不仅仅是补给水源的同位素特征、土壤含水量、蒸发等,还有更为复杂的引起土壤水 δD、$\delta^{18}O$ 变化的因素,这是下一步要研究的问题之一。

前文研究结果表明,土壤水的氢氧同位素主要受两种水源控制,但两种水源的影响比例具体为多少却不得而知。通过计算土壤水中两种水源甚至土壤水初始同位素值所占的比例,来衡量主要影响的因素。利用同位素二端元线性混合模型可以计算不同水体的贡献率。考虑到二水源补给 1d 后表层 0~5cm 土壤水会发生蒸发分馏,不对其土壤水来源比例进行计算,也不采用其计算结果。分别将入渗水源、地下水源、初始土壤水作为三种已知土壤水来源,将测得的土壤水氢氧同位素值作为三种水源混合后的最终同位素值,利用同位素二端元线性混合模型计算各个水源的贡献率,结果如图 6.36 和图 6.37 所示。

图 6.36 可以看出,土壤水主要由初始土壤水和地下水源组成,其中初始土壤水贡献率大于地下水源,入渗水源贡献率很小。在入渗水源和地下水源补给共存的条件下,黄绵土土壤颗粒能结合两种补给水源,并以不同比例组成土壤水。由于入渗水源量是一定的,相当于一次 60mm 的降水,而地下水源一直源源不断

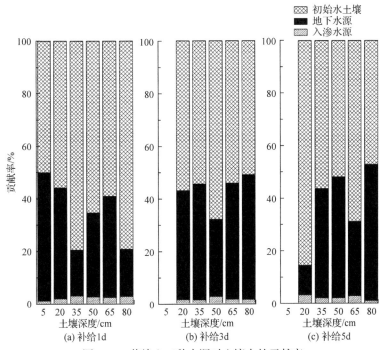

图 6.36 黄绵土三种水源对土壤水的贡献率

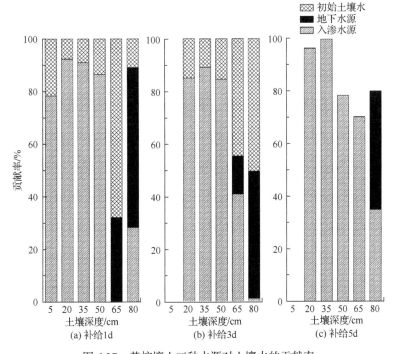

图 6.37 黄棕壤土三种水源对土壤水的贡献率

补给土壤水，因此经过再分布的土壤水地下水源贡献率大于入渗水源贡献率。虽然两种水源均能补给土壤水，但并不能完全将土壤颗粒中的薄膜水完全替换出来，初始土壤水还占有很大比例。补给 3d 和 5d 的表层 0～5cm 无计算结果，这是因为蒸发分馏使一部分水逸出到大气中，结果无法显示。

图 6.37 中，补给 1d 和补给 3d 时，65cm 以上深度土壤水主要由入渗水源和初始土壤水组成，且入渗水源占很大比例，65cm 深度以下土壤水三种水源皆有，其中地下水源贡献率最大。这表明随着土壤深度的增加，控制土壤水的因子逐渐从入渗水源→初始土壤水→地下水补给水源转换，这与前文结果一致。补给 5d 时，各个水源贡献率总和小于 100%，这可能还与蒸发等其他因素有关。

对比黄绵土和黄棕壤土的水源贡献率，发现二水源补给方式下黄绵土各水源贡献率沿深度和时间都无明显可循规律，黄棕壤土各水源贡献率随着土壤深度的增加表现为入渗水源贡献率逐渐减小、地下水源贡献率逐渐增大的趋势，地下水源贡献率在底层达到最大，控制土壤水的主要水源由入渗水源→初始土壤水→地下水源转换。黄绵土土柱初始土壤水贡献率很大，而黄棕壤土土柱初始土壤水贡献率较小。土壤水再分布 5d 即补给 5d 时，黄棕壤土的水源贡献率总和小于 100%，这说明还有其他因素影响土壤水的混合与交换。

如果忽略土壤初始水，只将入渗水源和地下水源作为土壤水主要来源，分别运用氢和氧同位素，采用同位素二端元混合模型计算不同水源在土壤水中的贡献率，结果如图 6.38 和图 6.39 所示。

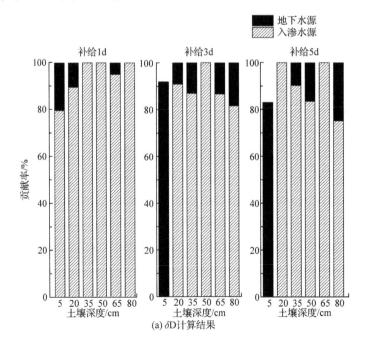

(a) δD计算结果

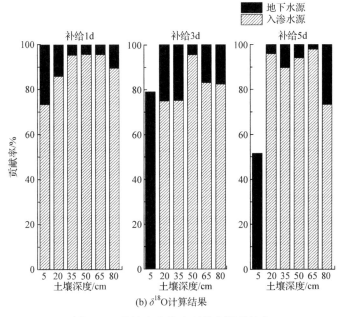

(b) $\delta^{18}O$ 计算结果

图 6.38　黄绵土土壤水两种水源贡献率

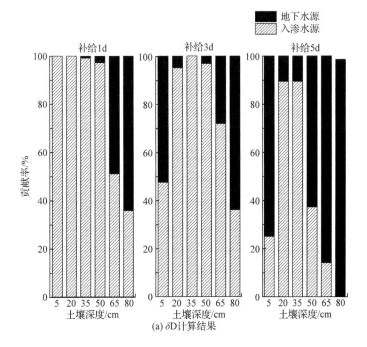

(a) δD 计算结果

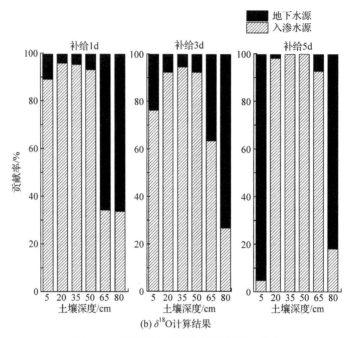

(b) $\delta^{18}O$计算结果

图6.39 黄棕壤土土壤水两种水源贡献率

不同水源在土壤水中的贡献率具体计算结果见表6.20。

6.3.4 饱和出流条件下出流水同位素特征及滞留时间研究

饱和出流条件下，两种类型土柱出流水氢氧同位素值之间存在线性关系，如图6.40所示。黄绵土：$\delta D = 5.94\delta^{18}O - 11.70$，$R^2=0.84$；黄棕壤土：$\delta D = 8.84\delta^{18}O + 12.69$，$R^2=0.96$，拟合优度较好。土柱出流水与供水氢氧同位素值有较大差别，逐渐远离土壤水初始同位素值，向供水同位素值靠近。这说明土壤水在运动过程中，逐渐与土壤水混合交换，未经交换的水分逐渐向深层迁移，又与深层的初始土壤水交换混合，经过交换的"旧水"被"新水"替换，继续向深层迁移，循环往复，水分最终会流出土柱土壤系统。水分自进入土柱系统至全部流出土柱系统且将原有土壤水替换出的时长，称为土柱水滞留时间，当供水替换所有的土壤水后，会以相同的同位素特征离开土柱系统，这就使土壤出流水氢氧同位素值逐渐向供水氢氧同位素值趋近。

图6.41为黄绵土土柱出流水 C_{out}/C_{in}（C 表示氢氧同位素浓度，out 和 in 分别表示流出和流入与时间的拟合曲线，图中可以看出活塞流(PFM)、线性模型(LM)、幂函数模型(PM)和对数模型(LogM)拟合程度较好，而指数流模型(EM)和指数活塞流模型(EPM)的拟合程度较差，与数据差距较大。根据表6.21中的 R^2 也可以得到相同结论。

表 6.20　不同水源在土壤水中的贡献率

补给天数/d	土壤深度/cm	黄绵土							黄棕壤土						
		三水源			二水源				三水源			二水源			
		入渗水源贡献率/%	地下水源贡献率/%	初始土壤水贡献率/%	入渗水源贡献率/% δD	δ18O	地下水源贡献率/% δD	δ18O	入渗水源贡献率/%	地下水源贡献率/%	初始土壤水贡献率/%	入渗水源贡献率/% δD	δ18O	地下水源贡献率/% δD	δ18O
1	0~5	1	49	50	80	20	73	27	78	0	22	100	0	89	11
	5~20	2	42	56	90	10	86	14	92	0	8	100	0	96	4
	20~35	3	18	79	100	0	95	5	91	0	9	99	1	96	4
	35~50	3	32	65	100	0	96	4	87	0	13	97	3	93	7
	50~65	2	39	59	95	5	96	4	0	32	68	51	49	34	66
	65~80	3	18	79	100	0	90	10	28	61	11	36	64	34	66
3	0~5	0	18	56	0	92	0	79	11	36	53	48	52	38	62
	5~20	1	42	57	91	9	75	25	85	0	15	95	5	92	8
	20~35	1	44	55	87	13	75	25	89	0	11	100	0	95	5
	35~50	3	29	68	100	0	95	5	85	0	15	100	0	92	8
	50~65	2	44	54	87	13	83	17	41	14	45	72	28	64	36
	65~80	1	47	51	82	18	82	18	1	48	50	36	64	27	73
5	0~5	0	0	52	0	83	0	52	18	67	0	0	94	5	95
	5~20	3	11	86	100	0	96	4	97	0	3	100	0	98	2
	20~35	2	42	56	90	10	90	10	100	0	0	100	0	100	0
	35~50	2	46	52	83	17	94	6	100	0	0	100	0	100	0
	50~65	3	28	69	100	0	98	2	85	0	15	100	0	93	7
	65~80	1	52	47	75	25	73	27	35	45	0	1	99	18	82

注：δD 与 $\delta^{18}O$ 分别表示采用氢同位素和氧同位素计算。

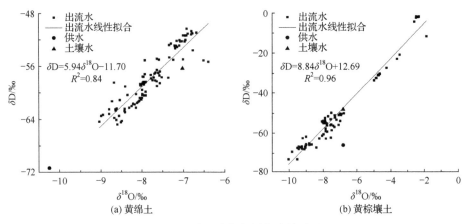

(a) 黄绵土　　　　　　　　(b) 黄棕壤土

图 6.40　出流水氢氧同位素值关系

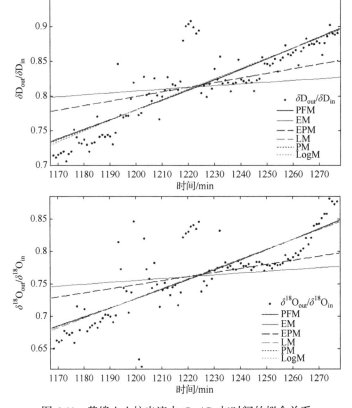

图 6.41　黄绵土土柱出流水 C_{out}/C_{in} 与时间的拟合关系

表 6.21　黄绵土土柱出流水拟合参数和土柱水滞留时间的拟合关系

函数类型	同位素类型	拟合方程	传递函数	R^2	RMSE	土柱水滞留时间/min
活塞流	D	$C_{out}=C_{in}0.08964e^{0.0018t}$	$g(\tau)=0.0002e^{0.0018t}$	0.72	0.03	1338
	^{18}O	$C_{out}=C_{in}0.0693e^{0.0020t}$	$g(\tau)=0.0001e^{0.0020t}$	0.64	0.04	1362
指数流	D	$C_{out}=C_{in}(1-e^{-0.0014t})$	$g(\tau)=0.0014e^{-0.0014t}$	0.23	0.05	13107
	^{18}O	$C_{out}=C_{in}(1-e^{-0.0012t})$	$g(\tau)=0.0012e^{-0.0012t}$	0.22	0.05	13107
指数活塞流	D	$C_{out}=C_{in}(e^{79.20}-e^{-8.45\times10^{-4}t+4.372})$	$g(\tau)=8.45\times10^{-6}e^{-8.45\times10^{-6}t+4.372}$	0.51	0.04	1504
	^{18}O	$C_{out}=C_{in}(e^{77.79}-e^{-8.07\times10^{-4}t+4.354})$	$g(\tau)=8.07\times10^{-6}e^{-8.07\times10^{-6}t+4.354}$	0.43	0.05	1604
线性	D	$C_{out}=C_{in}(0.0015t-1)$	$g(\tau)=0.0015$	0.73	0.03	1349
	^{18}O	$C_{out}=C_{in}(0.0015t-1.074)$	$g(\tau)=0.0015$	0.65	0.04	1381
幂函数	D	$C_{out}=C_{in}1.214\times10^{-7}t^{2.211}$	$g(\tau)=2.68\times10^{-8}t^{1.211}$	0.73	0.03	1342
	^{18}O	$C_{out}=C_{in}2.974\times10^{-8}t^{2.400}$	$g(\tau)=7.14\times10^{-8}t^{1.400}$	0.65	0.04	1368
对数	D	$C_{out}=C_{in}(4.184\ln t-12.10)$	$g(\tau)=4.184t^{-1}$	0.74	0.03	1352
	^{18}O	$C_{out}=C_{in}(4.229\ln t-12.29)$	$g(\tau)=4.229t^{-1}$	0.65	0.04	1388

　　表 6.21 中体现了黄绵土出流水拟合方程、传递函数、决定系数、均方根误差,并根据拟合函数计算出了土柱水滞留时间。活塞流模型、线性模型、幂函数模型和对数模型拟合优度较高,指数流模型和指数活塞流模型较低;氢同位素拟合优度要比氧同位素高。拟合度高的模型计算出的土柱水滞留时间相近,在 1338～1388min,而拟合度较低的模型计算出的土柱水滞留时间差别较大。综合来看,黄绵土土柱水滞留时间在1300～1400min。当土柱上端持续补给时,土壤水流既符合活塞流特性,又有线性流特征,还有幂函数传递与倒数传递特征,这说明土壤水流符合多种传递特征。

　　图 6.42 是黄棕壤土土柱出流水 C_{out}/C_{in} 与时间的拟合曲线,可以看出六种模

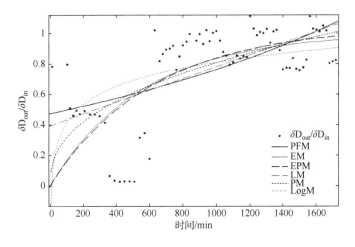

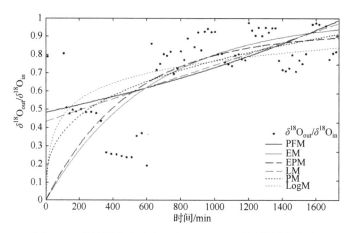

图 6.42　黄棕壤土土柱出流水 C_{out}/C_{in} 与时间的拟合关系

型拟合效果均一般。相比较之下,活塞流模型和线性模型拟合效果较其他模型好,其他模型在土柱出流前 700min 内拟合差距较大,700min 后拟合效果逐渐变好。同样,表 6.22 中的 R^2 也可以得到相同结论。

表 6.22　黄棕壤土土柱出流水拟合参数和土柱水滞留时间的拟合关系

函数类型	同位素类型	拟合方程	传递函数	R^2	RMSE	土柱水滞留时间/min
活塞流	D	$C_{out}=C_{in}0.4730e^{0.0005t}$	$g(\tau)=-0.0157e^{0.0005t}$	0.36	0.24	1497
	^{18}O	$C_{out}=C_{in}0.4829e^{0.0004t}$	$g(\tau)=-0.0018e^{0.0004t}$	0.43	0.15	1820
指数流	D	$C_{out}=C_{in}(1-e^{-0.0018t})$	$g(\tau)=-0.1191e^{-0.0018t}$	0.34	0.24	13107
	^{18}O	$C_{out}=C_{in}(1-e^{-0.0016t})$	$g(\tau)=-0.0175e^{-0.0018t}$	0.24	0.19	13107
指数活塞流	D	$C_{out}=C_{in}(e^{0.0430}-e^{0.0016t+0.0430})$	$g(\tau)=0.1059e^{0.0016t+0.0430}$	0.34	0.24	0
	^{18}O	$C_{out}=C_{in}(e^{-0.0821}-e^{0.0020t-0.0821})$	$g(\tau)=0.0195e^{0.0020t-0.0821}$	0.25	0.19	0
线性	D	$C_{out}=C_{in}(0.0004t-0.3928)$	$g(\tau)=-0.0266$	0.39	0.23	3482
	^{18}O	$C_{out}=C_{in}(0.0003t-0.4333)$	$g(\tau)=-0.0029$	0.45	0.17	4778
幂函数	D	$C_{out}=C_{in}×0.0477t^{0.4092}$	$g(\tau)=-1.292t^{-0.5908}$	0.36	0.24	1696
	^{18}O	$C_{out}=C_{in}×0.0871t^{0.3150}$	$g(\tau)=-0.2672t^{0.6850}$	0.37	0.18	2318
对数	D	$C_{out}=C_{in}×(0.3965\ln t-0.3817)$	$g(\tau)=-26.24t^{-1}$	0.25	0.26	3053
	^{18}O	$C_{out}=C_{in}×(0.3053\ln t-0.1503)$	$g(\tau)=-2.974t^{-1}$	0.26	0.19	5858

表 6.22 中体现了黄棕壤土出流水拟合方程、传递函数、决定系数、均方根误差,并根据拟合函数计算出了土柱水滞留时间。六种模型决定系数均小于 0.5,拟合效果一般,相比较之下,对数模型拟合效果最差。土柱水滞留时间计算结果相差较大。指数流模型虽然拟合优度较好,但土柱水滞留时间与其他模型相差太大,

与黄绵土计算结果一样不具有可信度；指数活塞流模型土柱水滞留时间计算结果为 0，与实际不符。综合来看，黄棕壤土土柱水滞留时间在 1400～6000min，时间跨度较大，这是因为水分以优先流形式陆续流出土柱系统。

参 考 文 献

李小飞, 张明军, 李亚举, 等, 2012. 西北干旱区降水中 $\delta^{18}O$ 变化特征及其水汽输送[J]. 环境科学, 33(3): 711-719.

李亚举, 张明军, 王圣杰, 等, 2011. 基于温度作为辅助变量的中国降水 $\delta^{18}O$ 空间分布特征[J]. 地理科学进展, 30(11): 1387-1394.

柳鉴容, 宋献方, 袁国富, 等, 2008. 西北地区大气降水 $\delta^{18}O$ 的特征及水汽来源[J]. 地理学报, 63(1): 12-22.

柳鉴容, 宋献方, 袁国富, 等, 2009. 中国东部季风区大气降水 $\delta^{18}O$ 的特征及水汽来源[J]. 科学通报, 54(22): 3521-3531.

宋献方, 刘相超, 夏军, 等, 2007. 基于环境同位素技术的怀沙河流域地表水和地下水转化关系研究[J]. 中国科学: 地球科学, 37(1): 102-110.

陶泽, 2017. 基于同位素和水化学示踪剂的黄土高原小流域径流来源和地下水补给[D]. 杨凌: 西北农林科技大学.

王贺, 李占斌, 马波, 等, 2016. 黄土高原丘陵沟壑区流域不同水体氢氧同位素特征: 以纸坊沟流域为例[J]. 水土保持学报, 30(4): 85-90.

吴华武, 章新平, 李小雁, 等, 2014. 湘江流域中下游长沙地区不同水体中 $\delta^{18}O$、δD 的变化[J]. 地理科学, 34(4): 488-495.

徐学选, 张北赢, 田均良, 2010. 黄土丘陵区降水-土壤水-地下水转化实验研究[J]. 水科学进展, 21(1): 16-22.

章新平, 姚檀栋, 田立德, 等, 2003. 乌鲁木齐河流域不同水体中的氧稳定同位素[J]. 水科学进展, 14(1): 50-56.

ASANO Y, UCHIDA T, OHTE N, 2002. Residence times and flow paths of water in steep unchannelled catchments, Tanakami, Japan[J]. Journal of Hydrology, 261(1-4): 173-192.

CRAIG H, 1961. Isotopic variations in meteoric waters[J]. Science, 133(3465): 1702-1703.

DANSGAARD W, 1964. Stable isotopes in precipitation[J]. Tellus, 16(4): 436-468.

DEWALLE D R, EDWARDS P J, SWISTOCK B R, et al., 1997. Seasonal isotope hydrology of three Appalachian forest catchments[J]. Hydrological Processes, 11(15): 1895-1906.

第7章 植被恢复与土壤水分利用关系

7.1 农作物根系与土壤水响应关系

降水、地下水、融雪、人为灌溉等水源均需要转化为土壤水才能被作物吸收利用(李龙等，2020；李明等，2020；赵富王等，2019)，土壤水是一切陆地植物赖以生存的基础(邢丹等，2019；周海等，2017)。植物与土壤水是相互影响的，一方面植物根系从土壤中吸收维持自身生长的水分(林涛等，2019；张景文等，2017；曾凡江等，2009)，另一方面植物的覆盖可以减少土壤水分的蒸发(常恩浩等，2016)，枯枝落叶能够较好地保留水分，从而起到增加土壤水分的作用(刘柯渝等，2018；赵名彦等，2009)。植物不同生长期对水分的利用程度不一样(倪东宁等，2015)，而且不同种类之间也有变化(张慧芋等，2017；吴华武等，2015)。本章研究玉米不同生长期的土壤水分布和水分利用策略，为了解作物水分利用、合理灌溉及提高水资源利用率提供理论依据。

7.1.1 土壤水同位素特征

图 7.1 为玉米地土壤水氢氧同位素值随时间的变化。可以看出，随着时间的推移，各深度土壤水 δD 与 $\delta^{18}O$ 呈波浪式变化，表层 0～40cm 土壤水 δD 与 $\delta^{18}O$ 波动剧烈，40cm 以下波动较为平缓。这是因为降水补给使土壤水 δD 与 $\delta^{18}O$ 偏负贫化，蒸发分馏使土壤水 δD 与 $\delta^{18}O$ 偏正富集。5 月 13 日前后和 6 月 25 日前

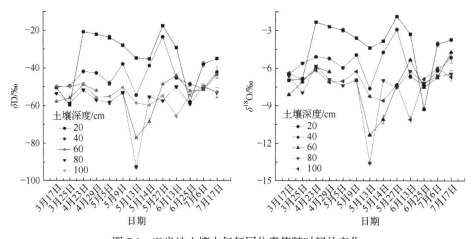

图 7.1 玉米地土壤水氢氧同位素值随时间的变化

后各深度土壤水 δD 与 $\delta^{18}O$ 明显减小，这是因为在 5 月 13 日和 6 月 24 日有降水事件发生，其 δD 与 $\delta^{18}O$ 明显小于降水之前土壤水的 δD 与 $\delta^{18}O$。随着土壤深度的增加，土壤水 δD 与 $\delta^{18}O$ 先减小后增大。表层土壤水 δD 与 $\delta^{18}O$ 蒸发分馏富集重同位素，中层土壤 δD 与 $\delta^{18}O$ 蒸发分馏效应减弱，因此 δD 与 $\delta^{18}O$ 偏负贫化；下层土壤由于水分不断迁移，重同位素逐渐向下运移，土壤水 δD 与 $\delta^{18}O$ 不易发生改变，并且富集重同位素。

图 7.2 是玉米地土壤水和降水的氢氧同位素值关系。西安降水线方程为 $\delta D = 6.93\delta^{18}O + 5.91$，$n=17$，$R^2=0.91$；玉米地土壤水氢氧同位素值线性关系为 $\delta D = 6.03\delta^{18}O - 10.45$，$n=64$，$R^2=0.93$，拟合效果较好。

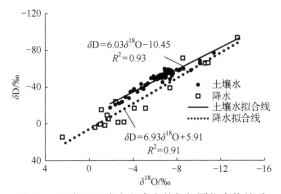

图 7.2　玉米地土壤水和降水的氢氧同位素值关系

土壤水同位素值相关关系见表 7.1。可以看出，土壤水 δD 和 $\delta^{18}O$ 与土壤体积含水量、水通量呈显著负相关关系，δD 与太阳辐射显著正相关，$\delta^{18}O$ 与太阳辐射不相关。土壤水 δD 和 $\delta^{18}O$ 与土壤温度、大气温度、风速、蒸发量、相对湿度、湿度均无显著相关关系。

表 7.1　土壤水同位素值相关关系分析

土壤水同位素值	指标	土壤体积含水量	土壤温度	水通量	大气温度	风速	太阳辐射	蒸发量	相对湿度	湿度
δD	P	-0.539**	0.039	-0.675**	0.177	0.131	0.293*	0.133	0.266	0.038
	Sig.	0.000	0.813	0.000	0.280	0.359	0.037	0.353	0.060	0.818
$\delta^{18}O$	P	-0.454**	-0.075	-0.624**	0.108	0.076	0.261	0.223	0.223	-0.026
	Sig.	0.004	0.650	0.000	0.513	0.597	0.064	0.115	0.115	0.875
样本数		39	39	39	39	51	51	51	51	39

注：**表示在 0.01 水平上显著；*表示在 0.05 水平上显著；P 表示皮尔逊相关系数；Sig.表示显著性指标。

7.1.2　植物不同生长期吸水策略

土壤水一部分蒸发到大气中，一部分被植物吸收利用，研究植物生长期吸水深度，对了解土壤水分去向与分布、植物吸水策略及植物与土壤水的响应关系具有重要意义，为进一步合理利用土壤水资源、保护土壤水资源提供理论支持。

选择我国广泛种植的玉米作为研究对象，分析玉米茎部水氢氧同位素值与土壤水氢氧同位素值，利用同位素质量守恒原理，得到玉米不同生长期的吸水策略，为进一步揭示植物根系与土壤水的响应关系提供理论依据。

植物根系吸水深度确定方法有多种，本小节采用直接对比法确定玉米根系吸水来源，再进一步利用模型计算根系主要吸水深度，最后根据同位素质量守恒原理和多源线性混合模型计算玉米不同生长期各深度土壤水的贡献率。

图 7.3 为玉米不同生长时期土壤水氢氧稳定同位素值剖面和相应的玉米茎部水(根系)氢氧同位素值。玉米根茎采样时间为 5 月 14 日(发芽期)、5 月 21 日(拔节期)、6 月 25 日(开花吐丝期)、7 月 7 日(成熟期)、7 月 17 日(死亡期)。

直接对比法假设作物主要利用某一深度的土壤水，而不是各深度土壤水的混合。在这一假设前提下，作物氢氧同位素值与土壤水同位素值存在一个交点时，作物主要利用土壤水深度为交点深度，如果有多个交点，可以取相近距离的交点深度作为作物主要吸水深度。图 7.3(a)中，玉米茎部水 δD 与 $\delta^{18}O$ 与土壤水交点深度 35cm；图 7.3(b)中，玉米茎部水氢氧同位素值与土壤水交点深度均为 35cm；图 7.3(c)中，δD 与土壤水交点深度为 35cm 和 60cm，$\delta^{18}O$ 与土壤水交点深度为 40cm；图 7.3(d)中，δD 与土壤水交点深度为 60cm，$\delta^{18}O$ 与土壤剖面交点为 60cm

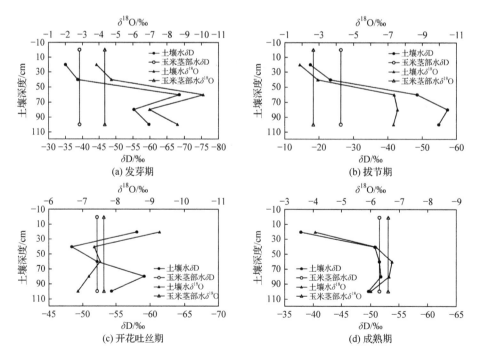

(a) 发芽期　　　　　　　　　　　　(b) 拔节期

(c) 开花吐丝期　　　　　　　　　　(d) 成熟期

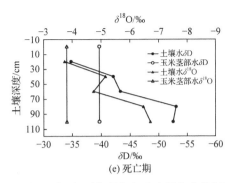

图 7.3　玉米不同生长时期的氢氧稳定同位素值剖面分布

和 80cm；图 7.3(e)中，δD 和 $\delta^{18}O$ 与土壤水交点深度分别为 30cm 和 20cm。综合比较玉米茎部水与土壤水氢氧同位素值，确定玉米不同生长期根系主要吸水深度：发芽期主要吸水深度是 35cm，拔节期主要吸水深度是 35cm，开花吐丝期主要吸水深度是 35~60cm，成熟期主要吸水深度是 60cm，死亡期主要吸水深度是 20~30cm。

图 7.4 为计算得到的玉米不同生长期根系平均吸水深度。可以看出，随着玉米的生长发育，根系平均吸水深度逐渐增大然后减小，在开花吐丝期达到最大值 65cm，死亡期最小，为 32cm。

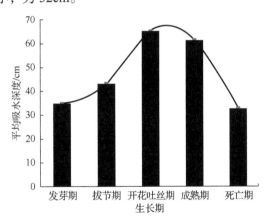

图 7.4　玉米不同生长期根系平均吸水深度

表 7.2 为不同土壤深度土壤水对玉米根系的贡献率。在发芽期，0~20cm 土壤水对根系的贡献率为 78%~98%，97%的频次达最大值，说明发芽期玉米根系主要利用 0~20cm 浅层土壤水。在拔节期，0~20cm 土壤水对根系的贡献率为 56%~94%，91%的频次最大；20~40cm 土壤水的贡献率为 0%~44%，3%的频次最大；说明拔节期玉米根系主要利用 0~20cm 土壤水，有一部分水来源于 20~40cm 土层。在开花吐丝期，0~20cm 土壤水的贡献率为 0%~27%，14%的频次最大；20~40cm 土壤水的贡献率为 0%~65%，48%的频次最大；40~60cm 土壤

水的贡献率为 0%～100%，0%的频次最大，100%的频次最小，60～100cm 频次均
在 0%达最大值；说明开花吐丝期玉米能够利用不同深度的土壤水，其中 20～40cm
土壤水贡献率最大。在成熟期，40～60cm 土壤水的贡献率为 56%～87%，74%的
频次最大，说明成熟期玉米主要吸水深度为 40～60cm。在死亡期，0～20cm 土壤
水的贡献率为 44%～57%，49%的频次最大；40～60cm 土壤水的贡献率为 35%～
56%，48%的频次最大；说明死亡期玉米根系主要利用 0～20cm 和 40～60cm 两
个土层的土壤水，平均各占一半。

表 7.2　不同土壤深度土壤水对玉米根系的贡献率　　　　（单位：%）

生长期	土壤深度				
	0～20cm	20～40cm	40～60cm	60～80cm	80～100cm
发芽期	78～98	0～22	0～2	0～3	0～3
拔节期	56～94	0～44	0～6	0～6	0～6
开花吐丝期	0～27	0～65	0～100	0～27	0～38
成熟期	0～2	0～19	56～87	0～29	4～15
死亡期	44～57	0～8	35～56	0～8	0～5

图 7.5 为不同生长期不同深度土壤水对玉米根系的贡献率。从时间上看，在
发芽期和拔节期，土壤水对玉米根系的贡献率随着土壤深度的增加而减少；在开
花吐丝期和成熟期，土壤水对玉米根系的贡献率随着土壤深度的增加先增加后减
少；在死亡期，土壤水对玉米根系的贡献率随着土壤深度的增加呈现先减少后增
加再减少的趋势。从不同土壤深度上看，0～20cm 土壤水对根系的贡献率随着玉
米根系的生长先减少再增大，20～100cm 土壤水对根系的贡献率随着玉米根系的
生长均呈现先增大后减少的趋势。

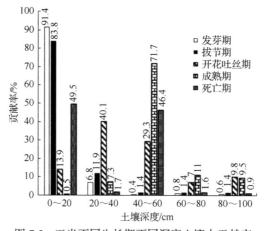

图 7.5　玉米不同生长期不同深度土壤水贡献率

7.2　退耕植被群落根系动态及水分利用特征

7.2.1　退耕植被群落根系与土壤水动态分布特征

植被群落根长密度见表 7.3 和图 7.6。可以看出，旱季根系的根长密度大于雨季，旱季茵陈蒿、铁杆蒿、白羊草、达乌里胡枝子、油松根系的平均根长密度 (16.3mm/cm³、21.7mm/cm³、17.3mm/cm³、17.3mm/cm³、6.0mm/cm³)分别是雨季 (1.7mm/cm³、2.1mm/cm³、3.2mm/cm³、5.9mm/cm³、4.2mm/cm³)的 9.6 倍、10.3 倍、5.4 倍、2.9 倍和 1.4 倍。对不同季节植被群落根系的根长密度进行差异显著性检验，得到茵陈蒿、铁杆蒿、白羊草群落的根长密度在不同时期存在显著差异 (*P*<0.05)，达乌里胡枝子群落和油松的根长密度差异不显著(*P*>0.05)。结合土壤水分分布的季节变化(图 7.7)可知，旱季土壤含水量小于雨季，而旱季茵陈蒿、铁杆蒿、白羊草群落的根长密度显著增加，从而说明这三种草本植物的根系在其分布范围内受土壤水分的影响较为明显。达乌里胡枝子和油松的根系受土壤水分的影响不明显，说明其根系对土壤水资源环境变化的适应性较强。

表 7.3　植被群落根长密度平均值

时期	根长密度/(mm/cm³)				
	茵陈蒿	铁杆蒿	白羊草	达乌里胡枝子	油松
旱季	16.3±4.6 a	21.7±6.0 a	17.3±7.4 a	17.3±5.7 a	6.0±1.1 a
雨季	1.7±0.9 b	2.1±1.1 b	3.2±1.2 b	5.9±1.3 a	4.2±1.1 a

注：同一列中相同小写字母表示不同时期的根长密度无显著性差异，显著水平 *α*=0.05。

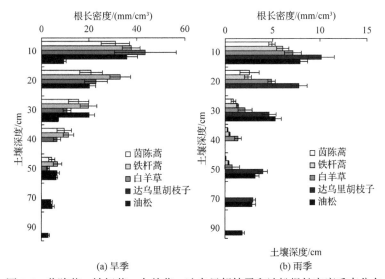

(a) 旱季　　　　　　　　　　(b) 雨季

图 7.6　茵陈蒿、铁杆蒿、白羊草、达乌里胡枝子和油松根长密度垂直分布

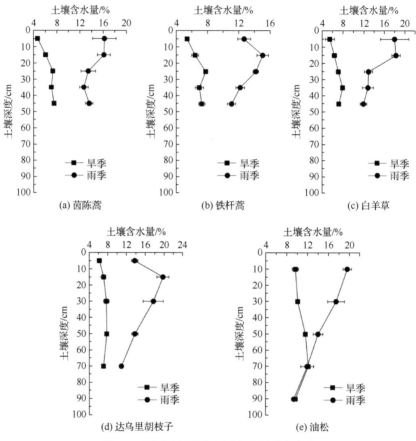

图 7.7　不同植被群落土壤含水量季节变化

对比不同植被群落根系的垂直分布(图 7.6)可以看出，不同时期根长密度均随土壤深度增加而减小，在不同土壤深度分布的比例存在差异。茵陈蒿、铁杆蒿、白羊草群落根系集中分布在 0～20cm 土壤中，其中旱季 0～20cm 土层中根长密度分别占 0～50cm 土层的 64%、65%、59%，雨季则分别占 86%、80%、74%，说明从旱季到雨季，这三种草本植物根系存在向上集中生长的趋势；达乌里胡枝子群落 0～20cm 土层中根长密度所占的比例为 65%(旱季)、61%(雨季)，油松为31%(旱季)、38%(雨季)，说明从旱季到雨季，达乌里胡枝子和油松的根长密度在垂直土壤层中的变化较弱。

7.2.2　植物水、土壤水氧同位素分布特征

土壤水是植物最重要的水分来源。土壤由于本身的性质不同，如粒径、孔隙度等，不同层次氧稳定同位素存在差异，为区分植物不同水分来源提供了研究基础。由图 7.8 可见，在垂直剖面中，各退耕地旱季 0～20cm 土壤水的 $\delta^{18}O$ 均最

大，随着土壤深度增加，$\delta^{18}O$ 减小且逐渐趋于稳定。

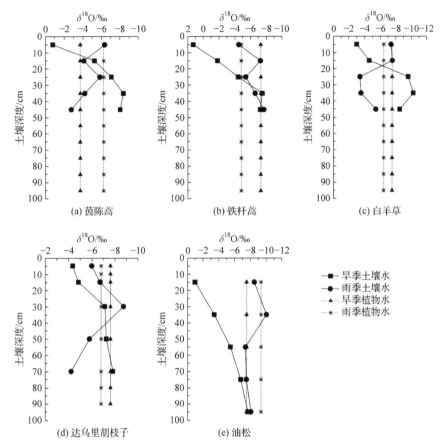

图 7.8 茵陈蒿、铁杆蒿、白羊草、达乌里胡枝子和油松土壤水、植物水中 $\delta^{18}O$ 的季节变化

在植物根系吸收土壤水分的过程中，稳定氢氧同位素一般不会发生分馏，因此植物组织内的水同位素组成能够反映植物利用不同水源的同位素组成信息，如果植物水的 $\delta^{18}O$ 与某一层土壤水的 $\delta^{18}O$ 接近，就可以判断出植物主要吸水层。从图 7.8 可以看出，退耕地植被旱季和雨季的吸水深度存在明显差异。旱季茵陈蒿群落[图 7.8(a)]植物水与土壤水的 $\delta^{18}O$ 相交于 10～15cm 土壤深度内，从而说明其吸水深度为 10～15cm 土层，雨季则为 5～10cm；旱季油松[图 7.8(e)]吸水深度在 80～95cm，雨季为 20～30cm 和 40～50cm，说明从旱季到雨季，退耕地植被群落的主要吸水深度存在上移情况，即植被水分利用来源发生不同程度的变化。

7.2.3 利用多元质量守恒模型确定植物根系吸水深度及动态变化

采用同位素质量守恒法可以定量分析不同水分来源对植物根系吸水的贡献率，通过计算所有满足条件的可能组合来确定水分的来源。表 7.4 和图 7.9 反映了旱季各退耕地植被群落水分来源情况。茵陈蒿群落的直方图在 0～10cm 土壤深度处收敛，且贡献率在 52.0%处达到极值，说明在旱季茵陈蒿群落吸收的土壤水分有 52.0%来自 0～10cm 土层；铁杆蒿群落在 30～40cm 土壤深度处收敛，极值为 68.4%，说明该群落的水分来源主要位于 30～40cm 土层。依此类推，白羊草群落吸收的水分有 66.8%来自在 30～40cm 土层，达乌里胡枝子群落吸收的水分有 74.6%来自 60～80cm 土层，油松群落吸收的水分有 88.8%来自 80～100cm 土层。由此可知，不同退耕植被群落吸收土壤水分的深度不同，这与其根系在土壤剖面中垂直分布的深度密切相关。

表 7.4　旱季植被群落不同深度土壤水的贡献率

土壤深度/cm	茵陈蒿群落土壤水贡献率/%		铁杆蒿群落土壤水贡献率/%		白羊草群落土壤水贡献率/%		达乌里胡枝子群落土壤水贡献率/%		油松群落土壤水贡献率/%	
	极值	范围	极值	范围	极值	范围	极值	范围	极值	范围
0～10	**52.0**	**33～62**	0.5	0～3	1.5	0～8	1.6	0～9	0.6	0～4
10～20	16.7	0～67	0.9	0～5	2.1	0～10	2.0	0～10		
20～30	11.7	0～48	2.1	0～9	21.7	0～90			1.1	0～6
30～40	9.6	0～39	**68.4**	**0～95**	**66.8**	10～94	9.8	0～45		
40～50	10.1	0～41	28.2	0～100	7.9	0～34			2.6	0～12
50～60	—	—	—	—	—	—	11.9	0～54		
60～70	—	—	—	—	—	—			6.9	0～29
70～80	—	—	—	—	—	—	74.6	46～96		
80～90	—	—	—	—	—	—	—	—	88.8	71～98
90～100	—	—	—	—	—	—	—	—		

注：加粗数据对应的土壤深度为植物主要吸水深度。

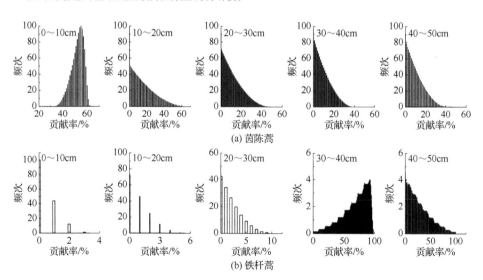

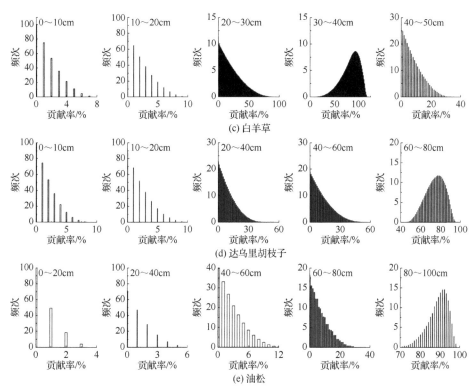

图 7.9　旱季茵陈蒿、铁杆蒿、白羊草、达乌里胡枝子和油松群落不同深度土壤水贡献率

　　由表 7.5 和图 7.10 可以看出，雨季茵陈蒿群落吸收的水分有 86.5% 来自 0～10cm 土层；铁杆蒿群落吸收的水分有 80.1% 来自 0～10cm 土层；白羊草群落在 0～10cm 和 10～20cm 土层均存在收敛情况，说明该群落主要利用 0～20cm 土壤水，贡献率总和达到 66.1%；达乌里胡枝子和油松群落的主要吸水深度均为 20～40cm，贡献率分别为 31.0% 和 66.1%。

表 7.5　雨季植被群落不同深度土壤水的贡献率

土壤深度 /cm	茵陈蒿群落土壤水贡献率/%		铁杆蒿群落土壤水贡献率/%		白羊草群落土壤水贡献率/%		达乌里胡枝子群落土壤水贡献率/%		油松群落土壤水贡献率/%	
	极值	范围	极值	范围	极值	范围	极值	范围	极值	范围
0～10	**86.5**	**61～99**	**80.1**	**54～93**	**32.8**	**0～78**	17.8	0～74	11.6	0～51
10～20	1.8	0～9	3.0	0～15	**33.3**	**0～75**	24.0	0～99		
20～30	9.0	0～39	10.3	0～46	8.8	0～29	**31.0**	**1～59**	66.1	49～77
30～40	1.9	0～9	4.1	0～19	9.0	0～30				
40～50	0.9	0～5	2.5	0～12	16.1	0～57	16.6	0～69	6.5	0～29
50～60	—	—	—	—	—	—				

续表

土壤深度 /cm	茵陈蒿群落土壤水贡献率/%		铁杆蒿群落土壤水贡献率/%		白羊草群落土壤水贡献率/%		达乌里胡枝子群落土壤水贡献率/%		油松群落土壤水贡献率/%	
	极值	范围	极值	范围	极值	范围	极值	范围	极值	范围
60～70	—	—	—	—	—	—	10.7	0～45	6.8	0～30
70～80										
80～90	—	—	—	—	—	—			9.0	0～40
90～100										

注：加粗数据对应的土壤深度为植物主要吸水深度。

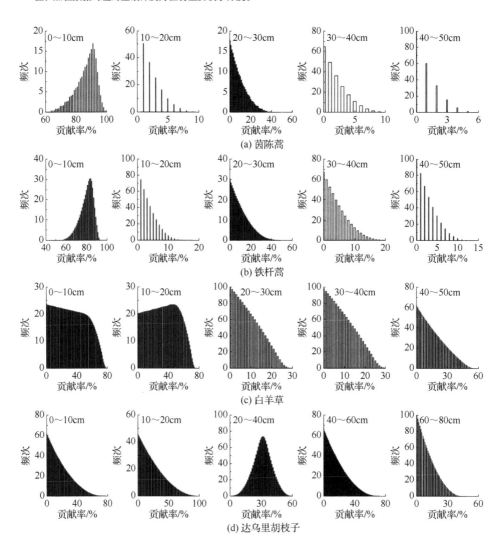

(a) 茵陈蒿

(b) 铁杆蒿

(c) 白羊草

(d) 达乌里胡枝子

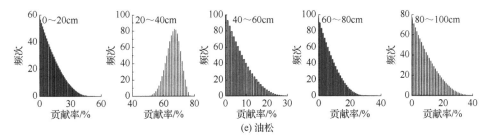

图 7.10　雨季茵陈蒿、铁杆蒿、白羊草、达乌里胡枝子和油松群落不同深度土壤水贡献率

对比旱季和雨季植物吸水深度的变化发现，旱季植物吸水深度较深，雨季则多集中在 0～40cm 土层。茵陈蒿、铁杆蒿、白羊草群落吸水深度受到不同季节影响最为显著。雨季来临且 0～20cm 土壤水分充足时，植物 0～20cm 土壤水贡献率与旱季相比明显增大，其中茵陈蒿群落从 68.7%增加到 88.3%，铁杆蒿群落从 1.4%增加到 83.1%，白羊草群落从 3.6%增加到 66.1%。植物吸收表层或浅层土壤水分消耗的能量较小，所以当表层或浅层土壤水分充足且可以利用时，植物优先吸收储存在表层或浅层的水分。达乌里胡枝子、油松属于黄土区典型水土保持灌木、乔木，大型植物需要更多的水分和养分来维持其生存和生长，但旱季降水少，表层土壤受到强烈的蒸发作用导致严重缺水，无法满足植物生长的需要，大型植物的根系能够在旱季利用深层土壤水分，适应季节性干旱的土壤环境。结合本小节研究结果，达乌里胡枝子和油松在土壤干旱时可以利用到 60cm、80cm 以下的土壤水。

7.2.4　植被恢复过程中根系特征变化及其与水分利用的关系

1. 根系分布与植物水分利用的关系

根系的动态分布决定植物利用水分来源，同时土壤水分的动态变化也是影响根系分布的关键影响因子(李东伟等，2015；丰焕平等，2013)。植被根系分布特征主要取决于土壤水分在垂直和水平方向的分布和根系形态的可塑特性(吴华武等，2015)，并且根系具有感知土壤水分梯度的能力，具有向土壤湿润区域发展的向水特性。茵陈蒿群落根系在不同时期分布的差异较大，旱季根长密度是雨季的 9.6 倍，当雨季来临且 0～20cm 土壤水分充沛时，其根系在 0～20cm 土壤中分布的比例从 64%增加到 86%，增加幅度是所有群落中最大的，这表明该群落根系响应土壤水资源变化最为敏感，并且具有良好的可塑性。铁杆蒿和白羊草群落的主要吸水深度在旱季达到了 30～40cm，雨季则上移至 0～10cm 和 10～20cm，同时根系在 0～20cm 土壤中分布比例分别从 65%增加到 80%、从 59%增加到 74%。茵陈蒿、铁杆蒿、白羊草群落的根系通过响应水分条件变化来改变形态结构，从而以最优的水分利用模式适应多变的土壤水资源环境。美国中西部地区的须芒草

(*Andropogon yunnanensis*)在干湿季节通过根系的可塑性功能来改变根系吸水深度，使其在干旱环境下能高效率地利用有效水分和养分，从而比伴生植物具有较强的水分和养分竞争优势，与本节优势种植物根系在不同土壤水资源条件下的吸水策略相吻合。达乌里胡枝子和油松旱季的主要吸水深度均在 60cm 以下，雨季上移至 20～40cm，对 0～20cm 土壤水利用较少，同时其根系的根长密度在旱季和雨季差异较小且不显著($P>0.05$)。有研究分析了全球 36 组有关乔、灌、草植物共生群落的研究得出，在干旱稀树草原区，树木与草本共生的群落主要通过草本植物根系的可塑性来减少水分竞争，从而整个群落在水分短缺的条件下达成良好的共生模式，这可能是达乌里胡枝子和油松对 0～20cm 土壤水利用较少的原因之一。达乌里胡枝子和油松根长密度在不同季节差异较小的原因可能是干旱半干旱区灌木和乔木植物的二形态根系功能作用，雨季侧根吸收浅层土壤水，旱季主根利用深层土壤水或地下水，这种功能使得乔灌植物避免完全通过根系形态的重塑来适应季节性干旱。

2. 土壤水分布、植被演替与植物水分利用的关系

黄土丘陵区旱季和雨季的降水分布存在明显差异，使土壤水分和根系分布具有季节性差异。随着土壤含水量增加，植物吸收水分比例普遍增加。从旱季到雨季，茵陈蒿、铁杆蒿、白羊草群落 0～30cm 土壤水变化较大，由 Iso-source 模型得出这一层土壤水对植物水分利用的贡献率变化分别为 80.4%～97.3%、3.5%～93.4%、25.3%～74.9%。达乌里胡枝子和油松群落土壤水在 0～50cm 土层变化较大，该范围内的土壤水贡献率分别为 25.3%～89.4%和 4.3%～84.2%。本小节 5 种典型退耕植被生长立地条件相近，仅是退耕年限不同，其中 4 种自然退耕样地按照年限长短依次为退耕 2～3a 茵陈蒿群落、退耕 8～10a 铁杆蒿群落、退耕 14～16a 白羊草群落、退耕 19～22a 达乌里胡枝子群落，依照黄土区植被演替序列，可视为空间代替时间的演替序列。随着演替发展，群落物种多样性增加，结构、组成和稳定性增强，对有效资源的利用率和范围增加。退耕 2～3a 茵陈蒿群落在旱季和雨季主要吸水深度均为 0～10cm，退耕 19～22a 达乌里胡枝子群落主要吸水深度为 20～80cm，说明在本节研究中植物对有效资源利用率和范围的增加表现为吸收土壤水深度范围的增大。旱季油松林 80～100cm 土壤含水量(约 9.67%)在 0～100cm(约 10.88%)的各个土层中最小。由 Iso-source 模型得出，旱季油松88.8%的水分来源于 80～100cm 土层，从而说明油松较高的吸水率是这一层土壤水分缺失的主要原因。Jian 等(2015)在黄土丘陵区人工林对土壤储水量和水分平衡研究中发现，油松在林冠截留、减小地表径流、增加雨水入渗等方面作用较强，但其较高的蒸腾作用不利于增加土壤储水量，从而可能会导致景观退化，与本小节得出油松吸水深度范围较大相呼应。邵明安等(2016)提出，黄土区土壤干层的形

成是源于气候及植物耗水，定义了土壤干层形成深度范围为 0～120cm，主要是大型植被在该土壤深度范围内过度耗水所致。本小节通过稳定同位素方法得出油松能够利用土壤水的深度为 20～100cm，与邵明安等提出的干层形成深度范围接近。

7.3 退耕植被根系对土壤水分的影响

将 4～6 月看作旱季、7～11 月看作雨季，求得旱季和雨季的土壤含水量均值，如表 7.6 所示，共采集土壤含水量样品 789 个。研究周期内降水量和气温如图 7.11 所示。

表 7.6 研究区 4～11 月土壤含水量统计分析

旱季						雨季					
土壤深度/cm	样品数	土壤含水量/%				土壤深度/cm	样品数	土壤含水量/%			
		最大值	最小值	平均值	标准差			最大值	最小值	平均值	标准差
0～20	50	1.93	9.79	5.56	1.80	0～20	67	8.78	27.96	14.96	3.17
20～40	48	3.38	18.58	9.74	3.61	20～40	67	7.45	21.22	14.19	3.34
40～60	51	4.44	22.87	10.91	4.32	40～60	68	6.89	21.55	12.67	3.30
60～80	51	6.03	21.14	10.56	4.06	60～80	69	6.58	18.89	11.32	2.92
80～100	51	6.27	18.85	10.28	3.83	80～100	69	4.75	16.19	9.61	2.69
100～120	27	5.71	12.40	9.17	1.49	100～120	21	3.26	11.13	8.14	2.16
120～140	27	4.81	13.07	9.35	1.72	120～140	21	3.98	12.78	7.97	2.47
140～160	27	5.49	15.26	10.16	2.06	140～160	21	2.16	14.21	7.36	3.02
160～180	13	7.96	15.48	10.25	1.98	160～180	21	2.96	15.97	7.95	3.50
180～200	6	8.32	11.33	9.41	1.14	180～200	14	3.90	11.13	6.17	2.56

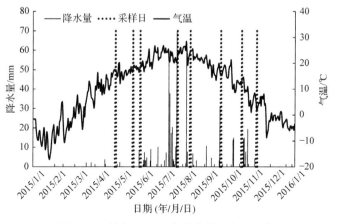

图 7.11 研究区 2015 年降水量、气温变化

研究区土壤含水量表现出明显的季节性，旱季土壤含水量整体小于雨季。在0～100cm土壤深度范围内，旱季表层(0～20cm)土壤含水量最小，最小值为1.93%，随土壤深度增大而增大；雨季则表层土壤含水量最大，最大值为27.96%，随土壤深度增大而减小。在100～200cm土壤深度范围内，旱季土壤含水量大于雨季，雨季土壤含水量相对稳定，基本保持在7%±1%，说明雨季100cm以下土壤水没有外界补给，几乎不受环境影响。

7.3.1 各植被群落土壤含水量季节变化特征

将实验测得的各层土壤含水量求平均值，得到各植被群落土壤含水量季节变化情况，如图7.12所示。除油松林地外，其他4种植被群落整体上5月土壤含水量最小，6～8月均较大，9月较小，10～11月土壤含水量又有所增大。油松则全年保持较低的土壤含水量，仅在8月的雨季增大。

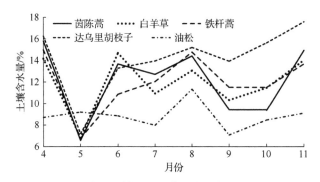

图7.12　典型退耕植被群落土壤含水量季节变化

茵陈蒿、白羊草、铁杆蒿和达乌里胡枝子群落的土壤含水量变化特征相近。总体而言，旱季的4月，土壤含水量较高，这可能是由于冬季覆盖的积雪融化入渗。旱季降水稀少与植物耗水使得5月成为一年当中土壤含水量最低的时候，各土层平均含水量最低只有6.57%。随着雨季来临，土壤含水量骤增，虽有波动，但都保持在一个较高的水平。进入9月以后，降水逐渐减少，至生长期的末期(10月)，降水已十分稀少，土壤含水量持续下降。10～11月降水事件异常频繁(图7.11)，对土壤水进行了大量补给，使11月土壤含水量陡增。油松林土壤的持水能力明显弱于茵陈蒿、白羊草、铁杆蒿和达乌里胡枝子群落，立地条件相同的情况下，油松强大的蒸腾耗水性使得土壤含水量骤减，甚至接近土壤干层的含水量。

7.3.2 土壤剖面各层含水量季节变化特征

退耕植被群落的土壤含水量剖面季节变化如图7.13所示。由图可知，退耕植被群落不同季节的各层土壤含水量变化较为明显。旱季4月，茵陈蒿、白羊草、铁杆蒿和达乌里胡枝子群落 0～20cm 土壤干旱，含水量不到 10%，但 20cm 以下土层由于冬季雪水融化补给，且植物蒸腾耗水作用小，土壤水充足，含水量可达 20%。旱季 5 月，各土层含水量均为最低值，最低值出现在茵陈蒿群落 0～20cm，含水量不足 5%。结合图 7.12 可知，旱季 5～6 月较低的土壤含水量使得植物将更多光合产物投入根系生长，来获取紧缺的土壤水分。7～8 月进入雨季，土壤水分得到降水补给，植物根系可以轻易地获取生长所需水分，因此植物减少对地下根系的投入而将更多光合产物投入地上部分生长。5～8 月土壤剖面水分变化对植物根系生长的影响体现了植被群落为适应季节性土壤环境变化采取的策略。9 月以后降水减少，各土层土壤含水量逐渐降低。值得一提的是，在降水输入较少的情况下，11 月表层 (0～20cm) 土壤含水量还保持在较高的水平，甚至高于生长旺季。这除了由于 10～11 月降水事件较多，可能还与植被群落在生长末期仅需要蒸腾少量的水分有关，或者与植物根系存在水力再分配现象有关。油松林土壤含水量在各土层均较低，这与油松较高的耗水性密切相关。4～11 月，50～200cm 土壤含水量均在 10% 以下，说明油松的生长极不利于土壤水赋存且容易造成景观退化。从茵陈蒿群落到达乌里胡枝子群落，土壤水分剖面变化中土壤含水量高的部分占比变大 (图 7.13)，说明随着退耕植被演替进行，植被群落对土壤水分的存储能力增强。

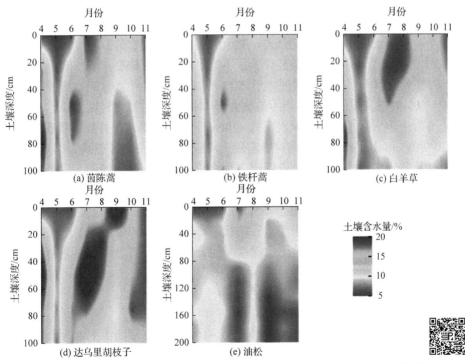

图 7.13　茵陈蒿、铁杆蒿、白羊草、达乌里胡枝子和油松土壤含水量剖面季节变化

扫描二维码查看彩图

7.3.3 各植被群落根系分布对土壤水分季节变化的响应

土壤剖面水分的分布特征受根系分布、气象条件和土壤特性等影响，根系在土壤剖面上的分布很大程度上依赖于土壤水分状况。根系分布特点决定植物水分利用策略，对土壤水分的消耗具有直接作用。黄土丘陵地区的植物普遍具有较深的根系，深层根系通过吸收深层土壤水分以维持季节性干旱的蒸腾耗水，进而造成深层土壤水分不断消耗。本小节采用与植被群落主要根区土壤水分亏缺度作对比的方法，印证前面章节对根系吸收土壤水分特征的描述。

土壤水分亏缺度计算公式为

$$k = \frac{a-b}{b} \times 100\% \tag{7.1}$$

式中，k 为土壤水分亏缺度(%)；a 为阻滞含水量(%)，约为田间持水量的60%(黄绵土田间持水量约20%)；b 为土壤含水量(%)。依据文献研究，当 $k \geqslant 85\%$ 时，土壤极为干燥化(土壤干层)；$50\% \leqslant k < 85\%$ 时，水分严重亏缺；$25\% \leqslant k < 50\%$ 时，水分中度亏缺；$0\% \leqslant k < 25\%$ 时，水分轻度亏缺；$k < 0\%$ 时，土壤水分不亏缺。

1. 茵陈蒿群落

2015年4~11月，采集茵陈蒿群落0~100cm土壤剖面中土壤含水量样品共105个，根据土壤水分亏缺度公式，对茵陈蒿群落土壤水分亏缺度进行计算，结果如图7.14所示。图中4条竖线表示不同土壤水分亏缺度，当亏缺度大于等于85%时视为土壤干层，当亏缺度介于50%~85%时视为严重亏缺，当亏缺度介于25%~50%时视为中度亏缺，当亏缺度介于0%~25%时视为轻度亏缺，当亏缺度小于0时土壤水分不亏缺。因表层0~20cm土壤水受降水等外界因素影响剧烈，将20~100cm土层作为水分相对稳定层，对应图7.14中"横虚线"以下的范围。通过计算各土壤层根长百分比，假定占总根长80%以上的土壤层为根系活跃层，即主要根区，对应图7.14中"横双实线"以上的范围。从图7.14中可以看出，茵陈蒿群落4月土壤水分基本处于不亏缺状态，5月主要根区以上达到土壤干层亏缺度状态，主要根区以下处于严重亏缺状态；6~8月，0~100cm土层基本处于不亏缺状态；9~11月，随着土壤深度增加，土壤水分自上而下逐渐由不亏缺到中度或严重亏缺。

2. 铁杆蒿群落

2015年4~11月，采集铁杆蒿群落0~100cm土壤剖面中土壤含水量样品共105个，土壤水分亏缺度季节变化如图7.15所示。可以看出，铁杆蒿群落4月土壤水分基本处于不亏缺状态；5月主要根区以上达到严重亏缺或土壤干层状态；

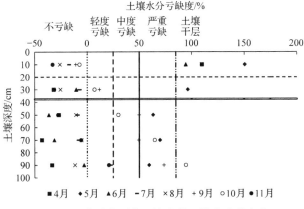

图 7.14　茵陈蒿群落土壤水分亏缺度季节变化

6～8 月，0～100cm 土层总体处于不亏缺或轻度亏缺状态；9～10 月，随着土壤深度增加，土壤水分自上而下逐渐由不亏缺到中度亏缺状态；生长末期的 11 月，0～100cm 土层的土壤水分再次回到不亏缺状态。

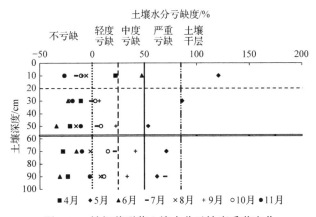

图 7.15　铁杆蒿群落土壤水分亏缺度季节变化

3. 白羊草群落

2015 年 4～11 月，采集白羊草群落 0～100cm 土壤剖面中土壤含水量样品共 175 个，土壤水分亏缺度季节变化如图 7.16 所示。可以看出，白羊草群落 4 月土壤水分基本处于不亏缺状态；5 月主要根区以上达到严重亏缺或土壤干层状态；6～7 月，主要根区以上土壤水分基本处于不亏缺状态，主要根区以下则表现出不同程度的水分亏缺，说明雨季降水对根区以下土壤水分难以补给或补给缓慢；8 月，0～100cm 土层的土壤水分基本处于不亏缺状态，说明随着雨季进行，水分逐渐由较浅土壤向较深土壤补给；9～11 月，随着土壤深度增加，土壤水分自上而下逐渐由不亏缺到中度或严重亏缺状态。

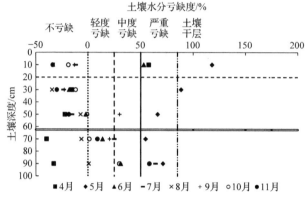

图 7.16　白羊草群落土壤水分亏缺度季节变化

4. 达乌里胡枝子群落

2015 年 4～11 月，采集达乌里胡枝子群落 0～100cm 土壤剖面中土壤含水量样品共 165 个，土壤水分亏缺度季节变化如图 7.17 所示。可以看出，达乌里胡枝子群落在除了 5 月水分严重亏缺，其余时间水分基本处于不亏缺状态，说明该群落具有良好的水分保持作用。

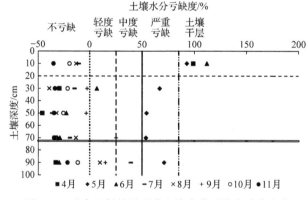

图 7.17　达乌里胡枝子群落土壤水分亏缺度季节变化

总体而言，4 种自然退耕植被群落 5 月土壤水分均达到严重亏缺程度及以上，6～9 月基本处于不亏缺或轻度亏缺状态。从图 7.14～图 7.17 可以看出，根系对土壤水分亏缺程度的影响微弱，主要受不同季节降水的影响强烈，从而说明天然降水量大于这几种植被群落根系对土壤水的消耗。另外，随着演替的进行，土壤水分亏缺度整体逐渐减小，说明植被群落的自然演替进化对土壤水分的赋存具有积极的影响。

5. 油松林

2015 年 4～11 月，采集油松林 0～200cm 土壤剖面中土壤含水量样品共 390 个，土壤水分亏缺度季节变化如图 7.18 所示。可以看出，油松 4～11 月 0～200cm 土层的土壤水分基本处于亏缺状态，说明油松具有极强的耗水性。从主要根区以上的水分亏缺度变化规律可以看出，根系对土壤水分影响强烈。主要根区以下各月的土壤水分亏缺度有所减小，这充分显示了油松根系对水分的影响。另外，土壤水处于土壤干层的"点"相对较多，说明油松改变了土壤下垫面特性，使得降水难以入渗，同时具有较强的耗水性，这两点导致林下土壤水分不断亏缺甚至形成土壤干层，最终导致景观退化。

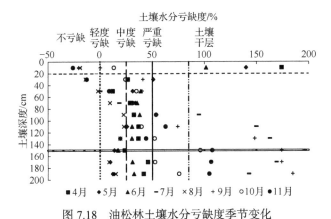

图 7.18 油松林土壤水分亏缺度季节变化

参 考 文 献

常恩浩, 李鹏, 张铁钢, 等, 2016. 旱季雨季对黄土丘陵退耕区植被根系分布及水分利用的影响[J]. 农业工程学报, 32(24): 129-138.

丰焕平, 谭秀山, 毕建杰, 2013. 不同土壤水分条件下冬小麦根系分布及根冠特性的研究[J]. 安徽农业科学, 41(35): 13465-13467, 13471.

李东伟, 李明思, 刘东, 等, 2015. 膜下滴灌土壤湿润范围对棉花根层土壤水热环境和根系耗水的影响[J]. 应用生态学报, 26(8): 2437-2444.

李龙, 唐常源, 曹英杰, 2020. 亚热带地区常绿阔叶林 SPAC 系统水分的氢氧稳定同位素特征[J]. 应用生态学报, 31(9): 2875-2884.

李明, 李朝苏, 刘淼, 等, 2020. 耕作播种方式对稻茬小麦根系发育、土壤水分和硝态氮含量的影响[J]. 应用生态学报, 31(5): 1425-1434.

林涛, 汤秋香, 郝卫平, 等, 2019. 地膜残留量对棉田土壤水分分布及棉花根系构型的影响[J]. 农业工程学报, 35(19): 117-125.

刘柯渝, 司炳成, 张志强, 2018. 黄土高原不同林龄苹果树根系吸水策略对降水的响应[J]. 水土保持学报, 32(4): 88-

94, 108.

倪东宁, 李瑞平, 史海滨, 等, 2015. 套种模式下不同灌水方式对玉米根系区土壤水盐运移及产量的影响[J]. 土壤, 47(4): 797-804.

邵明安, 贾小旭, 王云强, 等, 2016. 黄土高原土壤干层研究进展与展望[J]. 地球科学进展, 31(1): 14-22.

吴华武, 李小雁, 蒋志云, 等, 2015. 基于 δD 和 $\delta^{18}O$ 的青海湖流域芨芨草水分利用来源变化研究[J]. 生态学报, 35(24): 8174-8183.

邢丹, 肖玖军, 韩世玉, 等, 2019. 基于稳定同位素的石漠化地区桑树根系水来源研究[J]. 农业工程学报, 35(15): 77-84.

曾凡江, 郭海峰, 刘波, 等, 2009. 疏叶骆驼刺幼苗根系生态学特性对水分处理的响应[J]. 干旱区研究, 26(6): 852-858.

张慧芋, 孙敏, 高志强, 等, 2017. 耕作对旱地小麦根系生长及土壤水分利用的影响[J]. 山西农业科学, 45(12): 1951-1956.

张景文, 陈报章, 2017. 基于同位素分析研究山东禹城夏玉米水分来源[J]. 水土保持学报, 31(4): 99-104.

赵富王, 王宁, 苏雪萌, 等, 2019. 黄土丘陵区主要植物根系对土壤有机质和团聚体的影响[J]. 水土保持学报, 33(5): 105-113.

赵名彦, 丁国栋, 郑洪彬, 等, 2009. 覆盖对滨海盐碱土水盐运动及对刺槐生长影响的研究[J]. 土壤通报, 40(4): 751-755.

周海, 赵文智, 何志斌, 2017. 两种荒漠生境条件下泡泡刺水分来源及其对降水的响应[J]. 应用生态学报, 28(7): 2083-2092.

JIAN S Q, ZHAO C Y, FANG S M, et al., 2015. Effects of different vegetation restoration on soil water storage and water balance in the Chinese Loess Plateau[J]. Agricultural and Forest Meteorology, 206: 85-96.

第8章 生态建设对流域蒸散发、入渗及水量平衡的影响

8.1 生态建设对流域蒸散发及水量平衡的影响

8.1.1 流域实际蒸散发趋势性变化分析

利用水量平衡法计算各流域实际蒸散发年际变化如表 8.1 所示。刘家河、葫芦河和沮河多年实际蒸散发平均为 476.02mm，标准差变化范围为 83.64～94.12mm，变异系数变化范围为 17%～20%，年际变化极值比的变化范围为 2.11～2.55，年际变化不均匀系数的变化范围为 0.58～0.70。表明白于山退耕还林区实际蒸散发年际变化的波动较大，年际变化均匀度较差。葫芦河流域和沮河流域的多年平均实际蒸散发分别为 504.84mm 和 513.68mm，2 个流域实际蒸散发年际变化的标准差平均为 89.98mm，变异系数平均为 18%，年际变化极值比平均为 2.22，年际变化不均匀系数平均为 0.69，表明 2 个流域的实际蒸散发年际变化的波动较白于山退耕还林区剧烈。

表 8.1 流域实际蒸散发年际变化统计特征

流域	多年平均实际蒸散发/mm	标准差/mm	变异系数/%	极值比	不均匀系数
刘家河	409.53	83.64	20	2.55	0.58
葫芦河	504.84	94.12	19	2.11	0.70
沮河	513.68	85.83	17	2.32	0.68

流域实际蒸散发的年际变化趋势如图 8.1 所示。北洛河上游地区的实际蒸散发最大值出现在 1964 年，为 707.17mm；最小值出现在 1974 年，为 277.22mm；变幅为 429.95mm。基于 M-K 趋势检验和一元线性回归检验对实际蒸散发年际变化趋势进行分析(表 8.2)，M-K 趋势检验表明，北洛河上游地区实际蒸散发 M-K 检验的 Z 值为−1.29，|Z|<1.96，实际蒸散发在研究时段内呈不明显的降低趋势。流域年实际蒸散发以 1.08mm/a 的速率降低。一元线性回归检验的结果与 M-K 趋势检验的结果一致，即具有不明显的降低趋势，年实际蒸散发降低速率为 1.42mm/a。

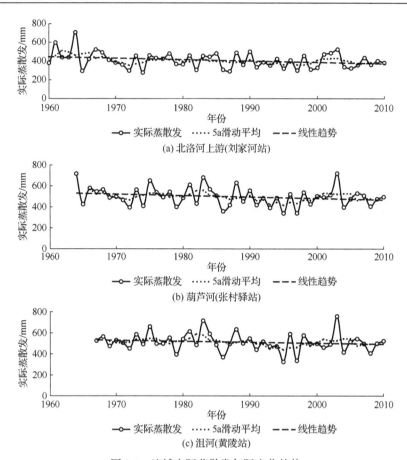

图 8.1   流域实际蒸散发年际变化趋势

表 8.2   流域实际蒸散发年际变化趋势检验结果

流域	M-K 趋势	一元线性回归检验	
	统计量 Z	统计量 T	显著性
北洛河源区	-0.68	-1.01	0.25
周河	-0.53	-1.14	0.22
北洛河上游	-1.29	-1.42	0.07
葫芦河	-1.45	-1.68	0.06
沮河	-1.02	-0.90	0.39

葫芦河和沮河流域的实际蒸散发最大值均出现在 2003 年，分别为 719.43mm 和 758.72mm；最小值均出现在 1995 年，分别为 340.73mm 和 326.35mm；变幅分别为 378.70mm 和 432.37mm。结合 M-K 趋势检验和一元线性回归检验(表 8.2)可

知，葫芦河和沮河流域实际蒸散发 M-K 趋势检验 Z 值分别为-1.45 和-1.02，$|Z|<1.96$，这表明在研究时段内，实际蒸散发虽呈降低趋势，但是未达到统计学意义上的显著差异。流域年实际蒸散发呈逐年降低趋势，降低速率分别为 1.28mm/a 和 0.90mm/a。为了保证检验结果的可信性和准确性，分别利用一元线性回归检验与 M-K 趋势检验两种方法对流域内蒸散发进行评价，发现两种方法评价结果一致，即流域内蒸散发呈降低趋势，但是降低的幅度较小，年实际蒸散发降低速率分别为 1.68mm/a 和 0.90mm/a。

8.1.2　实际蒸散发、潜在蒸散发与气象因子的关系

实际蒸散发与潜在蒸散发之间的关系见图 8.2。由图可以看出，随着潜在蒸散发的增加，实际蒸散发呈降低趋势，且白于山退耕还林区(北洛河上游)二者的关系明显优于子午岭天然次生林区(葫芦河和沮河)。实际蒸散发与潜在蒸散发之间存在弱的负线性相关关系。

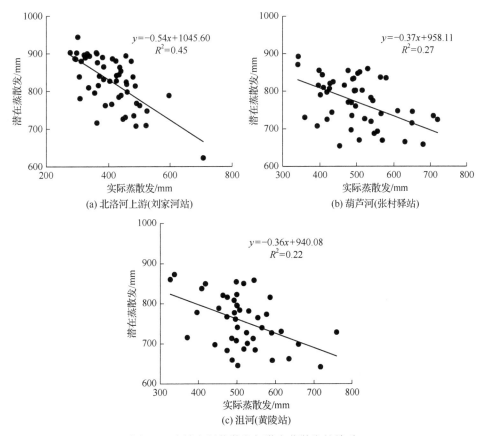

图 8.2　流域实际蒸散发与潜在蒸散发的关系

流域实际蒸散发和潜在蒸散发与降水量的关系如图 8.3 所示。由图可知，同二者与平均气温的关系相似，潜在蒸散发和实际蒸散发与降水量的关系呈相反的变化趋势。潜在蒸散发与降水量呈负的线性关系，R^2 为 0.29～0.44；白于山退耕还林区二者的关系好于子午岭天然次生林区。实际蒸散发与降水量之间均呈显著的正线性相关关系，R^2 在 0.96 及以上，这是因为实际蒸散发由水量平衡计算而来，其变化趋势包含了降水量的变化信息。

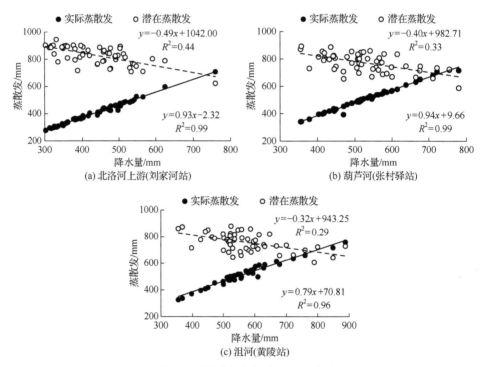

图 8.3　流域蒸散发与降水量的关系

潜在蒸散发随气象因子的变化较为明显，表现为决定系数相对较大，随气温升高而升高，随降水量增加而降低；实际蒸发量随气温的变化不明显，表现为决定系数较小，但是与降水量关系密切，随降水量的增加而增加，随气温的升高而减小。

8.1.3　计算流域实际蒸散发的水量平衡法验证

利用潜在蒸散发和降水量等相关时间序列数据，采用 Zhang 等(2004)的方法计算各流域实际蒸散发。将水量平衡法计算所得的实际蒸散发作为实测值，将 Zhang 等(2004)模型模拟所得的蒸散发作为模型模拟值。Zhang 等模型给出的森林和草地植被的参数 ω 建议取值：森林 $\omega = 2$，草地和耕地 $\omega = 0.5$。本小节采用水量平衡法，从多年平均降水量中扣除多年平均径流量，从而得到多年平均实际蒸散发，并将其作为实际蒸散发的实测值，用 Microsoft Excel 中的规划求解 SOLVER 来拟合参数 ω，将其代入公式中便可以计算流域各年的实际蒸散发，计算结果如图 8.4 所示。从图中可知，由于各流域内林地面积所占比例差异较大，因此白于山退耕还林区流域实际蒸散发模拟值较接近 $\omega = 2$ 线，而子午岭天然次生林区 2 个流域的实际蒸散发模拟值远高于 $\omega = 2$ 线，这是由研究流域内森林覆盖率、地形地貌和土壤等因素决定的。

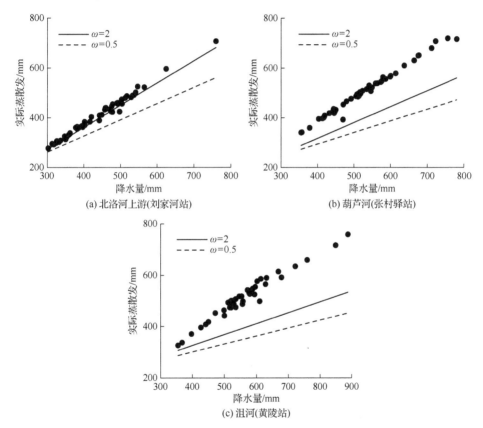

图 8.4 Zhang 等(2004)方法计算的实际蒸散发

采用同样的参数拟合方法，寻找各流域 Fu 模型的参数 n，计算 Fu 模型下的实际蒸散发模拟值(Donohue et al., 2007；傅抱璞，1996)。使用两种方法得到的实际蒸散发模拟值与实测值之间的关系如图 8.5 和图 8.6 所示。由图 8.6 可知，采用 Zhang 等和 Fu 等模型得到的模拟值均较接近于实测值(水量平衡法)，采用 Zhang 等模型的模拟值模拟精度略高于采用 Fu 等模型的模拟值。采用这两种模型得到的模拟值均大于实测值，这可能是因为采用水量平衡法计算一年的实际蒸散发还需要考虑土壤储水量的变化量，即在计算过程中土壤储水量不能为 0，水量平衡法用于计算流域多年的蒸散发更为适合(余新晓等，2011)。模型中的参数均是由多年平均实际蒸散发拟合而来，因此两种模型所得模拟值均能较好地模拟流域的实际蒸散发，其中 Zhang 等的方法精度更高。

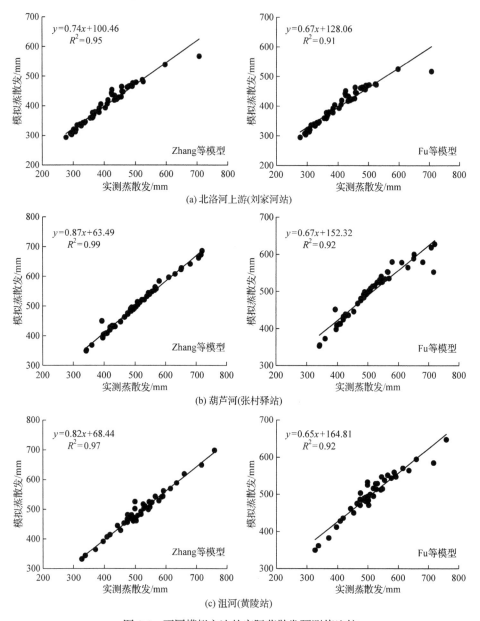

图 8.5　不同模拟方法的实际蒸散发预测值比较

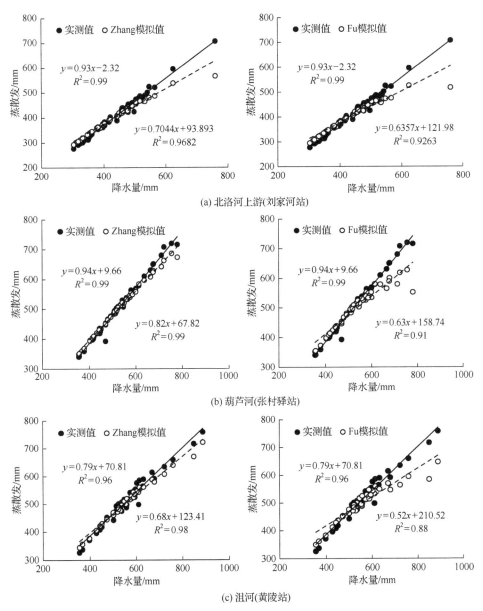

(a) 北洛河上游(刘家河站)

(b) 葫芦河(张村驿站)

(c) 沮河(黄陵站)

图 8.6　模拟值与实测值(水量平衡法)的关系

Zhang 模拟值表示使用 Zhang 等方法得到的模拟值；Fu 模拟值表示使用 Fu 等方法得到的模拟值

8.1.4　流域径流量与蒸散发的关系

流域蒸散发与径流量的回归关系如图 8.7 所示。由图可知，流域潜在蒸散发与径流量均呈现弱的负相关线性关系，其中白于山退耕还林区的相关性较子午岭天然次生林区低。流域实际蒸散发(水量平衡法)与流域径流量呈现正相关的线性关系，即流域径流量随实际蒸散发增大而增大。由流域潜在蒸散发与平均气温的关系可知，随着气温的增加，潜在蒸散发呈增加趋势，而径流量随潜在蒸散发增加呈降低趋势，这说明气温升高使区域蒸散能力提高，对径流量具有一定的减少作用，这与余新晓等(2011)的分析结果一致。

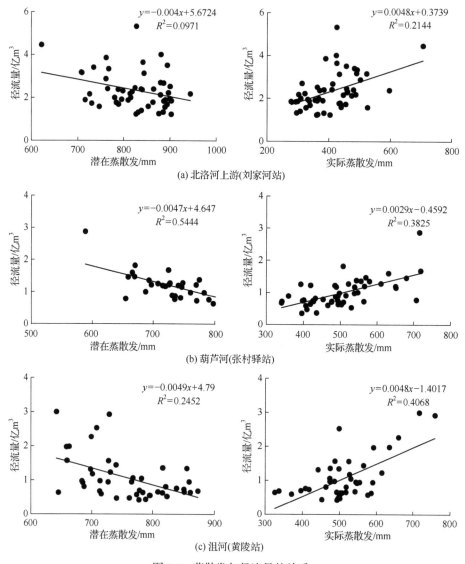

图 8.7　蒸散发与径流量的关系

8.1.5　流域多年平均水量平衡分析

流域多年平均干旱指数和实际蒸散发效率如表 8.3 所示。由表可知，流域多年平均干旱指数(ET_0/P)的变化范围为 $1.35\sim1.91$，地理位置上由北向南呈逐渐降低趋势。根据 Ponce 等(2000)按 ET_0/P 的变化区间划分的 8 个气候类型区，3 个流域同属半湿润区。其中，北洛河上游干旱指数(ET_0/P)接近 2，属半湿润向半干旱过渡的区域，气候上更接近半干旱气候；位于子午岭天然次生林区的葫芦河和沮河流域更接近半湿润气候，研究流域内多年平均实际蒸散发占多年平均降水量的比例均在 90%以上，说明区域蒸发量较大。

表 8.3　流域水平衡要素

流域	径流量 /mm	降水量 /mm	潜在蒸散发 /mm	实际蒸散发 /mm	径流系数 /(Q/P)	干旱指数 /(ET_0/P)	实际蒸散发效率 /(ET/P)
北洛河上游	31.03	434.73	829.79	403.70	0.07	1.91	0.93
葫芦河	21.83	522.45	772.96	500.62	0.04	1.48	0.96
沮河	47.30	560.98	756.84	513.68	0.08	1.35	0.92

通过规划求解方法得到的傅氏公式参数 ω 拟合值平均为 3.71，其中白于山退耕还林区参数 ω 拟合值平均为 3.14，子午岭天然次生林区参数 ω 拟合值平均为 4.56。各流域的干旱指数(ET_0/P)如图 8.8 所示，进而模拟各流域多年平均径流量。白于山退耕还林区流域实测多年平均干旱指数(ET_0/P)落在傅氏曲线($\omega = 3.14$)附近；子午岭天然次生林区的 2 个流域多年平均干旱指数(ET_0/P)均落在傅氏曲线($\omega=4.56$)附近。采用傅氏公式模拟得到的各流域多年平均径流量与实测值也较为

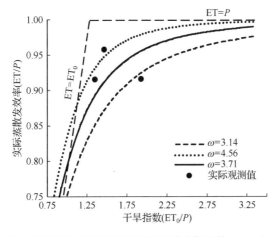

图 8.8　基于不同的 ω 值的傅氏方程反映的研究流域多年平均 ET/P 和 ET_0/P 之间的关系

一致，这表明利用傅氏公式预测的多年平均径流量和多年平均蒸散发均与实测值较为一致。参数 ω 是综合反映地形、植被和土壤等下垫面条件的参数，其数值变化对干旱指数(ET$_0$/P)存在较为显著的影响。随着 ω 的增大，流域 ET$_0$/P 有增大的趋势，这与张殷钦(2014)的研究结果一致。流域径流系数与干旱指数呈反比例关系，即随着流域径流系数的增大，干旱指数(ET$_0$/P)逐渐减小。径流系数综合反映了流域内自然地理要素对降水-径流关系的影响(张殷钦，2014)。研究发现，白于山退耕还林区和子午岭天然次生林区多年平均径流系数分别为 0.07 和 0.06，多年平均干旱指数分别为 0.93 和 0.94，表明两个区域分别约 7%和 6%的长期降水转化径流，约有 93%和 94%的长期降水以蒸散发的形式散失。

表 8.4 为流域多年平均径流量对多年平均降水量和潜在蒸散发变化的敏感性分析结果。当研究区流域多年平均降水量增加 10%时，多年平均径流量增加32.68%；若多年平均潜在蒸散发增加10%，相应地多年平均径流量减少14.20%。在白于山退耕还林区，多年平均降水量增加 10%，区域多年平均径流量增加25.46%~27.74%，流域平均增加26.57%；若该区域多年平均潜在蒸散发增加10%，则该区域多年平均径流量将减少8.19%~9.53%，流域平均减少8.65%。在子午岭天然次生林区，当增加10%的多年平均降水量时，该区域增加了37.94%~45.78%的多年平均径流量，2 个流域多年平均径流量增加41.86%；若该区域多年平均潜在蒸散发与多年平均降水量增加的值相同，多年平均径流量在该区域将减少20.71%~24.35%，2 个流域多年平均径流量减少17.45%。研究区域内多年平均径流量对多年平均降水量和潜在蒸散发变化的敏感性由北向南呈逐渐增大的趋势，这表明子午岭地区径流量的变化对降水量和潜在蒸散发的变化更加敏感。整体而言，研究区域多年平均径流量对多年平均降水量的敏感性要强于其对潜在蒸散发变化的敏感性。

表 8.4　流域多年平均径流量对多年平均降水量和潜在蒸散发变化的敏感性

流域	$\partial Q/\partial P$	$\partial Q/\partial ET_0$	$(P/Q)(\partial Q/\partial P)$	$(P/Q)(\partial Q/\partial ET_0)$
北洛河上游	0.20	−0.07	2.77	−0.95
葫芦河	0.19	−0.10	4.58	−2.44
沮河	0.32	−0.17	3.79	−2.07

注：$(P/Q)(\partial Q/\partial P)$表示径流量对降水量变化的敏感性系数；$(P/Q)(\partial Q/\partial ET_0)$表示径流量对潜在蒸散发变化的敏感性系数。

白于山退耕还林区的参数 ω 较子午岭天然次生林的流域 ω 小，各流域的 ω 不同表示流域植被、土壤、地形等下垫面不同。随着 ω 的增大，植被状况变好，实际蒸散发也相应增加。例如，森林盖度大于 75%的流域和草地盖度大于

75%的流域，其 ω 分别为 2.84 和 2.55，林地覆盖的流域蒸散发大于草地覆盖的流域(Zhang et al.，2004)。基于此，可将白于山退耕还林区和子午岭天然次生林区流域的 ω 进行互换，模拟在相同气候和不同下垫面条件下的径流量和实际蒸散发变化，结果如表 8.5 所示。由表可知，将葫芦河和沮河流域的参数 ω 引入白于山退耕还林区进行模拟，多年平均实际蒸散发模拟值为 426.02mm，多年平均径流量为 8.72mm。在白于山退耕还林区长期气候条件下，土石山区天然次生林立地条件下蒸散耗水较原始植被和地貌立地条件下耗水平均多 22.32mm。将白于山退耕还林区流域参数 ω 引入子午岭天然次生林区进行模拟时，模拟结果与将葫芦河和沮河流域的参数 ω 引入白于山退耕还林区进行模拟的结果有些许差异。子午岭天然次生林区多年平均实际蒸散发的模拟预测值为 466.77mm，多年平均径流量的模拟预测值为 74.95mm。在长期气候条件下，以天然次生林为主的子午岭区域人工次生林立地条件下的黄土丘陵沟壑区蒸散耗水较原始植被和地貌立地条件呈降低趋势，降低量为 40.38mm。这样的预测结果不能剥离地形地貌和土壤对流域径流和蒸散发的影响，预测结果具有一定的局限性。

表 8.5 白于山退耕还林区与子午岭天然次生林区互换 ω 参数模拟值对比

流域	实测径流量 Q/mm	实测降水量 P/mm	潜在蒸散发 ET_0/mm	实测实际蒸散发 ET/mm	ET_0/P	ET/P	傅氏公式 ω 参数	ET$_{模拟}$	ET$_{模拟}$/P	$Q_{模拟}$	ET$_{模拟}$ $-$ET
北洛河上游	31.03	434.73	829.79	403.70	1.99	0.93	4.95	428.95	0.99	5.78	25.25
							4.17	423.08	0.97	11.65	19.38
葫芦河	21.83	522.45	772.96	500.62	1.48	0.96	3.14	456.45	0.87	66.00	-44.17
							3.03	451.28	0.86	71.17	-49.33
							3.26	461.79	0.88	60.67	-38.83
沮河	47.30	560.98	756.84	513.68	1.35	0.92	3.14	476.95	0.85	84.04	-36.73
							3.03	471.22	0.84	89.76	-42.46
							3.26	482.91	0.86	78.08	-30.78

8.1.6 流域年尺度水量平衡分析

采用基于 Budyko 假设的模型模拟年径流量和实际蒸散发，参数 ω 的取值至关重要，其包含植被、地形、土壤、土地利用等多种信息和因素，精确预测参数 ω 是此类模型的关键，也体现了此类模型模拟计算年径流量的局限性。采用傅氏公式计算得到的流域年干旱指数与实测值之间的关系如图 8.9 所示。图中曲线为流域干旱指数(ET_0/P)模拟值，图中数据点(散点)为流域干旱指数(ET_0/P)实测值。流域 ET_0/P 实测值数据点均在两条临界线以内(ET=P 和 ET=ET_0)，并且较为均匀地分布在傅氏曲线的两侧。子午岭天然次生林区的 2 个流域 ET_0/P 实测值数据点分布较为相似，且与白于山退耕还林区相比，分布更加集中于傅氏曲线两侧，ET/P 实测值随 ET_0/P 实测值增大而增大，且趋势性较好，这也印证了 Budyko 假设，

即 ET/P 随 ET_0/P 增大而增大。在刘家河站控制的北洛河上游区域，ET/P 实测值随 ET_0/P 实测值增大而减少，这表明该区域的 ET/P 与 ET_0/P 关系背离了 Budyko 假设。由图 8.9 可知，流域绝大部分 ET_0/P 实测值大于 1，当 ET_0/P 大于 1 时，径流的来源不是靠单一的降水补给，还有可能受基流和流域蓄水量的影响，因此忽略流域蓄水量变化会导致傅氏公式低估相应的 ET/P(张殷钦，2014)。

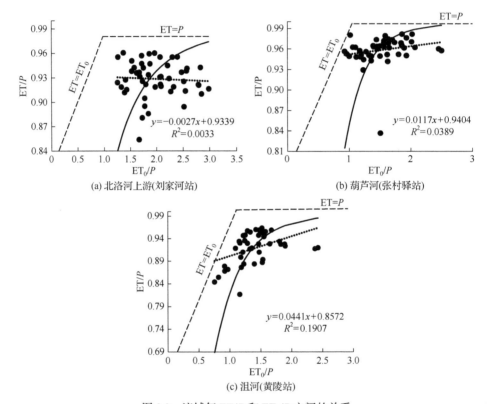

图 8.9　流域年 ET/P 和 ET_0/P 之间的关系

8.2　不同土地利用类型的土壤入渗实验研究

影响土壤降水入渗的主要因素是土壤自身的性质(魏永霞等，2019)，如土壤质地(余蔚青等，2014)、容重(李帅霖等，2016)、含水量(毛丽丽等，2010)、地表结皮、水稳性团聚体含量(陈琳等，2020)、利用方式(谭学进等，2019)等。土壤质地不同、土地利用方式不同，土壤入渗速率均存在较大差异。本节利用小型野外双环入渗实验装置，以陕北绥德王茂沟小流域为例，研究不同土地利用类型下该流域土壤入渗速率垂直变化规律，以期从微观角度探讨小流域在不同土地利用类型下土壤入渗速率的空间变异规律。

8.2.1 不同土地利用类型的双环入渗实验研究

1. 实验方法与设计

本小节采用的野外入渗仪器由改进的马里奥特容器和圆形同心双套环构成，马里奥特容器为入渗内环提供稳定的积水入渗水头，并根据容器内水位的变化得到入渗水量同时间的变化。双套环是进行入渗实验的主要设备。其内环作为入渗环，由马里奥特容器向其提供入渗水量；外环为保护环，在入渗实验中防止内环中水分向侧向渗漏，保证内环的入渗为一维入渗，实验时可用土埂代替。

本实验设计目的是研究黄土高原小流域淤地坝系降雨入渗对流域产汇流的影响，在王茂沟小流域内，按照坝地、梯田、林地、草地、坡耕地 5 种土地利用类型的样地进行实验。按照 5 种不同土地利用类型，在王茂沟流域内选定 5 个目标地块，每一个地类入渗实验均在 3m 的范围内进行 3 次重复实验。

实验开始时，记录马里奥特容器初始水位。打开放水阀门，待水流进入入渗内环时，拔掉有机环的橡胶塞，同时启动秒表计时，待入渗内环中自由水面与有机玻璃环底面相接时，迅速塞上橡胶塞，堵住有机环小孔，然后即可开始根据设定时间读数。依次间隔 0.5min 读数 10 次、间隔 1min 读数 10 次、间隔 2min 读数 5 次，以后每隔 5min 进行 1 次读数，读数同时测定水温，实验时间为 90min。在 3m 的范围内进行 3 次重复实验。入渗进行一段时间后，入渗量将会减小。为进一步提高灵敏度，则应将两个进气阀中的一个关闭。实验结束后，将有机环中存留的水量用量杯计量，确定开始时加进去的水量。

2. 土壤入渗速率特征

不同土地利用类型下入渗仪测定的土壤初始入渗速率、典型时刻(5min、10min、30min、60min)入渗速率和稳定入渗速率如表 8.6 所示。

表 8.6 不同土地利用类型的双环入渗特征 (单位：mm/min)

指标	土地利用类型				
	梯田	草地	坡耕地	坝地	林地
初始入渗速率	4.75	5.25	4.50	4.00	4.00
5min 时入渗速率	2.50	1.75	3.50	3.75	3.50
10min 时入渗速率	2.25	1.25	1.75	2.65	2.50
30min 时入渗速率	1.65	1.13	1.31	1.98	2.00
60min 时入渗速率	1.60	1.05	1.28	1.78	1.90
稳定入渗速率	1.60	1.05	1.28	1.75	1.90

由表 8.6 可以看出，王茂沟流域不同土地利用类型的土壤初始入渗速率在 4.00～5.25mm/min，不同土地利用类型的初始入渗速率表现的趋势是林地=坝地<坡耕地<梯田<草地。各土地利用类型不同典型时刻的入渗速率都表现为逐渐减小的趋势，5 种不同土地利用类型的土壤入渗中，草地土壤入渗最快，林地稳定入渗速率最大。草地较容易形成地表结皮，而且草地多在坡度较陡的地区，土壤稳定入渗速率最小；林地地表存在枯枝落叶层和灌丛草本植物，并且还有土壤动物(如蚂蚁、蚯蚓等)栖息、繁衍等，土壤土质疏松，土壤颗粒孔隙大，结构良好，这就使得土壤入渗速率衰减变缓，土壤稳定入渗速率最大。

3. 不同土地利用类型的土壤入渗速率变化规律

研究王茂沟流域不同土地利用类型的土壤入渗过程，根据野外试验不同时刻的入渗速率绘制土壤入渗过程曲线，如图 8.10 所示。

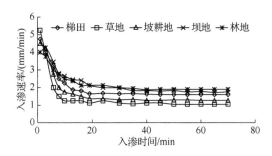

图 8.10　不同土地利用类型的土壤入渗过程

由图 8.10 可知，不同土地利用类型的土壤入渗过程有一定差异，入渗速率往往在入渗开始阶段陡降，随着时间的推移入渗速率降低的幅度逐渐减小，最终达到稳定入渗。其中，坝地达到稳定入渗的时间最长，为 70min；坡耕地达到稳定入渗的时间最短，仅为 40min；坝地较其他 4 种土地利用类型的土壤达到稳定入渗时间延长 20min 左右。由此可见，研究区 5 种土地利用类型中，坝地能使土壤渗透性能得到改善，延缓地表发生径流的时间，降低土壤侵蚀可能性；对比之下，坡耕地将大大加速地表径流的形成，造成坡面大量表层土壤被冲刷；相对于坡耕地，梯田、草地和林地对于土壤侵蚀防治具有一定的积极效应。

4. 累积入渗及饱和导水率变化特征

研究不同土地利用类型下王茂沟流域的土壤累积入渗过程的变化，根据野外试验实测的不同时刻土壤累积入渗速率绘制了土壤累积入渗过程曲线，如图 8.11 所示。

如图 8.11 所示，随着时间的递增，不同土地利用类型的土壤累积入渗速率均表现为增加趋势，但是不同土地利用类型的累积入渗率增加幅度不同。不同土

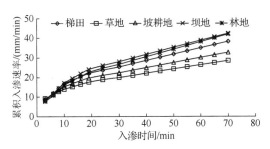

图 8.11　不同土地利用类型的土壤累积入渗过程

地利用类型的累积入渗速率在前 10min 内呈明显增加趋势，此后呈现平稳增加的趋势，并且从 10min 开始，草地、坡耕地、梯田、林地和坝地的累积入渗速率增加趋势依次增大。草地、坡耕地、梯田、林地和坝地的累积入渗速率在 10min 的时候分别为 14.0mm/min、15.3mm/min、16.0mm/min、16.8mm/min 和 17.2mm/min；在 70min 的时候分别为 28.6mm/min、32.7mm/min、38.3mm/min、42.0mm/min 和 42.4mm/min。

　　土壤饱和导水率(K_s)：土壤饱和导水率与土壤本身特性和水质有关，反映了土壤的入渗能力。在土壤结构和质地不变的情况下，应该是一个定值。土壤饱和导水率的计算方法有很多种，本小节计算土壤饱和导水率(表 8.7)的公式为

$$K_s = R_s \bigg/ \left[\frac{H}{C_1 L + C_2 D} + \frac{1}{\alpha(C_1 L + C_2 D)} + 1 \right] \tag{8.1}$$

式中，K_s 为土壤饱和导水率(mm/min)；R_s 为稳定入渗速率(mm/min)；H 为水头高度(cm)；L 为内环入土深度(cm)；D 为内环直径(cm)；C_1、C_2 为常量，分别为 0.316π、0.184π；α 为常量，取 0.05cm^{-1}。

表 8.7　不同土地利用类型的稳定入渗速率和土壤饱和导水率　　（单位：mm/min）

指标	土地利用类型				
	梯田	草地	坡耕地	坝地	林地
稳定入渗速率	1.60	1.05	1.28	1.75	1.90
土壤饱和导水率	0.83	0.55	0.66	0.91	0.99

　　土壤饱和导水率和稳定入渗速率之间的关系备受关注，不同的学者的研究结果不尽相同。本小节利用不同土地利用类型下双环入渗仪测定的土壤入渗过程计算饱和导水率，表现为草地<坡耕地<梯田<坝地<林地，存在接近土壤稳定入渗速率的趋势，但趋势并不显著。就平均结果来看，5 种土地利用类型的平均饱和导水率为平均稳定入渗速率的 52%。研究结果说明，无法利用双环入渗法

测定的入渗过程来计算饱和导水率，可能是由于 α 取值偏小，从而土壤饱和导水率偏小。

5. 土壤入渗模型模拟

为进一步明确研究区不同土地利用类型的入渗特征，通过考斯加可夫模型对其入渗特征进行拟合，结果见表 8.8。

表 8.8　入渗模型中参数的回归结果

土地利用类型	a	b	R^2
梯田	4.567	0.279	0.891
草地	4.075	0.363	0.827
坡耕地	4.085	0.294	0.851
坝地	4.502	0.228	0.928
林地	4.094	0.199	0.942

通过模型拟合研究发现，考斯加可夫公式拟合精度最高。用考斯加可夫公式拟合时的 a 为 4.075～4.567，其数值与土壤容重有关，最大值出现在梯田，最小值出现在草地；b 为 0.199～0.363，其数值大小可反映入渗率递减状况，b 越大，入渗速率随时间递减越快，可见草地土壤入渗速率递减最快，林地土壤入渗速率递减最慢。

8.2.2　不同土地利用类型的土壤水分入渗特征

土壤粒径分布(particle size distribution，PSD)影响土壤水力特性、土壤肥力状况和土壤侵蚀等，是重要的土壤物理特性之一(Akortia et al.，2019)。研究表明，分形维数可以反映土壤结构、肥力、土壤退化程度等，且能更好地量化人为干扰下植物群落环境的土壤粒径分布和土壤孔隙度的差异(王瑞东等，2020)。在水蚀严重地区，土壤中细颗粒物质伴随着养分容易受水蚀而发生流失，不同的土地利用类型对水土流失的阻截作用不同，从这个意义上说，土壤粒径分布特征可以反映土地利用对侵蚀的影响。

土壤饱和导水率(saturated hydraulic conductivity)是土壤达到水饱和时，单位水势梯度下，单位时间内通过单位面积的水量(Kashani et al.，2020)，反映土壤的入渗和渗漏性质，是研究水分和溶质运移、推测土壤非饱和导水率、计算土壤剖面水的通量、设计灌溉排水系统工程的一个重要参数(李永宁等，2019)。饱和导水率是影响黄土高原地区坡地产流产沙的重要因素，对坡地土壤入渗性能和抗侵蚀能力具有重要影响(傅子洇等，2015)。植被是影响土壤性质最主要的因素，影响土壤密度、饱和导水率等土壤物理性质(李凯等，2015)。

1. 实验方法与设计

采样点分布在无定河中游左岸生态示范流域韭园沟流域的子流域——王茂沟流域内，采样点共计 15 个，于 2014 年 8 月进行采样，并采用 GPS 定位，野外采样点和土地利用类型分布图见图 8.12，同时调查记录采样地的植被、自然生境状况。采用钢制环刀挖取土壤 H1 层、H2 层和 H3 层(0～20cm、20～40cm 和 40～60cm)的原状土，同时用土样袋取土，取土质量约 1.0kg。将风干后的土壤过筛，装入纸袋中备用。土壤有机碳含量采用有机碳分析仪 HT1300 固体模块测定。将风干后的土壤过筛，去根，研磨后过 0.149mm 的筛子，称取土样 0.1g 左右，加 2mol/L 的盐酸，浸泡 30min 后，在 105℃下烘干 4h，静置 24h 后待用。土壤颗粒组成采用激光粒度仪 Mastersizer2000 测量。粒径分别设为 1～2mm、0.5～1mm、0.25～0.5mm、0.1～0.25mm、0.05～0.1mm、0.002～0.05mm、<0.002mm 共 7 级。根据美国制分类标准，分为极粗砂粒(1～2mm)、中粗砂粒(0.25～1mm)、细砂粒(0.05～0.25mm)、粉粒(0.002～0.05mm)和黏粒(<0.002mm)。土壤容重采用环刀法测定；土壤饱和导水率采用定水头法测定；土壤水分特征曲线采用离心机法测定。

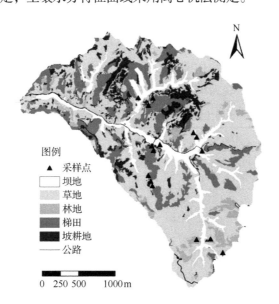

图 8.12　研究区采样点和土地利用类型分布

采用王国梁等(2005)推导出的模型计算土壤颗粒分形维数：

$$\left(\frac{\bar{d}_i}{\bar{d}_{\max}}\right)^{3-D} = \frac{w(\delta < \bar{d}_i)}{w_0} \quad D = 3 - \lg\frac{w(\delta < \bar{d}_i)}{w_0} \bigg/ \lg\frac{\bar{d}_1}{\bar{d}_{\max}} \tag{8.2}$$

式中，$\bar{d}_i$ 为两筛分粒级 d_i 与 d_{i+1} 间粒径的平均值($d_i > d_{i+1}, i = 1, 2 \cdots$)；$\bar{d}_{\max}$ 为最大粒径土壤颗粒的平均粒径(mm)；$w(\delta < \bar{d}_i)$ 为粒径大于 d_i 的累积土壤颗粒重量；w_0 为土壤各粒级重量的总和。具体应用时，首先求出土壤样品不同粒径(d_i)的 $\lg \dfrac{w(\delta < \bar{d}_i)}{w_0}$ 和 $\lg \dfrac{\bar{d}_1}{d_{\max}}$，并将二者进行线性拟合，分析求得斜率 K，则土壤分形维数 $D = 3 - K$。

2. 不同土地利用类型的土壤颗粒与容重特征

在土壤侵蚀过程中，往往较细的土壤颗粒先被侵蚀，土壤颗粒分形维数和粉黏粒质量分数呈极显著正相关关系。因此，研究不同土地利用类型土壤粉黏粒的质量分数和密度分布。研究结果表明，0～60cm 土层中梯田的粉黏粒质量分数最小，坡耕地、草地、林地和公路次之，坝地土壤中粉黏粒质量分数最大(表 8.9)。分析原因，主要是退耕还林具有显著减少土壤细颗粒物质流失的作用，林地和草地土壤粉黏粒质量分数较坡耕地和梯田大，且不同土地利用类型下的作用程度不同。坝地主要是因为淤地坝的淤粗排细作用，淤积泥沙粉黏粒质量分数大，其中表层(H1 层)土壤粉黏粒质量分数可达 98.3%。经方差分析(ANOVA)检验，H1 层不同土地利用类型的土壤粉黏粒质量分数存在显著差异($P < 0.05$)，但 H2 层和 H3 层不同土地利用类型的土壤粉黏粒质量分数不存在显著差异。H1 层的土壤密度表现为公路>坝地>坡耕地>梯田>林地>草地，H2 层表现为公路>坡耕地>梯田=草地>林地>坝地，H3 层表现为草地>梯田>坝地>坡耕地=林地(缺 H3 层公路样品)。

表 8.9　不同土地利用类型土壤粉黏粒质量分数和密度

土层	梯田		林地		草地		坡耕地		坝地		公路	
	质量分数/%	密度/(g/cm³)	质量分数/%	密度/(g/cm³)	质量分数/%	密度/(g/cm³)	质量分数/%	密度/(g/cm³)	质量分数/%	密度/(g/cm³)	质量分数/%	密度/(g/cm³)
H1	62.8	1.28	64.9	1.27	66.9	1.26	65.4	1.29	98.3	1.37	71.1	1.63
H2	63.8	1.35	68.0	1.28	67.6	1.35	66.3	1.36	86.5	1.17	71.6	1.66
H3	63.9	1.34	69.0	1.32	67.5	1.40	64.3	1.32	70.8	1.33	—	—

3. 不同土地利用类型的土壤饱和导水率和饱和含水量变化特征

根据实验测量结果，得到五种土地利用类型下土壤饱和导水率随土壤深度的变化特征(图 8.13)。可以看出，土壤饱和导水率由大到小依次是草地>坡耕地>梯田>坝地>林地，五种土地利用类型的平均值为 0.22～0.33mm/min。五种土地利用类型下，土壤饱和导水率均表现为 20～40cm 土层最大，分别为 0～20cm 土层和 40～60cm 土层的 1.15～2.56 倍和 1.19～3.00 倍。

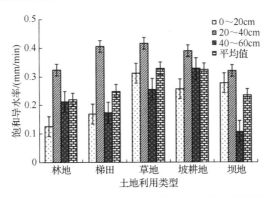

图 8.13　不同土地利用类型的土壤饱和导水率变化特征

同时，根据测量结果得到五种土地利用类型下土壤饱和含水量随土壤深度的变化特征(图 8.14)。可以看出，土壤饱和含水量由大到小依次是坝地>草地>林地>坡耕地>梯田，五种土地利用类型的平均值为 33.40%~44.88%。和土壤饱和导水率不同，五种土地利用类型的土壤饱和含水量均相差不大。

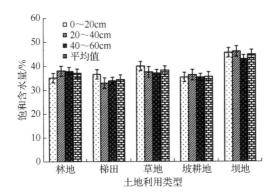

图 8.14　不同土地利用类型的土壤饱和含水量变化特征

4. 土壤颗粒特征与水分特征因子之间的关系

土壤分形维数与不同粒级土壤颗粒体积分数具有显著的相关关系(图 8.15)，土壤分形维数与土壤砂粒体积分数呈显著的负相关关系，与土壤黏粒体积分数、粉粒体积分数极显著正相关。在极显著水平($P<0.01$)下，土壤分形维数与土壤黏粒、粉粒和砂粒体积分数的线性回归模型分别为

$$y=0.1513x_1+2.7152,\ y=0.0063x_2+2.3431,\ y=-0.0062x_3+2.964$$

式中，y 为土壤分形维数；x_1 为土壤黏粒体积分数；x_2 为土壤粉粒体积分数；x_3 为土壤砂粒体积分数。

对土壤颗粒分形维数、颗粒级配和水分特征因子进行 Pearson 相关性分析，

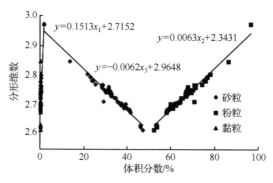

图 8.15　土壤不同粒级体积分数与分形维数的关系

结果见表 8.10。由表可以看出，土壤饱和含水量与土壤粉粒含量和分形维数呈极显著正相关，与土壤砂粒含量和容重呈极显著负相关。土壤饱和导水率只与土壤容重呈显著负相关，与颗粒级配、饱和含水量和分形维数没有显著相关关系。土壤分形维数与土壤粉粒含量、黏粒含量和饱和含水量呈极显著正相关，与土壤砂粒含量呈极显著负相关。

表 8.10　土壤颗粒分形维数与颗粒级配和水分特征因子之间的相关系数

指标	砂粒含量	粉粒含量	黏粒含量	饱和含水量	饱和导水率	容重	分形维数
砂粒含量	1	—	—	—	—	—	—
粉粒含量	−1.000**	1	—	—	—	—	—
黏粒含量	−0.586**	0.567**	1	—	—	—	—
饱和含水量	−0.478**	0.480**	0.219	1	—	—	—
饱和导水率	0.131	−0.132	−0.04	0.187	1	—	—
容重	−0.05	0.046	0.16	−0.508**	−0.329*	1	—
分形维数	−0.981**	0.977**	0.678**	0.404**	−0.114	0.093	1

注：*表示显著性相关，$P<0.05$；**表示极显著相关，$P<0.01$。

5. 土壤水分特征曲线

五种土地利用类型下，土壤田间持水量、凋萎系数和饱和含水量均表现为坝地最大，林地和草地次之，梯田和坡耕地最小(表 8.11)。王茂沟流域内不同土地利用类型的土壤田间持水量、凋萎系数、饱和含水量比值大约为 3：1：7。

表 8.11　不同土地利用类型的土壤田间持水量、凋萎系数和饱和含水量　(单位：%)

土层	水分特征参数	林地	梯田	草地	坡耕地	坝地
H1	田间持水量	16.33	15.49	16.90	15.68	35.68

续表

土层	水分特征参数	林地	梯田	草地	坡耕地	坝地
H1	凋萎系数	6.64	5.87	6.51	5.90	23.11
	饱和含水量	34.98	36.55	39.96	35.25	45.59
H2	田间持水量	17.39	15.41	16.44	16.36	23.75
	凋萎系数	7.13	6.22	6.48	6.03	9.74
	饱和含水量	37.86	32.82	39.96	36.30	46.11
H3	田间持水量	16.92	16.09	16.80	16.13	16.50
	凋萎系数	6.57	6.54	6.94	6.41	6.21
	饱和含水量	38.77	33.80	37.01	35.30	42.95

参 考 文 献

陈琳, 王健, 宋鹏帅, 等, 2020. 降雨对坡耕地地表结皮土壤水稳性团聚体变化研究[J]. 灌溉排水学报, 39(1): 98-105.

傅抱璞, 1996. 山地蒸发的计算[J]. 气象科学, 16(4): 328-335.

傅子洹, 王云强, 安芷生, 2015. 黄土区小流域土壤容重和饱和导水率的时空动态特征[J]. 农业工程学报, 31(13): 128-134.

李凯, 高艳红, CHEN F, 等, 2015. 植被根系对青藏高原中部土壤水热过程影响的模拟[J]. 高原气象, 34(3): 642-652.

李帅霖, 王霞, 王朔, 等, 2016. 生物炭施用方式及用量对土壤水分入渗与蒸发的影响[J]. 农业工程学报, 32(14): 135-144.

李永宁, 王忠禹, 王兵, 等, 2019. 黄土丘陵区典型植被土壤物理性质差异及其对导水特性影响[J]. 水土保持学报, 33(6): 176-181, 189.

毛丽丽, 雷廷武, 2010. 用修正的 Green-Ampt 模型确定土壤入渗性能的速算方法[J]. 农业工程学报, 26(12): 53-57.

谭学进, 穆兴民, 高鹏, 等, 2019. 黄土区植被恢复对土壤物理性质的影响[J]. 中国环境科学, 39(2): 713-722.

王国梁, 周生路, 赵其国, 2005. 土壤颗粒的体积分形维数及其在土地利用中的应用[J]. 土壤学, 42(4): 545-550.

王瑞东, 高永, 党晓宏, 等, 2020. 希拉穆仁天然草地不同群落土壤分形特征及其影响因素[J]. 水土保持研究, 27(3): 51-56.

魏永霞, 王鹤, 刘慧, 等, 2019. 生物炭对黑土区土壤水分及其入渗性能的影响[J]. 农业机械学报, 50(9): 290-299.

余蔚青, 王玉杰, 胡海波, 等, 2014. 长三角丘陵地不同植被林下土壤入渗特征分析[J]. 土壤通报, 45(2): 345-351.

余新晓, 张满良, 信忠保, 等, 2011. 黄土高原多尺度流域环境演变下的水文生态响应[M]. 北京: 科学出版社.

张殷钦, 2014. 基流对流域水量平衡的影响研究[D].杨凌: 西北农林科技大学.

AKORTIA E, LUPANKWA M, OKONKWO J O, 2019. Influence of particle size and total organic carbon on the distribution of polybrominated diphenyl ethers in landfill soils: Assessment of exposure implications[J]. Journal of Analytical Science and Technology, 10(1): 23.

DONOHUE R J, RODERICK M L, MCVICAR T R, 2007. On the importance of including vegetation dynamics in Budyko's hydrological model[J]. Hydrology and Earth System Sciences, 11(2): 983-995.

KASHANI M H, GHORBANI M A, SHAHABI M, et al., 2020. Multiple AI model integration strategy: Application to saturated hydraulic conductivity prediction from easily available soil properties[J]. Soil & Tillage Research, 196: 104449.

PONCE V M, PANDEY R P, ERCAN S, 2000. Characterization of drought across climatic spectrum[J]. Journal of Hydrologic Engineering, 5(2): 222-224.

ZHANG L, HICKEL K, DAWES W R, et al., 2004. A rational function approach for estimating mean annual evapotranspiration[J]. Water Resources Research, 40(2): W2502.

第9章 流域土壤水资源演变规律

9.1 土壤水资源时空变化特征

9.1.1 土壤水资源的定义

除了无土栽培,任何水(不管是天然降水还是人工灌溉)都必须转化为土壤水之后才能为植物所吸收利用。植物有了足够的水分,才得以生存、发育、形成果实并产生经济价值;适宜的土壤水条件是维持区域生态平衡、防止环境恶化的基本保证(Huang et al., 2020);土壤水消耗后,腾空的土壤蓄水库容(孔隙)可以蓄存新一轮的降水(或其他地表来水),具有明显的可再生的特点。

从这些意义上讲,将土壤水作为一个完整的个体,认定其具有资源的属性是说得过去的。与传统的关于资源的概念和人们熟悉的地表水资源和地下水资源认识不同,蓄存在包气带土层中的土壤水来源及含量,从其有效性的角度讲,除了取决于自然因素外,更多的是取决于人为因素。必须注意到,只有植物才能对土壤水加以利用,但在绝大多数情况下,植物的种植是由人来掌控的,荒地上的野生植物虽不受人类控制,但对其保护或者舍弃也应根据人类拟定的生态环境规划确定。从土壤水的补充来源讲,除了降水,人工灌溉、河流、沟渠、湖泊等地表水体的入(侧)渗及潜水蒸发(地下水向包气带土层的补给)也都是土壤水的重要来源(马德宇等, 2013)。此外,一次降水入渗能补给土壤水多少,以及地表水体的入渗或潜水蒸发的强度,与包气带土层土质、结构和雨前剖面含水量状况密切相关。包气带土层土质和结构属自然因素,但其厚度与当地的水文地质条件和地下水动态有关。包气带雨前的储水状况与发生降水的季节、降水间歇期的长短及该时期的气象条件、地表植被覆盖率、植被类型、作物种植结构、作物生育阶段等等密切相关(张文文等, 2015)。在包气带土层厚度相同的前提条件下,降水间歇期长,大地蒸散发消耗的土壤水分多,腾空的土壤水库容大,由天然降水转化成土壤水的比例就大。反之,如果降水时土层的储存容积小(土层较湿润),降水转化为土壤水的比例就小。可以看出,这些因素既有自然因素又有许多人为(人类活动)因素,涉及的影响因素包括时间、空间、土壤、气象、水文及水文地质、农业、社会经济等方面,情况千差万别。

既然资源不能脱离其"自然"的属性,在计算土壤水资源时就必须将各种影响因素加以界定,人们在定义土壤水资源时,从不同的角度切入,产生不同的看法是必然的。归纳不同学者对土壤水资源的定义，可大致分为两大类。一类是建立在静态水均衡模型的基础上，该模型不考虑区域储存量(包括地表水体的储存量、地下水储存量和包气带土壤水储存量)的变化，即认为在各个水文年度，区域的总储存量保持恒定值。区域水均衡要素仅包括降水(来水)、径流(地面径流和地下水径流)和陆面蒸散发(耗水)三大部分，其中的陆面蒸散发就是土壤水资源。另一类是以农业利用为主体，从降水或土壤水对农作物有效利用的角度提出的。

一个区域的陆面蒸散发除了与其所处的地理位置、气象、地形、土质等自然因素有关，还取决于该区域的植被条件、农业开发水平、有无人工灌溉和地下水开发利用等人类活动因素，后者对陆面蒸散发的大小有着决定性的影响(王锋等，2015)。根据资源不能脱离"自然"属性这一基本原则，以陆面蒸散发为土壤水资源的观点仅适合于不受人类活动影响的地区，而评价无人类活动地区的土壤水资源是毫无意义的。针对作为资源的土壤水仅能为植物所利用的观点，笔者认为，以农业利用为主体并在此基础上确定其资源量的计算方法是可取的。从宏观的意义上说，土壤水资源是在一个水文循环周期内，某一计算区域拟评价计算的土层中潜水蒸发和各次降水引起的土壤水储存量变化量的累计值(孙淑珍，2011)。在计算一个地区"可利用的"土壤水资源量时，首先要限定计算空间，即在平面上仅针对计算区域中农业用地(包括生态保护地)的面积，在剖面上仅考虑能被植被利用的包气带土壤深度(确定一个评价土层)。在此前提下，由潜水蒸发和每次大气降水补给并储存于土壤中、可被农业生产及生态环境利用的，具有再生、补充能力的淡水水体即为可利用的土壤水资源。

9.1.2　土壤水资源的估算方法

要准确地直接计算一个区域的陆面蒸散发基本上是不可能的，多数情况是采用反算法，即通过计算降水、地表径流和地下水补给等估算值，代入水均衡方程，求得的未知量作为该区域的地表蒸散发。从宏观意义上讲，在达到年均衡的条件下，一个水文循环周期内，降落在区域上的大气降水，其输出(消耗)除了地表径流和地下径流(地表水和地下水的开采利用应作为系统的输出)，余下的去向就是大地的蒸散发(包含潜水蒸发)。然而，大地蒸散发不一定都发生在陆地上，发生在陆地上的蒸散发也不一定要在降水转化成土壤水之后，转化成土壤水之后发生的蒸散发也不一定都是有效(指能产生经济价值的)的。例如，发生在非植物生长季节(冬季)和非耕地(荒地、村庄、道路等)的蒸散发是自然过程，既不可避免，也不能进行转移或储存起来留待后用。从这个意义上讲，按一个水文周期计算求得的蒸散发作为土壤水资源量将会是偏大的。

从土壤水有效利用的角度提出的土壤水资源概念，强调在产生经济效益上的有效性，这是可取的。目前方法(或建议)的具体操作尚有许多不明确的地方，如：

"有效降水"应如何界定? 在地下水埋深不大的地区,潜水蒸发(地下水补给)对作物(植被)的补给可达到相当的数量,如何准确进行估算? 在以水量平衡为基础的土壤水资源计算时,如何正确确定计算土层的厚度? 上述问题都尚待研究和解决。

从资源的基本定义出发,决定了如果将土壤水作为资源,仅能计算来自天然降水入渗储存于包气带土层中的水量,以及潜水蒸发给包气带土层带来的水量。在包气带土层厚度很大(地下水埋深很大)时,潜水蒸发可忽略不计,土壤水资源仅来自降水的入渗,这种情况下,确定一个评价层的厚度是有必要的,因为深层的下渗水一般不会产生逆向的水流(向地表运动的土壤水流),评价层的厚度要根据地层结构和土质条件确定。

通常情况下,修建年调节或多年调节的蓄水工程可以达到充分利用地表水资源的目的,但土壤水不可能通过建造工程来进行调蓄。因此,土壤水资源不能以一个水文年度作为计算周期进行运算,而应该是针对每一个土壤水的更新周期,按照降水量的大小和降水间歇期的消耗情况(农田蒸散发),逐次计算土层的储存增量,然后进行累加。在空间上,由于地形、土质、水文地质、农业种植结构、土地利用程度乃至气象等条件的差异,也不适宜按整个流域(区域)进行计算,可考虑按上述各因子的差异程度进行分区,在一个区域内采用集中参数模型进行计算。在有人工灌溉的地区,由于人工灌溉增加的土壤水不能计入土壤水资源,在进行长时段的连续计算时,需要将人工灌溉增加的土壤水储量扣除。

综上所述,可利用的土壤水资源应仅针对农业用地(包括生态保护地)计算,还需要确定评价土层的厚度。在地下水埋深浅的地区,评价土层应包含整个包气带;在地下水埋深远大于潜水蒸发极限埋深的区域,若计算区域土层水势剖面存在零通量面,可将评价土层定在零通量面处;当零通量面不固定(或不存在)时,可参照潜水蒸发极限埋深选定。接下来按降水情况逐次计算,土壤水资源量由每次降水补给包气带土层的水量和降水间歇期地下水向包气带补给的水量两部分组成(地下水埋深大的地区则忽略地下水向包气带的补给)。将一个水文年度中的植物生育期各次降水求得的值累加,即为年度总土壤水资源量。该值可采用水均衡法和数值计算相结合的方法计算。

水均衡方程中,在一个区域,如果把地表水、土壤水、地下水作为一个整体来看,则天然情况下一定时期内的补给量是降水量,排泄量包括河川径流量、蒸散发、地下水潜流量,总补给量与总排泄量之差即为区域内地表水、地下水和土壤水的储水变量。

一定时段内的区域水量平衡公式为

$$\Delta U = P - (\Delta R + \Delta U_g + E) \tag{9.1}$$

式中,ΔU 为包括地表水、地下水和土壤水三部分的区域储水变量; P 为计算时期内计算区域(后同)的降水量; ΔR 为地表径流量出入量的差值; ΔU_g 为地下水径流量出入量的差值；E 为总蒸散发。

如前文所述，土壤水资源是按每次降水进行计算的，用水均衡方法计算时，可有两种模式。

(1) 以本次降水开始至下次降水前为计算时段，其水均衡方程为

$$P + S_{前1} + G_e = R + G_i + E + S_{前2} \tag{9.2}$$

$$\Delta S = S_{前2} - S_{前1} \tag{9.3}$$

$$S_r = P + G_e - (R + G_i) = \Delta S + E \tag{9.4}$$

式中，P 为本次降水总量；$S_{前1}$ 为本次降水前土层的储水量；$S_{前2}$ 为下次降水前(间歇期末)土层的储水量；G_e 为降水间歇期的潜水蒸发量(地下水埋深很大时，在计算下边界为部分包气带土层厚度的地区，该值为零)；R 为本次降水产生的地表径流量；G_i 为本次降水产生的深层渗漏量(在以整个包气带为均衡计算区时，为降水对地下水的补给量)；E 为计算期内地表蒸散发；S_r 为本次降水形成的土壤水资源量。如果本次降水与下次降水前土层储水量一样，则 ΔS 为零，本次降水形成的土壤水资源量等同于计算期内地表蒸散发($S_r = E$)。这里表达了一个重要概念，即只有计算时段始末土层储水量没有变化，才能将该时段的土地蒸散发等同于土壤水资源量。

(2) 根据降水前后土层储水增量直接计算本次降水获得的土壤水量，由于计算时段的不同，水均衡方程变为(降水入渗期不考虑潜水蒸发)

$$P + S_{前} = R + G_i + E' + S_{后} \tag{9.5}$$

$$\Delta S' = S_{后} - S_{前} = P - (R + G_i + E') \tag{9.6}$$

$$S_c = \Delta S' + E' = P - (R + G_i) \tag{9.7}$$

式中，$S_{前}$ 为降水前土层的储水量；E' 为计算期内地表蒸散发；$S_{后}$ 为降水后(土层达到田间持水量的时间，可考虑定为降水后 2～3d)土层的储水量；S_c 为本次降水获得的土壤水增量。本次降水形成的土壤水资源量 S_r 为

$$S_r = S_c + G_e \tag{9.8}$$

式中，G_e 为本次降水至下一次降水期间的潜水蒸发量。

一个水文年度的土壤水资源总量为各次降水求得的 S_r 的总和，即

$$S_{r.总} = \sum_{i=1}^{i=n} S_{ri}n, \quad i = 1, 2, \cdots, n \tag{9.9}$$

式中，$S_{r.总}$ 为一个水文年度(或计算期)的土壤水资源总量；S_{ri} 为第 i 次降水求得的土壤水资源量；n 为计算期内降水的次数。

原则上讲，式(9.4)和式(9.8)求得的 S_r 是一样的。按式(9.4)求 S_r 时，涉及的均衡要素为 P、R、G_i、G_e、E 和 $S_{前1}$、$S_{前2}$。P、R、G_i 可取自实测资料，或者根据已有的研究报告估算(选定)；有植被生长条件下，G_e 涉及地下水埋深、植被类型和生育阶段等诸多因素，是一个难以确定的数值；E 与植被类型、生育阶段、实时的气象条件、地下水位埋深和土壤墒情等有关；$S_{前1}$、$S_{前2}$ 是土层计算时段始末的实际储水状况，这些数据无法从历史的资料中找到。采用式(9.8)计算 S_r，可以避开 $S_{后}$ 和 $S_{前}$，但仍需要求得 G_e。因此，尽管建立在宏观的水均衡模型运算并不复杂，但某些均衡要素难以确定，单独采用这种方法计算是得不到可信结果的。数值计算可以建立在一维土壤水运动的 Richards 方程上：

$$\frac{\partial \theta}{\partial t} = \frac{\partial}{\partial z}\left[k(\theta)\frac{\partial h}{\partial z}\right] + \frac{\partial k(\theta)}{\partial z} - S(z,t) \tag{9.10}$$

式中，θ 为体积含水量(cm^3/cm^3)；t 为时间；z 为空间纵坐标(cm)；h 为压力水头(cm)；$k(\theta)$ 为土壤非饱和导水率；S 为汇源项，如根系吸水、降水入渗、蒸散发等。

目前，求解 Richards 土壤水运动方程已基本上不存在技术难题，相当多的通用计算软件，如 SWAP、HYDRUS-1D 等均能计算各种初值、边值一维土壤水、盐运动，问题的关键是要正确建立土层剖面的计算概化模型，提供准确的上、下边界和初值、边值条件，获得足够长系列的农业、气象、水文地质资料，以及选用准确的土壤水运动参数。

与前述的水均衡计算不同，数值计算不再按降水过程分次计算，而必须连续计算，即按整个水文年度进行连续运算。数值计算的输出包括任意时刻的土壤含水量剖面、降水入渗补给地下水或地下水向上补给通量、地面蒸散发强度等。将各项输出应用到前述水均衡计算中，将相应时刻的水均衡要素代入式(9.4)或式(9.7)和式(9.8)，得每次降水的 S_r，代入式(9.9)，即可求得一个水文年度(或一定计算期)的土壤水资源总量 $S_{r总}$。

9.1.3　生态建设条件下流域土壤水资源时空演变特征

流域土壤水分随时间会发生变化，生态建设会显著改变流域土壤水分空间分布，因此研究生态建设条件下流域土壤水资源时空演变特征具有重要意义。韭园沟流域 2003 年 5～10 月土壤水分时空变化如图 9.1～图 9.5 所示。

图 9.1～图 9.5 显示，土壤体积含水量在秋初大多在 $17m^3/100m^3$ 左右，在春末和夏季时土壤水分含量最少，为 $5～9m^3/100m^3$。可以说在春夏用水量比较大，同时降水量也大，而秋季后用水量减少，补给量也减少，所以在夏末秋初时含水量达到最大值。

一般情况下，土层厚度越大，土壤水资源量越大，反之越小。在土层厚度相同、降水量大致相同的地区，土壤水资源量的大小主要取决于土壤质地。不同质

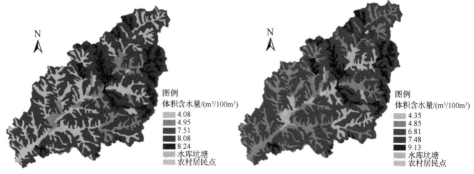

(a) 2003年5月31日   (b) 2003年6月16日

图 9.1　2003 年 5 月 31 日、6 月 16 日韭园沟流域表层土壤水分分布

扫描二维码查看图 9.1～图 9.5 高清图片

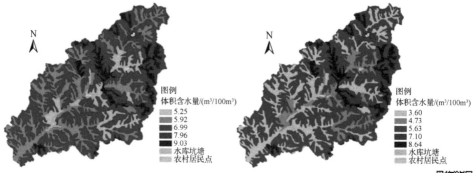

(a) 2003年7月1日   (b) 2003年7月16日

图 9.2　2003 年 7 月 1 日、7 月 16 日韭园沟流域表层土壤水分分布

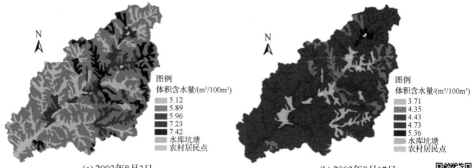

(a) 2003年8月3日   (b) 2003年8月17日

图 9.3　2003 年 8 月 3 日、8 月 17 日韭园沟流域表层土壤水分分布

地的土壤颗粒大小、组成比例、粒间空隙及土壤颗粒和团聚体外围的水膜等不同，使不同质地的土壤有着不同的持水特性。

土壤水资源量的大小取决于土层厚度、土壤质地、降水量等因素。对于一个固定流域而言，土壤质地是相对稳定的因素。在平原，土层厚度为相对稳定因素。

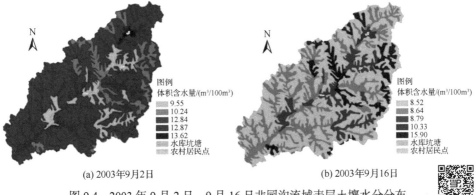

图 9.4 2003 年 9 月 2 日、9 月 16 日韭园沟流域表层土壤水分分布

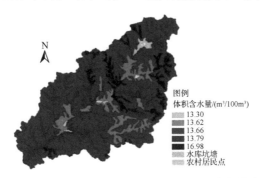

图 9.5 2003 年 10 月 5 日韭园沟流域表层土壤水分分布

在山区，虽然土层厚度会因植被变化引发不同程度的水土流失而发生改变，但与降水量相比还是相对稳定的。

不同土质、不同土层厚度各典型年的土壤水资源量与降水量年内分配基本一致，且呈周期性变化。1～5 月降水量较少，形成的各月土壤水资源量也较少；6～9 月降水量较多，各月土壤水资源量均较大；10～12 月降水量变少，土壤水资源量相应减少。

相同土质各典型年之间的土壤水资源量变化规律：1～3 月土壤水资源量基本接近，4～12 月土壤水资源总量具有丰水年>平水年>枯水年的规律，各月土壤水资源量大小则与各典型年的月降水量分配有关，大多数月份不具有丰水年>平水年>枯水年的关系，图 9.1～图 9.5 中出现的含水量变化多与此有关。

9.2 流域土壤水消耗补偿模式

9.2.1 土壤有效水分级

土壤有效水含量是指田间持水量到凋萎系数范围内的土壤含水量，田间持水量是土壤有效水含量最大值，有效水含量下限为凋萎系数(刘继龙等，2019；李会杰，2019)。在干旱半干旱地区，通常将土壤田间持水量的 60%作为生长阻滞点，低于田间持水量的 60%为难效水，田间持水量的 60%～80%作为中效水，田间持水量的 80%～100%作为易效水，超出田间持水量的那部分水分为饱和水，小于凋萎系数的为无效水。按照这一标准，结合第 5 章表 5.12 中不同土地利用的土壤水分田间持水量和凋萎系数的数据，可将土壤水分有效性划分为五个等级(表 9.1)。

表 9.1　王茂沟流域不同土地利用类型的土壤水有效性分级　　　　(单位：%)

土地利用类型	饱和水	易效水	中效水	难效水	无效水
梯田	>15.67	12.53～15.67	9.40～12.53	6.21～9.40	<6.21
林地	>16.88	13.50～16.88	10.31～13.50	6.78～10.31	<6.78
草地	>16.71	13.37～16.71	10.03～13.37	6.64～10.03	<6.64
坝地	>25.31	20.25～25.31	15.19～20.25	13.02～15.19	<13.02

9.2.2　生态建设对土壤水有效水含量的影响

2015 年 8 月～2016 年 3 月，不同土地利用类型 0～180cm 土层的土壤有效水含量如图 9.6 所示。由图可知 L1、L2、L3、L4、L5、L6、L7、L8、L9 土壤有效

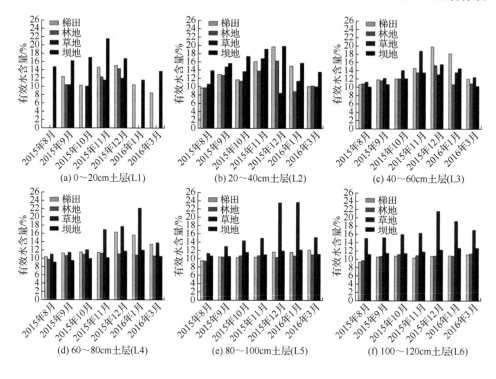

(a) 0～20cm土层(L1)　　　　(b) 20～40cm土层(L2)　　　　(c) 40～60cm土层(L3)

(d) 60～80cm土层(L4)　　　　(e) 80～100cm土层(L5)　　　　(f) 100～120cm土层(L6)

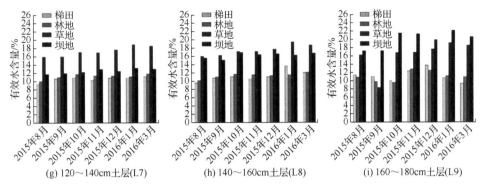

(g) 120～140cm土层(L7) (h) 140～160cm土层(L8) (i) 160～180cm土层(L9)

图 9.6 2015 年 8 月～2016 年 3 月不同土地利用类型 0～180cm 土层土壤有效水含量

水含量的平均值, 梯田依次为 11.9%、14.3%、14.8%、13.4%、11.2%、10.9%、
10.9%、11.6%、11.3%, 林地依次为 12.4%、12.3%、12.4%、11.0%、10.8%、11.1%、
11.5%、11.6%、11.2%, 草地依次为 11.0%、12.6%、14.1%、15.8%、17.6%、17.7%、
17.6%、17.8%、16.3%, 坝地依次为 16.2%、16.9%、12.8%、10.8%、11.5%、12.2%、
12.7%、16.4%、20.7%。

生态建设条件下, 对不同土地利用类型 0～180cm 土层的土壤有效水含量进行单因素方差分析, 得到不同生态建设对土壤有效水含量有显著影响($P = 0.02$)。梯田和林地在 20～80cm 土层随着土壤深度增大, 呈 "升高—降低" 的趋势; 在 100～180cm 土层, 土壤有效水含量趋于平缓, 土壤有效水含量较低。坝地表层土壤有效水含量高于其他土地利用类型, 随着土层的加深, 土壤有效水含量提高, 在 20～80cm 土层的土壤有效水含量随土层加深呈先增大后急速降低的趋势; 在 80～140cm 土层趋于平稳, 土壤有效水含量处于较低水平; 140～180cm 土层, 坝地土壤有效水含量呈快速增长趋势, 波动幅度较大。表层土壤有效水含量最低值为草地, 是因为其土壤结构疏松, 透水性强, 持水能力较差, 这一土壤结构上的差异在表层土壤中最为显著; 且草地土壤表面的蒸发作用很强, 导致其有效水含量较低。20～100cm 土层的草地土壤有效水含量呈直线上升趋势; 100～160cm 土层的土壤有效水含量呈平稳状态; 160～180cm 土层的土壤有效水含量降低。生态建设条件下, 不同土层土壤有效水含量平均值由大到小为草地(15.6%)>坝地(14.5%)>梯田(12.3%)>林地(11.6%)。

9.2.3 生态建设影响下流域土壤水资源消耗与补偿过程演变

表 9.2 为生态建设条件下不同土地利用类型 2015 年 3 月～2016 年 3 月土壤含水量的消耗与补偿特征。以 2015 年 3 月～2016 年 3 月不同土地利用类型的土壤含水量中值为界限, 当土壤含水量的实测值超过中值时, 为正数, 作为土壤水的补偿量, 数值越大补偿量越多; 当土壤含水量的实测值小于中值时, 为负数,

视为土壤水的消耗量,数值越大土壤水的消耗量越大。坡耕地全年处于土壤水分
消耗期。

表9.2 不同土地利用类型的土壤水资源消耗与补偿特征

时间	土壤含水量/%						面积/km²	
	坝地	梯田	林地	草地	坡耕地	建设用地	消耗面积	补偿面积
2015年3月	−3.78	0.74	−2.39	−1.74	−9.05	0	4.39	1.21
2015年4月	−4.89	0.94	−1.96	−1.61	−9.05	0	4.39	1.21
2015年5月	−5.21	−1.93	−2.12	−2.04	−9.05	0	5.60	0.00
2015年6月	−5.91	−2.43	−2.29	−1.83	−9.05	0	5.60	0.00
2015年7月	2.51	−2.91	−2.34	−2.53	−9.05	0	5.11	0.49
2015年8月	1.62	−2.29	−0.93	2.35	−6.62	0	1.80	3.80
2015年9月	3.19	0.72	1.47	5.45	−5.02	0	0.59	5.01
2015年10月	4.72	−0.33	0.56	5.64	−5.65	0	1.80	3.80
2015年11月	7.13	3.17	3.13	8.70	−3.18	0	0.59	5.67
2015年12月	2.44	6.54	5.18	0.86	−4.62	0	0.59	5.01
2016年1月	−0.04	1.79	−1.69	2.04	−5.24	0	1.08	4.51
2016年3月	1.01	−1.44	−0.43	2.74	−5.55	0	1.80	3.80
2015年3~7月	−3.40	−1.12	−2.22	−1.95	−9.05	0	5.60	0.00
2015年8~11月	4.16	0.31	1.05	5.53	−5.12	0	0.59	5.01
2015年12月~2016年3月	1.44	2.30	1.02	1.88	−5.13	0	0.59	5.01
2015年3月~2016年3月	0.33	0.27	−0.26	1.57	−6.70	0.00	40.09	44.52

注:表中数据已进行舍入修约。

由表9.2可知,坝地2015年3月、4月、5月、6月和2016年1月共5个月
土壤水处于消耗期,最大消耗量为2015年6月的−5.91%;2015年7月、8月、9
月、10月、11月、12月和2016年3月共7个月处于土壤水分补偿期,最大补偿
量为2015年11月的7.13%;全年消耗量与补偿量平均值为0.33%,说明坝地的
土壤水补偿量大于消耗量。梯田2015年5月、6月、7月、8月、10月和2016年
3月共6个月土壤水处于消耗期,最大消耗量为−2.91%;2015年3月、4月、9
月、11月、12月和2016年1月共6个月处于土壤水分补偿期,最大补偿量为
6.54%;全年消耗量与补偿量平均值为0.27%,说明梯田土壤水的补偿量大于消耗

量。林地 2015 年 3 月、4 月、5 月、6 月、7 月、8 月和 2016 年 1 月、3 月共 8 个月处于土壤水分消耗期，最大消耗量为 2015 年 3 月的-2.39%；2015 年 9 月、10 月、11 月、12 月共 4 个月处于土壤水分补偿期，最大补偿量为 5.18%；全年消耗量与补偿量的平均值为-0.26%，表明林地土壤水的消耗量大于补偿量。草地 2015 年 3~7 月共 5 个月处于土壤水分消耗期，2015 年 7 月土壤消耗量最大，为-2.53%；2015 年 8 月~2016 年 3 月共 7 个月为土壤水分补偿期,最大补偿量为 11 月的 8.70%；全年消耗量与补偿量平均值为 1.57%，说明草地全年土壤水补偿量大于消耗量。

王茂沟流域面积为 5.7km²，由图 9.7 可以看出，2015 年 3 月~2016 年 3 月，王茂沟小流域土壤水的消耗与补偿季节差异明显。2015 年 7 月，由于气温高、降

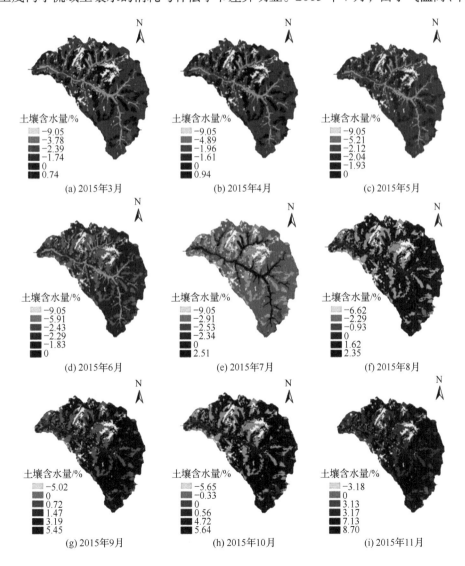

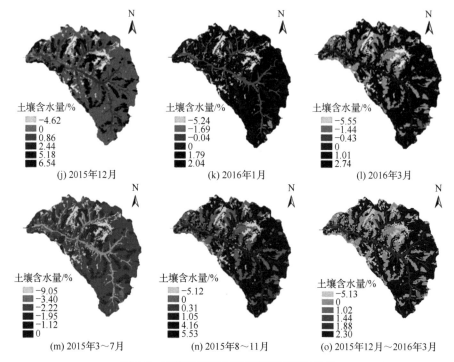

土壤含水量/%
- −4.62
- 0
- 0.86
- 2.44
- 5.18
- 6.54

(j) 2015年12月

土壤含水量/%
- −5.24
- −1.69
- −0.04
- 0
- 1.79
- 2.04

(k) 2016年1月

土壤含水量/%
- −5.55
- −1.44
- −0.43
- 0
- 1.01
- 2.74

(l) 2016年3月

土壤含水量/%
- −9.05
- −3.40
- −2.22
- −1.95
- −1.12
- 0

(m) 2015年3～7月

土壤含水量/%
- −5.12
- 0
- 0.31
- 1.05
- 4.16
- 5.53

(n) 2015年8～11月

土壤含水量/%
- −5.13
- 0
- 1.02
- 1.44
- 1.88
- 2.30

(o) 2015年12月～2016年3月

图9.7　王茂沟流域土壤水资源消耗与补偿

水量少，植被耗水量大，土壤水分处于强烈消耗期。2015年11月为土壤水分补偿量最大时期。依据表9.2和图9.7，3～7月为土壤水消耗期，8月～11月降水量集中，为土壤水分的补偿期，12月～翌年3月土壤水分处于稳定期。

2015年3～7月为土壤水分消耗期，梯田、林地、草地、坝地均处于土壤水分消耗期，消耗量最大的为坡耕地−9.05%，消耗量最小的为梯田−1.12%，消耗土壤水的面积占流域面积的98%。2015年8～11月为土壤水分补偿期，坝地、梯田、林地、草地均处于土壤水分补偿期，补偿量最大的为草地5.53%，坝地为4.16%，坡耕地处于土壤水分消耗期。2015年12月～2016年3月为土壤水分稳定期，梯田、林地、草地、坝地均处于补偿期，补偿面积为5.009km²，占流域总面积的88%。

2015年3月～2016年3月，总体上土壤水的总补偿面积要大于土壤水的总消耗面积；从不同土地利用类型来看，土壤水补偿量从大到小依次为草地、坝地和梯田，消耗土壤水的为坡耕地和林地。从不同时期流域空间分布(图9.7)可知，土壤水补偿面积最大时期为2015年8～11月；土壤水分稳定期补偿面积占流域面积的88%；2015年3～7月为土壤水分消耗期，消耗面积占流域面积的98%。

参 考 文 献

李会杰, 2019. 黄土高原林地深层土壤根系吸水过程及其对水分胁迫和土壤碳输入的影响[D]. 杨凌: 西北农林科技大学.

刘继龙, 李佳文, 周延, 等, 2019. 秸秆覆盖与耕作方式对土壤水分特性的影响[J]. 农业机械学报, 50(7): 333-339.

马德宇, 徐红, 2013. 土壤水资源及土壤水资源潜力的概念与评价方法[J]. 吉林农业, (3): 34.

孙淑珍, 2011. 农业用水及土壤水资源分析研究[J]. 水利科技与经济, 17(9): 30-31.

王锋, 朱奎, 宋昕熠, 2015. 区域土壤水资源评价研究进展[J]. 人民黄河, 37(7): 44-48.

张文文, 郭忠升, 宁婷, 等, 2015. 黄土丘陵半干旱区柠条林密度对土壤水分和柠条生长的影响[J]. 生态学报, 35(3): 725-732.

HUANG Z, DUNKERLEY D, LÓPEZ-VICENTE M, et al., 2020. Trade-offs of dryland forage production and soil water consumption in a semi-arid area[J]. Agricultural Water Management, 241: 106349.

第10章 流域生态建设对生态-水文过程的调控作用

10.1 林草建设对流域持水能力的调控作用

10.1.1 流域不同土地利用类型的土壤水分时空分异特征

1. 不同土地利用类型下土壤水蓄水量的时间动态特征

绥德县王茂沟流域属于半干旱地区，降水量年内主要分布在6～9月，多年平均年降水量为475mm，多暴雨，汛期降水量一般占年降水总量的70%以上。2015年3月1日～2016年3月31日的月降水量见图10.1，降水量偏低，年内降水量分配不均，降水量集中在8～11月。

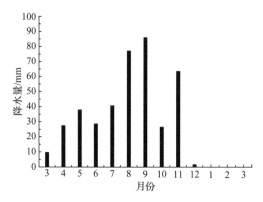

图10.1　2015年3月1日～2016年3月31日月降水量分布

2015年3月～2016年3月，在王茂沟小流域不同生态建设条件下选取梯田、林地、草地、坝地4种土地利用类型作为典型样地，监测0～180cm土层的土壤含水量，共设61个监测点。每个点事先打钻，将0～200cm的PVC管插入土中，采用时域反射仪(TDR)探测土壤含水量，每隔20cm监测土壤含水量。底层常出现异常值，因此本小节取值范围为0～180cm土层。每15天野外监测一次。样地基本信息见表10.1。

表10.1　样地基本信息

土地利用类型	坡度/(°)	坡向	主要植被类型	退耕年限/a
梯田	—	阳坡	苹果园	15

土地利用类型	坡度/(°)	坡向	主要植被类型	退耕年限/a
林地	33	阴坡	油松	25
草地	—	阴坡	白羊草、铁杆蒿	—
坝地	—	—	玉米地	—

不同土地利用类型的平均土壤含水量见图 10.2。可以看出，0~180cm 土层梯田的平均含水量为 229.69mm，林地的平均土壤含水量为 209.07mm，草地的平均土壤含水量为 211.85mm，坝地平均土壤含水量为 261.44mm(本章土壤含水量单位为mm，表征土壤水层厚度，定义为一定面积和土层厚度的土壤中所含水分相当于相同面积水层的厚度。)。坝地平均土壤含水量最高，林地平均土壤含水量最低，不同土地利用类型的平均土壤含水量大小依次为坝地>梯田>草地>林地。生态建设对土壤水分状况具有显著影响，这主要与不同土地利用类型下植被的耗水特征、水土保持措施有关。在黄土高原地区，选择适当的土地利用类型及结构是充分利用降水和防止土壤侵蚀的一个重要环节。土地利用类型与土壤水分状况互相作用：一方面，土壤水分的时空差异影响土地利用类型的合理布局；另一方面，土地利用类型不同又会使土壤水分有不同的空间分布特征。因此，综合比较不同土地利用类型下土壤水分的空间变异规律，有利于优化有限水分条件下的不同土地利用结构。

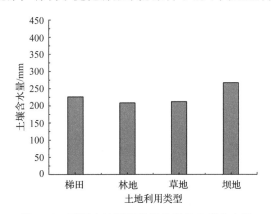

图 10.2　不同土地利用类型的平均土壤含水量

系统分析 2015 年 3 月~2016 年 3 月梯田、林地、草地和坝地 0~180cm 土层平均含水量动态变化特征。从图 10.3 可以看出，土壤水分的年内变化可以分为消耗期(3~7 月)、补偿期(8~11 月)、相对稳定期(12 月~翌年 3 月)3 个时期。

土壤水分消耗期从 3 月开始到 7 月底，积雪融化，植物开始生长，土壤水分消耗开始增多，土壤含水量缓慢增加(图 10.4)。梯田、林地、草地、坝地土壤含

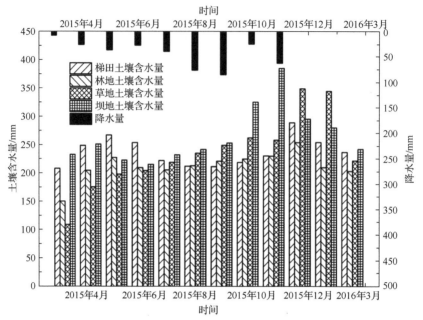

图 10.3　不同土地利用类型的土壤含水量动态变化

水量降低，在此期间降水量少，地面蒸发强烈，而植被根系活动逐渐增强，根系需水量也逐渐增强，植被对土壤水分的消耗及土壤水分的蒸发，超过了降水对土壤水的补偿，使得土壤处于严重缺水状态。土壤需水量大于蒸发量，土壤含水量降低。

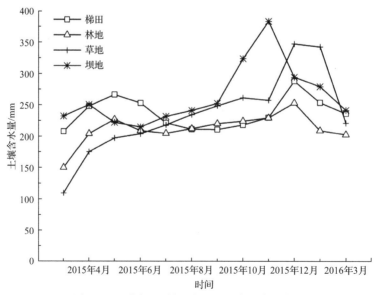

图 10.4　不同土地利用类型月尺度土壤含水量

土壤水分补偿期(8~11 月)也是土壤含水量稳定上升的时期。此时期正是黄土丘陵区降水的主要时期，也正是植被生长旺季。植物生长达到旺盛阶段，其间土壤的蒸发和植物的蒸腾作用变得更加剧烈，同时降水量大幅增加，使土壤水的补给量大于消耗量，渗入土壤的水分在重力势和基质势作用下向下运动，在根际区积累，使土壤含水量迅速增加，并保持升高的趋势。在此期间，梯田、林地、草地、坝地的土壤含水量呈上升的趋势。从图 10.4 可以看出，梯田和林地的土壤含水量明显低于草地、坝地的土壤含水量，说明剧烈变化期土壤含水量主要受降水和植被类型的影响较大。

土壤水相对稳定期(12~翌年 3 月)受降水的影响，土壤蒸发微弱，同时雨雪可以对土壤水分进行补充，因此土壤含水量较高。

2. 不同土地利用类型的土壤水分垂直分布特征

分析梯田、林地、草地、坝地 0~180cm 土层土壤含水量垂直分布的特点。从表 10.2 可以看出，不同土地利用类型下，表层土壤含水量均较低，其中梯田土壤含水量随着土壤深度的增加而降低，林地、草地土壤含水量随着土壤深度的增加而增加。

表 10.2　不同土地利用类型下土壤含水量

土壤深度/cm	土地利用类型							
	梯田		林地		草地		坝地	
	平均值/mm	变异系数/%	平均值/mm	变异系数/%	平均值/mm	变异系数/%	平均值/mm	变异系数/%
0~40	239.38	37	193.52	38	153.06	54	263.22	42
40~100	245.37	15	217.18	8	218.45	41	224.76	27
100~180	217.43	4	223.09	4	257.91	30	305.46	27

变异系数是衡量观测值变异程度的统计量，是标准差与平均数的比值，能够反映单位均值上的离散程度，变异系数越大，说明观测数据的离散性越大，即土壤含水量的变化越剧烈，反之则越小。各土地利用类型土壤含水量的变异系数由表层到深层逐渐递减(表 10.2)，0~40cm 土层的变异系数最大。有学者在黄土高原地区进行了大面积的土壤水分测定，发现距地表 70cm 以上的土层中，土壤含水量随降水量的变化有较大的波动性，这是由于近表层土壤受到水热条件变化的影响比较强烈。各土地利用类型土壤(质量)含水量随土壤深度变化的统计特征见表 10.3。

表 10.3　各土地利用类型土壤含水量随土壤深度变化的统计特征

土地利用类型	指标	土壤深度								
		20cm	40cm	60cm	80cm	100cm	120cm	140cm	160cm	180cm
梯田	最大值/%	30.3	39.47	39.65	32.9	25.48	22.5	22.48	27.52	27.71
	最小值/%	13.1	18.59	21.03	20.97	19.18	18.83	18.89	19.35	18.79
	平均值/%	20.62	25.35	27.14	25.26	21.66	20.93	20.99	21.94	23.31
	变异系数/%	25	23	21	31	28	27	27	28	29
林地	最大值/%	28.66	32.59	30.64	22.6	22.28	22.96	23.78	24.38	25.86
	最小值/%	9.53	16.28	19.05	19.26	19.04	19.62	20.14	20.46	19.42
	平均值/%	15.15	20.5	22.65	20.87	20.56	21.34	22.17	22.55	22.6
	变异系数/%	41	25	14	27	27	27	27	27	30
草地	最大值/%	23	33.63	37.64	44.49	47.52	43.35	37.93	38.99	35.45
	最小值/%	3.94	10.24	12	12.31	12.74	14.65	16.81	18.48	16.86
	平均值/%	11.49	18.62	21.21	23.01	25.26	27.11	28.11	29.1	22.63
	变异系数/%	59	42	37	51	53	45	41	39	44
坝地	最大值/%	43.12	39.76	31.09	24.26	25.42	27.4	26.77	35.48	44.44
	最小值/%	5.96	11.16	10.72	13.86	13.77	13.72	13.14	16.71	21.19
	平均值/%	22.76	24.84	20.55	19.22	19.94	20.74	21.18	28.78	35.42
	变异系数/%	52	41	32	31	34	36	37	34	36

不同生态建设条件下的植被类型不同，梯田主要植被类型为果园，林地主要植被类型为退耕 25a 以上的油松，草地主要植被类型为浅根系的铁杆蒿、白羊草等，坝地主要植被类型为玉米。不同植被类型条件下的土壤含水量也不同。上层土壤含水量的变化尤为明显，0～40cm 土层中土壤含水量受外界环境和气象因素的影响最大，土壤含水量发生较大幅度的变化；随着土壤深度逐渐增加，土壤受环境的影响逐步减弱，土壤含水量变化幅度减小。根据植被根系水分吸收利用状况和土壤水分变化情况，参照以往的研究结果，将土壤剖面划分为三层：速变层、活跃层和稳定层，其中 0～40cm 土层为速变层，40～100cm 土层为活跃层，100～180cm 土层为稳定层。

速变层(0～40cm 土层)：该层土壤受外界降水和蒸发影响最大，从图 10.5 可以看出，表层土壤含水量较低，随着土层的加深土壤含水量迅速升高。在该层中，梯田的平均含水量为 239.38mm，林地为 193.52mm，草地为 153.06mm，坝地为 263.22mm。草地的土壤含水量明显低于其他土地利用类型。不同土地利用类型的平均土壤含水量由小到大为草地<林地<梯田<坝地。

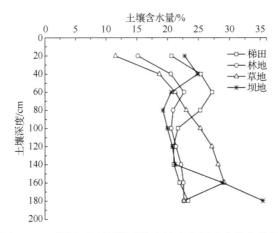

图 10.5　不同土地利用类型的土壤含水量垂直分布特征

活跃层(40~100cm 土层)：该层是乔木或灌木根系的主要分布层，草本根系也有一定分布。该层除了受到外界降水和蒸发的一定影响，主要受植物根系的影响较大。该层梯田的土壤含水量为 245.37mm，林地的土壤含水量为 217.18mm，草地的土壤含水量为 218.45mm，坝地的土壤含水量为 224.76mm，生态建设条件下不同土地利用类型的平均土壤含水量由小到大为林地<草地<坝地<梯田。

稳定层(100~180cm 土层)：该层土壤含水量受根系和蒸发影响较小，土壤含水量随着土壤深度的增加而增大。该层梯田的平均土壤含水量为 217.43mm，林地的土壤含水量为 223.09mm，草地的土壤含水量为 257.91mm，坝地的土壤含水量为 305.46mm，不同土地利用类型的平均土壤含水量由小到大为梯田<林地<草地<坝地，该层坝地和草地的土壤含水量远远大于其他层。

3. 生态建设对土壤水分特征曲线的影响

Gardner 幂函数模型以土壤水吸力为横坐标，不同水吸力下 3 次重复的土壤体积含水量的平均值为纵坐标，得到各土层的土壤水分特征曲线。A 决定曲线高低，表示持水能力大小，A 越大土壤的持水能力越强，持水能力与土壤容重、孔隙度和黏粒含量等因子有关；B 决定曲线走向，表示土壤含水量随吸力降低而递减的快慢。A、B 与土壤的供水性和耐旱性密切相关，是土壤水力学性质中极重要的参数。

水分有效性是指植物利用土壤水分的难易程度，和植被的类型、生长状况、潜在蒸发量都有关。土壤的水分特征是气候、土壤和下垫面特征的综合反映。梯田、林地、草地、坝地土壤水分特征曲线拟合参数见表 10.4。由表可知，R^2 均在 0.95 及以上，拟合效果较合理。不同土地利用类型下 A 平均值的大小依次为坝地(20.756)>草地(16.819)>林地(16.442)>梯田(15.598)。坝地的持水能力分别是梯田、林地和草地的 1.33 倍、1.26 倍和 1.23 倍，说明坝地的持水能力远远高于其他土地利用类型。

$A×B$ 越大，土壤的供水能力越强，抗旱性越强。梯田为 3.69，林地为 3.83，草地为 3.96，坝地为 4.03，坝地的供水能力和水分有效性要大于其他土地利用类型。

表 10.4　梯田、林地、草地、坝地土壤水分特征曲线拟合参数

土地利用类型	土壤深度/cm	Gardner 模型				容重/(g/cm³)	田间持水量/%	凋萎系数/%
		A	B	A×B	R²			
梯田	0~20	14.713	0.25	3.65	0.98	1.28	19.83	7.52
	20~40	15.737	0.23	3.65	0.98	1.35	20.81	8.40
	40~60	16.345	0.23	3.76	0.98	1.34	21.56	8.77
林地	0~20	15.722	0.23	3.62	0.98	1.27	20.69	8.48
	20~40	16.914	0.23	3.86	0.98	1.28	22.31	9.07
	40~60	16.690	0.24	4.01	0.97	1.32	22.34	8.67
草地	0~20	15.873	0.24	3.87	0.98	1.26	21.29	8.20
	20~40	16.666	0.24	3.97	0.98	1.35	22.20	8.75
	40~60	17.919	0.23	4.05	0.98	1.40	23.52	9.72
坝地	0~20	32.436	0.16	5.16	0.98	1.37	39.28	21.09
	20~40	18.110	0.25	4.44	0.95	1.17	24.32	9.33
	40~60	11.723	0.21	2.51	0.95	1.33	15.17	6.57

田间持水量的变化范围为 15.17%~39.28%(体积含水量)。有研究表明，黄土高原轻壤土、中壤土和重壤土的田间持水量均为 20%±2%(质量含水量)，即 24.6%~32.7%(体积含水量)，与本小节的研究结果接近。

凋萎系数的变化范围为 6.57%~21.09%。0~20cm 土层中，凋萎系数表现为坝地(21.09%)>林地(8.48%)>草地(8.20%)>梯田(7.52%)。20~40cm 土层中，凋萎系数表现为坝地(9.33%)>林地(9.07%)>草地(8.75%)>梯田(8.40%)。40~60cm 土层中，凋萎系数表现为草地(9.72%)>梯田(8.77%)>林地(8.67%)>坝地(6.57%)。

不同土地利用类型的土壤水分特征曲线如图 10.6 所示。可以看出，随着土壤水吸力的增加，研究区各土层土壤含水量均表现出"快速下降—缓慢下降—基本平稳"的变化趋势，曲线形态较为接近。坝地的土壤水分特征曲线相对较为平缓，随着水吸力的增加，土壤含水量下降的速度较慢，这一现象在 0~20cm 土层表现得尤为明显。在 30cm 以下土层中，坝地在高水吸力时的土壤含水量均明显高于梯田、林地和草地的土壤含水量。

一般来说，土壤水分特征曲线受到土壤质地和结构的影响。土壤的黏粒含量越高，某个水吸力下的土壤含水量越高。因为土壤中的黏粒含量高可以有助于细小孔隙的发育，同时使孔径分布较为均匀，有利于水分的存储，所以随着水吸力的增加，其土壤含水量下降得比较缓慢。质地较粗的土壤孔隙一般比较大，当水

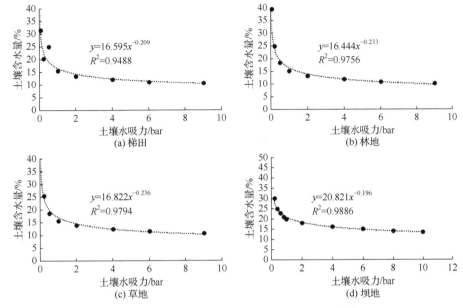

图 10.6　不同土地利用类型的土壤水分特征曲线

吸力增加时，这些大孔隙中的水分会迅速排空，因此土壤水分特征曲线较为陡直。此外，土壤结构也会影响水分特征曲线：土壤的容重越大，土壤越紧实，则大孔隙的数量越少，中小孔隙越多，在相同水吸力下的土壤含水量相对较高。本小节根据坝地土壤采样分析发现，每一沉积旋回层下部的泥沙由下到上逐渐变细，下部为粗沙颗粒，上部为含水量高的黏土、淤泥层，层与层之间界线明显，容易辨别；加之 20cm 深度之上农作物根系明显减少，土壤容重较大，使坝地土壤在高水吸力时有较高的含水量。

4. 生态建设措施对土壤有效水的影响

1) 土壤水与土壤有效水的时间序列

土壤水分条件是影响黄土高原地区植被存活和生长的重要因素。能够被植物利用的部分称为土壤有效水，土壤水分的有效性经常用于评估植物对水分的利用程度和水分对植物生长的影响，是植被恢复与重建中需要考虑的关键问题。土壤最大有效水含量为土壤田间持水量与凋萎系数的差值。

2015 年 3 月～2016 年 3 月，0～180cm 土层土壤含水量与土壤有效水含量的变化趋势见图 10.7。分析 4 种生态建设措施对土壤有效水时空变异规律的影响，不同土地利用类型的土壤有效水具有相似的时间变化趋势和变化幅度，但是在数量上有明显差异。土壤有效水含量时间变化剧烈，随着降雨强度的增加而增加，随着降水量的减少而降低，表明受降水量和植物生长季影响明显。

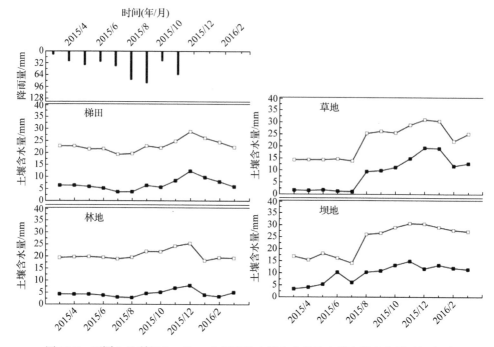

图 10.7 不同土地利用 0～60cm 土层平均土壤含水量和土壤有效水含量时间序列

空心点表示土壤含水量；实心点表示土壤有效水含量

土壤有效水含量的变异系数均在 20%～94%，因此研究区土壤有效水含量的变异程度属于中等变异。土壤深度对土壤有效水含量产生显著影响，一般地表层土壤有效水含量最低，梯田土壤有效水主要集中在 40～80cm 土层，林地土壤有效水含量整体较低，草地的土壤有效水集中在 60～180cm 土层，坝地土壤有效水集中在 0～80cm 和 140～180cm 土层。梯田和林地土壤有效水含量的标准差和变异系数随土壤深度的增加而降低，草地土壤有效水含量标准差和变异系数随土壤深度的增加而增加，坝地土壤有效水含量标准差和变异系数呈现先减小后增大的变化趋势，偏度和峰度指标无明显的规律性。

2) 生态建设对土壤有效水的影响

不同土层土地利用类型对土壤有效水含量变异规律的影响见图 10.8。不同土地利用类型的土壤有效水含量具有相似的时间变化趋势和变化幅度，但在大小上有明显差异。为了进一步分析不同土地利用类型对土壤有效水空间变异的影响，采用单因素方差分析对比不同土地利用类型土壤有效水含量差异。土地利用类型对土壤有效水含量的影响程度因深度而异。0～80cm 土层，坝地土壤有效水含量最高，梯田和草地差异不大；0～140cm 土层，梯田、林地的土壤有效水含量差异不大，草地、坝地土壤有效水含量较高，差异较小；0～180cm 土层，深层坝地土壤有效水含量最高，并且明显高于其梯田、林地，林地、梯田果树具有较大的蒸腾耗水量(表 10.5)。

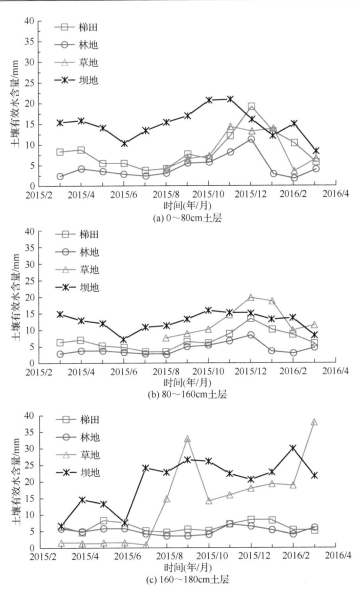

(a) 0～80cm土层

(b) 80～160cm土层

(c) 160～180cm土层

图 10.8　不同土地利用类型土壤有效水含量时间变化规律

表 10.5　不同土地利用类型土壤有效水含量

土地利用类型	土壤有效水含量/mm		
	0～80cm 土层	0～140cm 土层	0～180cm 土层
梯田	8.5b	6.9c	6.2c

土地利用类型	土壤有效水含量/mm		
	0～80cm 土层	0～140cm 土层	0～180cm 土层
林地	4.3c	4.2c	5.1c
草地	8.7b	11.2b	13.6b
坝地	14.9a	12.6b	19.8a

10.1.2　不同退耕植被枯落物的持水效能

地上枯落物是植物地上部分产生并归还到地表的所有有机物质的总称(钟梁等，2017)。枯落物可有效减少地表径流和减缓土壤侵蚀(李哲等，2016)，防止土壤溅蚀，拦蓄渗透降水，补充土壤水分等(赵鹏等，2020；栾莉莉等，2015)。在疏松的枯落物层，水分可以充满孔隙并依靠其表面张力储存在枯落物层中(廖文海等，2019；鲁绍伟等，2013)，从而使枯落物保持良好的持水能力。枯落物持水能力是枯落物的一个重要水文指标(贾剑波等，2015；王丽艳等，2015)。以水为介质，枯落物能够将养分归还至土壤及生态系统，从而传递营养和能量，改善土壤理化性质、维持土壤养分循环等，这一过程在整个土壤-植被-大气连续体中起着重要作用(陈继东等，2017；田野宏等，2013；王骄洋等，2013)。

黄土丘陵区地貌破碎、土壤侵蚀严重、地表植被和生态系统遭到严重破坏、降水不稳定、水分稀缺，研究不同植被类型枯落物在水土保持中发挥的作用越发重要。实施各项水土保持工程措施以来，黄土高原的植被得到了较好的恢复。本小节通过对典型流域不同植被类型的枯落物进行分层，并对植被枯落物的贮量、水储量、最大持水量、有效拦蓄量和吸水速率进行研究，揭示不同植被类型枯落物的持水性能，对于科学认识植被的水土保持作用、推动植物格局的优化配置起到引导作用。

1. 样地设置和采样方法

在王茂沟小流域内，按照主要植被类型，分别选取梯田(苹果林)、退耕还林(油松林)、经济林(杏树林)、退耕还草(白羊草)和自然林地(榆树林)5 种不同植被类型作为研究对象，概况如表 10.6 所示。

表 10.6　植被样地基本情况

植被类型	年限/a	海拔/m	坡向	坡度/(°)
杏树林	15	979	南	21
油松林	30	973	南	23

植被类型	年限/a	海拔/m	坡向	坡度/(°)
白羊草	15	971	南	20
苹果林	15	1051	南	2
榆树林	15	965	南	20

对林分环境因子进行实地调查，在样地内设置 20m×20m 的样方，选取坡上、坡中、坡下设置 0.5m×0.5m 样地，进行枯落物厚度测定和采集，并设置 3 个重复。用钢尺测量枯落物的总厚度，并对枯落物进行分层，按照其分解状态分为 3 层。划分标准：已分解层(基本分解，已不能辨出原有形态)；半分解层(已开始分解，外形破碎，但仍然能辨别出原有形态)；未分解层(由新鲜枯落物组成，原有颜色不变，保持原有形态)。测量枯落物各层厚度后，现场测量鲜重。将枯落物样品装入自封袋中带回实验室，自然风干后，测量其干重。计算枯落物的自然含水率和单位面积枯落物贮量，公式如下：

$$S = \frac{W_1 - W_2}{W_2} \times 100\% \tag{10.1}$$

$$M = \frac{W_2}{P} \times 100\% \tag{10.2}$$

$$G = \frac{W_1 - W_2}{P} \times 100\% \tag{10.3}$$

式中，S 为自然含水率(%)；W_1 为枯落物自然状态下鲜重(g)；W_2 为枯落物干重(g)；M 为枯落物贮量(t/hm²)；P 为取样面积(cm²)；G 为枯落物水储量(t/hm²)。

采用室内浸泡法测定枯落物的持水量和吸水速率。对风干后的枯落物进行浸水试验，浸泡时间分别为 5min、15min、30min、1h、2h、4h、8h、12h、24h，将枯落物取出控干直至不再滴水，称其湿重，并以此计算出不同浸水时间的持水量和吸水速率。以枯落物的 24h 吸水量作为最大持水量，并以此为基础计算有效拦蓄量，公式如下：

$$Z = (0.85R_m - S) \times M \tag{10.4}$$

$$Z_{max} = (R_m - S) \times M \tag{10.5}$$

$$R_m = \frac{W_3 - W_2}{W_2} \times 100\% \tag{10.6}$$

式中，Z 为有效拦蓄量(t/hm²)；Z_{max} 为最大拦蓄量(t/hm²)；R_m 为最大持水率(%)；S 为自然含水率(%)；M 为枯落物贮量(t/hm²)；W_3 为浸泡 24 小时枯落物湿重(g)；

W_2 为枯落物干重(g)。

2. 不同植被类型枯落物贮量

根据实测枯落物各层质量计算不同植被类型枯落物厚度和贮量。由表 10.7 可知，5 种不同植被类型按枯落物层贮量大小排序为油松林(10.0t/hm²)>苹果林(9.3t/hm²)>白羊草(3.6t/hm²)>杏树林(2.9t/hm²)>榆树林(2.0t/hm²)，苹果林、油松林各层的贮量都显著高于杏树林、白羊草、榆树林($P<0.05$)。枯落物层厚度大小排序为油松林(42.0mm)>苹果林(37.0mm)>白羊草(13.0mm)=榆树林(13.0mm)>杏树林(12.0mm)，油松林枯落物层厚度与杏树林、白羊草、榆树林存在极显著性差异($P<0.01$)，苹果林枯落物层厚度与其他四种植被枯落物层厚度存在显著性差异($P<0.05$)。对枯落物层的厚度(x)与贮量(y)进行拟合，得到对数方程：$y = 4.55\ln x - 8.74(R^2=0.8)$。

表 10.7　不同植被类型枯落物厚度和贮量

植被类型	未分解层		半分解层		已分解层		枯落物层	
	厚度/mm	贮量/(t/hm²)	厚度/mm	贮量/(t/hm²)	厚度/mm	贮量/(t/hm²)	厚度/mm	贮量/(t/hm²)
杏树林	4.0	1.3	5.0	1.4	3.0	0.2	12.0	2.9
油松林	20.0	4.5	21.0	3.7	1.0	1.8	42.0	10.0
白羊草	2.0	2.1	11.0	1.5	—	—	13.0	3.6
苹果林	4.0	4.8	8.0	3.8	25.0	0.7	37.0	9.3
榆树林	5.0	0.8	5.0	0.9	3.0	0.3	13.0	2.0

3. 不同植被类型枯落物水储量

不同植被类型枯落物水储量见表 10.8。由表可知，不同植被类型枯落物层厚度表现为苹果林(5.8t/hm²)>油松林(2.6t/hm²)>杏树林(1.8t/hm²)>白羊草(1.5t/hm²)>榆树林(0.8t/hm²)，苹果林枯落物水储量显著高于其他植被类型的枯落物水储量($P<0.01$)。枯落物水储量与枯落物贮量排序较为接近。对枯落物层厚度(x)和枯落物水储量(y)进行拟合，得到多项式方程：$y = -0.0152x^2 + 1.1574x - 10.837(R^2=0.9)$。对枯落物贮量($x$)和枯落物水储量($y$)进行拟合，得到指数方程：$y = 0.69e^{0.22x}(R^2=0.7)$。

表 10.8　不同植被类型枯落物水储量

植被类型	未分解层		半分解层		已分解层		枯落物层	
	厚度/mm	水储量/(t/hm²)	厚度/mm	水储量/(t/hm²)	厚度/mm	水储量/(t/hm²)	厚度/mm	水储量/(t/hm²)
杏树林	4.0	0.8	5.0	0.9	3.0	0.1	12.0	1.8
油松林	20.0	1.3	21.0	0.7	1.0	0.6	42.0	2.6

续表

植被类型	未分解层		半分解层		已分解层		枯落物层	
	厚度/mm	水储量/(t/hm²)	厚度/mm	水储量/(t/hm²)	厚度/mm	水储量/(t/hm²)	厚度/mm	水储量/(t/hm²)
白羊草	2.0	0.9	11.0	0.6	—	—	13.0	1.5
苹果林	4.0	4.1	8.0	1.2	25.0	0.5	37.0	5.8
榆树林	5.0	0.2	5.0	0.5	3.0	0.1	13.0	0.8

4. 枯落物持水量

枯落物持水性能的具体指标有最大持水量、最大拦蓄量和有效拦蓄量。由表 10.9 可以看出，苹果林和油松林各指标均明显大于其他植被类型($P<0.05$)，5 种植被类型的枯落物层最大持水量范围为 1.57～5.79t/hm²。对不同层次枯落物进行分析可知，已分解层中苹果林最大持水量最高，油松林次之，杏树林最小；对于半分解层和未分解层，除苹果林外，其他几种植被类型最大持水量差异不大。

表 10.9　不同植被类型枯落物最大持水量、最大拦蓄量、有效拦蓄量　(单位：t/hm²)

植被类型	最大持水量				最大拦蓄量				有效拦蓄量			
	未分解层	半分解层	已分解层	枯落物层	未分解层	半分解层	已分解层	枯落物层	未分解层	半分解层	已分解层	枯落物层
杏树林	0.91	0.47	0.18	1.57	0.61	0.32	0.15	1.09	0.50	0.27	0.13	0.89
油松林	1.62	1.40	1.20	4.23	1.25	0.91	0.80	2.96	1.05	0.76	0.67	2.48
白羊草	0.63	1.30	—	1.93	0.55	0.84	—	1.39	0.46	0.69	—	1.15
苹果林	1.69	0.75	3.35	5.79	1.60	0.58	1.52	3.69	1.36	0.48	1.18	3.02
榆树林	0.56	0.64	0.74	1.94	0.48	0.51	0.66	1.64	0.40	0.42	0.56	1.38

枯落物层植被的有效拦蓄量由大到小依次为苹果林(3.02t/hm²)>油松林 (2.48t/hm²)>榆树林(1.38t/hm²)>白羊草(1.15t/hm²)>杏树林(0.89t/hm²)。苹果林最大持水量层为已分解层($P<0.05$)，而最大拦蓄量、有效拦蓄量却出现在未分解层。杏树林、油松林的最大持水量、最大拦蓄量和有效拦蓄量均出现在未分解层，榆树林的最大持水量、最大拦蓄量和有效拦蓄量均出现在已分解层。因此，在三个枯落物分解层中，苹果林均保持相对较高的持水性能。

5. 枯落物的吸水量和吸水速率

枯落物层的吸水速率不仅受枯落物的性质和分解程度影响，还与枯落物的水分含量有关，不同植被类型枯落物的种类、厚度、贮量及分解程度不同，其吸水过程和持水量变化也不同。不同植被类型各层次枯落物持水量见表 10.10。

表 10.10 不同植被类型各层次枯落物持水量 （单位：g/kg）

植被类型	枯落物层	5min	15min	30min	1h	2h	4h	8h	12h	24h
杏树林	未分解层	894	1116	1283	1477	1700	1958	2255	2451	2825
	半分解层	628	716	792	891	1023	1198	1434	1608	1988
	已分解层	373	539	680	857	1081	1362	1717	1966	2478
油松林	未分解层	377	534	667	837	1053	1330	1689	1943	2481
	半分解层	558	676	764	864	979	1109	1259	1356	1541
	已分解层	379	478	570	701	895	1197	1684	2107	3220
白羊草	未分解层	841	1163	1428	1753	2154	2646	3253	3671	4515
	半分解层	511	618	700	794	905	1034	1185	1286	1481
	已分解层	—	—	—	—	—	—	—	—	—
苹果林	未分解层	69283	69469	69627	69834	70115	70505	71061	71494	72502
	半分解层	738	918	1082	1312	1654	2187	3056	3821	5862
	已分解层	770	864	930	1001	1077	1159	1247	1302	1401
榆树林	未分解层	1206	1473	1688	1949	2273	2681	3200	3570	4355
	半分解层	1017	1238	1416	1636	1909	2253	2689	2999	3647
	已分解层	179	352	557	901	1488	2501	4270	5874	10221

注：此处枯落物持水量单位为 g/kg，为实测数据，通过称取 1kg 的枯落物进行浸水实验，按照时间测定质量，进而得出单位质量的枯落物在不同时间尺度下的持水量。

图 10.9 显示，枯落物层持水量占比随时间推移呈幂函数曲线增长。各类型植被在 0~2h 都存在一个急速上升的过程，在 5~15min 上升最明显，2h 以后随着

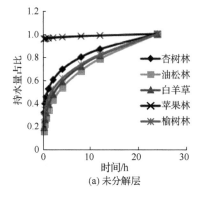

(a) 未分解层

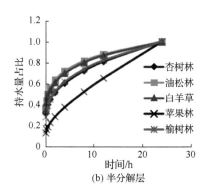

(b) 半分解层

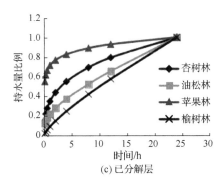

(c) 已分解层

图 10.9　不同植被类型枯落物层持水量比例(与最大持水量相比)

浸水时间增大,持水量缓慢趋于最大持水量。这一现象表明,在降水量足以浸湿地表枯落物层的情况下,各植被类型枯落物层在前 2h 对降水的吸持作用最强,2h 以后各植被类型未分解层的持水量增长速度减缓,24h 后持水量趋于稳定或达到饱和状态。

吸水速率即单位时间的持水量。随时间的推移,枯落物层吸水速率变化均呈幂函数曲线(图 10.10)。由图 10.10 可以看出,各植被类型枯落物吸水速率均在浸水前期迅速降低,浸水 2h 后下降速率明显变缓,浸水 8h 后吸水速率接近稳定,呈现缓慢降低的趋势,最终趋于 0。苹果林枯落物未分解层和已分解层的吸水速

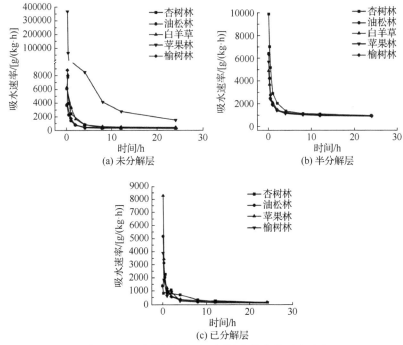

图 10.10　不同植被类型不同层次枯落物吸水速率

率下降最快，且苹果林未分解层和已分解层枯落物吸水速率显著高于其他植被类型，在浸泡 8h 后趋于缓慢下降状态。枯落物半分解层中，杏树林的吸水速率下降最快，变化规律与苹果林未分解层变化规律基本一致。

10.2 淤地坝保水机理与模拟

10.2.1 坝地土壤水分传输特征

2014 年 7 月 18～30 日，在王茂沟流域坝地内布设 TDR 水分管，每天监测记录土壤含水量，每隔 4 天取一次土壤样品，采样深度为 3m，每隔 20cm 采集一层。在监测期间，共发生 3 次降水事件，分布在 7 月 20 日、7 月 21 日和 7 月 29 日。

由图 10.11 的坝地土壤水 δD 变化可知，降水前(7 月 16 日)，δD 的变化范围为-49.01‰～-89.22‰，且在监测期间呈现两个波峰和两个波谷的变化规律。0～60cm 土层富集重同位素，主要是因为该层受太阳辐射影响较大，存在蒸发分馏，0～40cm 土层比 0～20cm 土层富集更重同位素，可能是因为 0～20cm 土层的重水向下移动；80～120cm 土层受土壤蒸发影响小，富集轻同位素；120～220cm 土层又逐渐富集重同位素，可能是因为监测期之外的降水事件对土壤水分的影响存在滞后效应，上层的重同位素逐渐向下移动富集；220～300cm 土层逐渐富集轻同位素，可能是因为土壤水分的滞后效应还未影响到深层土壤水。

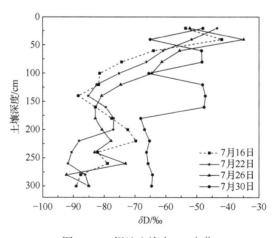

图 10.11　坝地土壤水 δD 变化

在 7 月 20 日和 7 月 21 日发生两场降水后的第 2 天(7 月 22 日)，在 300cm 土壤深度内，降水入渗使雨水与原来土壤水发生充分混合，使得土壤水同位素相对降水前较轻。在 7 月 20 日和 7 月 21 日发生两场降水后的第 5 天(7 月 26 日)，与第一场降水前(7 月 16 日)相比,0～140cm 土层富集重同位素,表明降水发生后的 5 天内,重的土壤水逐渐向下移动,使得 0～140cm 土层与第一场降水前相比更富集重同位素。

7 月 29 日这场降水后的第 2 天(7 月 30 日),经过了三场降水,0～300cm 土壤深度的 δD 变化相对较小,为-44.25‰～-68.21‰,可能是因为第三场降水富集重同位素,快速下渗,各层土壤水同位素与雨水同位素一致。以上表明土壤水的同位素值主要受雨水的控制。

10.2.2　坝地土壤水分运动模拟

淤地坝在沟道中沉积泥沙,形成坝地,在逐次暴雨侵蚀中能够形成明显的沉积旋回层。根据斯托克斯沉降定律,粗颗粒先沉降,然后是细颗粒。前文已提及,坝地土壤的分层现象使坝地土壤含水量在垂直方向上产生较大变异,且由于坝地存在分层现象,坝地土壤含水量比坡耕地土壤含水量高近 1 倍。本小节建立基于 MIKE SHE 的坝地坡面流、不饱和带和饱和带耦合模型,模拟坝地水分运动及其与地下水(坝周坡地)的水分交换。

以王茂沟 2#坝所在地为研究区域,王茂沟 2#坝修建于 1959 年,初建时坝高 10m,随后随着淤积,对坝地陆续进行加高。根据 2012 年的实地调查,坝高达 39m,坝顶长 55m,控制面积 0.34km²,淤积面积 6.26hm²,泥面距坝顶 12m,回淤长度 730m。

1. 模拟数据准备

1) 模拟单元划分

将王茂沟 2#坝及其控制区域划分为四个模拟单元,分别是坝地、坡耕地、坝体和沟道模拟单元[图 10.12(a)],在 MIKE SHE 中,共划分了 171×293 个网格,网格大小为 5m。数字高程模型由 1∶1 万地形图获得,分辨率为 5m[图 10.12(b)]。在 5m 分辨率的 DEM 上,坝体形态表现明显。

2) 气象数据

降水量数据由实测而来,为逐日降水量数据。模型包括蒸散发,参考蒸散发由 FAO Penman-Monteith 公式计算而来:

$$\mathrm{ET}_0 = \frac{0.408\Delta(R_\mathrm{n} - G) + \gamma \dfrac{900}{T + 273} U_2(e_\mathrm{s} - e_\mathrm{a})}{\Delta + \gamma(1 + 0.34U_2)} \tag{10.7}$$

式中,ET_0 为可能蒸散量(mm/d);R_n 为地表净辐射[MJ/(m²·d)];G 为土壤热通量[MJ/(m²·d)];T 为 2m 处日均气温(℃);U_2 为 2m 处风速(m/s);e_s 为饱和水汽压(kPa);e_a 为实际水汽压(kPa);Δ 为饱和水汽压曲线斜率(kPa/℃);γ 为干湿表常数(kPa/℃)。

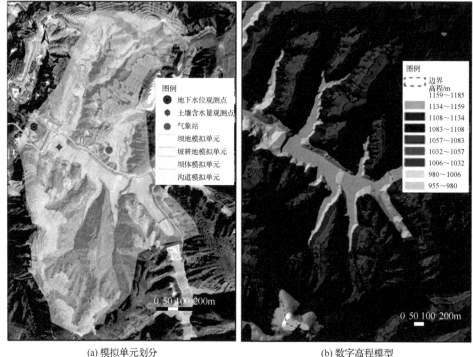

(a) 模拟单元划分　　　　　　　　　　　　(b) 数字高程模型

图 10.12　模拟范围及地形图

在 MIKE 软件中，将实测的降水量数据和计算得到的参考蒸散发数据制作成 dsf0 文件，作为模型的气候输入参数。王茂沟流域降水过程和逐日参考蒸散发分别见图 10.13 和图 10.14。

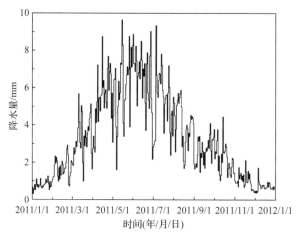

图 10.13　王茂沟流域降水过程

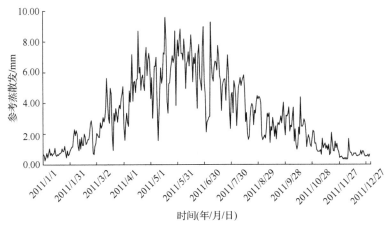

图 10.14　王茂沟流域逐日参考蒸散发

3) 土地利用类型

根据实地调查，坝地的作物为玉米，坡耕地则以草地为主。因此，模型共设置两种土地利用类型，在 MIKE SHE 模型中，土地利用的参数主要有 2 个，一为叶面积指数，二为根系深度。草地的叶面积指数和根系深度采用模型自带文件，玉米的叶面积指数和根系深度通过查阅相关文献获得，见图 10.15。坡面流模拟中的曼宁系数也按土地利用类型进行取值，坝地取 0.1，其他土地利用类型取 0.04。

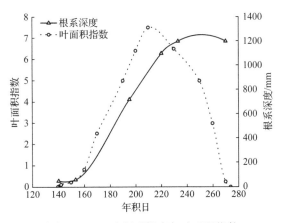

图 10.15　玉米根系深度与叶面积指数

4) 土壤剖面定义

本小节共设置四个模拟单元，分述如下。

坝地模拟单元是土壤剖面划分的重点，根据实地测量，王茂沟 2#坝共淤积泥沙 54 万 m³，淤积厚度约为 27m(表 10.11)。王茂沟 2#坝修建于 1959 年，从建坝到 2013 年，共有 29 场降水量大于 50mm 的日降水过程，因此坝地共划分为 29 个淤积层。根据"大雨对大沙"的原则，确定单场降雨的淤积量，结合库容曲线，可以确定淤积层的厚度。每一个淤积层又分为两个子层，上层为细颗粒层，下层为粗颗粒层。淤积层下部为均质土壤，坝地模拟单元的厚度总共设置为90m。

表 10.11 王茂沟 2#坝坝地淤积层次划分

编号	日期	降水量/mm	当年淤积量/m³	累计淤积量/m³	淤积高程/m	淤积厚度/m
1	1971/9/2	62.8	17597	17597	970	6.70
2	1972/8/18	101.6	28469	46065	973	3.03
3	1974/7/31	62.9	17625	63690	974	1.29
4	1977/7/6	79.2	22192	85882	975	1.35
5	1977/8/5	108.5	30402	116284	977	1.57
6	1978/7/12	116.3	32588	148872	978	1.46
7	1981/6/20	52.8	14795	163667	979	0.61
8	1982/7/8	57.7	16168	179834	980	0.62
9	1983/9/7	65.0	18213	198048	980	0.68
10	1984/7/10	52.2	14627	212674	981	0.52
11	1988/7/15	66.5	18634	231308	982	0.63
12	1991/5/24	61.4	17204	248512	982	0.56
13	1994/7/7	56.4	15803	264316	983	0.51
14	1994/8/5	94.5	26479	290795	983	0.80
15	1995/7/17	69.4	19446	310241	984	0.57
16	2001/8/8	50.9	14262	324503	984	0.40
17	2001/8/19	50.9	14262	338766	985	0.40
18	2004/7/26	67.1	18802	357567	985	0.50
19	2005/9/20	55.0	15411	372978	986	0.41
20	2006/7/31	53.7	15047	388025	986	0.39
21	2006/8/25	66.4	18605	406631	987	0.47
22	2006/8/30	53.2	14907	421538	987	0.37
23	2009/7/17	53.0	14851	436388	987	0.36
24	2009/8/21	57.2	16028	452416	988	0.38
25	2010/8/21	59.6	16700	469116	988	0.39
26	2012/9/1	55.6	15579	484695	988	0.36
27	2013/7/9	54.8	15355	500051	989	0.35
28	2013/7/25	80.4	22528	522579	989	0.50
29	2013/9/23	65.7	18409	540988	990	0.77

坡耕地单元和沟道单元均为均质的黄土剖面，设置厚度为200m，垂直离散为

400 层，每层厚 0.5m。坝体单元划分为 2 层，上部坝体为容重较大的黄土，厚度为 27m，坝体下部为均质的普通黄土，厚度至 150m。

土壤属性的确定是 MIKE SHE 不饱和带模拟的重点。共有 4 种类型的黄土，分别为坡耕地黄土、淤积层上部的细颗粒黄土、淤积层下部的粗颗粒黄土、经过碾压的坝体黄土。采集 4 种黄土的原状土，带回实验室，分别测试容重、饱和含水量、饱和渗透系数及土壤水分特征曲线。饱和渗透系数采用西安理工大学水资源研究所研制的常水头饱和导水率测定仪，土壤水分特征曲线由黄土高原土壤侵蚀与旱地农业国家重点实验室采用高速离心机方法测定。

土壤的渗透系数使用 van Genuchten 函数拟合。水力学参数测试结果见表 10.12，土壤水分特征曲线见图 10.16。将测试获得的参数输入 MIKE SHE 土壤属性数据库，根据前述模拟剖面划分结果，对应选择土壤属性数据。

表 10.12　不同黄土的水力学参数测试结果

测试项目	坝体黄土	细颗粒黄土	坡耕地黄土	粗颗粒黄土
饱和含水量	0.44	0.48	0.52	0.55
饱和渗透系数/(10^{-5}cm/s)	1.80	2.30	2.80	3.40
容重/(g/cm³)	1.55	1.45	1.35	1.25

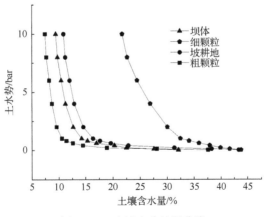

图 10.16　土壤水分特征曲线

2. 模型设置

模型包含了坡面、不饱和带和饱和带。对于坡面流，采用有限差分法(finite difference method)进行模拟，不饱和带采用理查德方程(Richard equation)进行模拟，饱和带采用有限差分法进行模拟，模型同时包含蒸散发模块。

模拟时段为 2011 年 1 月 1 日～12 月 31 日，模型的时间步长为 6h。最大允许坡面流步长为0.5h,最大允许不饱和带步长为2h,最大允许饱和带步长为24h。

对于饱和带,底标高设置为960m,黄土的水平导水系数设置为$2×10^{-5}$m/s,垂直导水系数设置为$6×10^{-5}$m/s,单位产水量(specific yield)设置为0.05,贮水系数(specific storage)设置为0.0005m^{-1}。根据井水水位调查,初始水头设置为968m。

3. 坝地含水量的层状分布模拟

模型很好地重现了坝地含水量垂直分层分布的情况(图10.17)。在坝地分层土壤结构中,质地较细的层充当了隔水层的作用,质地较粗的层则充当了含水层的角色,粗颗粒土壤的含水量明显高于细颗粒土壤。

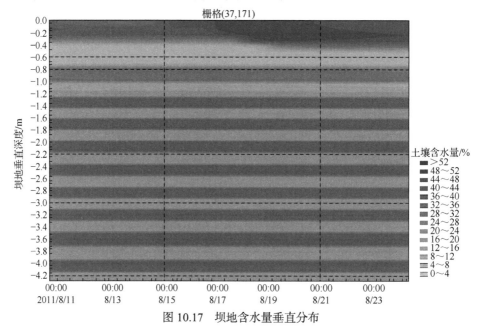

图 10.17 坝地含水量垂直分布

根据模拟结果统计,坝地粗颗粒的土壤含水量高达36%,细颗粒土壤含水量为16%,粗颗粒层土壤含水量是细颗粒层土壤含水量的2倍以上。不同深度的土壤含水量变化见表10.13。

表 10.13 土壤含水量变化

时间(月/日)	30cm深度土壤含水量/%	70cm深度土壤含水量/%	90cm深度土壤含水量/%	120cm深度土壤含水量/%
8/10	37.75	16.71	37.75	16.71
8/11	37.25	16.31	37.42	16.71
8/12	36.73	15.89	37.07	16.71
8/13	36.20	15.46	36.70	16.71

时间(月/日)	30cm 深度土壤含水量/%	70cm 深度土壤含水量/%	90cm 深度土壤含水量/%	120cm 深度土壤含水量/%
8/14	36.08	15.37	36.63	16.71
8/15	36.08	15.37	36.63	16.71
8/16	35.80	15.13	36.43	16.53
8/17	40.56	15.13	36.43	16.53
8/18	48.00	15.13	36.43	16.53
8/19	48.00	15.13	36.43	16.53
8/20	46.17	14.93	36.26	16.38
8/21	45.54	14.67	36.03	16.19
8/22	44.81	14.39	35.79	16.10
8/23	44.07	14.12	35.56	16.10
8/24	43.61	14.09	35.52	16.10
8/25	42.90	13.85	35.30	16.10
平均值	41.22	15.11	36.40	16.46

4. 坝地和坡地单元不同时段水量平衡

在坝地单元，2011 年全年降水量为 562mm，蒸发量达 583mm，不饱和带补给地下水 7mm，不饱和带水量亏损 28mm。对于汛期(6 月 1 日～9 月 30 日)，降水量为 387mm，蒸发量为 404mm，不饱和带水量亏损 22mm。8 月 13～20 日，流域发生明显降水过程，降水量为 93mm，降水期间蒸发量为 21mm，降水补给不饱和带 67mm，见表 10.14。

表 10.14　坝地单元水量平衡　　　　(单位：mm)

时段	降水量	蒸发量	不饱和带水量变化	不饱和带-饱和带水量交换	饱和带水量变化	边界流入水量	边界流出水量	总误差
2011 年全年	562	583	−28	7	2	74	80	1
6～9 月汛期	387	404	−22	6	3	22	25	1
8 月 13～20 日	93	21	67	5	4	1	2	1

坡耕地单元和坝地单元最显著的区别是，由于深厚的黄土层覆盖，地下水和不饱和带之间没有发生水量交换。2011 年全年降水量为 562mm，坡面蒸发量达 608mm，不饱和带水量亏损 45mm。对于汛期，降水量为 387mm，蒸发量为 325mm，不饱和带水量补给 62mm。8 月 13～20 日次降雨过程中，蒸发量为 20mm，降水补给不饱和带 74mm，见表 10.15。

表 10.15 坡耕地单元水量平衡 (单位: mm)

时段	降水量	蒸发量	不饱和带 水量变化	不饱和带-饱和带 水量交换	饱和带 水量变化	边界流入水量	边界流出水量	总误差
2011 年全年	562	608	−45	0	0	3	3	0
6~9 月汛期	387	325	62	0	0	1	1	0
8.13~20 日	93	20	74	0	0	0	0	0

上述模拟结果表明,黄土区大部分降水被土壤和植被蒸发,坝地土壤水和地下水存在着少量的交换;坡耕地由于深厚的黄土层覆盖,地下水和土壤水基本没有水量交换。

10.3 级联坝系滞洪效应研究

长期以来,单坝的防洪标准很容易明确界定,并已形成统一的规范。一个结构复杂又有清晰层级的系统整体的坝系,其防洪标准缺少明确的定义。小流域地貌的复杂多样使淤地坝数量、坝型、布局等配置问题复杂多样,因此,给予坝系一个整体科学合理的防洪标准,以最大限度保证坝系安全,又不至于投入太大,就成为坝系建设规划中的一个难点。

10.3.1 小流域坝系防洪体系

一个结构完整的小流域坝系仿佛一片树叶,自然侵蚀形成的沟道宛如叶脉,沿着主沟道呈发散状分布,沟道中若干大、中、小型坝库星罗棋布,形成了一个工程体系,其功能可归类为两大体系:防洪体系和生产体系。

防洪体系是坝系的骨架,是维系坝系安全运行必要的骨干设施。防洪体系主要由承担坝系防洪任务的骨干坝组成,设计标准较高、工程规模较大。骨干坝利用其较大的防洪库容,调蓄和拦截控制区域内的洪水和泥沙,并承担保护下游小多成群淤地坝安全生产的任务。因此,坝系整体的防洪安全设防标准可由若干个骨干坝承担。

生产体系是确保坝系存在和可持续发展的主要内容,由中、小型淤地坝及其附属建筑物组成。坝地、灌溉库容与养殖水面是坝系经济活动的基础,也是坝系规划设计的重要内容。生产体系的设计标准较低,一般不承担防洪任务。当然,骨干坝同样具备一定的生产能力,甚至有些坝系中的骨干坝成为生产体系的重点。

由此可见,一条功能完善、配置齐全、效益显著的坝系中,不同类型、不同规模、不同作用的工程应采用不同的设计标准,这样既可减少坝系建设的投入,又能发挥各个工程的作用，在坝系的运行过程中各司其职、各尽所能、联合运用，分层、分片、分段拦蓄洪水和泥沙，最大程度地发挥其在坝系中的优势，并通过相互之间的联合互动，弥补各自的缺陷或不足。这种相互合作、相互保护、相互补充的结果，将保证坝系处于高效运转的状态，实现其对洪水的安全蓄滞和最大限度地拦截泥沙。

10.3.2　淤地坝防洪标准

现行的《淤地坝技术规范》(SL/T 804—2020)和《水土保持综合治理　技术规范　沟壑治理技术》(GB/T 16453.3—2008)等，都对淤地坝工程的设计标准有着明确的规定，见表 10.16。

表 10.16　淤地坝规模与设计标准

工程规模		工程等级	总库容/万 m³	设计淤积年限/a	洪水重现期/a	
					设计	校核
大型淤地坝	1 型	Ⅳ	100～500	20～30	30～50	300～500
	2 型	Ⅴ	50～100	10～20	20～30	200～300
中型淤地坝		Ⅴ	10～50	5～10	20～30	50～200
小型淤地坝		—	1～10	5	10～20	30～50

10.3.3　单坝防洪标准与坝系防洪标准的关系

单坝防洪标准的确定一般只考虑该坝控制区域内的水沙情况，如果单坝实际出现的洪水重现期不超过设计标准，则该坝是安全的。大量单坝复杂组合的坝系则不然，需要考虑整个系统内部的相互联系、调度等问题。单坝的防洪标准不等于坝系的防洪标准，反之坝系的防洪标准也不能替代单坝的防洪标准。单坝防洪标准最佳，不能说明坝系的防洪标准最佳。

在进行小流域坝系规划和布局时，对于同一类别的淤地坝来讲，当防洪标准都取相同值时，是一种较为经济、合理的方案，对于坝系中的骨干坝尤其如此。骨干坝的防洪标准确定应在保证坝系整体安全的基础上进行。

(1) 合理的坝系配置更容易发展到相对稳定状态，承担防洪任务的骨干坝可拦蓄其控制范围内的全部洪水和泥沙，骨干坝不存在垮坝危险，以保证坝系的完好；

(2) 骨干坝在坝系建设中取相同的设计标准，可以将坝地防洪标准问题简单化，但在实际应用中，应因地制宜、因时制宜，对坝系中个别规模较大骨干坝适当提高设计标准；

(3) 应用"低板论"确定坝系防洪标准。

日常生活中常用的木制水桶是用若干木板条箍成的，如果有一块木板较低，无论其余木板条多高，那么木桶的容积就以最低的木板高作为计算标准，因此称之为小流域坝系防洪标准的"低板论"原则。

将"低板论"引入坝系防洪标准研究中，认为在一个坝系内所有的单元坝系中，若存在一个防洪能力最低的，也就是骨干坝防洪标准最小的单元坝系，就说明这个单元坝系处于不安全的状态。如果发生超过该单元坝系防洪标准的降水，那么该单元坝系中的骨干坝就有可能发生溃坝，洪水下泄后对下游单元坝系造成压力和威胁，甚至发生连锁溃坝，导致坝系防洪体系的崩溃。因此，在对该坝系防洪标准进行计算时，应将此单元坝系的防洪标准作为整个坝系的计算标准。

采用"低板论"确定坝系防洪标准，目的是保证坝系安全运行，防止发生坝系防洪功能崩溃，最大限度地消除坝系防洪中存在的安全隐患，降低坝系工程建设的成本，为坝系工程的布局、规模的调整和工程的配套完善奠定基础。

10.3.4 王茂沟小流域不同坝系结构配置的蓄洪效应

为了揭示小流域坝系中不同坝系单元组合及各坝系单元中不同单坝组合对洪水泥沙分层、分片、分段蓄滞和拦截的级联作用，在将小流域坝系作为一个系统体系的基础上，应用坝系防洪"低板论"，将骨干坝作为该坝控制区间蓄洪的决定性因素，分析其上游分别配置不同数量、不同坝型、不同位置的中小型淤地坝对骨干坝蓄洪拦沙能力的影响，以及两者之间的关系，为坝系建设中的布局、防洪标准确定提供理论基础。具体研究方法如下。

将王茂沟小流域主沟道划分为 3 段，每段分别由一座大型淤地坝控制，将该坝上游还原到建坝前的状态。

在该控制性骨干坝上游分别配置 0、1、2、⋯、n 座中小型坝，然后计算不同配置情况、不同重现期洪水条件下，进入骨干坝的洪水量。

分别计算 50a、100a、200a、300a 和 500a 一遇洪水标准下，不同单元坝系结构组合骨干坝及其上游坝分别拦蓄洪水量，并与现状剩余库容对比，可以作为判断该骨干坝和单元坝系的现状防洪风险评价指标。

$$W_{骨干} = 0.1\alpha H_{24}\left(F_{区间} - \sum F_i\right) + \sum \Delta W_i, \quad i=1,2,\cdots,n \tag{10.8}$$

$$\Delta W_i = W_i - V_i, \quad i=1,2,\cdots,n, \quad W_i < V_i, \quad \Delta W_i = 0 \tag{10.9}$$

$$W_i = 0.1\alpha H_{24}F_i, \quad i=1,2,\cdots,n \tag{10.10}$$

式中，$W_{骨干}$ 为上游配置不同单坝组合情况下，该区间骨干坝拦蓄的洪水量；α 为洪量径流系数；H_{24} 为频率为 P 的流域中心点 24h 暴雨量；$F_{区间}$ 为骨干坝控制区间面积，km^2；F_i 为上游各单坝的控制面积，km^2；ΔW_i 为骨干坝上游各单坝控制区间洪水总量与该坝滞洪库容之差；V_i 为骨干坝上游各单坝的滞洪库容。

不同重现期洪水条件下，关地沟 1#坝区间不同坝系结构组合蓄洪级联特征如表 10.17～表 10.20 所示。由表 10.17～表 10.20 可知，当骨干坝控制区间面积和库容一定时，该坝承担区间全部洪水和泥沙的拦蓄任务，设计标准相对较高，对该单元坝系的安全起着决定性作用，也是该水沙传递体系的最后一道闸门。

表 10.17　关地沟 1#坝区间不同坝系结构组合蓄洪级联特征(50a)

单坝	设计库容/万 m³	剩余库容/万 m³	拦蓄洪水量/万 m³				
			AC_0	AC_1	AC_2	AC_3	AC_4
A	13.6	7.1	1.99	—	—	—	—
B	3.2	0	0.90	0.90	—	—	—
AB	1.4	0	0.99	0.99	0.99	—	—
C	1.4	0	0.58	0.58	0.58	0.58	—
AC	29.4	10.6	1.09	1.09	1.09	1.09	1.09
合计	49.0	17.7	5.55	3.56	2.66	1.67	1.09

注：A 为关地沟 4#坝；B 为背塔沟坝；AB 为关地沟 2#坝；C 为关地沟 3#坝；AC 为关地沟 1#坝；AC_0 为单元坝系仅有坝 AC；AC_1 为 AC+A 的坝系结构；AC_2 为 AC+A/B 的坝系结构；AC_3 为 AC+A/B/AB 的坝系结构；AC_4 为 AC+A/B/AB/C 的坝系结构。表 10.18～表 10.20 同此。

表 10.18　关地沟 1#坝区间不同坝系结构组合蓄洪级联特征(100a)

G1	设计库容/万 m³	剩余库容/万 m³	拦蓄洪水量/万 m³				
			AC_0	AC_1	AC_2	AC_3	AC_4
A	13.6	7.1	2.41	—	—	—	—
B	3.2	0	1.09	1.09	—	—	—
AB	1.4	0	1.20	1.20	1.20	—	—
C	1.4	0	0.70	0.70	0.70	0.70	—
AC	29.4	10.6	1.31	1.31	1.31	1.31	1.31
合计	49.0	17.7	6.71	4.30	3.21	2.01	1.31

表 10.19　关地沟 1#坝区间不同坝系结构组合蓄洪级联特征(300a)

G1	设计库容/万 m³	剩余库容/万 m³	拦蓄洪水量/万 m³				
			AC_0	AC_1	AC_2	AC_3	AC_4
A	13.6	7.1	3.16	—	—	—	—
B	3.2	0	1.43	1.43	—	—	—
AB	1.4	0	1.57	1.57	1.57	—	—
C	1.4	0	0.92	0.92	0.92	0.92	—
AC	29.4	10.6	1.72	1.72	1.72	1.72	1.72
合计	49.0	17.7	8.80	5.64	4.21	2.64	1.72

表 10.20   关地沟 1#坝区间不同坝系结构组合蓄洪级联特征(500a)

G1	设计库容/万 m³	剩余库容/万 m³	拦蓄洪水量/万 m³				
			AC₀	AC₁	AC₂	AC₃	AC₄
A	13.6	7.1	3.64	—	—	—	—
B	3.2	0	1.65	1.65	—	—	—
AB	1.4	0	1.81	1.81	1.81	—	—
C	1.4	0	1.06	1.06	1.06	1.06	—
AC	29.4	10.6	1.98	1.98	1.98	1.98	1.98
合计	49.0	17.7	10.14	6.50	4.85	3.04	1.98

为了从坝系结构上系统地研究小流域串联坝系蓄洪拦沙的级联作用,将王茂沟小流域还原到没有任何淤地坝等水土保持生态工程的初始状态,根据王茂沟小流域的沟道分布特点,通过建坝潜力调查分析,对不同单元坝系结构的蓄洪拦沙能力进行推演;根据推演结果判断主沟道上 3 个控制性坝库工程在其上游淤地坝布设位置、坝型和数量不同,从而形成不同的坝系结构情况下,串联坝系中上、下游坝系之间的泥沙输移和分配关系,揭示坝系内如何配置才能更好地实现坝与坝之间互相配合、联合运用,从而达到调洪削峰、确保坝系安全、防洪保收的目的。

假设关地沟 1#坝(坝 AC)上游无中小型坝,则控制区间水沙全部由关地沟 1#坝拦蓄。当上游增加坝 A,即关地沟 4#坝后,随着上游建坝数量和库容的增加,区间内由坝 AC 拦蓄的洪水量逐渐减少,其承担的防洪压力也逐渐减小;当其上游增建坝 A、坝 B、坝 AB、坝 C 后,此 4 座坝总库容达到 19.6 万 m³,达到坝 AC 库容的 50%,可以在坝 AC 上游拦截相当于其库容 1/2 的水沙,缓解了坝 AC 的防洪压力,延长了其作为控制性工程的淤积年限和使用寿命。

对于 50a 一遇洪水,当上游无坝时,区间洪水全部由坝 AC 拦蓄,需要拦蓄 5.55 万 m³ 洪水量;当上游依次增加坝 A、坝 B、坝 AB、坝 C 时,该单元坝系组合依次为 AC+A、AC+A/B、AC+A/B/AB 和 AC+A/B/AB/C,则主沟控制坝 AC 需要拦蓄的洪水量为分别为 3.56 万 m³、2.66 万 m³、1.67 万 m³ 和 1.09 万 m³。

对于 100a 一遇洪水,当上游无坝时,区间洪水全部由坝 AC 拦蓄,需要拦蓄 6.71 万 m³ 洪水量;当上游依次增加坝 A、坝 B、坝 AB、坝 C 时,该单元坝系组合依次为 AC+A、AC+A/B、AC+A/B/AB 和 AC+A/B/AB/C,则主沟控制坝 AC 需要拦蓄的洪水量为分别为 4.30 万 m³、3.21 万 m³、2.01 万 m³ 和 1.31 万 m³。

同理,对于 300a 一遇洪水,不同的单元坝系组合下,坝 AC 需要拦蓄的洪水量分别为 8.80 万 m³、5.64 万 m³、4.21 万 m³、2.64 万 m³、1.72 万 m³;对于 500a

一遇洪水，不同的单元坝系组合下，坝 AC 需要拦蓄的洪水量分别为 10.14 万 m^3、6.50 万 m^3、4.85 万 m^3、3.04 万 m^3、1.98 万 m^3。

同上，假设王茂沟 2#坝(坝 AD)上游无坝，则控制区间水沙全部由坝 AD 拦蓄。当上游依次增加坝 D1、坝 D2、坝 E1、坝 E2、坝 DE 时，该单元坝系组合依次为 AD+D1、AD+D1/D2、AD+D1/D2/E1、AD+D1/D2/E1/E2 和 AD+D1/D2/E1/E2/DE，坝 AD 上游 5 个中小型坝的总库容为 48.58 万 m^3。

不同坝系结构组合蓄洪级联方式在不同重现期下的特征如表 10.21～表 10.28 所示。

表 10.21　王茂沟 2#坝区间不同坝系结构组合蓄洪级联特征(50a)

单坝	设计库容/万 m^3	剩余库容/万 m^3	拦蓄洪水量/万 m^3					
			AD_0	AD_1	AD_2	AD_3	AD_4	AD_5
D1	2.00	0.00	0.24	—	—	—	—	—
D2	4.51	0.86	1.45	1.45	—	—	—	—
E1	18.50	8.57	1.80	1.8	1.80	—	—	—
E2	5.07	0.19	0.69	0.69	0.69	0.69	—	—
DE	18.50	6.50	1.25	1.25	1.25	1.25	1.25	—
AD	105.40	77.32	3.32	3.32	3.32	3.32	3.32	3.32
合计	153.98	93.44	8.75	8.51	7.06	5.26	4.57	3.32

注：D1 为王塔沟 2#坝；D2 为王塔沟 1#坝；E1 为死地嘴 2#坝；E2 为死地嘴 1#坝；DE 为马地嘴坝；AD 为王茂沟 2#坝；AD_0 为单元坝系只有坝 AD 王茂沟 2#坝；AD_1 为 AD+D1 的坝系结构；AD_2 为 AD+D1/D2 的坝系结构；AD_3 为 AD+D1/D2/E1 的坝系结构；AD_4 为 AD+D1/D2/E1/E2 的坝系结构；AD_5 为 AD+D1/D2/E1/E2/DE 的坝系结构。表 10.22～表 10.24 同此。

表 10.22　王茂沟 2#坝区间不同坝系结构组合蓄洪级联特征(100a)

单坝	设计库容/万 m^3	剩余库容/万 m^3	拦蓄洪水量/万 m^3					
			AD_0	AD_1	AD_2	AD_3	AD_4	AD_5
D1	2.00	0.00	0.29	—	—	—	—	—
D2	4.51	0.86	1.75	1.75	—	—	—	—
E1	18.50	8.57	2.17	2.17	2.17	—	—	—
E2	5.07	0.19	0.84	0.84	0.84	0.84	—	—
DE	18.50	6.50	1.51	1.51	1.51	1.51	1.51	—
AD	105.40	77.32	4.02	4.02	4.02	4.02	4.02	4.02
合计	153.98	93.44	10.58	10.29	8.54	6.37	5.53	4.02

表 10.23　王茂沟 2#坝区间不同坝系结构组合蓄洪级联特征(300a)

单坝	设计库容/万 m³	剩余库容/万 m³	拦蓄洪水量/万 m³					
			AD₀	AD₁	AD₂	AD₃	AD₄	AD₅
D1	2.00	0.00	0.38	—				
D2	4.51	0.86	2.29	2.29	—			
E1	18.50	8.57	2.84	2.84	2.84			
E2	5.07	0.19	1.09	1.09	1.09	1.09	—	
DE	18.50	6.50	1.98	1.98	1.98	1.98	1.98	
AD	105.40	77.32	5.26	5.26	5.26	5.26	5.26	5.26
合计	153.98	93.44	13.84	13.46	11.17	8.33	7.24	5.26

表 10.24　王茂沟 2#坝区间不同坝系结构组合蓄洪级联特征(500a)

单坝	设计库容/万 m³	剩余库容/万 m³	拦蓄洪水量/万 m³					
			AD₀	AD₁	AD₂	AD₃	AD₄	AD₅
D1	2.00	0.00	0.44	—				
D2	4.51	0.86	2.64	2.64	—			
E1	18.50	8.57	3.28	3.28	3.28			
E2	5.07	0.19	1.26	1.26	1.26	1.26	—	
DE	18.50	6.50	2.28	2.28	2.28	2.28	2.28	
AD	105.40	77.32	6.07	6.07	6.07	6.07	6.07	6.07
合计	153.98	93.44	15.97	15.53	12.89	9.61	8.35	6.07

表 10.25　王茂沟 1#坝区间不同坝系结构组合蓄洪级联特征(50a)

单坝	设计库容/万 m³	剩余库容/万 m³	拦蓄洪水量/万 m³									
			AI	AI₁	AI₂	AI₃	AI₄	AI₅	AI₆	AI₇	AI₈	AI₉
G1	2.41	0.00	1.13	—								
G2	5.92	1.20	1.11	1.11	—							
G3	7.33	0.00	1.18	1.18	1.18	—						
G4	15.18	10.27	0.17	0.17	0.17	0.17	—					
H1	2.12	0.00	1.20	1.20	1.20	1.20	1.20	—				
H2	2.64	1.85	0.27	0.27	0.27	0.27	0.27	0.27	—			
H3	2.85	0.19	0.28	0.28	0.28	0.28	0.28	0.28	0.28	—		
I1	2.00	0.43	0.76	0.76	0.76	0.76	0.76	0.76	0.76	0.76	—	
I2	5.55	2.58	0.91	0.91	0.91	0.91	0.91	0.91	0.91	0.91	0.91	—

续表

单坝	设计库容/万 m³	剩余库容/万 m³	拦蓄洪水量/万 m³									
			AI	AI₁	AI₂	AI₃	AI₄	AI₅	AI₆	AI₇	AI₈	AI₉
AI	69.83	10.63	5.68	5.68	5.68	5.68	5.68	5.68	5.68	5.68	5.68	5.68
合计	115.83	27.15	12.69	11.56	10.45	9.27	9.10	7.90	7.63	7.35	6.59	5.68

注: G1 为埝堰沟 4#坝; G2 为埝堰沟 3#坝; G3 为埝堰沟 2#坝; G4 为埝堰沟 1#坝; H1 为康河沟 3#坝; H2 为康河沟 2#坝; H3 为康河沟 1#坝; I1 为黄柏沟 2#坝; I2 为黄柏沟 1#坝; AI 为单元坝系仅有单坝王茂沟 1#坝; AI₁ 为 AI+G1 的坝系结构; AI₂ 为 AI+G1/G2 的坝系结构; AI₃ 为 AI+G1/G2/G3 的坝系结构; AI₄ 为 AI+G1/G2/G3/G4 的坝系结构; AI₅ 为 AI+G1/G2/G3/G4/H1 的坝系结构; AI₆ 为 AI+G1/G2/G3/G4/H1/H2 的坝系结构; AI₇ 为 AI+G1/G2/G3/G4/H1/H2/H3 的坝系结构; AI₈ 为 AI+G1/G2/G3/G4/H1/H2/H3/I1 的坝系结构; AI₉ 为 AI+G1/G2/G3/G4/H1/H2/H3/I1/I2 的坝系结构。表 10.26～表 10.28 同此。

表 10.26　王茂沟 1#坝区间不同坝系结构组合蓄洪级联特征(100a)

单坝	设计库容/万 m³	剩余库容/万 m³	拦蓄洪水量/万 m³									
			AI	AI₁	AI₂	AI₃	AI₄	AI₅	AI₆	AI₇	AI₈	AI₉
G1	2.41	0.00	1.36	—	—	—	—	—	—	—	—	—
G2	5.92	1.20	1.34	1.34	—	—	—	—	—	—	—	—
G3	7.33	0.00	1.43	1.43	1.43	—	—	—	—	—	—	—
G4	15.18	10.27	0.21	0.21	0.21	0.21	—	—	—	—	—	—
H1	2.12	0.00	1.45	1.45	1.45	1.45	1.45	—	—	—	—	—
H2	2.64	1.85	0.33	0.33	0.33	0.33	0.33	0.33	—	—	—	—
H3	2.85	0.19	0.34	0.34	0.34	0.34	0.34	0.34	0.34	—	—	—
I1	2.00	0.43	0.92	0.92	0.92	0.92	0.92	0.92	0.92	0.92	—	—
I2	5.55	2.58	1.10	1.10	1.10	1.10	1.10	1.10	1.10	1.10	1.10	—
AI	69.83	10.63	6.87	6.87	6.87	6.87	6.87	6.87	6.87	6.87	6.87	6.87
合计	115.83	27.15	15.35	13.99	12.65	11.22	11.01	9.56	9.23	8.89	7.97	6.87

表 10.27　王茂沟 1#坝区间不同坝系结构组合蓄洪级联特征(300a)

单坝	设计库容/万 m³	剩余库容/万 m³	拦蓄洪水量/万 m³									
			AI	AI₁	AI₂	AI₃	AI₄	AI₅	AI₆	AI₇	AI₈	AI₉
G1	2.41	0.00	1.78	—	—	—	—	—	—	—	—	—
G2	5.92	1.20	1.75	1.75	—	—	—	—	—	—	—	—
G3	7.33	0.00	1.87	1.87	1.87	—	—	—	—	—	—	—
G4	15.18	10.27	0.27	0.27	0.27	0.27	—	—	—	—	—	—
H1	2.12	0.00	1.90	1.90	1.90	1.90	1.90	—	—	—	—	—
H2	2.64	1.85	0.43	0.43	0.43	0.43	0.43	0.43	—	—	—	—

续表

单坝	设计库容/万 m³	剩余库容/万 m³	拦蓄洪水量/万 m³									
			AI	AI₁	AI₂	AI₃	AI₄	AI₅	AI₆	AI₇	AI₈	AI₉
H3	2.85	0.19	0.45	0.45	0.45	0.45	0.45	0.45	0.45	—	—	—
I1	2.00	0.43	1.20	1.20	1.20	1.20	1.20	1.20	1.20	1.20	—	—
I2	5.55	2.58	1.45	1.45	1.45	1.45	1.45	1.45	1.45	1.45	1.45	—
AI	69.83	10.63	9.00	9.00	9.00	9.00	9.00	9.00	9.00	9.00	9.00	9.00
合计	115.83	27.15	20.10	18.32	16.57	14.70	14.43	12.53	12.10	11.65	10.45	9.00

表 10.28　王茂沟 1#坝区间不同坝系结构组合蓄洪级联特征(500a)

单坝	设计库容/万 m³	剩余库容/万 m³	拦蓄洪水量/万 m³									
			AI	AI₁	AI₂	AI₃	AI₄	AI₅	AI₆	AI₇	AI₈	AI₉
G1	2.41	0.00	2.05	—	—	—	—	—	—	—	—	—
G2	5.92	1.20	2.02	2.02	—	—	—	—	—	—	—	—
G3	7.33	0.00	2.15	2.15	2.15	—	—	—	—	—	—	—
G4	15.18	10.27	0.32	0.32	0.32	0.32	—	—	—	—	—	—
H1	2.12	0.00	2.19	2.19	2.19	2.19	2.19	—	—	—	—	—
H2	2.64	1.85	0.05	0.50	0.50	0.50	0.50	0.50	—	—	—	—
H3	2.85	0.19	0.51	0.51	0.51	0.51	0.51	0.51	0.51	—	—	—
I1	2.00	0.43	1.39	1.39	1.39	1.39	1.39	1.39	1.39	1.39	—	—
I2	5.55	2.58	1.67	1.67	1.67	1.67	1.67	1.67	1.67	1.67	1.67	—
AI	69.83	10.63	10.37	10.37	10.37	10.37	10.37	10.37	10.37	10.37	10.37	10.37
合计	115.83	27.15	23.17	21.12	19.10	16.95	16.63	14.44	13.94	13.43	12.04	10.37

对于 50a 一遇洪水，当上游无坝时，区间洪水全部由坝 AD 拦蓄，需要拦蓄 8.75 万 m³ 洪水量；当上游依次增加坝 D1、坝 D2、坝 E1、坝 E2、坝 DE 时，主沟控制坝 AD 需要拦蓄的洪水量为分别为 8.51 万 m³、7.06 万 m³、5.26 万 m³、4.57 万 m³、3.32 万 m³。

对于 100a 一遇洪水，当上游无坝时，区间洪水全部由坝 AD 拦蓄，需要拦蓄 10.58 万 m³ 洪水量；当上游依次增加坝 D1、坝 D2、坝 E1、坝 E2、坝 DE 时，主沟控制坝 AD 需要拦蓄的洪水量分别为 10.29 万 m³、8.54 万 m³、6.37 万 m³、5.53 万 m³、4.02 万 m³。

同理，对于 300a 一遇洪水，不同的单元坝系组合下，坝 AD 需要拦蓄的洪水量分别为 13.84 万 m^3、13.46 万 m^3、11.17 万 m^3、8.33 万 m^3、7.24 万 m^3 和 5.26 万 m^3；对于 500a 一遇洪水，不同的单元坝系组合下，坝 AD 需要拦蓄的洪水量分别为 15.97 万 m^3、15.33 万 m^3、12.89 万 m^3、9.61 万 m^3、8.35 万 m^3 和 6.07 万 m^3。

同上，假设王茂沟 1#坝(坝 AI)上游无坝，则控制区间水沙全部由坝 AI 拦蓄。当上游依次增加坝 G1、坝 G2、坝 G3、坝 G4、坝 H1、坝 H2、坝 H3、坝 I1、坝 I2 时，该单元坝系组合依次为 AI+G1、AI+G1/G2、AI+G1/G2/G3、AI+G1/G2/G3/G4、AI+G1/G2/G3/G4/H1、AI+G1/G2/G3/G4/H1/H2、AI+G1/G2/G3/G4/H1/H2/H3、AI+G1/G2/G3/G4/H1/H2/H3/I1 和 AI+G1/G2/G3/G4/H1/H2/H3/I1/I2，坝 AI 上游 9 个中小型坝总的库容为 46.0 万 m^3。

对于 50a 一遇洪水，当上游无坝时，区间洪水全部由坝 AI 拦蓄，需要拦蓄 12.69 万 m^3 洪水量；当上游依次增加坝 G1、坝 G2、坝 G3、坝 G4、坝 H1、坝 H2、坝 H3、坝 I1、坝 I2 时，主沟控制坝 AI 需要拦蓄的洪水量为分别为 11.56 万 m^3、10.45 万 m^3、9.27 万 m^3、9.10 万 m^3、7.90 万 m^3、7.63 万 m^3、7.35 万 m^3、6.59 万 m^3、5.68 万 m^3。

对于 100a 一遇洪水，当上游无坝时，区间洪水全部由坝 AI 拦蓄，需要拦蓄 15.35 万 m^3 洪水量；当上游依次增加坝 G1、坝 G2、坝 G3、坝 G4、坝 H1、坝 H2、坝 H3、坝 I1、坝 I2 时，主沟控制坝 AI 需要拦蓄的洪水量为分别为 13.39 万 m^3、12.65 万 m^3、11.22 万 m^3、11.01 万 m^3、9.56 万 m^3、9.23 万 m^3、8.89 万 m^3、7.79 万 m^3、6.87 万 m^3。

同理，对于 300a 一遇洪水，不同的单元坝系组合下，坝 AI 需要拦蓄的洪水量分别为 20.10 万 m^3、18.32 万 m^3、16.57 万 m^3、14.70 万 m^3、14.43 万 m^3、12.53 万 m^3、12.10 万 m^3、11.65 万 m^3、10.45 万 m^3、9.00 万 m^3；对于 500a 一遇洪水，不同的单元坝系组合下，坝 AI 需要拦蓄的洪水量分别为 23.17 万 m^3、21.12 万 m^3、19.10 万 m^3、16.95 万 m^3、16.63 万 m^3、14.44 万 m^3、13.94 万 m^3、13.43 万 m^3、12.04 万 m^3、10.37 万 m^3。

坝系不仅需要具备防洪保安功能，而且需要淤地生产，来作为坝系生存的和可持续发展的基础。在确保安全利用控制性工程的前提下，可在该坝上游的 I、II 级支沟建设中小型淤地坝，以尽快淤地生产。以淤地生产为主要目的的中小型淤地坝设计标准较低，淤积年限较短，一般在 5~10a。因此，坝分布密度、坝高、库容、坝址的合理配置就显得尤为重要。如果配置不够合理，布坝密度过小，会很快淤满，库容丧失过快，如果下游无控制性大坝或控制性大坝剩余库容较小，一旦出现超标准洪水，则必将对下游的防洪安全造成压力，甚至导致连锁溃坝。反之，如果布坝密度过大，理论上来讲，该单元坝系面对超标洪水时会更加安全，但相应的建坝投入成本增加，各单坝控制面积过小，淤积成地过慢，坝系不能尽快发挥生产效益，也不利于坝系的生存和可持续发展。

10.3.5 坝系雨洪资源利用潜力

根据王茂沟流域现状条件下的不同重现期暴雨雨型概化、各时段最大降水量、Cv、Cs/Cv 及下渗资料推求净雨过程，进一步计算不同重现期下的流域洪水过程。结合 RSULE 模型计算不同重现期下王茂沟流域各淤地坝坝控流域的侵蚀量，得到现状条件下不同重现期各淤地坝的洪水总量，见图 10.18。

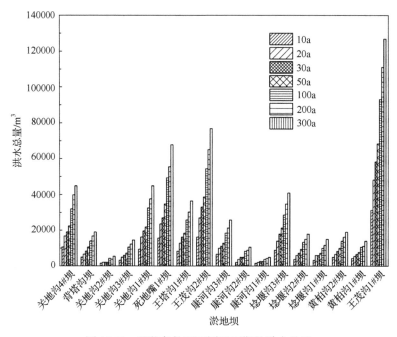

图 10.18　现状条件下不同重现期的洪水总量

根据王茂沟流域现状条件下的 17 座淤地坝泄水建筑物形式，计算得到现状条件下不同重现期王茂沟流域各淤地坝的泄洪量，见图 10.19。

根据王茂沟流域现状条件下不同重现期王茂沟流域各淤地坝的泄洪量和洪水总量，可以计算得到不同重现期暴雨条件下王茂沟流域各淤地坝的洪水拦蓄率，见图 10.20。可以看出，不同重现期暴雨条件下王茂沟流域淤地坝洪水拦蓄率平均值大于 70%，表明王茂沟流域淤地坝系雨洪资源具有较高的利用潜力。

背塔沟坝、关地沟 3#坝、康河沟 3#坝、康河沟 2#坝、康河沟 1#坝、埝堰沟3#坝、黄柏沟 2#坝和王塔沟 1#坝这 8 个坝均为"闷葫芦"坝，不同重现期下的洪水拦蓄率均为 100%，因此在此不做阐述。

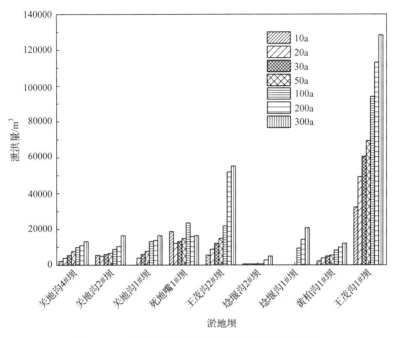

图 10.19 现状条件下不同重现期的淤地坝泄洪量

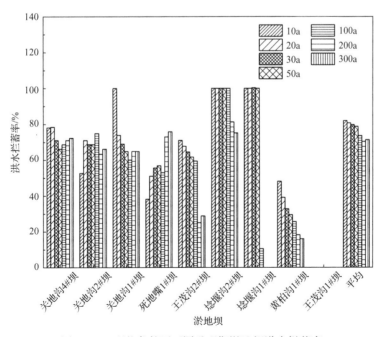

图 10.20 现状条件下不同重现期淤地坝洪水拦蓄率

参 考 文 献

陈继东, 周长亮, 李惠丽, 2017. 接坝地区 9 种典型林分类型枯落物层和土壤层水文效应[J]. 水土保持研究, 24(6): 216-221, 226.

贾剑波, 刘文娜, 余新晓, 等, 2015. 半城子流域 3 种林地枯落物的持水能力[J]. 中国水土保持科学, 13(6): 26-32.

李哲, 董宁宁, 侯琳, 等, 2016. 秦岭山地不同龄组锐齿栎林土壤和枯落物有机碳、全氮特征[J]. 中南林业科技大学学报, 37(12): 127-132, 138.

廖文海, 曾春兴, 孙欧文, 等, 2019. 浙江省江山市不同森林类型枯落物持水性能[J]. 浙江林业科技, 39(6): 63-68.

鲁绍伟, 陈波, 潘青华, 等, 2013. 北京山地不同海拔人工油松林枯落物及其土壤水文效应[J]. 水土保持研究, 20(6): 54-58, 70.

栾莉莉, 张光辉, 孙龙, 等, 2015. 黄土高原区典型植被枯落物蓄积量空间变化特征[J]. 中国水土保持科学, 13(6): 48-53.

田野宏, 满秀玲, 李奕, 等, 2013. 大兴安岭北部天然次生林枯落物及土壤水文功能研究[J]. 水土保持学报, 27(6): 113-118, 129.

王骄洋, 王卫军, 姜鹏, 等, 2013. 华北落叶松人工林林分密度对枯落物层持水能力的影响[J]. 水土保持研究, 20(6): 66-70.

王丽艳, 刘光正, 林小凡, 等, 2015. 赣江源不同密度针叶林枯落物持水特征[J]. 南方林业科学, 43(6): 45-48.

赵鹏, 马佳明, 李艳茹, 等, 2020. 太行山典型区域不同林分类型枯落物水文效应[J]. 水土保持学报, 34(5): 176-185.

钟梁, 高友英, 孙浩, 等, 2017. 抚河上游生态公益林 4 种森林类型枯落物层和土壤层水文效应[J]. 南方林业科学, 45(6): 5-8.

第 11 章　黄土高原生态建设的生态系统服务功能

11.1　生态系统服务功能

生态系统服务是指生态系统与生态过程形成和维持的人类赖以生存的自然环境条件与效用(刘畅等，2020)。生态系统的服务功能是其生态功能的重要表现形式，生态功能则是服务功能形成的基础(倪维秋，2017)。生态系统服务一般指生命支持功能(如净化、循环、再生等)，不包括生态系统的功能和生态系统提供的产品，主要包括向经济社会系统输入有用物质和能量、接受和转化来自经济社会系统的废弃物，以及直接向人类社会成员提供服务(如人们普遍享用洁净空气、水等舒适性资源)，与传统经济学意义上的服务(实际上是一种购买和消费同时进行的商品)不同。对人类而言，生态系统的服务功能是无法在市场上购买而又具有重要价值的各种服务。生态系统的服务功能主要包括有机物质的合成与生产、生物多样性的产生与维持、调节气候、营养物质储存与循环、土壤肥力的更新与维持、净化环境降解有毒物质、植物花粉传播与种子扩散、有害生物的控制及减轻自然灾害等方面(王宁等，2020；刘胜涛等，2017)。余新晓等(2005)研究了我国森林生态系统服务功能价值，总价值为 30601.20 亿元/a，年间接价值是年直接经济价值的 14.94 倍。

11.1.1　生态系统服务功能的价值化

生态系统不仅为人类提供了食品、医药及其他的生产生活原料，更重要的是维持了人类赖以生存的支持系统，维持生命物质的生物化循环与水文循环，维持生物物种的多样性，净化环境，维持大气化学平衡与稳定，人类从生态系统服务功能中直接或者间接地获取利益。生态系统服务功能虽然是公共资源，但是依然具有一定价值。为了维持生态系统健康可持续发展，激励人类保护生态系统，要对生态系统服务功能进行补偿，这就意味着要将生态系统的服务功能价值化，使其像经济社会中的物品一样(王军等，2015)。

对生态系统服务功能价值化，就是将其转化为实物，然后以实物价格进行价值化，最终得到生态系统服务功能具有的价值。

11.1.2　我国主要生态系统服务功能

在总结前人关于生态系统服务功能概念的基础上，认为水土保持生态系统服务功能指水土保持过程中采用的各项措施对维持、改良和保护人类及人类社会赖以生存的自然环境条件的综合效用。

生态系统服务功能可分为利用价值与非利用价值两部分。利用价值包括直接利用价值(直接实物价值)、间接利用价值(生态功能价值)和选择价值(潜在利用价值)，非利用价值则包括遗产价值和存在价值。在功能类型方面，科斯坦萨(Costanza)将生态系统服务功能归纳为 17 类，戴利(Daily)将生态系统服务功能归纳为 15 类。

对照 Daily 的 15 项生态系统服务功能和 Costanza 的 17 项生态系统服务功能(表 11.1)，结合水土保持具有的功能，归纳得到水土保持生态系统服务功能主要体现在保护和涵养水源、保持和改良土壤、固碳供氧、净化空气、防风固沙、维持生物多样性和维持环境景观这 7 方面。

表 11.1　生态系统服务功能

生态服务	功能举例
气体调节	大气化学成分的调节，如 CO_2/O_2 平衡、氮氧化物吸收等，减少温室效应
气候调节	温室气体调节，海洋二甲基硫影响云层的形成等
干扰调节	对环境波动的响应，如洪水控制等
水调节	水文调节及提供水资源等
水供应	通过集水区等水资源储存和维持
水土保持	防止土壤水蚀、风蚀，淤泥沉积储存等
土壤形成	土壤有机质形成等
营养循环	如氮固定及其他营养物质循环等
废物处理	通过分解等功能污染控制、脱毒等
授粉	为植物提供授粉者，以保障种群繁衍
生物控制	通过捕食和被捕食维持平衡
栖息、避难所	为候鸟等生命提供栖息地和避难所
食物生产	提供鱼类、水果、猎物等
提供原材料	如木材、薪柴等
遗传资源	如医药、花卉植物等
娱乐	生态旅游、垂钓等户外活动
文化	美学、教育、科学等

1. 保护和涵养水源功能

水土保持措施的重要功能就是保持水土。林草措施与水源之间有着非常密切的关系，主要表现在林草具有截留降水、增强土壤下渗、抑制蒸发、缓和地表径流、增加降水等功能。这些功能可以延长径流时间，在洪水到来时减小洪水的流量，在枯水期补充河流的水量，起到调节河流水位的作用；在空间上，森林能够将降水产生的地表径流转化为土壤径流和地下径流，或者通过蒸发蒸腾的方式将水分返回大气中，进行大范围的水分循环，对大气降水进行再分配。

研究表明，林草土壤根系空间达 1m 深时，$1hm^2$ 森林可储存水 200~2000m^3，比无林地多蓄水 300m^3。冉大川(2006)研究表明，1970~1996 年，河龙区间及泾河、北洛河、渭河流域水土保持措施年均减少径流 5.456 亿 m^3，占对应区间及流域多年平均来水量的 4.6%。

此外，水土保持工程措施拦截径流的作用也很显著。坡地修水平梯田的保水率为 85%~95%，修坡式梯田的保水率为 78%~85%，修地埂的保水率为 75%~80%，灌木防冲带的保水率为 70%~75%。常丹东等(2005)研究表明，经工程和植物措施相结合治理的侵蚀沟，其保水率为 75%~85%。

2. 保持和改良土壤功能

1) 保土作用

林草措施的保土功能主要表现在 3 个方面。①林冠的截留作用。由于林冠和地表植物可以截留一部分雨水，避免雨滴对地表直接冲击和侵蚀，降低降水强度，可减少和延缓径流，减少对土壤的侵蚀。②林地土壤含有大量的腐殖质，其具有较高的透水性能和蓄水性能，使地表径流最大限度地转变为地下径流，这样可以减小地表径流量和速度，从而减少土壤侵蚀。③树木根系对土壤的固结作用。在森林土壤中，树木根系纵横交错，盘根错节，其具有固结土壤、减少滑坡和泥石流的作用。

工程措施拦截泥沙的作用非常显著。坡地修水平梯田的保土率达 95%，修坡式梯田的保土率为 84%~90%，修地埂的保土率为 80%~85%，灌木防冲带的保土率为 73%~80%。黄土高原地区淤地坝建设范围涉及 39 条支流(总土地面积 42.6 万 km^2，水土流失面积 27.2 万 km^2)。截至 2019 年，黄土高原建成淤地坝 58776 万座，其中骨干坝 5905 座。工程完成后，工程实施区水土流失综合治理程度达到 80%，可减少入黄泥沙 4 亿 t，拦截泥沙量达到 400 亿 t，新增坝地面积达到 5 万 hm^2，促进退耕面积可达 220 万 hm^2，封育保护面积达 400 万 hm^2。

大量研究表明，在黄土高原采用水土保持耕作措施，能有效拦蓄降水，防止径流产生，增加土壤养分，减少土壤冲刷流失，大幅度提高粮食产量。山西省水土保持科学研究所在丰产沟开展了一次持续了 41d、降水量为 430.7mm 的降雨过程，丰产沟中的雨水全部入渗，无径流产生，而一般田块却侵蚀严重。水土保持耕作大多结合农业耕作措施实施，一般每公顷用工人数比普通耕作多 15~30 人，增产幅度为

10%~30%，即每投入 1 名水土保持治理工，当年可获得 10kg 左右的粮食。

2) 改良土壤性质

崔晓伟等(2005)研究表明，龙江县小流域经治理的坡面土壤含水量增加，改善土壤理化性质，土壤肥力逐年提高，过去偏黏、偏砂质的土壤有所改善，团粒结构开始形成，田面土壤肥力普遍增强，氮磷钾等养分含量增加，土壤微生物增多，腐殖化程度提高。甘肃省定西水保试验站研究表明：坡耕地和荒坡地的土壤养分含量基本不随时间变化，而有措施地块的土壤养分含量随时间推移而递增；有措施较无措施地块的土壤养分含量增加，pH 向中性变化，阳离子交换量增加；对相同情况下旱梯田与坡地的土壤肥力进行分析，结果表明，旱梯田土壤肥力明显高于坡地，梯田比同等塬坡地平均每公顷增产粮食 975kg，梯田比同等山坡地平均每公顷增产粮食 795kg，最高达到 1575kg(尚新明等，2007)。

3. 固碳供氧功能

固碳供氧功能以水土保持林草措施最为突出。植物的光合作用以 CO_2 为生产原料，将它固定在植物各种器官和组织中，同时释放人类和其他动物生存不可缺少的 O_2。因此，林草措施对维持大气中 CO_2 的稳定具有重要作用，成为氧的"天然制造厂"。CO_2 排放和污染成为国际社会的热点问题之一，各国政府承诺减少温室气体的排放，水土保持林草措施有助于缓解全球的温室效应。

4. 净化空气功能

净化空气功能也主要是林草措施带来的，表现在 4 个方面：吸收污物、阻滞粉尘、杀灭病菌和降低噪声。

(1) 吸收污物：植物的树干、枝叶可以吸收、降解、积累和迁移大气中 SO_2、HF、Cl_2、NH_3 等污染物质，达到对大气污染的净化作用。植物还能够过滤和吸收放射性物质，减少空气中的放射性物质。

(2) 阻滞粉尘：粉尘是重要大气污染物之一，植物对其有很大的阻挡、过滤和吸附作用。树木形体高大，枝叶茂盛，具有降低风速的作用，使大颗粒的灰尘因风速减弱而在重力作用下沉降于地面；树叶表面粗糙不平，多绒毛，有油脂和黏性物质，又能吸附、滞留黏着一部分粉尘，从而使大气含尘量降低。

(3) 杀灭病菌：树木具有杀灭空气中病菌的作用。一是因为树木能减少灰尘，也就减少了附着在灰尘上的细菌；二是有些树木在新陈代谢过程中分泌香精、酒精、有机酸、醚、醛和酮等化学物质，具有杀菌或抑菌的能力。

(4) 降低噪声：植物之所以能够降低噪声，是因为声波传至树冠后，能被浓密的枝叶不定向反射或吸收，消耗了声能，噪声减弱甚至消失。

5. 防风固沙功能

水土保持林草措施的主要目的是涵养水源、保持水土,成林后在风沙地区也会起到防风固沙的作用,表现为水土保持林降低风速和改变风向两方面。当风经过树林时,部分进入林内,由于树干和枝叶的阻挡及气流本身的冲撞摩擦,风力削弱,风速大减;另一部分则被迫沿林缘上升,越过林墙,林冠起伏不平,激起了许多旋涡,成为乱流,消耗了部分能量。因此,风速降低,风力下降。此外,植被的根系均能固沙紧土、改良土壤结构,从而可大大削弱风的挟沙能力,有效地阻截、固定、控制流沙,因此在防沙治沙等方面起到重要的作用。

6. 维持生物多样性功能

水土保持林本身的生物多样性并不是很高,但它可以为生物多样性存在提供前提条件。因为水土保持林可以为多种植物提供生活环境,也可为动物和其他生物提供栖息条件、隐蔽条件和各种各样的食物资源。

11.2　生态系统服务功能服务价值

11.2.1　水土保持生态系统服务功能

水土保持是指防治水土流失,保护、改良与合理利用水土资源,维护和提高土地生产力,以利于充分发挥水土资源的经济效益和社会效益,减轻水旱灾害,建立良好生态环境,支撑可持续发展的社会公益事业(杨磊等,2020)。

水土保持生态系统服务功能是指水土保持过程中采用的各项措施对维持、改良和保护人类及人类社会赖以生存的自然环境条件的综合效用(孙莉英等,2020)。对照 Daily 的 13 项生态系统服务功能和 Costanza 的 17 项生态系统服务功能,结合水土保持具有的功能,不难看出,水、土壤是生态系统最重要且不可替代的基础性要素,水土流失恰恰是对水土资源的破坏与损失,水土保持则是防治水土流失,保护、开发和合理利用水土资源,对维护生态系统的平衡及人类社会健康发展具有极为重要和不可替代的地位和作用。

我国水土流失现状及水土保持工作中存在的主要问题无疑严重阻碍了水土保持生态系统服务功能的实施和发挥,降低了水土保持改善、维护和恢复生态系统的能力。因此,亟须采取有效的措施维护、改善和提高水土保持服务功能,减少水土流失,促进生态系统良性循环。

纵观发达国家治理水土流失的对策和保障措施,水土保持生态补偿是一条成功之路,有很多成功的典范和案例。在我国,水土保持生态补偿在理论方面虽有了一定的基础,在实践中也有成功的个案,但是整体上仍亟须进行水土保持生态补偿理论研究和实践探索。为了生态系统及其人类赖以生存的基础资源——水土资源不至于坍塌,为了生态系统的平衡与人类的可持续及和谐发展,我国水土保持生态补偿理论研究及其机制的制订与实施已势在必行。

11.2.2　水土保持功能生态系统服务价值评估

1. 生态系统服务价值评估指标体系

生态系统是植物、动物和微生物群落,以及无机环境相互作用构成的一个动态、复杂的功能单元。人类是生态系统不可分割的组成部分,人类的生存、生产和发展无一不与土地利用有关,"人类发展史就是一部土地利用史"。人类的土地利用活动在改变地球表层生态系统的同时,也影响着地表生态系统的结构和功能,从而使生物圈生态系统服务价值变化。人类文明发展至今,得益于生态系统提供的各种服务,土地资源具有外部性和公共物品性,长期以来人类对土地资源肆意开采利用,导致土地生态系统恶化。早在 2005 年,由联合国发起、历时 4 年调查发布的《千年生态系统评估综合报告》中就指出,人类赖以生存的生态系统有 60%正处于不断退化状态,自然资源的 2/3 已被损耗。生态系统为人类提供服务功能的能力也在不断衰退,为了实现和维护人类社会与自然生态系统之间的可持续发展,各国学者从不同的角度研究和评估生态系统服务价值,并发表了大量研究成果。

1997 年,美国生态学家 Costanza 等提出的基于土地利用覆被面积及服务单价核算区域生态系统服务价值的研究方法,开启了生态系统服务价值评估核算的新纪元,已在国内外得到广泛应用。我国学者谢高地提出的中国陆地生态系统服务价值当量、系数、地区修正系数等,丰富和发展了基于土地利用类型的生态系统服务价值评估体系,在我国得到了大量实践运用。

指标体系的筛选是一项复杂的系统工程,要求评估者对评估指标系统有充分的认识和多方面的知识积累。筛选指标的方法主要有专家咨询法、层次分析法和频度分析法等,本小节采用专家咨询法和频度分析法。首先采用频度分析法,从国内外众多研究文献、我国各生态观测站资料中,对各种指标进行统计分析,选择那些使用频度较高的指标;同时,结合我国水土保持的背景特征、主要问题及不同区域的生态条件等,进行分析、比较,综合选择针对性较强的指标。在此基础上,征询有关专家意见,对指标进行筛选和调整,最终得到我国水土保持功能生态系统服务价值评估指标体系,如表 11.2 所示。

表 11.2　水土保持功能生态系统服务价值评估指标体系

措施	功能	价值
农业措施	保护和涵养水源功能	拦蓄径流价值
	保持和改良土壤功能	保存土壤肥力价值
		减少泥沙淤积价值
工程措施	保护和涵养水源功能	蓄水价值
	保持和改良土壤功能	减洪价值
		保存土壤肥力价值
		减少泥沙淤积价值
林草措施	保持和改良土壤功能	保存土壤肥力价值
		减少泥沙淤积价值
		减少土壤侵蚀价值
	保护和涵养水源功能	保水价值
		防洪价值
		保护水资源价值
	固碳供氧功能	固碳价值
		供氧价值
	净化空气功能	吸收 SO_2 价值
		吸收氟化物价值
		降低粉尘价值
	维持生物多样性功能	维持生物多样性价值
	防风固沙功能	防风固沙价值
	维持环境景观功能	维持环境景观价值

2. 功能价值评估方法

各种评估方法的比较见表 11.3，每种方法都有各自不同的优缺点，因此应根据实际情况选择方法。

表 11.3　各种评估方法的比较

分类	评估方法	优点	缺点
直接市场法	费用支出法	生态环境价值可以得到较为粗略的量化	费用统计不够全面，不能真实反映游憩地的实际游憩价值
	市场价值法	评估比较客观，争议较少，可信度较高	数据必须足够、全面

分类	评估方法	优点	缺点
直接市场法	机会成本法	比较客观全面地体现了资源系统的生态价值，可信度较高	资源必须具有稀缺性
	恢复和防护费用法	可以将生态恢复费用或防护费用量化生态系统服务价值	评估结果为最低的生态系统服务价值
	影子工程法	可以将难以直接估算的生态系统服务价值用替代工程表示出来	替代工程非唯一性，替代工程时间、空间差异较大
	人力资本法	可以对难以量化的生命价值进行量化	违背道德，效益归属问题及理论上尚存在缺陷
替代市场法	旅行费用法	可以核算生态系统游憩的使用价值，可以评估无市场价格的生态环境价值	不易评估非使用价值，可信度低于直接市场法
	享乐价格法	通过侧面的分析可以求出生态环境的价值	主观性较强，受其他因素的影响较大，可信度低于直接市场法
模拟市场法	条件价值法	适用于投入实际市场和替代市场交换商品的价值评估，能评估各种生态系统服务功能的经济价值，适宜于非实用价值占较大比例的独特景观和文物古迹价值评估	实际评估结果常受到情感和认知偏差影响，调查结果准确与否很大程度上依赖于调查方案的设计和被调查的对象等诸多因素，可信度低于替代市场法

3. 水土保持生态系统服务功能物质量计算

1) 水土保持工程措施生态系统服务功能物质量计算

(1) 梯田蓄水、保土量计算。根据《水土保持综合治理　效益计算方法》(GB/T 15774—2008)，梯田的蓄水保土效益用梯田的减流、减蚀有效面积 F_e 与相应的减流、减蚀模数相乘而得，其关系式为

$$\Delta W = F_e \Delta W_m \tag{11.1}$$

$$\Delta S = F_e \Delta S_m \tag{11.2}$$

式中，ΔW 为某项措施的减流总量(m^3)；ΔS 为某项措施的减蚀总量(t)；F_e 为某项措施的有效面积(hm^2)；ΔW_m 为减少径流模数(m^3/hm^2)；ΔS_m 为减少侵蚀模数(t/hm^2)。ΔW_m 和 ΔS_m 的计算公式用有梯田坡面的径流模数、侵蚀模数与无措施(坡耕地、荒坡)坡面的相应模数对比而得，其关系式为

$$\Delta W_m = W_{mb} - W_{ma} \tag{11.3}$$

$$\Delta S_m = S_{mb} - S_{ma} \tag{11.4}$$

式中，W_{mb} 为治理前(无措施)的径流模数(m^3/hm^2)；W_{ma} 为治理后(有措施)的径流模数(m^3/hm^2)；S_{mb} 为治理前(无措施)的侵蚀模数(t/hm^2)；S_{ma} 为治理后(有措施)的

侵蚀模数(t/hm²)。

(2) 梯田减洪量、减沙量计算。根据冉大川对黄河中游地区梯田减洪减沙作用分析，可将梯田减洪量的计算公式归结为

$$\Delta W_1 = F_e \times W_i \qquad (11.5)$$

式中，ΔW_1 为梯田的减洪量(万 m³)；F_e 为计算年梯田的有效面积(km²)；W_i 为计算年流域天然状况下的产洪模数，可以根据流域水量平衡原理通过试算确定，单位为 m³/km²。

减沙量用以洪算沙的方法计算，公式为

$$\Delta S_1 = \gamma_s \times \Delta W_1 / K \qquad (11.6)$$

式中，ΔS_1 为梯田的减沙量(t)；K 为流域梯田拦洪时的洪沙比；γ_s 为淤泥干容重，取 $\gamma_s = 1.35 t/m^3$。

(3) 就近拦蓄措施减水减沙量。就近拦蓄措施包括水窖、蓄水池、截水沟、沉砂池、沟头防护、谷坊、塘坝小水库和引洪漫地，其作用包括拦蓄暴雨的地表径流及其挟带的泥沙，在减轻水土流失的同时，还可供当地生产、生活利用。计算方法参照《水土保持综合治理　效益计算方法》。计算时应全面研究各项措施的具体作用，计算项目包括两方面：一是减少的径流量(ΔV_w)，单位为 m³；二是减少的泥沙量(ΔV_s)，单位为 t。

对不同特点的措施，分别采取不同的计算方法，主要有典型推算法和具体量算法两种。

典型推算法：对于数量较多而每个容量较小的水窖、涝池、谷坊、塘坝、小型淤地坝等，采用此法。通过典型调查，求得有代表性的单个(座)拦蓄(径流、泥沙)量，再乘以该项措施的数量，即得总量。

具体量算法：对数量较少而每座容量较大的大型淤地坝、治沟骨干工程和小二型以上小水库等，应采用此法。其拦蓄(径流、泥沙)量，必须到现场逐座具体量算求得。

淤满以前的小水库可计算其拦泥、蓄水作用；在淤满以后，如不加高，就不再计算此两项作用；淤满后的拦泥量按坝地面积折算，计算式为

$$\Delta V = \Delta m_s F_e \qquad (11.7)$$

式中，ΔV 为坝地拦泥总量(t)；Δm_s 为单位面积坝地拦泥量(t/hm²)；F_e 为坝地拦泥有效面积(hm²)。

在一段时期内(如 n 年)，坝地的时段平均拦泥有效面积为

$$F_{ea} = \frac{1}{n}(F_{ee} - F_{eb}) \qquad (11.8)$$

式中，F_{ea} 为时段平均坝地拦泥有效面积(hm²)；F_{ee} 为时段末坝地拦泥的有效面积

(hm^2)；F_{eb} 为时段初坝地拦泥的有效面积(hm^2)。

(4) 减轻沟蚀量。减轻沟蚀量$(\sum\Delta G)$包括四个方面：

$$\sum\Delta G = \Delta G_1 + \Delta G_2 + \Delta G_3 + \Delta G_4 \tag{11.9}$$

式中，ΔG_1 为沟头防护工程制止沟头前进的保土量(m^3)；ΔG_2 为谷坊、淤地坝等制止沟底下切的保土量(m^3)；ΔG_3 为稳定沟坡制止沟岸扩张的保土量(m^3)；ΔG_4 为塬面、坡面水不下沟(或少下沟)以后减轻沟蚀的保土量(m^3)。

2) 水土保持农业措施的生态系统服务功能物质量计算

(1) 蓄水保土功能。

水土保持耕作法的蓄水拦沙功能：①等高耕作。据黄河水利委员会天水水土保持科学试验站观测，等高条播可拦蓄径流 19%～39%，减少冲刷 31%～67%，其保土增产效益与坡度大小成反比，在坡度 25°以下，坡度越缓效益越好。②等高带状间作。据山西省某县水保站观测，粮草带状间作可拦蓄径流 60.5%，减少冲刷 65.7%，增产 50%以上。③沟垄耕作。据甘肃省陇南水土保持总站观测，垄作区比顺坡耕种一般可减少径流 75%，减少表土冲刷 90%，种植玉米平均增产 18%。④丰产沟。据观测，丰产沟比一般耕作可减少径流 88%～92%，减少表土冲刷 95%，平均增产 40%。⑤深耕密植。据甘肃省定西市水土保持总站、黄河水利委员会天水水土保持科学试验站观测，密植可减少径流 10%，减少表土冲刷 15%～20%。

陇东黄土高原山坡农耕地上沟播栽培试验表明，山坡地沟播栽培可使径流量、冲刷量分别减少 $0.963m^3/m^3$ 和 $0.966kg/kg$，水土流失次数减少 20 次，减少 N、P(P_2O_5)流失养分量分别为 $139.71kg/hm^2$、$159.53kg/hm^2$，土壤含水量提高 0.35%～1.10%，冬小麦单产平均提高 $267.5kg/hm^2$。沟播栽培与平播栽培的土壤养分、水土流失量和土壤含水量比较见表 11.4～表 11.6。

表 11.4 减少土壤养分分析

处理	坡度/(°)	冲刷量/(kg/hm²)	流失土壤养分含量/(kg/kg)		流失养分量/(kg/hm²)			
			N	P$_2$O$_5$	N	折合尿素	P$_2$O$_5$	折合过磷酸钙
沟播栽培	30	104.5	0.00046	0.00054	4.81	10.45	5.64	47.03
平播栽培(CK)	30	2949.4	0.00049	0.00056	144.52	314.18	165.17	1376.39

表 11.5 水土流失量比较

年份	小麦生育期降水量/mm	径流流失量				土壤流失量			
		沟播栽培		平播栽培		沟播栽培		平播栽培	
		/(m³/hm²)	/(m³/m³)	/(m³/hm²)	/(m³/m³)	/(kg/hm²)	/(kg/kg)	/(kg/hm²)	/(kg/kg)
1999	249.4	9.421	0.038	248.315	1	97.1	0.042	2331.6	1
2000	226.6	4.457	0.023	189.822	1	79.6	0.026	3026.7	1

续表

年份	小麦生育期降水量/mm	径流流失量				土壤流失量			
		沟播栽培		平播栽培		沟播栽培		平播栽培	
		/(m³/hm²)	/(m³/m³)	/(m³/hm²)	/(m³/m³)	/(kg/hm²)	/(kg/kg)	/(kg/hm²)	/(kg/kg)
2001	301.1	11.955	0.045	265.487	1	104.5	0.035	2949.4	1
1999~2001	—	25.833	0.037	703.624	1	281.2	0.034	8307.7	1

注：单位 m³/hm² 的径流流失量表示单位面积径流流失量，单位 m³/m³ 的径流流失量表示单位土壤体积径流流失量；单位 kg/hm² 的土壤流失量表示单位面积土壤流失量，单位 kg/kg 的土壤流失量表示单位质量土壤流失量。

表 11.6　不同耕作方式的土壤含水量　　　　　　　(单位：%)

年份	沟播栽培不同土层				平播栽培不同土层				不同土层沟播较平播提高			
	0~10cm	10~20cm	20~30cm	30~40cm	0~10cm	10~20cm	20~30cm	30~40cm	0~10cm	10~20cm	20~30cm	30~40cm
1999	7.96	8.65	8.92	9.27	7.35	7.76	8.42	8.84	0.61	0.89	0.50	0.43
2000	6.87	7.91	8.05	8.43	6.02	6.89	7.41	7.86	0.85	1.10	0.64	0.57
2001	8.15	8.68	8.87	9.28	7.58	7.94	8.46	8.93	0.57	0.74	0.41	0.35
平均	7.66	8.41	8.61	8.99	6.98	7.53	8.10	8.54	0.68	0.91	0.51	0.45

计算水土保持农业措施的拦蓄径流量，计算公式为

$$W = PHQ \tag{11.10}$$

式中，W 为保水量；Q 为措施面积；H 为径流量；P 为保水定额。

计算水土保持农业措施的减少泥沙量，根据保土定额，有

$$W' = P'H'Q' \tag{11.11}$$

式中，Q' 为措施面积；P' 为保土定额；H' 为侵蚀模数；W' 为保土量。

水土保持农业措施保持土壤肥力的物质量计算公式为

$$保肥效益 = \sum 侵蚀模数 \times 耕地面积 \times 肥料质量分数(与土壤相比) \tag{11.12}$$

(2) 粮食增产功能。

集雨+大田作物补灌这种模式主要是在满足人畜饮水的基础上，用剩余的窖水在作物生长的关键期进行补灌，主要利用点灌方法提高作物产量，解决农民温饱问题。集水面类型主要为田间土路、柏油公路、荒山坡面，窖主要分布在田间地头。在作物生长关键期进行有限补偿供水，显著地提高了作物产量。若将集雨补灌和地膜覆盖结合起来，增产效果更显著。

集雨+设施农业或养殖就是修建集水效率高的集水面收集足量的水，修建日光温室栽培经济价值高的作物或养殖动物，通过高投入高产出来提高水的利用效率。

农作物产生的经济效益可采用式(11.13)计算：

$$粮食产量增加值(Y)=粮食总产量×增产幅度 \tag{11.13}$$

3) 水土保持林草措施及生态修复措施的服务功能物质量计算

(1) 固碳供氧功能物质量。

共有三种方法可以得到林草措施的固碳供氧量。

第一种方法利用光合作用公式:

$$E_{c(o)} = A \times F_{c(o)} \tag{11.14}$$

式中, A 为森林覆盖面积; $F_{c(o)}$ 为森林固定 CO_2(释放 O_2)的能力。

第二种方法根据第一性生产力计算:

$$Q = S - R_d - R_s \tag{11.15}$$

式中, Q 为 CO_2 固定量[t/(hm² · a)]; S 为净第一性生产力同化的 CO_2 量[t/(hm² · a)], R_d 为凋落物层呼吸释放的 CO_2 量[t/(hm² · a)]; R_s 为土壤呼吸释放的 CO_2 量 [t/(hm² · a)]。

第三种方法可根据实测法和数学模型来计算。

(2) 净化 SO_2 和粉尘功能物质量。

林草措施对 SO_2 的吸收量可以通过下述三种方法计算得到。①根据单位面积森林吸收 SO_2 的平均值乘以森林的面积, 计算出吸收的 SO_2 量。②以 SO_2 在林木体内达到阈值时的吸收量来计算。③叶干重法: 树木吸收 SO_2 量=叶片积累 SO_2 量+代谢转移 SO_2 量+表面吸附 SO_2 量,通过实验测定某树种叶片一定时间内的 SO_2 量变化,将其作为吸收量,再根据叶干重占植物的比例计算出转移量和叶面表面吸附量。其次, 通常以森林的平均滞尘能力乘以森林面积计算净化粉尘功能物质量。

(3) 涵养水源功能物质量计算。

林草措施对水源的涵养作用机理较复杂,因此产生了不同种的物质量计算方法。

采用截留法计算森林生态系统的涵养水源能力, 地面截留雨水量为减少地面径流量:

$$EW = \theta R \times A \tag{11.16}$$

式中, θ 为截流系数; R 为平均降水量。

水源涵养量可以根据年径流量乘以森林覆盖率得到:

$$L = R' \times S \tag{11.17}$$

式中, L 为森林水源涵养量(t/a); R' 为森林区域年径流量[t/(a · hm²)]; S 为森林区域面积(hm²)。

计算森林防洪量和森林增加水资源量:

$$V = V_1 + V_2 = \sum S_i (H_i - H_o) + M \tag{11.18}$$

式中，V 为森林涵养水源量；V_1 为森林防洪量；V_2 为森林增加水资源量；S_i 为第 i 种森林类型面积(hm^2)；H_i 为第 i 种森林类型的蓄洪能力(m^3/hm^2)；H_o 为无林地的蓄洪能力(m^3/hm^2)；M 为森林增加水资源量(m^3)。

此种方法适于计算草地生态系统涵养水源功能，有

$$Q = AJR \tag{11.19}$$

$$J = J_o K \tag{11.20}$$

$$R = R_o - R_g \tag{11.21}$$

式中，Q 为与裸地相比草地生态系统截留降水、涵养水分增加量；A 为计算区草地面积；J 为计算区多年均产流降水量(>20mm)；J_o 为计算区多年均降水总量；K 为计算区产流降水量占降水总量的比例；R 为与裸地(或皆伐迹地)相比草地生态系统截留降水、减少径流的效益系数；R_o 为产流降水条件下裸地降水径流率；R_g 为产流降水条件下草地降水径流率。

基于水量平衡原理进行估算，森林水源涵养能力(V_f)为林冠截留量(I)、枯落物持水量(K)和森林土壤非毛管空隙储水量(Q)之和，即

$$V_f = I + K + Q \tag{11.22}$$

(4) 保持土壤功能物质量。

林草措施的土壤保持能力包括 3 个方面：固持土壤能力、保肥能力、减少泥沙滞留和淤积能力。

固持土壤能力：林草措施固持土壤能力是由减少土地废弃面积或减少土壤侵蚀总量体现的。森林减少土地废弃面积的计算有三种方法：一是森林面积即森林减少土地废弃面积；二是实验研究各类森林破坏引起的土壤退化，计算其面积比例；三是根据森林减少土壤侵蚀的总量和土地耕作层的厚度，计算森林减少土壤侵蚀量相当的耕地面积。

根据国内外研究方法和成果，有四种方法可以求林地减少土壤侵蚀的总量：一是用无林地与有林地的土壤侵蚀量差异来表示；二是用无林地的土壤侵蚀量计算(忽略森林土壤侵蚀量)；三是根据潜在侵蚀量与现实侵蚀量的差值计算；四是利用侵蚀模型估算侵蚀量。

森林土壤肥力的损失主要是土壤中有机质 N、P、K 的流失，因此用研究区域土壤有机质 N、P、K 的平均含量乘以土壤保持量，就可得到森林固持有机质 N、P、K 的总量。

$$E_f = \sum \delta \times A \times C_i \times P_i \tag{11.23}$$

式中，E_f 为减少土壤肥力损失量；i 为有机肥、氮、磷、钾；C_i 为土壤中有机肥、氮、磷、钾的纯含量；P_i 为有机肥、氮、磷、钾的单价；A 为水土保持林草措施

面积; δ 为侵蚀模数。

减少土地侵蚀总量为

$$E_{s} = \delta \times A/H \tag{11.24}$$

式中, H 林地土壤层的平均厚度; δ 为侵蚀模数; A 为水土保持林草措施面积。

减少泥沙淤积价值为

$$E_{n} = \gamma \times \delta \times A \tag{11.25}$$

式中, γ 为泥沙淤积比例; δ 为侵蚀模数; A 为水土保持林草措施面积。

4) 水土保持措施的生态系统服务功能价值估算

(1) 水土保持工程措施的生态系统服务功能价值估算。

众所周知, 水土流失使土层变薄, 土壤肥力下降, 地表组成物质破坏, 土壤物理性质恶化, 水分渗透能力下降; 同时淤积江河湖库, 造成江河湖泊的调节径流能力下降, 增加了洪水的发生频率和洪峰流量, 加大了洪涝灾害的危害程度。采用机会成本法、影子价格法等, 从保持土壤肥力、减少土地废弃、减轻江河湖库淤积、蓄存水分、减轻洪涝灾害等几方面估算水土保持工程措施生态系统服务功能价值。

水土流失过程带走大量的有机质, 可运用保持的土壤计算保持土壤肥力的潜在生态经济价值, 计算公式为

$$E_{f} = \sum S \times C_{i} \times P_{i} \tag{11.26}$$

式中, E_{f} 为保持土壤肥力价值(万元/a); $\sum S$ 为工程措施减蚀保土量(万 t/a); C_{i} 为土壤中有效氮、磷、钾含量; P_{i} 为氮磷钾肥的价格, 参照各种肥料每吨的价格, 有机肥 102.6 元/t, 氮肥 387 元/t, 磷肥和钾肥均为 365 元/t。

根据工程措施的拦泥保土量和土壤肥力层平均厚度(按 0.6m 计算), 推算土壤侵蚀造成的废弃土地面积, 再用机会成本法计算废弃而失去的年经济价值:

$$E_{d} = \frac{\sum S}{0.6\rho} B \tag{11.27}$$

式中, E_{d} 为减少土地废弃的经济效益(/a); $\sum S$ 为土壤保持量(万 t/a); ρ 为土壤容重(1.35t/m^3); B 为单位面积的年均收益(元/hm^2), 取全国林业年均收益 282.17 元/hm^2 和全国农业年扣除成本后平均收益 9753.6 元/hm^2 的平均值 5017.9 元/hm^2。

根据我国已有的研究成果, 按照我国主要河流流域的泥沙运动规律, 全国土壤侵蚀流失的泥沙总量中淤积泥沙的 24%淤积于水库、江河、湖泊。根据蓄水成本来估算水土保持工程措施减轻泥沙淤积的价值:

$$E_{n} = 24\% \sum S \times C / \rho \tag{11.28}$$

式中, E_{n} 为减轻泥沙淤积价值(元/a); $\sum S$ 为土壤保持量(万 t/a); C 为水库工程

费用(元/m³)，挖取 1m³ 泥沙的费用为 6.5 元。

水土保持工程措施具有蓄存水分、减轻下游洪涝灾害的功能，目前还没有具体计算减轻下游洪涝灾害的方法，只做蓄水减洪价值方面估算。其计算公式为

$$E_w = \sum W \times r_w \tag{11.29}$$

式中，E_w 为蓄水减洪价值(元/a)；$\sum W$ 为蓄水减洪总量(m³/a)；r_w 为单位水价(元/m³)，工程措施减水、减洪效益主要按灌溉水价计算，取值为 0.2～0.4 元/m³，按 0.3 元/m³ 估算。

水土保持工程措施的生态系统服务功能价值为

$$E = E_f + E_s + E_n + E_w \tag{11.30}$$

(2) 水土保持农业措施生态系统服务功能价值估算方法。

在得到物质量的基础上，水土保持农业措施的蓄水保土价值、保存土壤肥力价值按式(11.31)～式(11.33)计算：

$$新增产值=粮食产量增加值(Y)×当地粮食价格 \tag{11.31}$$

$$纯收入=新增产值-作业成本(水费、电费、运输费、人工费、维修费) \tag{11.32}$$

$$总纯收益=播种面积×纯收入 \tag{11.33}$$

(3) 水土保持林草措施及生态修复措施服务功能价值估算。

根据碳税法计算固碳制氧功能价值($E_{c(o)}$)，即用物质量乘以制造单位重量 O_2 或治理单位重量 CO_2 所需要的费用。

采用市场价值法衡量，根据防治污染工程中削减单位重量 SO_2 的投资额度及削减粉尘的成本，乘以林草措施净化 SO_2 和粉尘的物质量，得到净化 SO_2 和粉尘功能价值(E_i)。

杀灭病菌功能价值：

$$V_j = aTqA(1/x - 1) \tag{11.34}$$

式中，V_j 为林草措施灭菌价值；T 为林价；a 为林草措施灭菌价值占森林总生态功能价值的比例，一般取 20%；q 为林木单位蓄积量；A 为林草措施总面积；x 为林草直接实物性使用价值占森林有形和无形总价值的比例，一般取 10%。

改善水质功能价值：森林与水质的关系在欧美、日本等国家研究较多，我国尚处于探索阶段，研究成果较少。对森林改善水质的效益进行经济评估，缺乏成熟的计量模型。姜文来根据流域水质隶属的级别，构造水资源价值模糊评估矩阵，计算某级水资源价值，再依据实际情况计算出水资源的价格向量，二者相乘即得出某类水质的水资源价格。通过对不同级别水质水资源价格进行比较，可对流域水资源财富损失进行估算，从而可得出森林改善水质功能价值。也可根据边际水资源污染治理及损害成本评判。

　　涵养水源功能价值：利用得到的涵养水源的物质量乘以水的价值量，即为此项功能价值。

　　水的影子价格取得方法有 6 种：①根据水库的蓄水成本确定；②根据供用水的价格确定；③根据电能生产成本确定；④根据级差地租确定；⑤根据区域水源运费确定；⑥根据海水淡化费确定。前两种方式较为常用。

　　土壤保持功能价值计算方法：①森林固土价值=减少土地废弃的面积×林业生产的年均收益=森林减少土壤侵蚀的总量/土壤表层的平均厚度×林业生产的年均收益；②减少土壤肥力损失价值，用林草措施减少土壤损失的物质量乘以各自的价格；③减少土地侵蚀总量价值，用减少的侵蚀总量乘以单位面积的林业收入计算；④减少泥沙淤积价值，用减少的侵蚀总量乘以清理单位体积淤泥需要的费用计算。

　　降低噪声的价值(E_z)采用总价值分离法进行估算：

$$E_z = a \times M \times q \times A \times (1/x - 1) \tag{11.35}$$

式中，M 为林价；a 为森林降低噪声价值占森林总生态功能价值的比例。

　　休闲游憩功能评估的第一种算法是总旅游价值=消费者支出+消费者剩余，消费者支出是指游客旅行总费用的实际支出，包括交通、食宿和门票等服务费，还有旅行时间花费和其他附属费用，即旅行费用支出=交通费用+食宿费用+门票及服务费用，旅行时间花费价值=游客旅行总小时数×游客 1h 的机会工资，其他费用为摄影、购物等费用；消费者剩余=消费者自愿支出-消费者旅游实际支出。第二种算法是森林游憩价值等于隶属林业系统管辖的自然保护区、森林公园、风景名胜区等全年旅游直接收益/游览在整个旅游收入中所占的比例。

　　保持生物多样性功能价值的第一种算法：《中国生物多样性国情研究报告》编写组将中国生物多样性的经济价值分为直接使用价值、间接使用价值、潜在使用价值 3 类，开展了评估研究，3 类价值每年总计达 39.33 万亿元。第二种算法：

$$L_t = \sum n_i W_i C_i \tag{11.36}$$

式中，L_t 为生物物种的价值量(元)；n_i 为野生动物种数(种)；W_i 为某种野生动物作用量[kg/($m^2 \cdot a$)]；C_i 为动物当年单位价值量(元/kg)。

$$L = IB \tag{11.37}$$

式中，L 为科考旅游价值量(元/a)；I 为单位湿地科考旅游效益(元/hm^2)；B 为湿地科考的面积(hm^2)。

11.3　陕西省水土流失经济损失计量

　　陕西省的生产建设开发尤其是陕北的资源开发加剧了水土流失，使得本就脆弱的生态环境越发脆弱。水土流失不仅使国民经济受到重大损失，也对公共安全、生态安全和土地资源、水资源保障构成巨大挑战。本节对陕西省水土流失带来的经济损失情况进行定量分析，为从水土流失带来经济损失的角度核算非能源矿产资源开采水土流失补偿标准提供依据。

11.3.1　陕西省水土流失现状分析与影响辨识

水土流失是生态环境恶化的后果，同时对生态环境的恶化起到推波助澜的作用。水土流失会毁坏大面积的林地与草地，导致土壤植被盖度降低，生态循环恶化。另外，随着水土流失的加剧，土壤生态发生相应变化，如土层变薄、肥力下降、有效水含量减少、热量状况变劣，其调节气候、水分循环的功能也随之下降，进而导致水灾、旱灾等自然灾害加剧，陷入恶性循环的被动局面，这在生态环境比较脆弱的地区表现尤为突出。

水土流失的作用机制及其系统影响如图 11.1 所示。

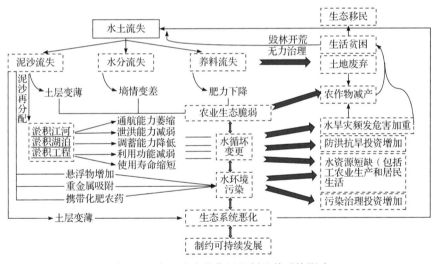

图 11.1　水土流失的作用机制及其系统影响

根据前述水土流失影响的综合分析，结合我国的实际情况，可将水土流失造成的损失分为毁坏土地资源、淤积江河湖泊、加重水质污染和加剧水旱灾害四大类，并细化成 11 个小类，如表 11.7 所示，以此为基础进行分类评估。

表 11.7　水土流失损失分类

分类		损失特征	效应分类
直接损失	毁坏土地资源	泥沙流失损失　　直接资源损失	就地效应
		养分流失损失　　直接资源损失	

续表

分类			损失特征	效应分类
直接损失	毁坏土地资源	水源涵养损失	服务功能损失	就地效应
		土地资源废弃	使用价值损失	
		作物减产损失	连带价值损失	
间接损失	淤积江河湖泊	江河淤积损失	使用价值损失	异地效应
		湖泊淤积损失	使用价值损失	
		水库淤积损失	使用价值损失	
	加重水质污染	水体污染损失	环境污染损失	
	加剧水旱灾害	旱灾损失	间接经济损失	就地效应
		水灾损失	间接经济损失	

　　上述损失分类并未囊括水土流失对经济社会与生态环境的所有影响，如河道淤积导致的通航运力衰退损失、水库淤积导致的发电量减小损失等，且有些类别之间尚存在一定的交叉重叠，但是已基本包括了水土流失的主要损失，可以较为客观地显示我国水土流失对社会经济与生态环境的综合影响。

11.3.2　评估指标体系

　　水土流失经济损失的货币化计量是水土流失与保持领域研究的一大难点，除了有关理论研究的基础薄弱、统计资料匮乏，评估的技术方法也不够成熟，评估指标难以统一。只有正确地选用和构建系列评估方法，并确定相应的评估指标，方能实现对水土流失造成的经济损失进行科学计量。

　　为了便于资料收集、数据分析和模型计算，研究过程中构建了一套评估指标体系，包括基础损失指标、社会经济损失指标和生态环境损失指标三大类，见表 11.8。

表 11.8　水土流失损失评估指标

一级指标	二级指标	三级指标
基础损失指标	—	水土流失面积
		水土流失模数
		水土流失面积比
社会经济损失指标	社会指标	受灾人口/死亡人口
		贫困人口

续表

一级指标	二级指标	三级指标
社会经济损失指标	经济指标	基础设施毁坏量/度
		发电减少量
		水运缩短里程
		灌溉面积减少量
		受灾面积/成灾面积
		农作物减产面积/量
生态环境损失指标	土地资源	土壤流失量
		养料流失量
		土地资源破坏量
	水资源环境	水分流失量
		库容淤积/损失量
		水环境污染指数
		可利用水资源减少量
	生态安全	干旱灾害次数
		洪涝灾害次数
		林草地减少面积

11.3.3　水土流失经济影响评估方法

1. 土壤流失量计算

1)计算方法与结果

每年土壤流失量 SL 等于各流域或区域单元的土壤流失量 SL_i 之和，即

$$SL = \sum_i SL_i = \sum_i A_i \times S_i \qquad (11.38)$$

式中，A_i 为单元 i 年平均土壤侵蚀强度；S_i 为该单元的面积。

A_i 可采用著名的经验模型——通用土壤流失方程(USLE)计算得到。该方程考虑了降水、土壤可蚀性、作物管理、坡度坡长和水土保持措施几大因子，具体如下：

$$A = R \times K \times L \times S \times C \times P \qquad (11.39)$$

式中，A 为年平均土壤流失强度(t/km^2)；R 为降水和径流侵蚀因子；K 为土壤可蚀性因子；L、S 为地形因子，其中 L 为坡长因子，S 为坡度因子；C 为作物管理因子；P 为治理措施因子。

尚难以获取该公式计算所需的气候、地形及植被覆盖等海量数据，所以采用近似公式替代：

$$\text{SL} = \sum_i \sum_j S_{ij} \times S_{ej} = \sum_i \sum_j S_{ij} \times \left(\frac{S_{ej\max} + S_{ej\min}}{2} - T_i \right) \tag{11.40}$$

式中，S_{ij} 为各类水土流失的面积；S_{ej} 为各类水土流失的强度；$S_{ej\max}$ 和 $S_{ej\min}$ 分别为各侵蚀强度分级标准的上下限；T_i 为各地区土壤容许流失量(表 11.9)。按照《土壤侵蚀分类分级标准》(SL 190—2007)，如表 11.10 所示，结合 2000 年和 2010 年水土流失调查数据，确定陕南、陕北地区的土壤侵蚀强度分级标准，如表 11.11 所示。

表 11.9　各侵蚀类型区土壤容许流失量

侵蚀类型区	侵蚀容许量/[t/(km²·a)]	重点地区
长城沿线风沙区	1000	窟野河流域
陕北黄土丘陵沟壑区	200	秃尾河流域、皇甫川流域
渭北黄土高原沟壑区	200	—
渭河平原区	500	—
秦岭北坡土石山区	500	—

表 11.10　土壤侵蚀分类分级标准(SL 190—2007)

级别	平均侵蚀模数/[t/(km²·a)]	平均流失厚度/(mm/a)
微度侵蚀	<200，<500，<1000	<0.15，<0.37，<0.74
轻度侵蚀	200~2500，500~2500，1000~2500	0.15~1.9，0.37~1.9，0.74~1.9
中度侵蚀	2500~5000	1.9~3.7
强烈侵蚀	5000~8000	3.7~5.9
极强烈侵蚀	8000~15000	5.9~11.1
剧烈侵蚀	>15000	>11.1

表 11.11　陕南、陕北土壤侵蚀强度分级标准

侵蚀类型	序号	分级	年均侵蚀模数/[t/(km²·a)]	陕南土壤侵蚀模数/[t/(km²·a)]	陕北土壤侵蚀模数/[t/(km²·a)]
水力侵蚀	1	微度侵蚀	<200，500，1000	500	1000
	2	轻度侵蚀	200~2500，500~2500，1000~2500	1500	1750
	3	中度侵蚀	2500~5000	3750	3750
	4	强烈侵蚀	5000~8000	6500	6500

续表

侵蚀类型	序号	分级	年均侵蚀模数 /[t/(km² · a)]	陕南土壤侵蚀模数 /[t/(km² · a)]	陕北土壤侵蚀模数 /[t/(km² · a)]
水力侵蚀	5	极强烈侵蚀	8000~15000	11500	11500
	6	剧烈侵蚀	>15000	20000	20000
风力侵蚀	1	微度侵蚀	<200，500，1000	200	200
	2	轻度侵蚀	200~2500，500~2500，1000~2500	1350	1350
	3	中度侵蚀	2500~5000	3750	3750
	4	强烈侵蚀	5000~8000	6500	6500
	5	极强烈侵蚀	8000~15000	11500	11500
	6	剧烈侵蚀	>15000	20000	20000

2) 结果验证与评析

计算得出，2010 年陕西省土壤流失量高达 8.68 亿 t，土壤流失量较 2000 年增加了 1.96 亿 t，增加了 29.17%；平均侵蚀模数也由 2000 年的 4264.85t/(km² · a)增加为 5341.27t/(km² · a)。黄河流域是水土流失最严重的地区，陕西省黄河流域总土地面积 17.34 万 km²，其中水土流失面积 13.11 万 km²，占 75.6%，年输沙量 8.3 亿 t，占全黄河流域总输沙量 16 亿 t 的 51.9%，其中粒径大于 0.05mm 的粗泥沙达 3.77 亿 t，占全黄河流域粗泥沙 7.23 亿 t 的 51.5%，是黄河粗泥沙的主要来源地。陕西省内长江流域面积占流域总面积的 4%，水土流失面积 3.65 万 km²，年输沙量 1.2 亿 t，是长江流域水土流失最严重的地区之一。

多数地区的土壤流失量均有不同程度的增加，水土流失形势依然严峻，水土保持工作任重道远。

2. 直接经济损失评估

基于水土流失影响的分类与土壤流失量的计算，对陕西省水土流失造成的直接经济损失进行如下分类评估。

1) 泥土流失价值评估

泥土可作为建筑材料，用来建设楼房、铺设道路和填补洼地，黏土则可用来烧制砖瓦、陶瓷等。泥土能被消费而具有直接使用价值，可应用市场价值法进行计量，计算公式如下：

$$\mathrm{EL}_{s_r} = \sum_i P_i \times \mathrm{SL}_i \tag{11.41}$$

式中，P_i 为泥土的资源价格；SL_i 为各地区土壤流失量。

泥土价格受到土方类型、运输距离、市场供需和地区差异的影响，为 10～20 元/m³。鉴于我国区域经济发展和土方供求的不平衡，东中西部土方的价格差异较大，可分别取 8.5 元/m³、7.0 元/m³ 和 6.5 元/m³，可假设陕西省土方价格 P_i = 7.5 元/m³。2010 年建材价格受通货膨胀率的影响，期值约相当于 2000 年的 2 倍，因此 2010 年的土方价格折半计算，即 P_i =3.5 元/m³。土壤容重一般为 1.0～1.75g/cm³，陕北、陕南、关中地区土壤类型不同，陕北地区的平均容重取 1.23g/cm³，陕南、关中地区的平均容重取 1.27g/cm³。

计算可得陕西省 2000 年和 2010 年泥土流失的经济损失分别为 172955.00 万元和 172330.01 万元，如表 11.12 所示。

表 11.12　2000 年和 2010 年陕西省泥土流失的经济损失

土壤流失量/万 t		土壤流失量/万 m³		经济损失(当年价)/万元	
2010 年	2000 年	2010 年	2000 年	2010 年	2000 年
67168.80	86760.57	49754.67	64267.09	172330.01	172955.00

泥土的流失能够通过修建拦沙工程来加以控制，可选用"影子工程法"计算泥土流失的经济损失。其影子价格为拦截泥沙工程的投资费用，即某地泥土流失的经济损失就是该地泥沙流失量(m³/a)与拦截每立方米泥沙工程投资费用(元/m³)的乘积：

$$EL_{s_p} = \sum_i P_{t_i} \times SL_i \qquad (11.42)$$

式中，P_{t_i} 为各省单位拦沙工程的造价；SL_i 为各省土壤流失量。

2) 土壤养分流失价值评估

伴随土壤流失的是大量氮磷钾、有机质等土壤养料流失，其流失量为

$$NL = \sum_i \sum_j SL_i \times C_{n_{ij}} \qquad (11.43)$$

式中，SL_i 为各省土壤流失量；$C_{n_{ij}}$ 为各省代表性土壤中各类养分的含量。

于是，利用市场价值法可以计算出养料流失的经济损失：

$$EL_n = \sum_i \sum_j P_{n_{ij}} \times NL_{ij} \qquad (11.44)$$

式中：NL_{ij} 为各省土壤中各类养分的流失量；$P_{n_{ij}}$ 为各省各类养料的价格。

陕北、陕南的首要土壤类型为黄褐土，关中的首要土壤类型为黄土，其表层养料含量及 2000 年和 2010 年土壤养分的流失量如表 11.13～表 11.15 所示。

表 11.13　陕西主要土壤类型的养分与水分含量

土壤类型	有机质含量/(g/kg)	全氮含量/(g/kg)	全磷含量/(g/kg)	全钾含量/(g/kg)	碱解氮含量/(mg/kg)	速效磷含量/(mg/kg)	速效钾含量/(mg/kg)	含水量/%
黄褐土	10~15	0.7~1	0.62	36.6	40	6.0	141	12
黄土	10~20	0.8	0.5	15~20	80	6.0	141	12

表 11.14　2010 年土壤养分流失量

土壤流失量/万 t	有机质流失量/万 t	全氮流失量/万 t	全磷流失量/万 t	全钾流失量/万 t	碱解氮流失量/t	速效磷流失量/t	速效钾流失量/t
86559.91	1065.29	128.36	62.47	31.9	34927.77	5239.17	123120.53

表 11.15　2000 年土壤养分流失量

土壤流失量/万 t	有机质流失量/万 t	全氮流失量/万 t	全磷流失量/万 t	全钾流失量/万 t	碱解氮流失量/t	速效磷流失量/t	速效钾流失量/t
67168.80	819.46	98.74	41.64	24.56	26867.52	4030.13	94708.01

表 11.14 中数据显示，2010 年陕西省因水土流失损失的有机质高达 1065.29 万 t，流失的氮磷钾共 222.73 万 t，其中对农作物生产极为重要的碱解氮、速效磷和速效钾流失量多达 16.3287 万 t。2010 年较 2000 年的流失量有明显的增加，其中有机质流失量增加了 30%，氮磷钾流失量增加 35%，碱解氮、速效磷和速效钾合计增加 30%。

碱解氮折算成标准氮肥，以硫酸铵($(NH_4)_2SO_4$，N 含量 21%)计；速效磷折算成标准磷肥，以过磷酸钙($Ca(H_2PO_4)_2 \cdot H_2O + CaSO_4 \cdot 2H_2O$，P 含量 12%)计；速效钾折算成钾肥，以氯化钾(KCl，K 含量 68%)计；有机质可用秸秆计量，也可用农家肥计量。2000 年和 2010 年主要肥料和秸秆的价格如表 11.16 所示。

表 11.16　2000 年和 2010 年主要化肥和秸秆价格　　　(单位：元/t)

种类	2000 年	2010 年
硫酸铵	770	870
过磷酸钙	350	550
氯化钾	1700	2700
秸秆	400	400

由此可以分别计算出 2000 年和 2010 年陕西省土壤养分流失的经济损失，分别如表 11.17、表 11.18 所示。

表 11.17　2000 年陕西省土壤养分流失的经济损失

流失养分折合化肥施用量/t			经济损失/万元			
标准氮肥	标准磷肥	氯化钾	有机质	碱解氮	速效磷	速效钾
177470.20	46585.93	193194.59	204605.40	9583.39	1211.23	15764.68

表 11.18　2010 年陕西省土壤养分流失的经济损失

流失养分折合化肥施用量/t			经济损失/万元			
标准氮肥	标准磷肥	氯化钾	有机质	碱解氮	速效磷	速效钾
127940.58	33584.40	139276.49	163891.88	9851.42	1175.45	16100.36

2000 年和 2010 年陕西省因水土流失损失的养分价值分别高达 50.3921 亿元和 176.7036 亿元(当年价)。其中,有机质为主要损失,2000 年和 2010 年分别占总养料损失的 88.51%和 85.79%。这意味着,社会投资增加,作物减产或收益降低,且伴随施肥投入增加而有所加剧。

3) 水源涵养损失评估

水土流失使土壤中的水分一并流失,且土层变薄而大幅削弱土壤的水源涵养能力。土壤的水源涵养量由土壤结构、土层厚度、地面坡度、降水量和频率等因素决定。中雨以下的降水一般不会形成明显的地表径流,在大雨及以上的降水天气下,土壤的含水量达到饱和状态,土壤涵养水源的功能得以最大限度发挥。基于此,土壤水源涵养损失量的计算公式可以写为

$$R_{\mathrm{r}} = \sum_i \sum_j S_j \Delta H_j \left(C_i - c_i \right) \tag{11.45}$$

式中,S_j 为各地区土壤侵蚀面积;ΔH_j 为平均土壤侵蚀厚度;C_i 和 c_i 分别为土壤饱和含水量和一般含水量;j 为大雨以上降水频率。2000 年、2010 年陕西省土壤水源涵养功能损失及其经济价值分别如表 11.19、表 11.20 所示。

表 11.19　2000 年陕西省土壤水源涵养功能损失及其经济价值

土壤流失量 /万 t	流失面积 /km²	平均侵蚀厚度 /mm	水源涵养损失 /万 m³	影子工程投资 /万元
86559.91	120404.95	5.73	96623	33817.93

表 11.20　2010 年陕西省土壤水源涵养功能损失及其经济价值

土壤流失量 /万 t	流失面积 /km²	平均侵蚀厚度 /mm	水源涵养损失 /万 m³	影子工程投资 /万元
67168.80	118096.4	4.21	69657	53635.53

4) 作物减产损失评估

水土流失主要通过减少土壤表层厚度来影响作物的产量。试验与研究表明，作物产量与除去的表土厚度关系满足：

$$Y = a - bx + cx^2 \tag{11.46}$$

式中，Y 为作物产量(kg/hm^2)；x 为除去的表土厚度(cm)；a、b、c 为参数。

陕西省的水土流失以轻中度侵蚀为主，此时 0.015cm<x<0.37cm；只有在剧烈侵蚀的情况下，x>1.0cm。因此，式(11.46)可以舍掉 2 次项，即作物的产量随表土层厚度的降低而线性减少。假定侵蚀厚度 $x_0 = 0$ 时作物产量 Y_0 为标准产量，那么侵蚀厚度为 x_i 时作物的产量损失 $\Delta Y_i = b x_i$。参数 b 主要由表土厚度和作物类型决定。

作物的减产量为

$$PL = \sum_i \alpha_i \Delta Y_i S_i = \sum_i \alpha_i b_i x_i S_i \tag{11.47}$$

式中，S_i 为各地区耕地水土流失的面积；x_i 为土壤剥蚀厚度；α_i 为复种指数，取 1.5；参数 $b_i = Y_{0i} / H_i$，H_i 为表土层厚度，取 50cm。2000 年、2010 年水土流失导致的作物减产量及其经济损失分别如表 11.21、表 11.22 所示。

表 11.21　2000 年水土流失导致的作物减产量及其经济损失

耕地面积 /万 hm^2	耕地流失比例/%	平均厚度 /mm	土层厚度 /mm	单位产量 /(t/hm^2)	复种指数	损失量 /t	损失值 /万元
514.05	75	5.73	500	2.64	1.5	173704	20845

表 11.22　2010 年水土流失导致的作物减产量及其经济损失

耕地面积 /万 hm^2	耕地流失比例/%	平均厚度 /mm	土层厚度 /mm	单位产量 /(t/hm^2)	复种指数	损失量 /t	损失值 /万元
504.40	71	4.21	500	3.10	1.5	140366	21055

经计算得出，2010 年陕西省因水土流失导致作物减产 14.04 万 t，占当年粮食总产量的 0.48%，价值 2.10 亿元；而 2000 年的作物减产量为 17.37 万 t，占当年粮食总产量的 0.52%，价值 2.08 亿元。

5) 评估结果综合分析

2000 年、2010 年陕西省水土流失的直接经济损失分别如表 11.23、表 11.24 所示。

表 11.23　2000 年陕西省水土流失的直接经济损失

泥沙流失 /万元	养料流失 /万元	水源涵养减少 /万元	土地毁坏 /万元	作物减产 /万元	直接经济损失 /万元
124229	231165	33818	76330	20845	486387

表 11.24　　2010 年陕西省水土流失的直接经济损失

泥沙流失 /万元	养料流失 /万元	水源涵养减少 /万元	土地毁坏 /万元	作物减产 /万元	直接经济损失 /万元
174141	191019	53636	56738	21055	496589

数据显示，2010 年陕西省水土流失造成的直接经济损失高达 49.66 亿元，其中，土壤养料流失和泥沙流失损失为主要损失，分别占总损失的 38.47%和 35.07%；水源涵养减少损失、土地毁坏损失和作物减产损失之和占总损失的 26.47%。

在水土保持政策措施和工程项目的大力保障下，陕西省水土流失恶化的态势得以有效控制，2010 年较 2000 年水蚀总面积减少了 10.1%，侵蚀强度也有所降低。虽然 2010 年全国水土流失造成的直接经济损失较 2000 年多 1.02 亿元，但是按照 2010 年可比价计算，2010 年的直接经济损失比 2000 年减少了 34.41%。因此，水土保持工作任重而道远，只有不断采取行之有效的防控措施和加强对水土流失的治理、保护，才能保障水土保持的可持续发展。

3. 水土流失对水环境的影响

水环境污染是由点源和非点源共同作用造成的。随着对点源污染控制能力的提高，陕西省非点源污染的严重性日益凸显，已成为水环境污染的重要来源，直接影响到人类的生产与生活用水安全和生存环境质量。水土流失与非点源污染是一对密不可分的共生现象，其本身就是一种大尺度的非点源污染。水土流失的过程，也是水中溶解的和泥沙吸附的化学物质进入各类水体导致水环境非点源污染及水质恶化的过程。

水土流失产生的泥沙本身就是一种非点源污染物，同时也是有机物、铵根离子、磷酸盐、重金属及其他有毒有害物质的主要携带者。这些污染物进入水环境，会给受纳水体带来诸多不良影响。

(1) 悬浮颗粒物增加。被剥蚀的泥沙一部分在径流传输过程中淤积下来，另一部分则悬浮于河流、湖泊、水库的水体中，形成了一种物理污染，导致水体的浑浊度增加，感官性能大幅降低。

(2) 水体富营养化加剧。降水溶解的土壤中营养物质和被剥蚀泥沙吸附的化肥及其他农用化合物，伴随地表径流不断进入水环境，加快了水体的富营养化进程，导致藻类迅猛繁殖，水质急剧恶化。

(3) 水处理成本提高。水土流失将大量的污染物质和营养元素带入水体，致使水中微生物大量繁殖，其中不乏致病性细菌，给生产和生活用水埋下了很大的安全隐患，势必增加水污染处理的成本。

因此，研究水土流失对非点源污染的贡献率，继而评估水环境污染的经济损失，对于控制水土流失、加强水环境保护和实现可持续发展均有重要的理论与现实意义。

1) 评估方法

水土流失对水环境影响的评估主要包括两部分内容：一是估算水土流失造成的非点源污染负荷；二是计量非点源污染导致的经济损失。

水土流失引起的非点源污染是间歇发生的、随机性和不确定性很强的复合过程，因此估算其污染物负荷的难度较大。定量化研究的方法主要有两类。一类是机理模型，以水文学中的数学模型为基础，将水土流失的发生、污染物迁移等过程视为连续的整体，综合考虑降水、径流、地形、土地利用、植被覆盖等诸多因素，对污染的主要过程进行详细模拟。该类模型的计算精度较高，但是具有对数据资料与技术手段要求较高、建模费用昂贵和模型参数率定困难等缺点。另一类是经验模型，即不考虑污染物产生、迁移的详细过程和机制，以系统的输入与输出作为模型构建的依据。该类模型对数据资料的需求量较小，应用相对简单，且适于较大尺度的非点源污染负荷估算。根据我国水土流失的特点和现有监测、统计资料的掌握情况，本书采用经验模型——输出系数法进行非点源污染负荷的估算。

输出系数法以土壤侵蚀与土地利用结构之间的关系为基础，利用相对容易获取的土地利用状况等资料，通过输出系数直接建立土地利用结构与受纳水体非点源污染负荷间的函数关系。该方法是一种具有一定精度的大尺度非点源污染负荷估算方法，简化了对土壤侵蚀、污染物迁移等过程的详细机理研究，避免了对"水土流失-非点源污染"复杂过程的模拟，因而应用较为广泛。其模型的一般表达式为

$$L = \sum_{i=1}^{m} E_i A_i \tag{11.48}$$

式中，L 为各类土地某种污染物的总输出量(kg/a)；m 为土地利用类型；E_i 为第 i 种土地利用类型的该种污染物的输出系数[kg/(hm$^2 \cdot$ a)]；A_i 为第 i 种土地利用类型的面积(hm^2)。

上述模型中的输出系数采用的是多年平均值，未考虑降水等水文因素对污染物输出的影响。降水是水土流失的直接动因，影响土壤侵蚀、产汇流、污染物迁移等过程。在此引入降水影响系数 α，对传统输出系数模型进行改进，并借用美国通用土壤流失方程中的降水侵蚀因子 R 来估算 α，即

$$L = \alpha \sum_{i=1}^{m} E_i A_i \tag{11.49}$$

$$\alpha = \frac{R_j}{\bar{R}} \tag{11.50}$$

式中，$\bar{R}$ 为多年平均降水侵蚀因子；R_j 为第 j 年的降水侵蚀因子，表示为

$$R_j = \sum_{k=1}^{12} R_{jk} = \sum_{k=1}^{12} 1.735 \times 10^{1.5 \times \lg \frac{P_{jk}^2}{P_j} - 0.8188} \tag{11.51}$$

式中，R_{jk} 为第 j 年第 k 月的降水侵蚀因子；P_{jk} 为第 k 月的降水量(mm)；P_j 为第 j 年的降水量(mm)。

选择重置成本法(恢复费用法)估算水土流失型非点源污染的经济损失，即计算治理因土壤侵蚀排放到水体中的污染物需要的成本，以此作为水环境污染的经济损失。重置成本法计算过程较为简单，能够避免大量的数据和资料需求，包括剂量-反应关系、环境质量状况等，可以在较短的时间内、有限的投入下对全国水土流失型非点源污染的经济损失进行系统评估。

单项污染物因子的治理成本为

$$M_i = L_i C_i \tag{11.52}$$

式中，M_i 为污染物 i 的治理费用；L_i 为该污染物负荷；C_i 为该污染物单位治理运行成本。

由于污染物削减存在协同效应，当使用单因子治理的运营成本进行计算时，总的污染治理成本(M)无须将各种污染物的单因子治理成本相加，而应该取单因子运营成本最高的污染物治理成本，即

$$M = \max\left(M_i\right) \tag{11.53}$$

通常，化学需氧量(COD)单因子的治理成本高于其他因子的治理成本。为了得到可信的主要污染因子的治理成本，综合 1994～1997 年国家环境保护局和世界银行主持的中国排污收费设计研究中的数据与《中国国土资源年鉴》的统计数据，并辅以污水处理厂的实地调研，确定主要污染因子的单位治理成本(C_i)。

1994～1997 年，由国家环境保护局和世界银行主持，中国环境科学研究院进行了中国排污收费设计的研究，得出了各主要污染物单因子治理运行成本。

根据环境年鉴中的环境统计数据，计算评估年各污染物的平均治理成本：

$$C_i = C_r / P \tag{11.54}$$

式中，C_i 为某种污染物的单位治理成本；C_r 为废水处理运行费用；P 为某种污染物去除量。

2) 评估过程与结果

以行政区为单元进行非点源污染负荷及经济损失评估。评估单元采用输出系数模型，以各地市为基本估算单元，对全省的非点源污染负荷及其经济损失进行全面系统评估。

评估因子基于输出系数模型的自身特点，结合主要流域水环境非点源污染现状，选取 COD、TN 和 TP 作为主要评估因子。

依据《中国国土资源年鉴》，将土地利用状况划分为耕地、园地、林地、牧草地和建设用地(包括居民点、工矿用地、交通用地等)五种主要类型，分别计算其COD、TN 和 TP 的输出量。各评估单元不同土地利用类型的面积数据来自《中国国土资源年鉴》。

输出系数模型应用的关键,是确定不同土地利用类型主要污染物的输出系数。影响非点源污染物输出系数的因素很多，包括地形、地貌、地质、水文、气候、土地利用、土壤类型和结构、植被、管理措施及人类活动等。确定输出系数的两个基本途径是现场监测和查阅文献值。条件许可时，应尽可能采用现场监测途径，即通过实验连续监测不同土地利用类型流域(或典型小区)的水质水量，计算出负荷量，即可得到相应的输出系数。本书由于时间、经费等客观条件限制，无法采用现场监测的途径，而是通过总结国内外的研究成果，获得上述五种不同土地利用类型主要污染物的输出系数(表 11.25)，并在计算中按照各评估单元的土壤特征进行适当调整。

表 11.25　不同土地利用类型主要污染物的输出系数

评估因子	耕地	园地	林地	牧草地	建设用地
COD	47	15	9.8	24	67
TP	1.1	0.15	0.05	0.18	1.2
TN	12	2.3	1.9	3.2	16

由于无从获取所有地市历年各月的降水量数据，因此以陕西省几个主要城市的降水量代替降水影响系数，计算 1995~2015 年各评估单元的降水侵蚀因子 R_j 及其平均值 $\overline{R}$，最后求得陕西省 2000 年的降水影响系数 $\alpha = 1.0415$。

以流域为单元的经济损失评估结果表明，COD 单因子治理成本远高于其他三种评估因子，因此选取 COD 的单因子治理成本作为水土流失导致的非点源污染物经济损失。利用 2000 年《中国环境年鉴》中的相关数据，计算得出陕西省 COD 的单位治理成本为 3.98 元/kg。

表 11.26 给出了 2010 年各评估单元水土流失导致的 COD、TN、TP 输出量及经济损失。2010 年，水土流失产生 COD 48.49 万 t、TP 0.78 万 t、TN 10.61 万 t，转换成经济损失为 43.0178 亿元。

表 11.26　2010 年陕西省的 COD、TN、TP 输出量及经济损失

COD 输出量/万 t	TP 输出量/万 t	TN 输出量/万 t	经济损失/亿元
48.49	0.78	10.61	43.0178

如前所述，因土地利用状况的年度变化较小，可以认为传统输出系数模型估

算的是非点源污染负荷的多年平均值，引入降水影响系数修正后的输出系数模型则能较好地反映具体评估年份的水土流失导致的非点源污染状况。2000 年上半年，陕西省部分地区降水量比常年同期偏少 2～7 成，土壤侵蚀相对较轻，非点源污染负荷低于多年平均值，如表 11.27 所示。

表 11.27　输出系数模型修正前后 COD、TP 和 TN 输出量

输出系数模型	COD 输出量/万 t	TP 输出量/万 t	TN 输出量/万 t
修正前	60.98	0.97	13.24
修正后	48.49	0.78	10.61

为了便于相关资料的获取和区域对比，以黄河流域、渭河流域为单元分别进行评估。

水土流失使土壤中的有机质大量损失，N、P 等营养物质随地表径流进入水体，形成非点源污染。根据 1999～2004 年中国环境状况公报和各流域水资源公报，有机污染物、氨氮和挥发酚等是各大流域的主要超标污染物，因此选择 COD、氨氮、TP、挥发酚作为主要评估因子。

依据《地表水环境质量标准》(GB 3838—2002)，采用Ⅲ类水质标准作为环境质量基准态，优于Ⅲ类(含)的水体不计入污染物负荷，劣于Ⅲ类的水体方才计算其污染物的治理成本。

采用《2000 水情年报》公布的水量数据进行计算和评估。由于无法获取各流域丰水期与枯水期主要污染物浓度的原始监测数据，根据各流域 2000 年水资源公报中的水质评估结果，结合《地表水环境质量标准》(GB3838—2002)推算主要污染物的浓度。

综合杨金田等(1997)估算的污染物平均治理成本和由环境统计数据推算的单位处理成本，并参考污水处理厂的调研结果，确定主要污染因子的单位治理成本，见表 11.28。

表 11.28　主要污染因子单位治理成本

污染物名称	单位治理成本/(元/kg)
COD	1.62
氨氮	2.14
TP	3.12
挥发酚	6.77

应用平均浓度法计算出各评估单元主要污染因子的非点源污染负荷和处理成本，分别见表 11.29 和表 11.30。

表 11.29　2010 年黄河和渭河流域非点源污染负荷　　　　（单位：t）

COD	氨氮	TP	挥发酚
156228.19	47077.91	1313.13	418.38

表 11.30　主要污染物的单因子处理成本　　　　（单位：亿元）

COD	氨氮	TP	挥发酚
2.53	1.01	0.04	0.03

计算结果表明，COD 的处理成本高于其他三种污染物，因此选取 COD 的单因子处理成本作为非点源污染的治理成本，即为水土流失水环境影响的经济损失。

由于流域面积和地表水资源量相差悬殊，经济损失绝对数值的大小并不能直接反映各大流域水土流失造成的非点源污染严重程度。为了排除地表水资源量对经济损失计算结果的影响，比较各流域水土流失导致的水环境非点源污染严重程度，将经济损失的绝对值换算成单位地表水资源量的经济损失，如表 11.31 所示。结果显示，2010 年黄河和渭河流域水土流失造成的水环境非点源污染的经济损失为 5.64 亿元。

表 11.31　2010 年黄河和渭河流域地表水资源量的经济损失

经济损失/亿元	流域面积/万 km²	地表水资源量/亿 m³	经济损失/(元/万 m³)
5.64	75.24	350	72.31

4. 水土流失对灾害加剧的影响评估

1)水旱灾害损失评估

水旱灾害发生的原因相当复杂，是自然因素与人为因素共同作用的结果。降水量及其时空分布决定着水旱灾害的发生，人为因素无疑增加了水旱灾害的发生频率和危害程度。据统计，1990~2004 年陕西省年平均降水量的最大值(713mm，1998 年)和最小值(601mm，1997 年)与这 15 年的平均值(633mm)的相对偏差均未超过 12%，这表明陕西省的年平均降水量在这一段时间内并无较大变化。水旱灾害与植被破坏、水土流失、土地沙漠化等人为因素有着密切的关系。

水旱灾害是降水、地形、地貌、土地利用、植被覆盖等诸多因素共同作用的结果，具有很强的综合性和不确定性，因此评估水土流失对水旱灾害形成贡献率的难度较大，尚没有一种机理模型对水旱灾害发生的主要过程进行详细模拟。为了评估水土流失和降水量对水旱灾害的影响作用，考察因素之间的相关性，根据我国水土流失的特点和现有监测、统计资料的掌握情况，构建如下统计模型来评

估水土流失对水旱灾害的贡献率:

$$\log Y_i = \alpha_0 + \alpha_1 \log X_i + \alpha_2 \log Z_i \tag{11.55}$$

式中, Y_i 为水旱灾害受灾面积的时间序列; X_i 为水土流失面积序列数据; Z_i 为年平均降水量的时间序列数据; α_0、α_1 和 α_2 为弹性系数。

水旱灾害损失可分为直接损失、间接损失和人员伤亡损失。其中, 直接损失是指灾害造成的财产全部实物损失,包括农牧作物减产损失和工程设施毁坏损失; 间接损失主要由商业和服务业损失构成, 如生产、工资和利润损失, 医疗救济和赈灾支出等。于是,总的水旱灾害经济损失 TL 等于直接损失 DL、间接损失 IL 与人员伤亡损失 HL 之和。

由于缺乏详尽的实物损失统计数据,水旱灾害的直接损失拟采用式(11.56)估算:

$$DL = P_{fd} \times TDD \tag{11.56}$$

式中,TDD 为国家民政部门核定并公布的年度陕西省自然灾害直接经济损失,可从年度《中国民政统计年鉴》获取; P_{fd} 为水旱灾害损失系数, 表达式为

$$P_{fd} = S_{fd} / S_0 \tag{11.57}$$

式中, S_{fd} 为年度水旱灾害受灾面积; S_0 为年度自然灾害总受灾面积。

灾害造成农业产值减少, 进而导致其他部门的产值相应减少, 以各部门产值减少的总和来计量灾害的间接损失。先根据水旱灾害的农业成灾面积估算因灾农业产值的减产范围:

$$VL_{min} = \alpha_{min} \times RS \times VT / TS, \quad VL_{max} = \alpha_{max} \times RS \times VT / TS \tag{11.58}$$

式中, VL_{max}、VL_{min} 分别为农业产值减少的上下限; α_{max}、α_{min} 为减产系数; RS 为水旱灾害成灾面积; TS 为农作物总播种面积; VT 为农业总产值。

然后利用国家统计局编制的投入产出表, 估算其他部门因农业减产而波及的产值减少。

假定水旱两种灾害中水灾是主要致死灾种,水灾死亡人数为

$$F_{wd} = S_w / S_0 \times T_d \tag{11.59}$$

式中, F_{wd} 为水灾死亡人数; S_w 为水灾成灾面积; S_0 为灾害总成灾面积; T_d 为灾害总死亡人数。

然后, 采用人力资本法和疾病成本法评估人员伤亡的经济损失; 每例生命死亡损失在 1990~1994 年取值 15 万元, 在 1995~2000 年取值 20 万元。

受灾面积和成灾面积采用《中国统计年鉴》(1990~2000 年)公布的统计数据,其中 1990~2000 年的受灾面积和成灾面积见表 11.32。

表 11.32　1990～2000 年陕西省受灾面积和成灾面积　　（单位：万 km²）

年份	受灾面积	成灾面积	水灾		旱灾	
			受灾面积	成灾面积	受灾面积	成灾面积
1990	12.80	6.65	3.74	2.13	6.84	3.40
1991	13.16	6.84	3.85	2.19	7.03	3.49
1992	13.53	7.03	3.95	2.25	7.23	3.59
1993	13.91	7.22	4.06	2.32	7.43	3.69
1994	14.30	7.43	4.18	2.38	7.64	3.79
1995	14.70	7.63	4.30	2.45	7.85	3.90
1996	15.11	7.85	4.42	2.52	8.07	4.01
1997	15.53	8.07	4.54	2.59	8.30	4.12
1998	15.96	8.29	4.67	2.66	8.53	4.24
1999	16.41	8.53	4.80	2.74	8.77	4.36
2000	16.87	8.76	4.93	2.81	9.01	4.48

根据《中国民政统计年鉴》公布的灾害损失数据，通过式(11.56)～式(11.59)即可计算出 1990～2000 年水旱灾害的直接损失。利用《中国统计年鉴》中的投入产出基本流量表，应用间接损失计算公式，减产系数 α_{min} 取 0.3，α_{max} 取 1.0，求得 1990～2000 年水旱灾害的间接损失。1990～2000 年陕西省水旱灾害死亡人口及其经济损失如表 11.33 所示。

表 11.33　1990～2000 年陕西省水旱灾害的经济损失

年份	灾害直接经济损失/亿元	水旱灾害直接损失/亿元	农业产值减少/亿元	间接经济损失/亿元	水灾死亡人口/人	伤亡经济损失/亿元	总经济损失/亿元
1990	4.40	1.53	0.43～1.53	0.17～1.42	7.34	0.01	1.71～2.11
1991	8.68	3.01	0.84～3.01	0.34～2.81	14.48	0.02	3.37～4.16
1992	6.10	2.11	0.59～2.11	0.24～1.97	10.17	0.02	2.37～2.92
1993	6.67	2.31	0.65～2.31	0.26～2.16	11.12	0.02	2.59～3.20
1994	13.40	4.64	1.30～4.64	0.52～4.34	22.35	0.03	5.21～6.43
1995	13.31	4.61	1.29～4.61	0.52～4.31	22.20	0.03	5.17～6.38
1996	20.59	7.14	1.99～7.14	0.80～6.66	34.34	0.05	8.00～9.87
1997	14.11	4.89	1.37～4.89	0.55～4.56	23.53	0.04	5.48～6.76
1998	21.48	7.45	2.08～7.45	0.84～6.95	35.83	0.05	8.35～10.3
1999	14.02	4.86	1.36～4.86	0.55～4.53	23.38	0.04	5.45～6.72
2000	14.61	5.06	1.41～5.06	0.57～4.73	24.37	0.04	5.68～7.01

注：数据来自 2004 年《中国民政统计年鉴》、1990～2000 年《中国统计年鉴》。

将 1990~2000 年的水旱受灾面积、水土流失面积和年均降水量序列代入统计模型进行估值，结果如表 11.34 所示。

表 11.34　水旱灾害影响因素模型的参数估值结果

参数	水灾	旱灾
常数项 α_0	−0.262 (−2.140)	−0.386 (−2.240)
水土流失项 α_1	5.240 (2.210)	3.197 (1.020)
降水量 α_2	2.968 (2.660)	−6.405 (−3.740)
R^2	0.61	0.63

注：括号内数据为 t 检验值。

考察水土流失项的弹性系数，可以看出水土流失对水旱灾害尤其是水灾的影响较大，水土流失每增加 1%，将使水灾增加 2.3%，旱灾增加 1.4%。根据估值后的统计模型，计算得出水土流失对水旱灾害的影响作用约是 20%。1990 年水土流失导致的水旱灾害经济损失为 1.74 亿~2.14 亿元，平均 2 亿元；到 2000年为 8 亿~13 亿元，平均 10.69 亿元。

2) 地质灾害损失评估

地质灾害是指由自然地质作用或人为活动引发，对人类社会和生态环境造成危害的地质现象，主要包括地震、滑坡、泥石流、崩塌、地面塌陷、地裂缝、火山喷发等。地质灾害可以导致大量泥沙、石块等固体物质，在重力与水的作用下沿斜坡或沟谷湍急流动。从侵蚀的动力学原理和过程来看，它属于水土流失的重力侵蚀类型。

地质灾害主要发生在西北山区，这往往是水土流失最为严重的地区。地质灾害给城镇、农田、工矿企业、交通运输和工程建设等带来极大的危害，造成巨额的经济损失和大量的人员死亡。据统计，2000~2004 年陕西省共发生地质灾害3726 次，占总地质灾害次数的 11.8%，其中仅 2002 年就发生 1419 次。

由于缺乏详尽的实物损失和人员伤亡的统计资料，地质灾害造成的经济损失 L_f 拟采用式(11.60)估算：

$$L_f = \alpha_0 \times TD \times N_1 / N_2 \tag{11.60}$$

式中，TD 为国家统计局计算并公布的年度陕西省地质灾害直接经济损失；N_1 为地质灾害发生次数；N_2 为地质灾害发生起数；α_0 为地质灾害损失的权重系数。由于地震、泥石流的危害性与破坏性远高于滑坡、崩塌等其他地质灾害，所以权重系数 α_0 取 3.0。

根据 2005 年《中国统计年鉴》中的数据资料，可计算得出 2000~2004 年陕西省地质灾害的年经济损失为 7.36 亿~19.56 亿元，如表 11.35 所示。由此估计，1990 年地质灾害的经济损失也在 3 亿元左右。

表 11.35　地质灾害发生的次数及其造成的经济损失

年份	地质灾害次数	人员伤亡/人	直接经济损失/万元	地质灾害起数	地质灾害经济损失/万元
2000	6551	6924	164733	653	103959
2001	1931	419	116233	513	195597
2002	13415	6890	169913	1658	133071
2003	5163	1333	168108	516	106490
2004	4518	352	136276	385	73680

3) 灾害损失与结果简析

将水旱灾害和地质灾害的经济损失加和,得出水土流失导致的灾害损失,1990年损失 131 亿元,2000 年损失则高达 678 亿元。由于 1990 年属于少灾年,灾害损失相对较轻,但 1995 年之后水旱灾害严重,因此损失大幅增加。

由于统计资料匮乏和研究基础薄弱,上述研究方法与评估结果尚存在一定的缺陷,特别是在水土流失与水旱灾害的相关性分析中,仅仅考虑了水土流失面积和降水量两个因素,而未将降水的季节分配和区域差异、水利工程措施等重要因素纳入进来。因此,评估方法有待完善,结果准确性还需要提高。尽管如此,研究中采用的评估方法和得出的定量结果,对于后续研究和政策制定均有一定的指导与参考作用。

4) 陕西省水土流失的经济损失与研究总结

水土流失经济损失的分类计算结果见表 11.36。结果显示,2010 年陕西省水土流失造成的经济损失达 1780.6 亿元(当年价)。其中,直接经济损失 1358.6 亿元,间接经济损失 422.0 亿元。2000 年水土流失造成的经济损失约为 837.9 亿元(当年价),2010 年陕西省水土流失造成的经济损失较 2000 年大幅增加。这是因为伴随经济增长,经济社会与生态环境对水土流失更为敏感,且水土流失的影响具有累积与延迟效应。可见,水土流失的影响还具有时空延伸和功能放大的效应。因此,治理水土流失不仅对局域,而且对流域甚至全国的经济社会发展和生态安全均有着积极且举足轻重的作用。

表 11.36　陕西省水土流失经济损失计算总表

	损失类型	2000 年经济损失/亿元	2010 年经济损失/亿元	2000 年各部分损失占比/%	2010 年各部分损失占比/%
直接经济损失	泥沙流失损失	13.4	44.5	1.60	2.50
	养料流失损失	644.0	1245.7	76.86	69.96
	水源涵养损失	2.4	7.0	0.29	0.39
	土地毁坏损失	4.8	6.4	0.57	0.36
	粮食减产损失	45.8	55.0	5.47	3.09
	小计	710.4	1358.6	84.78	76.30

续表

	损失类型		2000 年经济损失/亿元	2010 年经济损失/亿元	2000 年各部分损失占比/%	2010 年各部分损失占比/%
间接经济损失	淤积损失	水库淤积损失	36.7	100.0	4.38	5.62
		渠道淤积损失	30.0	80.0	3.58	4.49
	灾害加剧损失	水旱灾害直接损失	37.7	63.0	4.50	3.54
		水旱灾害间接损失	15.1	19.0	1.80	1.07
	水体污染损失		8.0	160.0	0.95	8.99
	小计		127.5	422.0	15.22	23.70
	总经济损失		837.9	1780.6	100.00	100.00

11.4　黄土高原生态系统服务功能空间分布变化规律

11.4.1　黄土高原生态系统服务功能评估

1. 水源涵养服务功能

水土保持措施的重要功能就是保持水土。林草措施与水源之间有着非常密切的关系,主要表现在林草具有截留降水、增强土壤下渗、抑制蒸发、缓和地表径流、增加降水等功能。这些功能可以延长径流时间,在洪水来临时减缓洪水的流量,在枯水期补充河流的水量,可以起到调节河流水位的作用;在空间上,森林能够将降水产生的地表径流转化为土壤径流和地下径流,或者通过蒸发蒸腾的方式将水分返回大气中,进行大范围的水分循环,对大气降水进行再分配。

InVEST 水源涵养模型基于水循环原理,利用降水、地面蒸发、植物蒸腾等参数进行模型计算,获得产水量,再用地形指数、土壤饱和导水率和流速系数等进行修正,得到水源涵养量,具体计算流程为

$$RE = \min\left(1, \frac{249}{V}\right) \times \min\left(1, \frac{0.9TI}{3}\right) \times \min\left(1, \frac{K_{sat}}{300}\right) \times YI \tag{11.61}$$

式中,RE 为水源涵养量(mm);V 为流速系数;TI 为地形指数,量纲一;K_{sat} 为土壤饱和导水率(cm/d);YI 为年产水量,由式(11.62)计算:

$$YI = \left(1 - \frac{AET}{P}\right) \times P \tag{11.62}$$

式中，YI 为年产水量；AET 为年平均蒸散量，由式(11.63)计算得到；P 为年平均降水量。

$$\frac{\text{AET}}{P} = \frac{1 + \omega R}{1 + \omega R + 1/R} \tag{11.63}$$

式中，R 为干燥度指数，量纲一，表示潜在蒸发量与降水量的比值，由式(11.64)计算得到；ω 为量纲一的非物理参数，由式(11.65)计算得到，表示植被年可利用水量与降水量的比值。

$$R = \frac{k \times \text{ET}_0}{P}, \quad k = \min\left(1, \frac{\text{LAI}}{3}\right) \tag{11.64}$$

式中，k 为植被蒸散系数，由植被叶面积指数 LAI 计算获得；ET_0 为潜在蒸散量，反映天然气候条件下的蒸散能力。

$$\omega = Z \times \frac{\text{AWC}}{P} \tag{11.65}$$

式中，Z 为 Zhang 系数，表征降水季节性特征，取值为 1～10，降水主要集中在冬季时接近于 10，降水主要分布在夏季或季节分布较均匀时接近于 1；AWC 为植被有效可利用水量，由式(11.66)计算获得：

$$\text{AWC} = \min\left(\text{SD}_{\max}, \text{RD}\right) \times \text{PWAC} \tag{11.66}$$

式中，$\text{SD}_{\max}$ 为最大土壤深度；RD 为根系深度；PWAC 为植被可利用水量。

1980～2015 年黄土高原水源涵养服务功能见图 11.2。黄土高原各年产水量均呈现东南部分远远大于西北部分，并且与降水量分布情况一致。由表 11.37 可看出，黄土高原的平均产水量并无明显趋势，其分布不仅与土地利用类型相关，还与地域性因素有关，并且取决于当年降水量、蒸散量等因素。

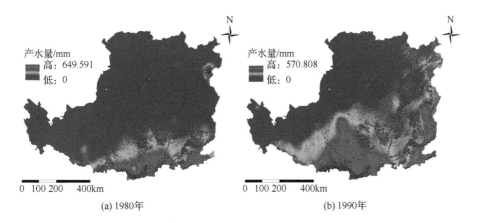

(a) 1980年　　　　　　　　　　(b) 1990年

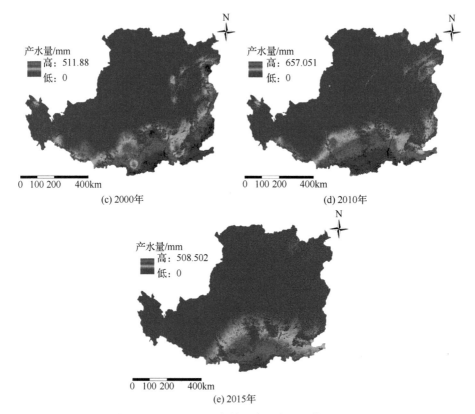

图 11.2　1980～2015 年黄土高原水源涵养服务功能

表 11.37　黄土高原不同土地利用类型产水量变化

产水量/mm	1980 年	1990 年	2000 年	2010 年	2015 年
平均	72.82	122.41	68.55	87.59	95.85
耕地	126.99	191.55	117.86	147.35	160.97
林地	8.68	12.07	6.23	9.89	27.98
草地	63.09	122.32	59.8	80.72	86.36
居民用地	137.26	192.38	135.32	167.51	173.3
未利用地	3.43	27.78	4.5	9.25	27.98

2. 土壤保持服务功能

InVEST 模型中减轻水库泥沙淤积服务物质量模块的作用是描述坡面土壤侵蚀和流域输沙过程。在全球变化背景下，这样的信息有利于集水区保土保沙生态系统服务功能的研究，为清淤管理的预算控制和河道水质控制提供指导。InVEST

模型中土壤保持评估方法对传统的土壤流失方程进行了改进，能够对生态系统中的土壤保持量和土壤侵蚀量进行量化，首先计算的是土壤潜在侵蚀量，具体计算公式为

$$RKLS = R \times K \times L \times S \tag{11.67}$$

式中，RKLS 为土壤潜在侵蚀量；R 为降水侵蚀力因子；K 为土壤可蚀性因子；L、S 分别为坡长、坡度因子。

然后，根据通用土壤流失方程(USLE)计算得出研究区土壤实际侵蚀量：

$$USLE = R \times K \times L \times S \times C \times P \tag{11.68}$$

式中，USLE 为土壤实际侵蚀量；C 为覆盖与管理因子；P 为土壤保持措施因子。

土壤保持量由土壤潜在侵蚀量(RKLS)减去土壤实际侵蚀量(USLE)得到。

结合图 11.3 和表 11.38 分析，黄土高原生态系统土壤保持量的空间分布特征表现为黄土丘陵沟壑区和黄土高塬沟壑区较大，农灌区和河谷平原区偏小；整个黄土高原生态系统土壤保持量的空间分布特征表现为沿东南向西北减少的变化趋势。并且，与 2000 年以前不同，2000～2015 年耕地、草地和林地生态系统土壤保持量的空间变化特征表现为较为明显的增长趋势，变化程度较大，其中以林地最为突出，尤其是黄土丘陵沟壑区陕西榆林、延安和山西吕梁山区一带。

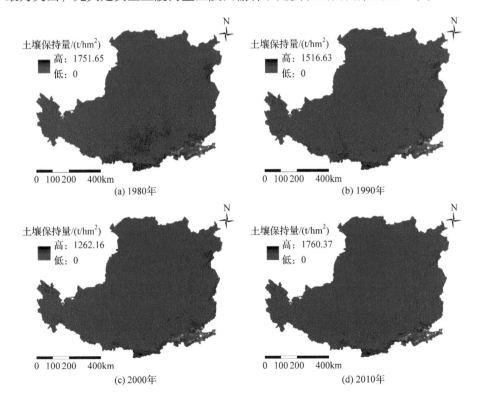

土壤保持量/(t/hm²)
高: 1751.65
低: 0
0　100 200　400km
(a) 1980年

土壤保持量/(t/hm²)
高: 1516.63
低: 0
0　100 200　400km
(b) 1990年

土壤保持量/(t/hm²)
高: 1262.16
低: 0
0　100 200　400km
(c) 2000年

土壤保持量/(t/hm²)
高: 1760.37
低: 0
0　100 200　400km
(d) 2010年

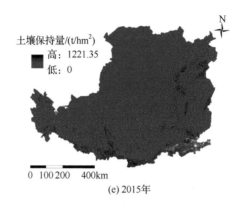

土壤保持量/(t/hm²)
高: 1221.35
低: 0

0 100 200   400km

(e) 2015年

图 11.3   1980～2015 年黄土高原土壤保持量服务功能变化

表 11.38   黄土高原不同土地利用类型土壤保持量变化

土壤保持量 /(t/hm²)	1980 年	1990 年	2000 年	2010 年	2015 年
平均	191.81	259.81	184.86	210.65	295.82
耕地	156.18	218.16	147.71	167.16	242.08
林地	372.55	455.93	360.62	392.14	654.56
草地	173.81	247.84	168.47	196.74	248.85
水域	58.3	84.1	61.01	71.93	130.01
居民用地	84.66	109.7	81.8	107.33	172.32
未利用地	17.61	27.38	20.33	26.25	50.46

林草措施的保土功能主要表现在三个方面: 一是通过截留作用, 使得林冠及地表植物截留一部分雨水, 减弱雨滴对地表的直接冲击和侵蚀, 减小降水强度, 减少和延缓径流, 减少对土壤的侵蚀; 二是林地土壤含有大量的腐殖质, 具有较高的透水性能和蓄水性能, 使地表径流最大限度地转变为地下径流, 这样可以减少地表径流量及速度, 从而减少土壤侵蚀; 三是树木根系对土壤的固结作用, 在森林土壤中, 树木根系纵横交错, 盘根错节, 具有固结土壤、减少滑坡和地质灾害的作用。

3. 固碳功能

InVEST 固碳功能评估包括了四个方面碳储量: 地上物质、地下物质、枯落物和土壤碳储量, 计算公式为

$$C_{\text{stored}} = C_{\text{above}} + C_{\text{below}} + C_{\text{dead}} + C_{\text{soil}} \tag{11.69}$$

其中, C_{stored} 为流域总碳储量(t/hm²); C_{above} 为地上物质碳储量(t/hm²); C_{below} 为地

下物质碳储量(t/hm^2)；C_{dead} 为枯落物碳储量(t/hm^2)；C_{soil} 为土壤碳储量(t/hm^2)。

由图 11.4、图 11.5 可以看出，1980～2015 年黄土高原各类土地利用类型的固碳量呈现林地显著增加、草地固碳量减少，耕地和水域没有明显的变化趋势，这主要与黄土高原 1980～2015 年的土地利用变化密切相关。此项功能以水土保持林草措施最为突出。植物的第一性以 CO_2 为生产原料，将它固定在植物各种器官和组织中，同时释放所有动物生存不可缺少的物质 O_2。因此，林草措施对维护大

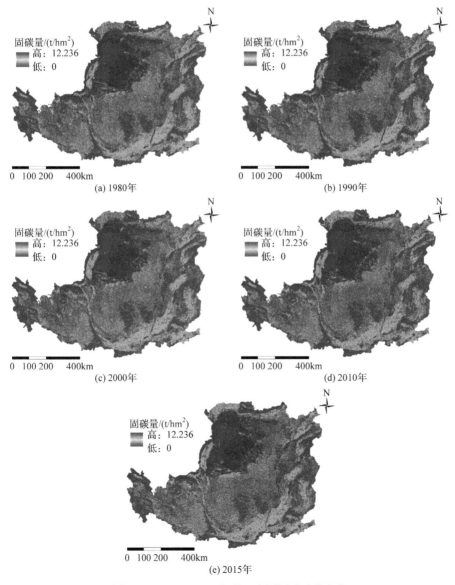

图 11.4　1980～2015 年黄土高原固碳功能变化

气中 CO_2 的稳定具有重要作用，林草成为氧的"天然制造厂"。CO_2 排放是温室效应的主要原因之一，它的排放和污染成为国际社会的热点问题之一，各国政府承诺减少温室气体的排放，水土保持林草措施有助于缓解全球的温室效应。保护黄土高原的生态系统固碳服务功能，对维护国家生态安全屏障和保护生物多样性具有重要意义。

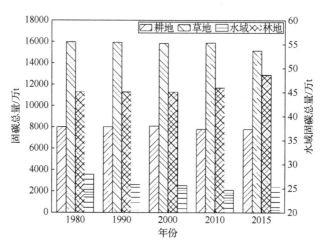

图 11.5 黄土高原不同土地利用类型固碳总量

11.4.2 黄土高原生态系统服务功能空间自相关分析

1. 黄土高原生态系统服务功能全局 Moran 指数

在市尺度上，采用单变量莫兰指数衡量黄土高原水源涵养、土壤保持、固碳三项生态系统服务功能的空间自相关性。空间自相关分析分为局部空间自相关分析与全局空间自相关分析。其中，全局空间自相关判断属性值在空间上是否存在集聚特征，并测度空间单元属性值的整体分布特征。采用的度量指标是 Moran's I 指标，计算公式如下：

$$I = \frac{n \sum_{i=1}^{n} \sum_{j=1}^{n} w_{ij}(x_i - \bar{x})(x_j - \bar{x})}{\sum_{i=1}^{n} \sum_{j=1}^{n} w_{ij} \sum_{i=1}^{n} (x_i - \bar{x})^2} N \tag{11.70}$$

式中：I 为全局 Moran 指数；N 为参与分析单元数；x_i、x_j 分别为空间单元 i 和 j 的属性值(如土壤保持生态系统服务功能量)；$\bar{x}$ 为全部分析单元的均值；w_{ij} 为空间单元 i 和 j 之间的空间邻接矩阵，采用基于邻接关系的"Queen"空间权重，表示共边或共点为邻接。

I 的取值范围为-1~1，大于 0 说明正自相关，高值与高值相邻、低值与低值相邻；取值小于 0 说明负自相关，即高值与低值相邻。莫兰指数利用空间计量经济学软件 GeoDa 计算，见图 11.6。空间权重矩阵采用邻接关系方式确定。

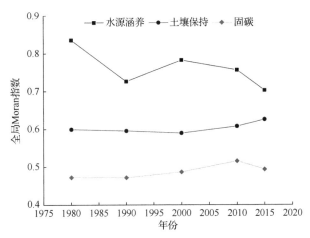

图 11.6 黄土高原生态系统服务功能空间自相关分析

1980~2015 年，黄土高原市尺度水源涵养、土壤保持、固碳三项服务功能全局 Moran 指数分别为 0.702~0.835、0.589~0.625、0.471~0.515，最小值分别出现在 2015 年、2000 年、1990 年，最大值分别出现在 1980 年、2015 年、2010年(图 11.6)。趋势分析结果表明，1980~2015 年黄土高原市尺度生态系统服务功能全局 Moran 指数均大于零，表明其在空间上具有正相关性，体现了空间依赖性和空间集聚性的差异特征，黄土高原各相邻地级市或地理位置在生态系统服务功能分布当中存在着相互影响的效应，且 1980 年以来土壤保持和固碳服务功能空间正相关的趋势逐渐增强，进一步说明黄土高原土壤保持和固碳服务功能水平增强，同时地理位置在其演化过程中的作用有所增强。因此，应依据地理和地域因素的特点，提高黄土高原生态系统服务功能水平及各地区的均衡度。从黄土高原产水量时空分布变化规律和降水量的分布变化特征可以看出，水源涵养服务功能的空间自相关变化并没有明显趋势，主要受黄土高原地区降水量分布变化特征的影响。

2. 局部空间自相关分析

利用 GeoDa 软件对 1980 年和 2015 年黄土高原水源涵养、土壤保持、固碳生态系统服务功能水平进行空间局部自相关分析，得到 LISA 集聚图及其显著性，以反映黄土高原生态系统服务功能水平差异的局部空间相关性，如图 11.7 所示。

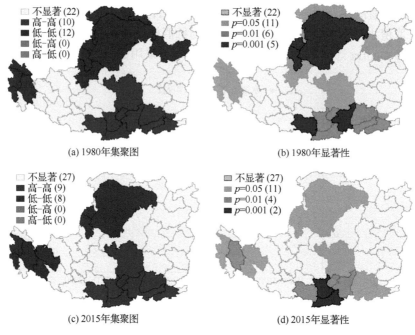

(a) 1980年集聚图   (b) 1980年显著性

(c) 2015年集聚图   (d) 2015年显著性

图 11.7　黄土高原水源涵养 LISA 集聚图及其显著性

黄土高原水源涵养服务功能与空间信息呈现较为显著的正相关关系，1980 年和 2015 年全局 Moran 指数分别达到了 0.835 和 0.702，西安、宝鸡、渭南、咸阳、铜川、延安、运城、洛阳、三门峡九市的水源涵养服务功能 1980～2015 年始终呈现高-高集聚特征；与黄土高原西部青海等部分地区相似，1980 年银川、乌海等黄土高原北部仍然呈现较低水源涵养服务功能水平的空间集聚特征；随着时间推移，2015 山西忻州和内蒙古乌海、巴彦淖尔、包头由低-低集聚演变为无显著性，甘肃和青海地区的低-低集聚区有向东移动的趋势(图 11.7)。

黄土高原土壤保持服务功能全局 Moran 指数均为正值，1980 年和 2015 年分别为 0.599 和 0.607，说明黄土高原土壤保持服务功能与空间信息呈正相关关系，空间分布聚集度较大的地方，其土壤保持服务功能水平也相应偏高。高-高集聚分布在西安、宝鸡、咸阳等黄土高原南部地区，低-低集聚分布在银川、石嘴山、乌海等黄土高原北部地区；1980～2015 年，中卫和洛阳由无显著性分别演变为低-低集聚和高-高集聚；呼和浩特和运城分别由低-低集聚和高-高集聚演变为无显著性(图 11.8)。总的来说，黄土高原 1980～2015 年来土壤保持服务功能随空间分布相关性变化程度不大，高-高集聚趋势明显且整体呈现集聚水平增加的趋势；西安、宝鸡等关中地区始终呈现高-高集聚特征，与黄土高原其他区域的土壤保持水平差距明显，两极分化现象突出。

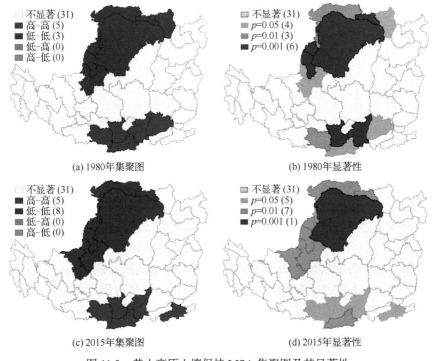

(a) 1980年集聚图　　　　　　　　　(b) 1980年显著性

(c) 2015年集聚图　　　　　　　　　(d) 2015年显著性

图 11.8　黄土高原土壤保持 LISA 集聚图及其显著性

　　1980 年和 2015 年黄土高原固碳服务功能的全局 Moran 指数分别为 0.472 和 0.515。1980 年，高-高集聚主要分布在太原、晋中、长治、阳泉、临汾地区；低-低集聚主要是银川、石嘴山、乌海、鄂尔多斯等地区；2015 年，阳泉不再显示高-高集聚(图 11.9)。2015 年全局 Moran 指数较 1980 年呈增加趋势，表明其地理位置在黄土高原固碳服务功能差异演化过程中的作用增强。

　　黄土高原各地区服务功能集聚水平两极分化现象突出，呈现东南部高、北部低的趋势；内蒙古和宁夏地区服务功能水平较低，发展潜力巨大。1980～2015 年黄土高原市域尺度土壤保持与固碳服务功能水平呈显著增加趋势，这进一步表明，

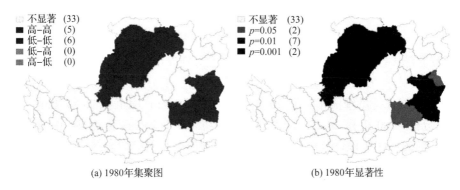

(a) 1980年集聚图　　　　　　　　　(b) 1980年显著性

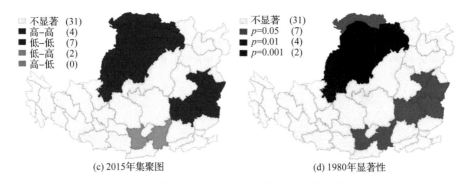

(c) 2015年集聚图　　　　　　　　　　(d) 1980年显著性

图 11.9　黄土高原固碳 LISA 集聚图及其显著性

土壤保持与固碳服务功能市域尺度上呈现出一定的空间集聚分布特征,并且集聚分布趋势逐步增强;水源涵养服务功能的空间集聚特征依旧受地区降水与蒸发的影响较大。

利用 SPSS 斯皮尔曼(Spearman)相关系数对黄土高原 2000 年和 2015 年水源涵养服务功能与 NDVI 进行相关性分析,Spearman 指数分别为 0.495** 和 0.445**,P 值在 0.01 水平显著。黄土高原产水量随 NDVI 变化如图 11.10 所示,可以看到两者呈极显著正相关关系。线性回归 R^2 分别为 0.219 和 0.207。2000 年和 2015 年的产水量峰值分别为 511.88mm 和 248.5mm,均在 NDVI 为 0.6~0.8 达到峰值,随后不再增长甚至呈现下降趋势,这主要是由于当植被覆盖达到阈值后,黄土高原水源涵养服务整体呈现耗水趋势。

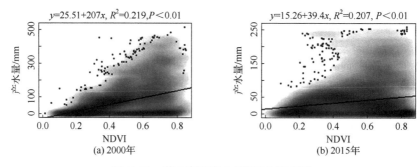

(a) 2000年　　　　　　　　　　(b) 2015年

图 11.10　黄土高原产水量随 NDVI 变化

黄土高原土壤保持服务功能 Spearman 指数分别为 0.514 和 0.532,P 值在 0.01 水平显著,表明与 NDVI 呈极显著正相关关系;线性回归 R^2 分别为 0.189 和 0.1(图 11.11)。2010 年土壤保持量峰值相对于 2000 年由 3191.39t/hm² 增至 6598.89t/hm²。利用 SPSS 分析 2000 年和 2015 年土壤保持服务功能随 NDVI 变化趋势,由散点图可以看出均在 NDVI 接近 0.8 时土壤保持量增加速率有明显加大的趋势。通过空间分布和相关性分析可知,退耕还林还草后黄土高原保水保土功能提高;服务功能与植被覆盖关系显著，但 R^2 较小，说明生态系统服务功能除了与植被因素相关外，也可能与土地利用类型和生态系统结构等因素相关，同时受气候条件、地形地貌、土壤类型和人为干扰等众多因素影响。因此，从土地利用方式转变入手，防治水土流失，作为人类干预生态系统有效手段，对提高黄土高原生态效益尤为重要。

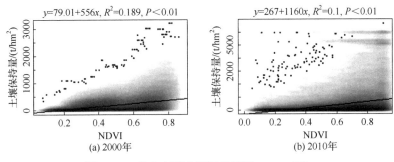

图 11.11　黄土高原土壤保持量随 NDVI 变化

参 考 文 献

常丹东, 王礼先, 2005. 水土保持对黄河年径流量影响研究[J]. 水利规划与设计, (S1), 303: 37-42, 61.

崔晓伟, 隋学群, 胡克梅, 2005. 龙江县小湾小流域水土保持综合治理效果分析[J]. 黑龙江水专学报, (1): 84-85.

姜文来, 2003. 森林涵养水源的价值核算研究[J]. 水土保持学报, (2): 34-36, 40.

刘畅, 唐立娜, 2020. 景感生态学在城市生态系统服务中的应用研究: 以城市公园景观设计为例[J]. 生态学报, 40(22): 1-6.

刘胜涛, 高鹏, 刘潘伟, 等, 2017. 泰山森林生态系统服务功能及其价值评估[J]. 生态学报, 37(10): 3302-3310.

倪维秋, 2017. 生态系统服务评估方法研究进展[J]. 农村经济与科技, 28(23): 51-53.

冉大川, 2006. 黄河中游水土保持措施的减水减沙作用研究[J]. 资源科学, 28(1): 93-100.

尚新明, 李永明, 2007. 定西地区生态修复效果研究[J]. 中国水土保持, (8): 34-35, 60.

孙莉英, 栗清亚, 蔡强国, 等, 2020. 水土保持措施生态服务功能研究进展[J]. 中国水土保持科学, 18(2): 145-150.

王军, 顿耀龙, 2015. 土地利用变化对生态系统服务的影响研究综述[J]. 长江流域资源与环境, 24(5): 798-808.

王宁, 杨光, 韩雪莹, 等, 2020. 内蒙古 1990—2018 年土地利用变化及生态系统服务价值[J]. 水土保持学报, 34(5): 244-250.

杨金田, 王金南, 陆新元, 等, 1997. 《中国排污收费制度设计及其实施研究》概述[C]//国家环境保护局监督管理司. 中国排污收费制度改革国际研讨会论文集. 北京: 中国环境科学出版社.

杨磊, 冯青郁, 陈利顶, 2020. 黄土高原水土保持工程措施的生态系统服务[J]. 资源科学, 42(1): 87-95.

余新晓, 鲁绍伟, 靳芳, 等, 2005. 中国森林生态系统服务功能价值评估[J]. 生态学报, 25(8): 2096-2102.

第 12 章　社会经济因素与水沙变化之间的
不确定性分析

12.1　气候变化和人类活动对黄河中游径流泥沙影响

气候变化与人类活动共同对河流水沙变化产生作用，20 世纪 70 年代以来，黄河流域水沙显著减少，有研究表明，人类活动是黄河水沙持续减少的主要原因(付金霞，2017；张建军，2016)。黄河流域产沙的主要来源是黄河中游的多沙粗沙，其中无定河是黄河中游多沙粗沙区的代表性支流，其入黄水沙对黄河水文水力要素具有重要影响，而且无定河是黄土高原处于风沙黄土交错带的一条典型河流(张鹏，2014)。因此，无定河流域水沙变化趋势及因素分析成为黄河水沙变化研究的重点流域。

本章探讨人类活动影响较大时期无定河流域不同地貌区的水沙变化特征，以期为进一步认识人类活动对黄土高原风沙黄土交错带水沙变化的影响提供参考，同时为无定河流域不同地貌区水土保持措施的配置提供理论依据。

12.1.1　黄河中游降水量与径流量、输沙量关系演变

为了更好量化突变年份前后黄河流域径流量与输沙量的变化，在采用 Pettitt 方法判定流域径流量和输沙量突变时间的基础上，应用双累积曲线定量估算径流量和输沙量在突变年份后的减少量。黄河流域降水量-输沙量双累积曲线如图 12.1 所示，降水量-径流量双累积曲线如图 12.2 所示。

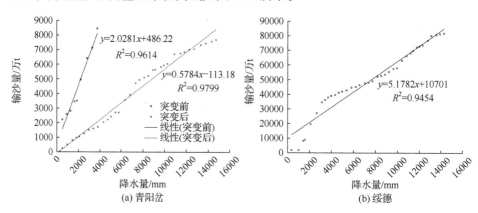

(a) 青阳岔　　　　　　　(b) 绥德

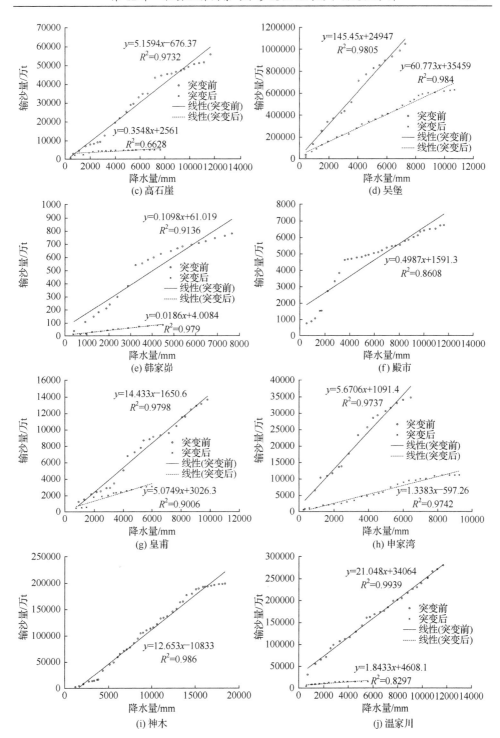

(c) 高石崖

(d) 吴堡

(e) 韩家峁

(f) 殿市

(g) 皇甫

(h) 申家湾

(i) 神木

(j) 温家川

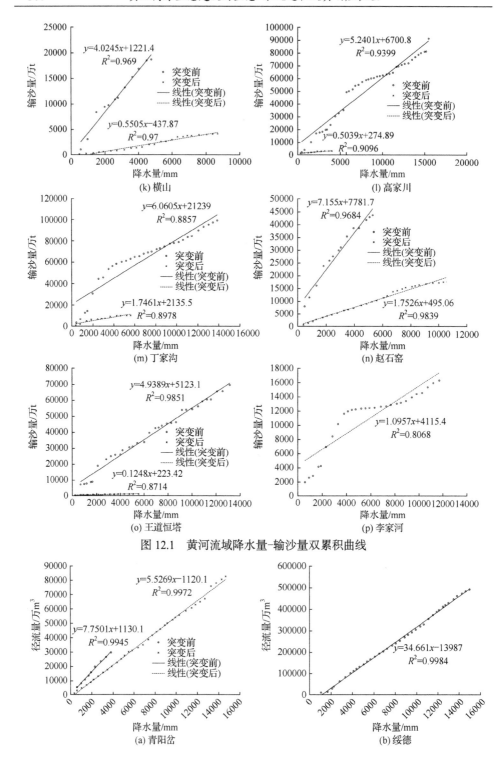

图 12.1　黄河流域降水量-输沙量双累积曲线

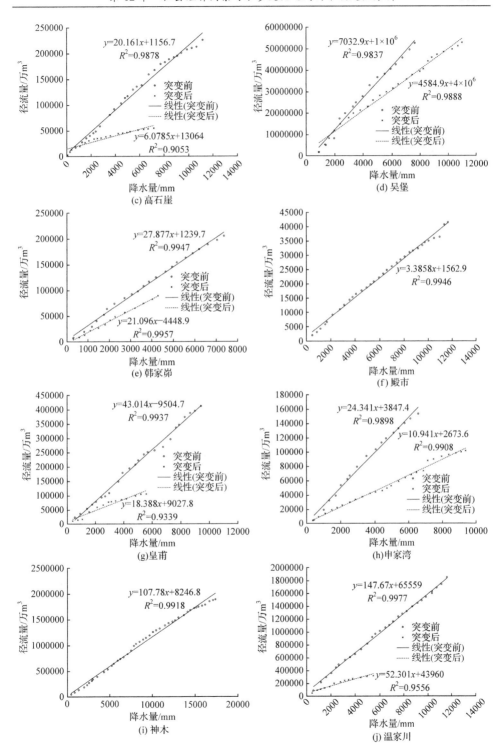

(c) 高石崖

(d) 吴堡

(e) 韩家峁

(f) 殿市

(g)皇甫

(h)申家湾

(i) 神木

(j) 温家川

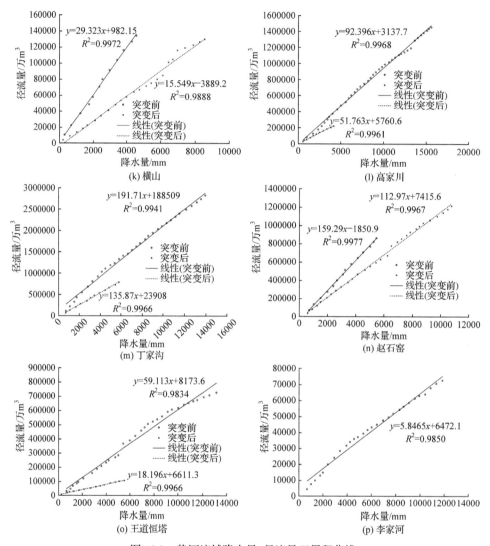

图 12.2　黄河流域降水量-径流量双累积曲线

从图 12.1 可以看出，黄河流域降水量-输沙量双累积曲线突变后的拟合曲线比突变前的拟合曲线值大，总体而言黄河中游流域突变前后的降水量-输沙量双累积曲线差异较大，相同的降水量明显突变后的输沙量小于突变前的输沙量，说明突变后人类活动影响较大，使得输沙量减少。

从图 12.2 可知，降水量-径流量双累积曲线突变以后的拟合曲线值明显比突变前拟合曲线值大，相同的降水量突变后的径流量较突变前的径流量减少甚多。高石崖、韩家峁、温家川、横山、高家川、丁家沟和王道恒塔等突变后的降水量-径流量双累积曲线明显较突变前的双累积曲线平缓，说明较突变前，这几个流域突变后受人类活动的影响较大；其他几个流域突变前后的降水量-径流量双累积曲线斜率变化没有前面几个站那么大，说明这几个流域受人类活动影响相对小。

通过拟合突变年份前的降水量-径流量和降水量-输沙量双累积曲线方程，来计算突变年份后的累积径流量和累积输沙量，以突变年份前为无人类活动影响期分析突变年份前后的差值，从而分析人类活动和降水的影响。计算结果见表 12.1 和表 12.2。因为突变前后的年份不同，为了减少年份不同累加对计算结果的影响，采用累积均值计算，即累积计算值除以年份长度。

表 12.1 降水量-径流量双累积曲线线性回归估算

水文站	突变时段	回归方程	计算累积均值/万 m³	实测累积均值/万 m³	累积减少量/万 m³	减少比例/%
青阳岔	突变前	$\sum R=7.7501\sum P+1130.1(R^2=0.9945,N=9)$	30195.300	29394.801	800.499	2.651
	突变后	$\sum R=5.5269\sum P-1120.1(R^2=0.9972,N=35)$	80135.831	82236.816	-2100.985	-2.622
绥德	—	$\sum R=34.661\sum P-13987(R^2=0.9984,N=38)$	487642.936	485777.800	1865.136	0.382
高石崖	突变前	$\sum R=20.161\sum P+1156.7(R^2=0.9878,N=28)$	235381.150	221839.828	13541.322	5.753
	突变后	$\sum R=6.0785\sum P+13064(R^2=0.9053,N=18)$	59018.433	54033.471	4984.961	8.446
吴堡	突变前	$\sum R=7032.9\sum P+1\times10^6(R^2=0.9837,N=16)$	52937966.500	51951187.123	986779.377	1.864
	突变后	$\sum R=4584.9\sum P+4\times10^6(R^2=0.9888,N=25)$	53874542.200	52198286.112	1676256.088	3.111
韩家峁	突变前	$\sum R=27.877\sum P+1239.7(R^2=0.9947,N=22)$	209949.224	203123.713	6825.511	3.251
	突变后	$\sum R=21.096\sum P-4448.9(R^2=0.9957,N=13)$	88407.676	88961.095	-553.419	-0.626
殿市	—	$\sum R=3.3858\sum P+1562.9(R^2=0.9946,N=32)$	40911.652	41044.241	-132.590	-0.324
皇甫	突变前	$\sum R=43.014\sum P-9504.7(R^2=0.9937,N=24)$	401081.136	400454.090	627.046	0.156
	突变后	$\sum R=18.388\sum P+9027.8(R^2=0.9339,N=14)$	113079.976	101600.665	11479.311	10.151
申家湾	突变前	$\sum R=23.341\sum P+3847.4(R^2=0.9898,N=17)$	154124.694	151801.258	2323.436	1.508
	突变后	$\sum R=10.941\sum P+2673.6(R^2=0.9908,N=26)$	104143.760	100758.815	3384.945	3.250
神木	突变前	$\sum R=107.78\sum P+8246.8(R^2=0.9918,N=43)$	1941388.880	1827003.652	114385.228	5.892
温家川	突变前	$\sum R=147.67\sum P+65559(R^2=0.9977,N=29)$	1791438.835	1804313.664	-12874.829	-0.719
	突变后	$\sum R=52.301\sum P+43960(R^2=0.9556,N=13)$	328937.689	298936.786	30000.903	9.121
横山	突变前	$\sum R=29.323\sum P+982.15(R^2=0.9972,N=12)$	133753.762	131582.716	2171.046	1.623
	突变后	$\sum R=15.549\sum P-3889.2(R^2=0.9888,N=24)$	127893.240	127428.975	464.264	0.363

续表

水文站	突变时段	回归方程	计算累积均值/万 m³	实测累积均值/万 m³	累积减少量/万 m³	减少比例/%
高家川	突变前	$\sum R=92.396\sum P+3137.7(R^2=0.9968,\ N=40)$	1448691.599	1426032.743	22658.856	1.564
	突变后	$\sum R=51.763\sum P+5760.6(R^2=0.9961,\ N=10)$	216778.745	212857.476	3921.269	1.809
丁家沟	突变前	$\sum R=191.71\sum P+188509(R^2=0.9941,\ N=32)$	2816105.431	2755751.129	60354.302	2.143
	突变后	$\sum R=135.87\sum P+23908(R^2=0.9966,\ N=12)$	774198.444	766839.390	7359.055	0.951
赵石窑	突变前	$\sum R=159.29\sum P-1850.9(R^2=0.9977,\ N=14)$	829563.255	830762.957	−1199.702	−0.145
	突变后	$\sum R=112.97\sum P+7415.6(R^2=0.9967,\ N=29)$	1193373.530	1170429.221	22944.309	1.923
王道恒塔	突变前	$\sum R=59.113\sum P+8173.6(R^2=0.9834,\ N=32)$	777541.118	710633.217	66907.901	8.605
	突变后	$\sum R=18.196\sum P+6611.3(R^2=0.9966,\ N=14)$	106214.566	104652.029	1562.537	1.471
李家河	—	$\sum R=5.8465\sum P+6472.1(R^2=0.985,\ N=28)$	74171.062	71619.288	2551.774	3.440

注：R 为年径流量(亿 m³)；P 为年降水量(mm)。

表 12.2　降水量-输沙量双累积曲线线性回归估算

水文站	突变时段	回归方程	计算累积均值/亿 t	实测累积均值/亿 t	累积减少量/亿 t	减少比例/%
青阳岔	突变前	$\sum S=2.0281\sum P+486.22(R^2=0.9614,\ N=9)$	8767.257	8439.854	327.404	3.734
	突变后	$\sum S=0.5784\sum P-113.18(R^2=0.9799,\ N=35)$	8390.399	7684.796	705.603	8.410
绥德	—	$\sum S=5.1782\sum P+10701(R^2=0.9454,\ N=38)$	93457.421	82633.417	10824.004	11.582
高石崖	突变前	$\sum S=5.1594\sum P-676.37(R^2=0.9732,\ N=28)$	59263.991	55360.966	3903.025	6.586
	突变后	$\sum S=0.3548\sum P+2561(R^2=0.6628,\ N=18)$	5243.345	4667.098	576.247	10.990
吴堡	突变前	$\sum S=145.45\sum P+24947(R^2=0.9805,\ N=16)$	1099095.250	1053227.390	45867.860	4.173
	突变后	$\sum S=60.773\sum P+35459(R^2=0.984,\ N=25)$	696547.694	632781.803	63765.891	9.155
韩家峁	突变前	$\sum S=0.1098\sum P+61.019(R^2=0.9136,\ N=22)$	883.070	775.627	107.442	12.167
	突变后	$\sum S=0.0186\sum P+4.0084(R^2=0.979,\ N=13)$	85.879	80.747	5.132	5.976
殿市	—	$\sum S=0.4987\sum P+1591.3(R^2=0.8608,\ N=32)$	7387.042	6716.233	670.809	9.081
皇甫	突变前	$\sum S=14.433\sum P-1650.6\ (R^2=0.9798,\ N=24)$	136118.158	131914.853	4203.305	3.088
	突变后	$\sum S=5.0749\sum P+3026.3\ (R^2=0.9006,\ N=14)$	31743.637	28180.526	3563.111	11.225

续表

水文站	突变时段	回归方程	计算累积均值/亿 t	实测累积均值/亿 t	累积减少量/亿 t	减少比例/%
申家湾	突变前	$\sum S=5.6706\sum P+1091.4(R^2=0.9737，N=17)$	37600.651	34179.506	3421.145	9.099
	突变后	$\sum S=1.3383\sum P-597.26(R^2=0.9742，N=26)$	11814.541	10661.403	1153.138	9.760
神木	突变前	$\sum S=12.653\sum P-10833(R^2=0.986，N=43)$	216111.208	194075.782	22035.426	10.196
温家川	突变前	$\sum S=21.048\sum P+34064(R^2=0.9939，N=29)$	280060.606	278956.065	1104.540	0.394
	突变后	$\sum S=1.8433\sum P+4608.1(R^2=0.8297，N=13)$	14651.873	12570.665	2081.208	14.204
横山	突变前	$\sum S=4.0245\sum P+1221.4(R^2=0.969，N=12)$	19443.934	18477.546	966.387	4.970
	突变后	$\sum S=0.5505\sum P-437.87(R^2=0.97，N=24)$	4227.783	3938.775	289.007	6.836
高家川	突变前	$\sum S=5.2401\sum P+6700.8(R^2=0.9399，N=40)$	88683.213	90436.433	−1753.221	−1.977
	突变后	$\sum S=0.5039\sum P+274.89(R^2=0.9096，N=10)$	2329.139	2072.012	257.127	11.040
丁家沟	突变前	$\sum S=6.0605\sum P+21239(R^2=0.8857，N=32)$	104304.819	99103.079	5201.740	4.987
	突变后	$\sum S=1.7461\sum P+2135.5(R^2=0.8978，N=12)$	11777.674	10319.646	1458.028	12.380
赵石窑	突变前	$\sum S=7.155\sum P+7781.7(R^2=0.9684，N=14)$	45127.223	42565.353	2561.870	5.677
	突变后	$\sum S=1.7526\sum P+495.06(R^2=0.9839，N=29)$	18893.837	17165.174	1728.663	9.149
王道恒塔	突变前	$\sum S=4.9389\sum P+5123.1(R^2=0.9851，N=32)$	69989.555	68191.197	1798.359	2.569
	突变后	$\sum S=0.1248\sum P+223.42(R^2=0.8714，N=14)$	906.564	781.181	125.383	13.831
李家河	—	$\sum S=1.0957\sum P+4115.4(R^2=0.8068，N=28)$	16802.949	15695.381	1107.567	6.592

注：S 为年输沙量(亿 t)；P 为年降水量(mm)。

从表 12.1 和表 12.2 可以看出，突变年份后，黄河流域累积径流量和输沙量发生明显减少，且实测值与拟合计算值的计算结果相差不大，直接误差在 0.384%～14.204%。相比而言，高石崖、温家川、王道恒塔突变后，丁家沟突变前后和李家河突变后的输沙量拟合效果较差，径流量整体拟合效果好，不确定性系数均在 0.9以上。皇甫、温家川和王道恒塔的径流量减少比例变化较大，分别变了 9.995%、9.840% 和 7.134%。韩家峁、皇甫、温家川、高家川和王道恒塔几个水文站的输沙量减少比例变化较大，分别变了 6.191%、8.137%、13.810%、13.017% 和 11.262%。突变后的径流量和输沙量减少较多，同一降水量下突变后的径流量和输沙量明显减少，说明人类活动对径流量和输沙量产生影响。

12.1.2 人类活动对黄河中游降水量、径流量和输沙量的影响

天然状态下，流域径流量与输沙量的变化趋势主要受气候和下垫面等自然因素影响。对于地处黄土高原风沙黄土交错带的无定河流域来说，随着人类活动的不断增强，特别是小流域综合治理，人类活动对流域径流量和输沙量变化的影响越加显著(李二辉，2016)。

利用降水量-径流量和降水量-输沙量双累积曲线，评估人类活动等因素对不同地貌区径流量与输沙量的影响程度。将发生突变年份之前的时期作为基准期，即人类活动影响很小的时期，理想称之为天然状态；将发生突变年份之后的时期作为措施期，即人类活动影响严重的时期。将措施期各年累积降水量代入基准期双累积曲线建立的回归方程，得到计算年径流量和年输沙量。不同时期计算值之差为降水量变化的影响量；同时期计算值与实测值之差，为人类活动影响的减水减沙量；同时期人类活动影响的减水减沙量与计算值相比，为人类活动的减水减沙效益。

黄河流域除青阳岔和韩家峁，人类活动的减水效益均是正值，介于0.363%～10.151%，青阳岔和韩家峁的人类活动减水效益分别为-2.622%和-0.626%(表12.3)。降水量影响径流量减少比例为0.459%～4.906%(除青阳岔和韩家峁)，青阳岔和韩家峁降水量影响径流量减少比例分别为-1.789%和-0.446%，为负值，这是因为突变后的降水量增大，大于突变前的多年平均降水量。人类活动影响径流量减少比例为33.661%～74.205%。以上流域突变后较突变前的径流量呈减少趋势，且人类活动对其影响呈增加趋势，人类活动的减水效益增加。人类活动对径流量减少的影响程度均远大于降水量，且径流量实测值减少量与人类活动减水效益成正比。

从表12.4可以看出，黄河流域人类活动减沙效益为5.976%～14.204%，降水量影响输沙量减少比例为0.409%～4.487%。以上流域突变后较突变前的输沙量呈减少趋势，且人类活动对其影响呈增加趋势，人类活动的减沙效益也增加；同时可以看出，人类活动对输沙量减少的影响程度均远远大于降水量的影响，且输沙量实测值减少量与人类活动减沙效益成正比。

水利水保措施的实施改变了区间产水产沙规律，使区间输沙量发生跃变性的减少。水土保持、生态环境修复和水利工程建设等人类活动，是黄河中游区间水沙量急剧减少的主要驱动因素(李庆云，2011)，各个因素之间如何影响，进而影响水沙变化，是下一步研究的重点。

表 12.3　黄河流域径流量变化原因分析

水文站	突变时段	径流量年均计算值/万 m³	径流量年均实测值/万 m³	降水量影响径流量减少量/万 m³	降水量影响径流量减少比例/%	径流量实测值减少量/万 m³	径流量实测值减少比例/%	人类活动影响径流量变化量/万 m³	人类活动影响径流流量减少比例/%	人类活动减水效益/%
青阳岔	突变前	3355.033	3266.089	-60.028	-1.789	916.466	28.060	-60.028	71.940	-2.622
	突变后	2289.595	2349.623							
高石崖	突变前	8406.470	7922.851	276.942	3.294	4920.991	62.111	276.942	37.889	8.446
	突变后	3278.802	3001.860							
吴堡	突变前	3308622.906	3246949.195	67050.244	2.027	1159017.751	35.696	67050.244	64.304	3.111
	突变后	2154981.688	2087931.444							
韩家峁	突变前	9543.147	9232.896	-42.571	-0.446	2389.735	25.883	-42.571	74.117	-0.626
	突变后	6800.590	6843.161							
皇甫	突变前	16711.714	16685.587	819.951	4.906	9428.397	56.506	819.951	43.494	10.151
	突变后	8077.141	7257.190							
申家湾	突变前	9066.158	8929.486	130.190	1.436	5054.147	56.601	130.190	43.399	3.250
	突变后	4005.529	3875.339							
温家川	突变前	61773.753	62217.713	2307.762	3.736	39222.575	63.041	2307.762	36.959	9.121
	突变后	25302.899	22995.137							
横山	突变前	11146.147	10965.226	19.344	0.174	5655.686	51.578	19.344	48.422	0.363
	突变后	5309.541	5328.885							
高家川	突变前	36217.290	35650.819	392.127	1.083	14365.071	40.294	392.127	59.706	1.809
	突变后	21677.875	21285.748							
丁家沟	突变前	88003.295	86117.223	613.255	0.697	22213.940	25.795	613.255	74.205	0.951
	突变后	64516.537	63903.282							
赵石窑	突变前	59254.518	59340.211	791.183	1.335	18980.583	31.986	791.183	68.014	1.923
	突变后	41150.811	40359.628							
王道恒塔	突变前	24298.160	22207.288	111.610	0.459	14732.143	66.339	111.610	33.661	1.471

表 12.4 黄河流域输沙量变化原因分析

水文站	突变时段	输沙量计算值/万 t	输沙量实测值/万 t	降水量影响输沙量减少量/万 t	降水量影响输沙量减少比例/%	输沙量实测值减少量/万 t	输沙量实测值减少比例/%	人类活动影响输沙量减少量/万 t	人类活动影响输沙量减少比例/%	人类活动减沙效益/%
青阳岔	突变前	974.140	937.762							
	突变后	239.726	219.566	20.160	2.070	718.196	76.586	20.160	23.414	8.410
高石崖	突变前	2116.571	1977.177							
	突变后	291.297	259.283	32.014	1.513	1717.894	86.886	32.014	13.114	10.990
吴堡	突变前	68693.453	65826.712							
	突变后	27861.908	25311.272	2550.636	3.713	40515.440	61.549	2550.636	38.451	9.155
韩家峁	突变前	40.140	35.256							
	突变后	6.606	6.211	0.395	0.983	29.045	82.382	0.395	17.618	5.976
皇甫	突变前	5671.590	5496.452							
	突变后	2267.403	2012.895	254.508	4.487	3483.558	63.378	254.508	36.622	11.225
申家湾	突变前	2211.803	2010.559							
	突变后	454.405	410.054	44.351	2.005	1600.505	79.605	44.351	20.395	9.760
温家川	突变前	9657.262	9619.175							
	突变后	1127.067	966.974	160.093	1.658	8652.200	89.947	160.093	10.053	14.204
横山	突变前	1620.328	1539.796							
	突变后	176.158	164.116	12.042	0.743	1375.680	89.342	12.042	10.658	6.836
高家川	突变前	2217.080	2260.911							
	突变后	232.914	207.201	25.713	1.160	2053.710	90.835	25.713	9.165	11.040
丁家沟	突变前	3259.526	3096.971							
	突变后	981.473	859.971	121.502	3.728	2237.001	72.232	121.502	27.768	12.380
赵石窑	突变前	3223.373	3040.382							
	突变后	651.512	591.903	59.609	1.849	2448.480	80.532	59.609	19.468	9.149
王道恒塔	突变前	2187.174	2130.975	8.956	0.409	2075.176	97.382	8.956	2.618	13.831

12.2　无定河不同尺度流域下水沙趋势变化分析

12.2.1　研究方法

1. 数据来源

以无定河流域为研究对象，收集整理流域内 8 个水文站的径流量和输沙量资料。水沙数据来自黄河流域水文年鉴 1980～2009 年逐日实测径流量和输沙量，以年为单位进行分析计算。

2. 分析方法

采用 Excel、ArcGIS10.1 等软件进行数据计算与分析，应用双累积曲线法、Mann-Kendall 和 Pettitt 检验法，分析不同尺度流域的气候变化及水沙变化的演变趋势，应用 SPSS 18.0 对数据进行显著性检验和水沙相关关系分析。

采用一种非参数统计检验方法——Mann-Kendall 检验法来进行水沙变化趋势分析。该方法不是用实际数值来判别两个变量之间的相关程度，而是用数据序列的秩来判别两个变量之间的相关程度，这就避免了数据序列中特大值和特小值对结果的影响，可以比较客观地判别数据序列随年序的变化趋势。

检验统计量 S 表达式为

$$S = \sum_{k=1}^{n-1} \sum_{j=k+1}^{n} \mathrm{sgn}\left(x_j - x_k\right) \tag{12.1}$$

式中，x_j、x_k 为有序数据值，且 $j<k<n$，同时有

$$\mathrm{sgn}\left(x_j - x_k\right) = \begin{cases} 1, & x_j - x_k > 0 \\ 0, & x_j - x_k = 0 \\ -1, & x_j - x_k < 0 \end{cases} \tag{12.2}$$

Z 检验的常态统计表达式为

$$Z = \begin{cases} \dfrac{S+1}{\sqrt{\mathrm{var}(S)}}, & S > 0 \\ 0, & S = 0 \\ \dfrac{S-1}{\sqrt{\mathrm{var}(S)}}, & S < 0 \end{cases} \tag{12.3}$$

式中，Z 表示在给定显著水平下序列秩的变化趋势，$Z>0$ 为上升趋势，$Z<0$ 为下

降趋势；

$$\mathrm{var}(S) = \frac{n(n-1)(2n+5)}{18} \qquad (12.4)$$

1) 突变点检验

Pettitt 检验也是一种基于非参数统计的方法，在突变点检测方法中应用较多，能够较好地识别一个水文系列发生突变的时间。Pettitt 法采用 Mann-Whitney 中的 $U_{t,N}$ 检验相同的总体中两个样本 $X_1, X_2, \cdots, X_t$ 和 $X_{t+1}, X_{t+2}, \cdots, X_N$。

统计量 $U_{t,N}$ 的计算公式为

$$U_{t,N} = U_{t-1,N} + \sum_{j=1}^{N} \mathrm{sgn}(x_t - x_j) \qquad (12.5)$$

式中，$t = 2, 3, \cdots, N$，且有

$$\mathrm{sgn}(x_t - x_j) = \begin{cases} 1, & x_t - x_j > 0 \\ 0, & x_t - x_j = 0 \\ -1, & x_t - x_j < 0 \end{cases} \qquad (12.6)$$

则最显著的突变点为

$$P(t) = \max\left|U_{t,N}\right| \qquad (12.7)$$

可能突变点的显著性水平可以通过式(12.8)计算：

$$P = 2\exp\left(\frac{-6U_{t,N}^2}{N^2 + N^3}\right) \qquad (12.8)$$

若 $P < 0.05$，则认为检测出的突变点是显著的。

2) 双累积曲线法

通常采用双累积曲线法来检验两个参数之间的一致性和发生的变化。一般通过一个变量的连续累积值与另一个变量连续累积值关系线的斜率变化来判定序列是否发生突变。本节是在确定径流量和输沙量变化趋势并在确定突变时间的基础上，采用双累积曲线绘制突变年份前后的累积降水量-累积径流量(累积输沙量)曲线。

3) Pearson 相关分析

Pearson 相关分析是衡量变量间的线性相关程度强弱并用统计指标表示的过程。通常所用的相关分析系数有 Pearson 简单相关系数、Spearman 相关系数和 Kendall's tus-b 等级相关系数等。选用 Pearson 简单相关系数来衡量流域经济因子与径流量和输沙量间的线性相关程度。

12.2.2　无定河不同尺度流域水沙突变点检验

采用 Mann-Kendall 检验和 Pettitt 检验的方法分析无定河流域水沙变化的趋势。

从无定河流域出口站白家川站的监测数据显示来看，1980 年以来，无定河流域的径流量和输沙量整体呈现减少的趋势，且径流量呈极显著变化，输沙量呈显著变化，这与无定河干流丁家沟站水沙数据分析结果一致。在无定河支流中，除黑木头川和小理河流域输沙量呈上升趋势，其余支流径流量和输沙量均呈下降趋势。

从无定河支流的径流量变化趋势来看，黄土丘陵区所属小理河、大理河和槐理河流域均未通过显著性检验，北部风沙草滩区的海流兔河流域径流量呈显著水平，芦河与黑木头川流域则均呈极显著水平。从输沙量变化的显著性检验来看，黑木头川、小理河、大理河和槐理河 4 条流域未通过显著性检验，海流兔河和芦河流域的输沙量呈极显著水平。

在无定河及其支流的径流量突变检验中发现，海流兔河、芦河和黑木头川流域径流量的第一突变时间集中在 1994~1997 年，这可能与当地三北防护林建设及水保措施投入相关。第二次突变时间集中在 2003~2005 年，主要受当地退耕还林还草政策实施有关。无定河流域的第一突变时间较其支流发生较早，为 1988 年，第二次则与支流突变时间一致(2005 年)。

分析各流域输沙量的突变检验结果发现，海流兔河的突变时间较早，集中在 1984~1989 年，这主要与当地水保工作投入及榆林地区防沙治沙举措相关。芦河与无定河整体流域的输沙量突变时间相同，主要受径流变化影响(表 12.5)。

表 12.5 突变检验结果

流域	项目	Mann-Kendall 检验				Pettitt 检验
		S	Z	Sig.	P	突变年份
韩家峁海流兔河	径流量	−96	−1.73	0.042	*	1995/2003
	输沙量	−190	−3.14	0.000	**	1984/1989
横山芦河	径流量	−133	−2.65	0.004	**	1997/2005
	输沙量	−129	−2.57	0.005	**	1994
殿市黑木头川	径流量	−190	−3.14	0.000	**	1994/2003
	输沙量	52	0.95	0.828	ns	—
李家河小理河	径流量	−30	−0.65	0.259	ns	—
	输沙量	64	1.31	0.906	ns	—
青阳岔大理河	径流量	−24	−0.45	0.328	ns	—
	输沙量	−60	−1.09	0.138	ns	—
绥德槐理河	径流量	−62	−1.12	0.130	ns	—
	输沙量	−48	−0.87	0.191	ns	—

流域	项目	Mann-Kendall 检验				Pettitt 检验
		S	Z	Sig.	P	突变年份
白家川无定河	径流量	−218	−3.91	0.000	**	1988/2005
	输沙量	−120	−2.16	0.015	*	1994/2008
丁家沟干流	径流量	−150	−2.69	0.004	**	1981/1985
	输沙量	−120	−2.16	0.015	*	1994

12.2.3 无定河不同尺度流域水沙年际变化特征

1. 无定河不同尺度流域下径流量年际变化特征

为了具体描述无定河及其支流径流量的年际变化特征，采用距平累积法对无定河流域 1980~2010 年的年径流量变化进行分析。

由径流量的距平累积曲线(图 12.3)可知，无定河及其各支流径流量整体上呈现明显减少的趋势，其中芦河、黑木头川、无定河干流及无定河流域的径流量阶段性变化较为明显，20 世纪 80 年代至 2000 年径流量呈递增趋势，2000~2010 年径流量减少。

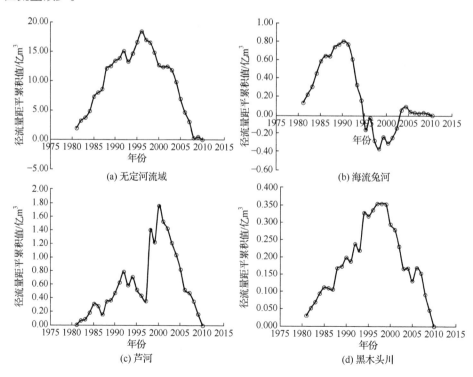

(a) 无定河流域 (b) 海流兔河

(c) 芦河 (d) 黑木头川

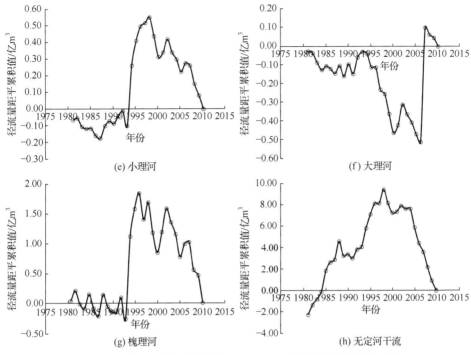

图 12.3　无定河不同尺度流域 1980~2010 年径流量距平累积曲线

小理河与槐理河流域径流量变化较为一致，20 世纪 80~90 年代整体呈现平稳变化态势，90 年代呈上升趋势，2000~2010 年呈复杂性递减趋势。

无定河支流中，海流兔河和大理河流域的径流量变化较为复杂。海流兔河 20 世纪 80~90 年代呈现平稳上升趋势，而后至 90 年代中期呈现下降趋势，至 2005 年又呈现小幅度上升趋势，2005 年以后逐年下降；大理河初期径流量变化同小理河和槐理河流域变化类似，但在 20 世纪 90 年代~2005 年呈逐段下降趋势，随后小幅回升后又呈下降趋势。

2. 无定河不同尺度流域下输沙量年际变化特征

采用距平累积法对无定河流域 1980~2010 年的年输沙量变化进行比对分析。由图 12.4 可以看出，除黑木头川和小理河流域输沙量呈上升趋势变化，无定河流域及其他支流均呈明显的下降趋势。其中，海流兔河和芦河输沙量变化较为明显，二者均呈逐步上升和逐步下降趋势，但海流兔河输沙量下降趋势点较芦河早，在 20 世纪 80 年代，而芦河输沙量的下降趋势点处于 90 年代中期，这与 Pettitt 检验得到的突变时间一致。

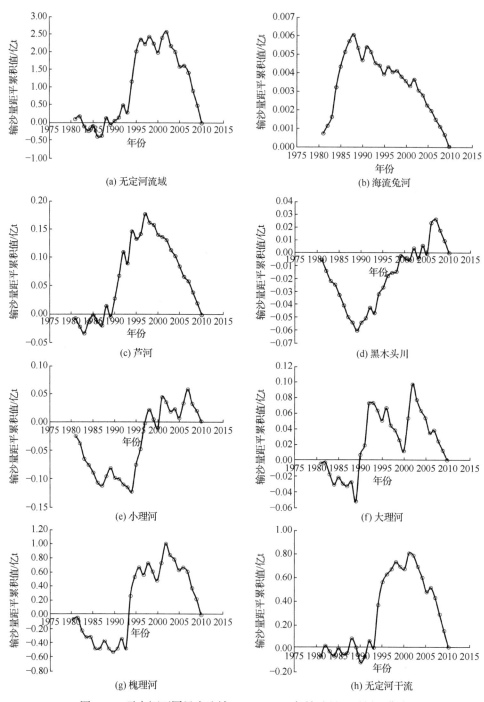

图 12.4　无定河不同尺度流域 1980~2010 年输沙量距平累积曲线

槐理河、无定河干流和无定河流域输沙量变化的整体趋势较为一致,20 世纪 80~90 年代中期变化较为平稳,90 年代中期~2000 年输沙量呈上升趋势,2000~ 2005 年变化较稳定,2005~2010 年又呈现明显减少趋势,这与无定河流域输沙量 突变时间检验结果一致。结合径流量和输沙量双累积曲线来看,槐理河和无定河 流域的水沙曲线相关程度较高,与大理河流域相比,该流域在 20 世纪 90 年代径 流量和输沙量有明显的下降。

黑木头川和小理河流域的输沙量均呈现先降后升的趋势,黑木头川流域的输 沙量增长点(20 世纪 80 年代中期)比小理河流域(90 年代中期)提前。

12.2.4 无定河不同尺度流域水沙变化关系分析

为了具体表现无定河流域及其支流的水沙变化特征,采用 Spearman 相关系数 法对无定河流域及其支流 1980~2010 年的水沙数据进行相关性分析,见表 12.6。

表 12.6 径流量与输沙量相关系数

指标	无定河流域	海流兔河	芦河	黑木头川	小理河	大理河	槐理河	无定河干流
Pearson 相关系数	0.622**	0.434*	0.222	0.420*	0.434*	0.374*	0.946**	0.668**
显著性(双侧)	0.000	0.017	0.239	0.021	0.017	0.042	0.000	0.000

注:**表示极显著相关;*表示显著相关。

由表 12.6 可知,槐理河流域、无定河干流和无定河流域的径流量与输沙量呈 极显著相关,海流兔河、黑木头川、小理河和大理河流域的水沙关系呈显著相关, 芦河流域的径流量与输沙量关系不显著。整体来看,无定河流域总体水沙相关关 系较好,无定河干流及其支流流域水沙呈正相关关系。

使用双累积曲线法对 1980~2010 年无定河流域的水沙变化进行分析,不同 阶段径流量和输沙量的双累积曲线见图 12.5。无定河流域的水沙双累积曲线可分

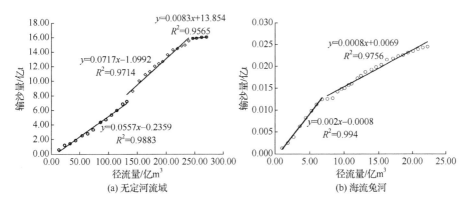

(a) 无定河流域 (b) 海流兔河

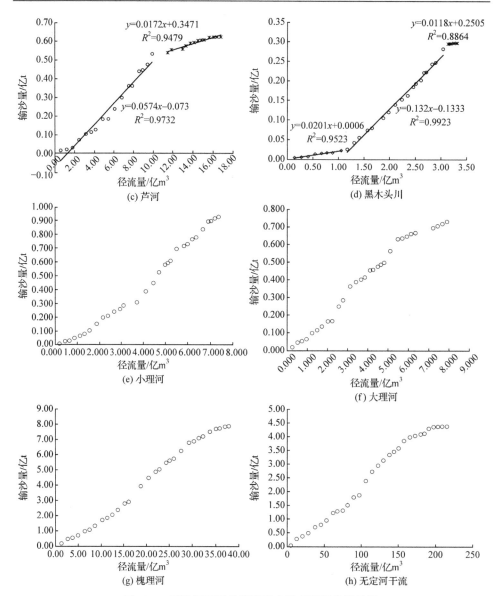

图 12.5　无定河不同尺度流域水沙双累积曲线分析

为 1981～1993 年、1994～2006 年和 2007～2010 三个变化阶段。在相同径流量下，1994～2006 年的输沙量最大，2007～2010 年的输沙量最小，即整体表现为增沙和减沙的阶段性变化，这与之前 Pettitt 检验的输沙量突变时间点相吻合。

　　从海流兔河和芦河的水沙双累积曲线来看，该流域在相同径流量情况下输沙量均呈下降态势。其中，海流兔河的输沙量下降点在 1989 年，较芦河流域的 1997

年较为提前，这与其 Pettitt 检验中输沙量变化的突变时间较为一致。同时，海流兔河后期直线斜率为 0.0008，明显小于芦河流域后期的直线斜率 0.0172，可见海流兔河的减沙幅度大于芦河流域。

黑木头川流域的水沙双累积曲线中，各直线段分别代表 1981~1988 年、1989~2006 年和 2007~2010 年的水沙情况。可以看出该曲线呈现一定的波动，且相同径流量下输沙量整体呈增大趋势，这与小理河、大理河、槐理河和无定河干流的水沙变化趋势一致。

结合水沙变化的双累积曲线可知，无定河流域及其支流的水沙关系均呈现阶段性变化，特别是随着人类活动影响的加剧，人工林草植被种植及水保措施不断投入，均在一定程度上影响了流域水沙的变化。

为了探究影响无定河流域水沙变化的主要因子及变化机理，有必要对制约水沙变化的社会经济因子、自然生态因子、气象因子和下垫面等进行综合分析，以探究其响应变化关系。

12.3　无定河不同尺度流域下经济、气候和生态因子与水沙变化的响应关系

将不同尺度流域的经济因子、气候因子、生态因子与水沙数据进行 z-score 标准化处理，采用 Spearman 相关系数法分析各类因子与水沙变化间的相关关系，然后通过线性回归分析的方法进一步确定影响水沙变化的主要驱动因子及其回归方程，最后使用通径分析法确定各影响因子的作用排序，建立经济、气候、生态与水沙四者间的变化响应关系，从而为流域自然经济发展与生态环境建设提供科学依据。

12.3.1　黑木头川流域经济、气候和生态因子与水沙变化的响应关系

以无定河支流黑木头川流域为研究对象，采用该流域水文站殿市站 1980~2009 年的径流量和输沙量数据，用相应时期内降水量、气温、湿度、风速等气候指标进行分析研究。同时，研究黑木头川流域所经 3 个乡镇的 1999~2009 年各项经济变化指标及该流域相应时期内的生态林草变化(以归一化植被指数 NDVI 为代表)，采用 Mann-Kendall 和 Pettitt 水文统计法、双累积曲线对流域径流量、输沙量及其水沙变化的演变趋势进行分析，利用相关性分析和多元回归等方法分别确定影响水沙变化的经济、气候、生态因子，并使用通径分析得出各因子影响程度排序。最后，综合三方面影响因素，集中进行多元回归分析，进一步确定共同作用于水沙变化的各类因子并排序，通过通径分析得出结论，建立经济、气候、生态与水沙四者间的变化响应关系。

1. 黑木头川流域经济因子与水沙变化的响应关系分析

为更好地反映黑木头川流域经济因子与水沙变化的响应关系,通过走访调研,选取了反映流域社会经济发展的 26 项影响因子:X_1 为现价工业总产值、X_2 为粮食总产量、X_3 为农业收入、X_4 为建筑业收入、X_5 为农村净收入、X_6 为耕地面积、X_7 为单位人均工资、X_8 为总人口、X_9 为单位工资总额、X_{10} 为人均现价工业总产值、X_{11} 为人均粮食产量、X_{12} 为人均农业收入、X_{13} 为人均建筑业收入、X_{14} 为人均农村净收入、X_{15} 为人均耕地面积、X_{16} 为现价工业总产值变率、X_{17} 为粮食总产量变率、X_{18} 为人均农作物播种面积变率、X_{19} 为农业收入变率、X_{20} 为工业收入变率、X_{21} 为建筑业收入变率、X_{22} 为农村净收入变率、X_{23} 为耕地面积变率、X_{24} 为单位人均工资变率、X_{25} 为总人口变率和 X_{26} 为单位工资总额变率,与黑木头川流域的径流量(Y_1)和输沙量(Y_2)建立研究关系。

1) 经济因子与水沙数据的相关关系分析

采用零-均值标准化(zero-mean normalization,z-score)方法对选取的 26 个经济因子与黑木头川流域水沙等原始数据进行标准化处理后,应用 SPSS 18.0 数据分析软件进行 Pearson 相关关系分析,结果见表 12.7。

表 12.7 主要经济因子与径流量相关系数

指标	人均农作物播种面积变率	建筑业收入变率	总人口变率	工业收入变率
相关系数	0.306	−0.385	−0.306	0.742
显著性	0.391	0.271	0.390	0.014

由表 12.7 可知,工业收入变率与黑木头川流域径流量呈显著相关,建筑业收入变率、总人口变率和人均农作物播种面积变率 3 项因子相关系数绝对值均大于 0.3,与流域径流量呈弱相关关系。

应用 SPSS 18.0 数据分析软件将 26 项黑木头川流域经济因子与输沙量进行 Pearson 相关关系,结果见表 12.8。

表 12.8 主要经济因子与输沙量相关系数

指标	工业收入变率	人均农作物播种面积变率	人均现价工业总产值	建筑业收入	农村净收入	总人口	人均粮食产量
相关系数	0.796	0.584	−0.419	−0.377	−0.345	−0.333	−0.323
显著性	0.006	0.076	0.229	0.282	0.329	0.346	0.362

由表 12.8 可知,黑木头川流域经济因子中工业收入变率与输沙量呈极显著相

关，人均农作物播种面积变率、人均现价工业总产值、建筑业收入、农村净收入、总人口、人均粮食产量 6 项因子与输沙量呈弱相关关系。其中，工业收入变率和人均农作物播种面积变率与流域输沙量呈正相关，其他 5 项因子均与输沙量呈负相关关系。

2) 经济因子与水沙数据的多元回归分析

在经济因子与径流量响应关系中，影响因变量径流量的各类自变量经济因子很多，且这些因子之间可能存在共线性，特别是当各个解释变量之间存在高度的相互依赖性关系时，会给回归系数的估计带来不合理的解释。

为了能更好地反映各影响因子与因变量的关系，在确定与黑木头川流域径流量和输沙量相关性较好的经济因子后，通过多元回归分析法将上述因子代入回归方程，并对回归模型的 $Sig.F$ 进行检验。应用 SPSS 18.0 软件，分别将与径流量相关性较好的工业收入变率、建筑业收入变率、总人口变率和人均农作物播种面积变率 4 项因子，以及与输沙量相关性较好的工业收入变率、人均农作物播种面积变率、人均现价工业总产值、农村净收入、总人口和人均粮食产量 6 项因子代入回归方程，进行多元线性回归分析，可得表 12.9、表 12.10。

表 12.9　经济因子与径流量回归方程系数

指标	建筑业收入变率	总人口变率	工业收入变率
标准系数	−0.374	−0.229	0.667
Sig.	0.147	0.355	0.026

表 12.10　经济因子与输沙量回归方程系数

指标	工业收入变率	人均农作物播种面积变率	人均现价工业总产值	农村净收入	总人口	人均粮食产量
标准系数	0.554	0.915	−0.142	−0.194	0.936	−0.488
Sig.	0.056	0.056	0.754	0.84	0.47	0.219

将已排除"人均农作物播种面积变率"因子后的 3 项影响径流量的经济因子按照 $X_1 \sim X_3$ 序号进行编排，可得径流量多元回归方程为

$$Y = -0.374X_1 - 0.229X_2 + 0.667X_3$$

将已排除"建筑业收入"因子后的 6 项影响输沙量的经济因子按照 $X_1 \sim X_6$ 序号进行编排，可得输沙量多元回归方程为

$$Y = 0.554X_1 + 0.915X_2 - 0.142X_3 - 0.194X_4 + 0.936X_5 - 0.488X_6$$

回归模型系数见表 12.11。由表 12.11 可知，在径流量和输沙量的回归模型中，

Sig.F<0.05，回归方程成立，表明上述经济因子对径流量和输沙量有主要影响。

表 12.11　黑木头川流域经济因子与径流量和输沙量回归模型系数

因变量	R	R^2	调整 R^2	标准估计误差	更改统计量				
					R^2	F	df1	df2	Sig.F
径流量	0.842	0.710	0.564	0.66004	0.710	4.886	3	6	0.047
输沙量	0.998	0.996	0.983	0.13046	0.996	75.250	7	2	0.013

因变量为径流量的回归模型中，调整 R^2 为 0.564，即对径流量有 56.4%的解释能力；因变量为输沙量的回归模型中，调整 R^2 为 0.983，即对输沙量有 98.3%的解释能力。因此，将黑木头川流域径流量、输沙量与上述因子进行通径分析具有统计学意义。

3) 经济因子与水沙数据的通径分析

通径分析是对回归自变量和因变量直接相关系数的分解，不但可以反映自变量对因变量的直接作用，还可反映自变量之间的相互作用，即一个自变量通过其他自变量对因变量的作用。

通过对影响径流量、输沙量的主要经济因子进行通径分析，可得各因子分别与径流量、输沙量间的直径通径系数(选用回归模型当中的标准系数作为直接通径系数)、间接通径系数，结果如表 12.12 所示。

表 12.12　黑木头川流域经济因子与径流量的通径系数

经济因子	总效应	直接通径系数	决定系数	间接通径系数		
				X_1	X_2	X_3
X_1(建筑业收入变率)	−0.285	−0.374	0.140	—	0.062	0.028
X_2(总人口变率)	−0.144	−0.229	0.053	0.038	—	0.048
X_3(工业收入变率)	0.479	0.667	0.445	−0.049	−0.139	—

由通径分析的总效应可知，影响径流量变化的首要因素为工业收入变率(0.479)，其次为总人口变率(−0.144)和建筑业收入变率(−0.285)，排序为 $X_3>X_2>X_1$。其中，工业收入变率对黑木头川流域径流量的影响主要来自自身的直接影响(直接通径系为 0.667)；建筑业收入变率对黑木头川流域径流量的影响主要来自自身的直接影响(−0.374)和总人口变率的间接影响(0.062)。

综合相关系数(表 12.7)可知，流域径流量与工业收入变率的相关系数为 0.742，呈显著正相关关系，总人口变率和建筑业收入变率与径流量呈弱的负相关关系，这与通径分析结果一致。

由表 12.13 可知，黑木头川流域各经济因子对于输沙量的影响各不相同，根据总效应结果显示来看，X_5(总人口)>X_1(工业收入变率)>X_3(人均现价工业总产值)>X_4(农村净收入)>X_2(人均农作物播种面积变率)>X_6(人均粮食产量)。可见，经济因子中对输沙量影响最大的是总人口(2.564)，其次为工业收入变率(0.245)。其中，总人口对输沙量的影响主要来自自身的直接影响(0.936)和农村净收入对其的间接影响(0.911)；工业收入变率对输沙量的影响主要来自自身的直接影响(0.554)。结合以上因子与输沙量的相关关系来看，总人口和工业收入变率与输沙量分别呈弱的负相关和极显著正相关关系，其相关系数分别为-0.333 和 0.796，可见，随着总人口增长和工业收入变率减小，黑木头川流域输沙量呈现减少趋势。

表 12.13　黑木头川流域经济因子与输沙量的通径系数

经济因子	总效应	直接通径系数	决定系数	间接通径系数					
				X_1	X_2	X_3	X_4	X_5	X_6
X_1(工业收入变率)	0.245	0.554	0.307	—	0.051	-0.090	-0.034	-0.033	-0.203
X_2(人均农作物播种面积变率)	-0.881	0.915	0.837	0.085	—	-0.621	-0.607	-0.613	-0.039
X_3(人均现价工业总产值)	-0.316	-0.142	0.020	0.023	0.096	—	-0.107	-0.122	-0.065
X_4(农村净收入)	-0.514	-0.194	0.038	0.012	0.129	-0.147	—	-0.189	-0.125
X_5(总人口)	2.564	0.936	0.876	-0.056	-0.628	0.803	0.911	—	0.597
X_6(人均粮食产量)	-1.137	-0.488	0.239	0.179	0.021	-0.222	-0.314	-0.312	—

由黑木头川流域土地利用变化情况可知，2000～2009 年流域内耕地和水域面积不断减少，林地和草地面积增加。可见，在三北防护林建设和退耕还林还草政策的实施下，该流域生态环境得到改善，加之国家对煤化工企业生产废水回收利用的大力提倡及环保投入力度加大，水土流失现象得到有效控制，流域径流量和输沙量呈现减少的变化趋势。

2. 黑木头川流域气候、生态因子与水沙变化的响应关系分析

为更好地反映气候因子与流域水沙变化的响应关系，通过走访调研，选取反映气候变化的平均气压、平均气温、平均相对湿度、平均风速、日照时数、降水量 6 项气象指标作为分析因子，为避免指标间误差，又新增平均气压变率、平均气温变率、平均相对湿度变率、平均风速变率、日照时数变率、降水量变率 6 项指标，合计 12 项指标与黑木头川流域的水沙数据建立相关关系。

对黑木头川流域 2000～2009 年气候因子和水沙数据进行 z-score 标准化处理后，采用 SPSS 18.0 软件进行 Pearson 相关关系分析，分析结果显示：平均气温与

流域径流量和输沙量均呈极显著相关(0.001 和 0.004)，平均气压变率、日照时数变率、平均风速、平均相对湿度和降水量与径流量呈弱相关，平均气压变率和平均风速变率与输沙量呈弱相关。其中，除平均相对湿度和降水量与径流量呈负相关，其余指标均与径流量、输沙量呈正相关。

1) 气候因子与水沙数据的多元回归分析

为了更好地解释反映各气候因子对径流量和输沙量的响应关系，采用多元回归分析方法，分别将与水沙数据相关性较好的气候因子代入回归模型中进行线性回归分析。在回归分析过程中，为保障回归方程成立(Sig.F<0.05)，根据回归模型中标准系数排序选取系数较高的平均气温、平均气压变率、日照时数变率和平均风速 4 项指标作为影响径流量变化的主要气候因子，回归方程 $y=0.588X_1+0.277X_2+0.387X_3+0.243X_4$，选取平均气温、平均气压变率和平均风速变率 3 项指标作为影响输沙量变化的主要气候因子，回归方程为 $y=0.727X_1+0.141X_2+0.274X_3$。

由表 12.14 可知，气候因子对径流量及输沙量有主要影响。其中，因变量为径流量的回归模型中调整 R^2 为 0.857，因变量为输沙量的回归模型中调整 R^2 为 0.619。因此，将黑木头川流域水沙变化与所述因子进行通径分析具有统计学意义。

表 12.14 黑木头川流域气候因子与水沙回归模型系数

因变量	R	R^2	调整 R^2	估计误差	Sig.F
径流量	0.976	0.952	0.857	0.3785	0.043
输沙量	0.864	0.746	0.619	0.6169	0.032

2) 气候因子与水沙数据的通径分析

各因子分别与径流量、输沙量间的直径通径系数(选用回归模型当中的标准系数作为直接通径系数)、间接通径系数如表 12.15 所示。

表 12.15 黑木头川流域气候因子与径流量通径系数

经济因子	总效应	直接通径系数	决定系数	间接通径系数			
				X_1	X_2	X_3	X_4
X_1(平均气温)	1.105	0.588	0.346	—	0.225	0.189	0.103
X_2(平均气压变率)	0.452	0.277	0.077	0.106	—	−0.074	0.144
X_3(日照时数变率)	0.378	0.387	0.149	0.124	−0.104	—	−0.029
X_4(平均风速)	0.393	0.243	0.059	0.042	0.126	−0.018	—

由通径系数可知,黑木头川流域各气候因子对于径流量变化的影响各不相同。

通径分析总效应排序为X_1(平均气温)>X_2(平均气压变率)>X_4(平均风速)>X_3(日照时数变率)。可见,影响径流量变化的首要因素为平均气温,且平均气温对于流域径流量的影响主要来自自身的直接影响。综合相关系数可知,流域径流量与平均气温呈极显著的正相关关系,相关系数为0.859,且该因子的直接通径系数和决定系数均居4项因子之首。

由表12.16可知,影响输沙量变化的首要因素为平均气温,其次为平均风速变率和平均气压变率。

表 12.16　黑木头川流域气候因子与输沙量通径系数

气候因子	总效应	直接通径系数	决定系数	间接通径系数		
				X_1	X_2	X_3
X_1(平均气温)	1.088	0.727	0.529	—	0.274	0.087
X_2(平均气压变率)	0.189	0.141	0.020	0.053	—	−0.004
X_3(平均风速变率)	0.298	0.274	0.075	0.033	−0.008	—

综合相关系数可知,输沙量与平均气温呈极显著正相关关系,且该因子直接通径系数、决定系数和间接通径系数均居3项指标之首。平均风速变率和平均气压变率均与输沙量呈弱的正相关关系,其相关系数分别为0.356和0.408。可见,随着平均气温的下降,流域径流量和输沙量均呈减小的变化趋势,这主要与蒸发悖论有关。

3) 生态因子与水沙变化的相关关系分析

选取归一化植被指数(NDVI)和NDVI变率2项指标来代表林草数据,以反映生态因子对水沙变化的影响。

对黑木头川流域2000~2009年生态因子和水沙数据进行Pearson相关关系分析,如表12.17所示。

表 12.17　黑木头川流域生态因子与径流量、输沙量相关关系

变量	Y_1	Y_2	X_1	X_2
Y_1(径流量)	1	—	—	—
Y_2(输沙量)	0.831	1	—	—
X_1(NDVI)	0.054	−0.078	1	—
X_2(NDVI变率)	−0.409	−0.419	−0.388	1.000

黑木头川流域NDVI与径流量和输沙量不具有相关性,NDVI变率与水沙数据间呈弱的负相关关系,相关系数分别为−0.409和−0.419。因此,在后续研究中,

将采用 NDVI 变率来代表生态因子对水沙变化的影响。

3. 黑木头川流域经济、气候和生态因子与水沙变化响应关系分析

1) 经济、气候和生态因子与径流量变化的响应关系分析

综上所述,将影响黑木头川流域径流量变化的建筑业收入变率、总人口变率和工业收入变率 3 项主要经济因子,平均气温、平均气压变率、日照时数变率和平均风速 4 项气候因子,以 NDVI 变率为代表的生态因子共计 8 项因子按照 $X_1 \sim X_8$ 依次编序,以研究各类因子与流域径流量(Y)间的响应关系。

由表 12.18 可以看出,径流量与平均气温呈极显著相关关系,与工业收入变率呈显著相关关系,与其余 6 项因子呈弱相关关系。除建筑业收入变率、总人口变率和 NDVI 变率与径流量呈负相关,其余 5 项因子均与之呈正相关关系。

表 12.18　黑木头川流域生态因子、气象和经济因子与径流量相关关系

	Y	X_1	X_2	X_3	X_4	X_5	X_6	X_7	X_8
Y(径流量)	1	—	—	—	—	—	—	—	—
X_1(建筑业收入变率)	−0.385	1	—	—	—	—	—	—	—
X_2(总人口变率)	−0.306	−0.165	1	—	—	—	—	—	—
X_3(工业收入变率)	0.742	−0.074	−0.208	1	—	—	—	—	—
X_4(平均气温)	0.861	−0.416	−0.270	0.657	1	—	—	—	—
X_5(平均气压变率)	0.523	−0.219	−0.342	0.649	0.382	1	—	—	—
X_6(日照时数变率)	0.483	−0.163	−0.311	−0.081	0.321	−0.269	1	—	—
X_7(平均风速)	0.460	−0.028	0.072	0.669	0.175	0.519	−0.075	1	—
X_8(NDVI 变率)	−0.409	−0.026	−0.154	−0.476	−0.187	−0.389	0.075	−0.261	1

为了更好地反映各类因子对径流量的响应关系,将以上 8 项因子代入回归模型中进行线性回归分析,可得表 12.19。

表 12.19　黑木头川流域生态、气象和经济因子与径流量回归系数

因变量	R	R^2	调整 R^2	标准估计误差	更改统计量				
					R^2 更改	F	df1	df2	Sig.F
径流量	0.990	0.980	0.940	0.245	0.980	24.442	6	3	0.012

由表 12.19 可知,在排除"建筑业收入变率"和"总人口变率"两个变量因

子后，径流量回归模型 Sig. $F<0.05$，回归方程成立。表明剩余 6 项经济、气候和生态因子对于黑木头川流域径流量有主要影响。因变量为径流量的回归模型调整 R^2 为 0.940，即解释程度高达 94%，具有统计学意义。

将工业收入变率、平均气温、平均气压变率、日照时数变率、平均风速和 NDVI 变率 6 项因子按照 $X_1 \sim X_6$ 序号进行编排，可得影响流域径流量的多元回归方程：

$$y=0.079X_1+0.534X_2+0.212X_3+0.402X_4+0.19X_5-0.17X_6$$

各因子与径流量间的直径通径系数(选用回归模型当中的标准系数作为直接通径系数)、间接通径系数和自变量排序如表 12.20 所示。

表 12.20　经济、气候和生态因子与径流量通径系数

影响因子	总效应	直接通径系数	决定系数	间接通径系数					
				X_1	X_2	X_3	X_4	X_5	X_6
X_1(工业收入变率)	0.190	0.079	0.006	—	0.052	0.051	−0.006	0.053	−0.037
X_2(平均气温)	1.253	0.534	0.285	0.351	—	0.204	0.172	0.093	−0.100
X_3(平均气压变率)	0.401	0.212	0.045	0.138	0.081	—	−0.057	0.110	−0.082
X_4(日照时数变率)	0.391	0.402	0.161	−0.033	0.129	−0.108	—	−0.030	0.030
X_5(平均风速)	0.386	0.190	0.036	0.127	0.033	0.099	−0.014	—	−0.050
X_6(NDVI 变率)	0.040	−0.170	0.029	0.081	0.032	0.066	−0.013	0.044	—

由表 12.20 可知，黑木头川流域的经济、气候和生态因子对于径流量的影响各不相同，总效应结果显示：X_2(平均气温)>X_3(平均气压变率)>X_4(日照时数变率)>X_5(平均风速)>X_1(工业收入变率)>X_6(NDVI 变率)。

由此可知，在影响径流量变化的各类因子中，气候因子的影响作用最大，且首要影响因子为平均气温(1.253)；其次为经济因子，即工业收入变率(0.190)；影响作用最小的是以 NDVI 变率为代表的生态因子(0.040)。整体排序为"气候因子>经济因子>生态因子"。以平均气温为首的气候因子对流域径流量的影响主要来自自身的直接影响(0.534)和工业收入变率的间接影响(0.351)，工业收入变率对径流量的影响主要来自自身的直接影响(0.079)，以 NDVI 变率为代表的生态因子对径流量的影响主要受工业收入变率的间接作用影响(0.081)。

再结合相关系数可知，黑木头川流域径流量与平均气温和工业收入变率分别呈极显著和显著正相关关系，相关系数分别为 0.861 和 0.742，流域平均气温与工业收入变率也呈显著正相关关系(0.657)。可见，黑木头川流域的径流量变化随着流域内平均气温和工业收入变率的变化而正向变化，这与通径分析结果一致。流域径流量与平均气温的变化关系主要与我国范围内普遍存在的"蒸发悖论"现象

有关。

从生态因子来看，NDVI 变率与径流量和工业收入变率均呈弱负相关关系，相关系数分别为-0.409 和-0.476，随着该流域工业收入变率整体增大，NDVI 变率减小，从而形成流域径流量先增长后下降的态势。

2) 经济、气候和生态因子与输沙量变化的响应关系分析

将影响黑木头川流域输沙量变化的工业收入变率、人均农作物播种面积变率、人均现价工业总产值、农村净收入、总人口和人均粮食产量 6 项经济因子，平均气温、平均气压变率和平均风速变率 3 项气候因子，以 NDVI 变率为代表的生态因子这 10 项因子依次按照 $X_1 \sim X_{10}$ 顺序进行编排，以研究上述因子与流域径输沙量(Y)变化的响应关系。

将影响黑木头川流域输沙量的 10 项经济、气候和生态因子与其输沙量数据进行 z-score 标准化处理后，采用 SPSS 18.0 软件展开 Pearson 相关关系分析，分析结果如表 12.21 所示。

表 12.21　黑木头川流域经济、气候和生态因子与输沙量相关关系

	Y	X_1	X_2	X_3	X_4	X_5	X_6	X_7	X_8	X_9	X_{10}
Y(输沙量)	1	—	—	—	—	—	—	—	—	—	—
X_1(工业收入变率)	0.796	1	—	—	—	—	—	—	—	—	—
X_2(人均农作物播种面积变率)	0.585	0.092	1	—	—	—	—	—	—	—	—
X_3(人均现价工业总产值)	-0.419	-0.162	-0.678	1	—	—	—	—	—	—	—
X_4(农村净收入)	-0.345	-0.062	-0.664	0.755	1	—	—	—	—	—	—
X_5(总人口)	-0.333	-0.06	-0.671	0.858	0.974	1	—	—	—	—	—
X_6(人均粮食产量)	-0.323	-0.366	-0.043	0.455	0.642	0.638	1	—	—	—	—
X_7(平均气温)	0.813	0.656	0.296	-0.397	-0.089	-0.143	-0.283	1	—	—	—
X_8(平均气压变率)	0.406	0.649	0.032	-0.163	-0.112	-0.075	-0.279	0.377	1	—	—
X_9(平均风速变率)	0.357	0.4	0.059	-0.134	-0.093	-0.091	-0.234	0.119	-0.03	1	—
X_{10}(NDVI 变率)	-0.419	-0.476	-0.253	0.02	-0.202	-0.228	-0.316	-0.186	-0.389	-0.239	1

除人均现价工业总产值、农村净收入、总人口、人均粮食产量和 NDVI 变率与输沙量呈负相关，其余 5 项指标均与之呈正相关关系。

为了更好地反映经济、气候和生态因子对流域输沙量的响应关系，将上述 10 项与输沙量具有较强相关性的因子代入回归模型当中进行线性回归分析，可得表 12.22。

表 12.22　黑木头川流域经济、气候和生态因子与输沙量回归系数

因变量	R	R^2	调整 R^2	标准估计误差	更改统计量				
					R^2 更改	F 更改	df1	df2	Sig.F 更改
输沙量	0.998	0.996	0.983	0.1304	0.996	75.250	7	2	0.013

注：已排除变量"总人口""人均粮食产量"和"平均气压变率"。

由表 12.22 可知，在排除"总人口"、"人均粮食产量"和"平均气压变率"3项因子后，输沙量回归模型 Sig.F<0.05，回归方程成立。表明剩余 7 项因子对流域输沙量有主要影响。因变量为输沙量的回归模型调整 R^2 为 0.983，解释程度高达 98.3%。

将排除 3 项变量因子后的 7 项经济、气候和生态因子按照 X_1～X_7 序号重新编排，可得影响输沙量的多元回归方程：

$$Y=0.365X_1+0.451X_2+0.372X_3-0.256X_4+0.538X_5+0.131X_6-0.059X_7$$

对影响输沙量变化的 7 项经济、气候和生态因子进行通径分析，可得各因子与输沙量间的通径系数，如表 12.23 所示。

表 12.23　经济、气候和生态因子与输沙量通径系数

影响因子	总效应	直接通径系数	决定系数	间接通径系数						
				X_1	X_2	X_3	X_4	X_5	X_6	X_7
X_1(工业收入变率)	0.529	0.365	0.133	—	0.034	−0.059	−0.023	0.240	0.146	−0.174
X_2(人均农作物播种面积变率)	−0.067	0.451	0.204	0.042	—	−0.306	−0.300	0.134	0.027	−0.114
X_3(人均现价工业总产值)	−0.131	0.372	0.139	−0.060	−0.253	—	—	−0.148	−0.050	0.008
X_4(农村净收入)	−0.165	−0.256	0.066	0.016	0.170	−0.193	—	0.023	0.024	0.052
X_5(平均气温)	0.753	0.538	0.289	0.353	0.159	−0.213	−0.048	—	0.064	−0.100
X_6(平均风速变率)	0.146	0.131	0.017	0.052	0.008	−0.018	−0.012	0.016	—	−0.031
X_7(NDVI 变率)	0.020	−0.059	0.004	0.028	0.015	−0.001	0.012	0.011	0.014	—

影响黑木头川流域输沙量变化的首要因子为平均气温(0.753)，其次为工业收入变率(0.529)。这与影响径流量变化的各类影响因子作用一致。

随着该流域工业收入变率的整体增大，NDVI 变率减小，从而形成流域输沙量先增长后下降的态势。

4. 黑木头川流域经济、气候和生态因子与水沙变化的突变分析

通过对黑木头川流域 1980～2009 年的水沙数据进行 Mann-Kendall 趋势分析

和 Pettitt 检验, 可知径流量 Mann-Kendall 检验显著(sig.=0.000), 存在突变点, 且分布于 1994 年和 2003 年; 输沙量 Mann-Kendall 检验不显著(sig.>0.05), 故不存在突变点(表 12.24)。同时, 鉴于研究区间为 2000~2009 年, 选取黑木头川流域的 2003 年突变点进行因子变化分析。

表 12.24 黑木头川流域水沙突变检验

黑木头川流域	殿市站	Mann-Kendall 检验				Pettitt 检验		
		S	Z	Sig.	显著性	Max(K_T)	P	突变年份
	径流量	−162	−2.91	0.002	**	—	—	1994/2003
	输沙量	102	1.8	0.964	ns	—	—	—

注: **代表 0.01 的显著性; *代表 0.05 的显著性; ns 代表不显著; "—"表示未涉及。

由黑木头川流域径流量通径分析可知, 影响径流量变化的因子包括平均气温、平均气压变率、日照时数变率、平均风速、工业收入变率和 NDVI 变率 6 项因子, 以 2003 年为径流量突变点, 分别整理 2000~2003 年(前期)和 2004~2009 年(后期)两阶段各类因子数据的算术平均值, 如表 12.25 所示。

表 12.25 黑木头川流域径流量突变前后变化关系表

阶段	径流量 /m³	输沙量 /t	工业收入变率 /%	平均气温 /℃	平均气压变率 /%	日照时数变率 /%	平均风速 /(m/s)	NDVI 变率 /%
前期	6132240	906501	0.572	95.105	0.001	0.840	21.903	0.192
后期	8779680	1196129	2.055	96.054	0.003	0.950	22.565	0.084
变化率 /%	43.17	31.95	259.04	1.00	200.00	13.10	3.02	−56.06

从黑木头川流域整体水沙变化趋势来看, 径流量和输沙量均呈现增长态势, 且后期较前期变化率分别达 43.17%和 31.95%。再从影响径流量变化的 6 项因子变化情况来看, 除 NDVI 变率减小(−56.06%), 其余 5 项因子均呈增长态势, 其中增幅最大的是工业收入变率, 增幅高达 259.04%, 增幅最小的为平均气温, 为 1.00%。

结合各影响因子与径流量相关系数可知, 工业收入变率、平均气温、平均气压变率、日照时数变率和平均风速 5 项因子均与黑木头川流域径流量呈正相关, 其中工业收入变率和平均气温与径流量具有显著性相关关系, NDVI 变率与径流量呈负相关关系, 这与黑木头川流域径流量突变前后的变化关系一致。

综上所述, 就流域突变前后的 2000~2003 年和 2004~2009 年两个时期而言, 径流量随着工业收入变率和平均气温等气候因子增加、以 NDVI 变率为代表的生态因子减少而呈现增长态势。其中, 经济因子对径流量的影响主要是由于黑木头川流域 2000 年后工业不断发展,地下水资源开发利用及土地格局变化后,大量的工业废水排放和水土流失;平均气温等气候因子与径流量呈正向增长的主要原因在于 1960~2001 年以来,随着我国范围内气温增加而出现的蒸发量下降趋势,与"蒸发悖论"现象有关。从 NDVI 的变化率 56.06%来看,随着工业经济的不断发展,流域内的植被资源受到一定破坏,植被增长幅度放缓,水土流失现象增多,从而形成了黑木头川流域径流量与输沙量的增长变化态势。

5. 黑木头川流域生态系统弹性力与水沙变化的关系分析

为深入研究黑木头川流域水沙变化趋势,将流域生态系统弹性力与水沙变化相结合,分析两者间相关关系。其中,生态系统弹性力选用 2000 年、2005 年和 2010 年 3 期弹性力,见图 12.6,并通过 ArcGIS 软件求取平均值数据;径流量和输沙量选用 1995~2009 年共计 15 年数据,同时以 2000 年、2005 年和 2010 年为时间节点,分别计算 1995~2000 年、2001~2005 年和 2006~2010 年 3 个阶段水沙数据的算术平均值进行分析(表 12.26)。

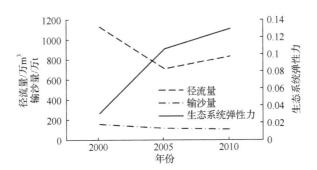

图 12.6 黑木头川流域水沙和生态系统弹性力变化

表 12.26 黑木头川流域生态系统弹性力和水沙阶段变化

年份	生态系统弹性力	径流量/m³	输沙量/t
1995~2000	0.031	11288506	1565759
2001~2005	0.106	7095168	1123511
2006~2010	0.129	8346240	1037044
变化率/%	316.13	−26.06	−33.77

结合生态系统弹性力与水沙变化的结果可知,黑木头川流域生态系统弹性力逐渐增大,15 年间整体增幅达 316.13%,且 2005~2010 年增幅较 2000~2005 年增幅小;流域径流量和输沙量整体呈下降趋势,降幅分别为 26.06%和 33.77%,

径流量在 2005~2010 年呈小幅增长态势，这与该流域突变点分析情况一致。

为进一步研究流域生态系统弹性力和水沙变化关系，将上述 3 期数据统一进行 z-score 标准化处理，应用 SPSS 18.0 数据分析软件进行 Pearson 相关关系分析，得相关系数，见表 12.27。

表 12.27　生态系统弹性力和水沙变化相关关系

指标	生态系统弹性力	径流量	输沙量
生态系统弹性力	1	—	—
径流量	−0.867	1	—
输沙量	−0.997*	0.901	1

由表 12.27 可知，黑木头川流域生态系统弹性力与径流量和输沙量呈较强负相关关系，相关系数分别为−0.867 和−0.997，其中生态系统弹性力与输沙量呈显著性相关。

12.3.2　无定河流域经济、气候和生态因子与水沙变化的响应关系

1. 无定河流域经济因子与水沙变化的响应关系分析

为更好地反映经济因子与流域水沙变化的响应关系，通过走访调研，选取反映无定河流域社会经济发展的 11 个影响因子：X_1 为总人口，X_2 为工业总产值，X_3 为农林牧副渔业总产值，X_4 为粮食作物播种面积，X_5 为粮食产量，X_6 为农机总动力，X_7 为造林面积，X_8 为耕地面积，X_9 为建筑业总产值，X_{10} 为人均工业产值，X_{11} 为人均耕地面积，与无定河流域水沙数据建立研究关系。

1) 经济因子与水沙数据的相关关系分析

采用 z-score 方法对选取的 11 个经济因子与无定河流域的径流量和输沙量等原始数据进行标准化处理，然后应用 SPSS 18.0 数据分析软件对经济因子与该流域水沙数据进行 Pearson 相关关系分析，可得其相关系数矩阵，如表 12.28 所示。

表 12.28　无定河流域经济因子与径流量、输沙量相关关系

指标	Y_1	Y_2	X_1	X_2	X_3	X_4	X_5	X_6	X_7	X_8	X_9	X_{10}	X_{11}
Y_1(径流量)	1	—	—	—	—	—	—	—	—	—	—	—	—
Y_2(输沙量)	0.622	1	—	—	—	—	—	—	—	—	—	—	—
X_1(总人口)	−0.687	−0.214	1	—	—	—	—	—	—	—	—	—	—
X_2(工业总产值)	−0.467	−0.518	0.630	1	—	—	—	—	—	—	—	—	—
X_3(农林牧渔业总产值)	−0.441	−0.432	0.709	0.973	1	—	—	—	—	—	—	—	—

续表

指标	Y_1	Y_2	X_1	X_2	X_3	X_4	X_5	X_6	X_7	X_8	X_9	X_{10}	X_{11}
X_4(粮食作物播种面积)	0.303	0.542	−0.222	−0.305	−0.258	1	—	—	—	—	—	—	—
X_5(粮食产量)	−0.355	−0.315	0.655	0.819	0.864	−0.125	1	—	—	—	—	—	—
X_6(农机总动力)	−0.555	−0.462	0.818	0.916	0.942	−0.362	0.862	1	—	—	—	—	—
X_7(造林面积)	0.379	−0.046	−0.357	−0.255	−0.258	−0.096	−0.091	−0.195	1	—	—	—	—
X_8(耕地面积)	0.610	0.443	−0.668	−0.552	−0.519	0.320	−0.625	−0.681	−0.067	1	—	—	—
X_9(建筑业总产值)	−0.438	−0.524	0.653	0.978	0.976	−0.325	0.820	0.931	−0.187	−0.546	1	—	—
X_{10}(人均工业产值)	−0.472	−0.518	0.634	1	0.973	−0.306	0.820	0.918	−0.257	−0.557	0.977	1	—
X_{11}(人均耕地面积)	0.7	0.271	−0.970	−0.610	−0.666	0.253	−0.666	−0.801	0.255	0.815	−0.626	−0.615	1

无定河流域的径流量和输沙量呈极显著的正相关关系。在该流域的社会经济因子与径流量的相关关系中，总人口、工业总产值、农机总动力、耕地面积、人均工业产值和人均耕地面积 6 项经济因子与径流量呈极显著相关，农林牧业总产值、造林面积和建筑业总产值 3 项经济因子与径流量呈显著性相关。

在以上相关性显著的 9 项经济因子中，造林面积、耕地面积和人均耕地面积 3 项因子与无定河流域径流量呈正相关，其余 6 项因子与之呈负相关。

在经济因子与输沙量的相关关系中，工业总产值、粮食作物播种面积、农机总动力、建筑业总产值和人均工业产值 5 项经济因子与流域输沙量呈极显著相关，农林牧渔业总产值和耕地面积 2 项因子与输沙量呈显著相关。

在以上相关性显著的 7 项经济因子当中，粮食作物播种面积和耕地面积 2 项因子与输沙量呈正相关关系，其余 5 项因子均与输沙量呈负相关关系。

2) 经济因子与水沙数据的多元回归分析

为能更好地解释经济因子与径流量、输沙量的关系，在确定影响无定河流域径流量和输沙量的相关性较好的经济因子后，通过多元回归分析法将以上因子分别代入方程中，并对回归模型的 Sig.F 进行检验，以确保回归模型的显著性。

应用 SPSS 18.0 数据分析软件，分别将与径流量相关性较好的总人口、工业总产值、农机总动力、耕地面积、人均工业产值、人均耕地面积、农林牧业总产值、造林面积和建筑业总产值 9 项经济因子，与输沙量相关性较好的工业总产值、粮食作物播种面积、农机总动力、建筑业总产值、人均工业产值、农林牧渔业总产值和耕地面积等 7 项因子分别代入回归方程中进行多元线性回归分析，可得表 12.29、表 12.30。

表 12.29　　无定河流域经济因子与径流量回归方程系数

指标	总人口	农机总动力	耕地面积	人均工业产值	人均耕地面积	农林牧渔业总产值	造林面积	建筑业总产值
标准系数	−2.934	0.36	1.09	−1.12	−1.173	1.25	0.19	−0.02
Sig.F	0.08	0.59	0.14	0.22	0.162	0.20	0.33	0.98

表 12.30　　无定河流域经济因子与输沙量回归方程系数

指标	农林牧渔业总产值	粮食作物播种面积	农机总动力	耕地面积	建筑业总产值	人均工业产值
标准系数	1.332	0.328	0.275	0.172	−1.173	−0.724
Sig.F	0.195	0.063	0.662	0.477	0.162	0.358

注：已删除变量"工业总产值"。

排除"工业总产值"因子后，可得径流量多元回归方程为

$$y=-2.934X_1+0.359X_2+1.093X_3-1.12X_4-2.665X_5+1.253X_6+0.185X_7-0.023X_8$$

排除"工业总产值"因子后，可得输沙量多元回归方程为

$$y=1.332X_1+0.328X_2+0.275X_3+0.172X_4-1.173X_5-0.724X_6$$

由表 12.31 可知，在径流量和输沙量的回归模型中，Sig.F<0.05，回归方程成立，表明上述经济因子对径流量和输沙量有主要影响。

表 12.31　　无定河流域经济与水沙回归模型

因变量	R	R^2	调整 R^2	估计误差	Sig.F 更改
径流量	0.819	0.671	0.546	0.67387196	0.001
输沙量	0.735	0.541	0.421	0.76093489	0.004

因变量为径流量的回归模型中 R^2 为 0.671，因变量为输沙量的回归模型中 R^2 为 0.541。

3) 经济因子与水沙数据的通径分析

各经济因子与径流量和输沙量间的直径通径系数(选用回归模型当中的标准系数作为直接通径系数)、间接通径系数和自变量排序如表 12.32 所示。

表 12.32　　无定河流区域经济因子与径流量通径系数

经济因子	总效应	直接通径系数	决定系数	间接通径系数							
				X_1	X_2	X_3	X_4	X_5	X_6	X_7	X_8
X_1(总人口)	−5.337	−2.934	8.606	—	−2.400	1.959	−1.861	2.847	−2.081	1.047	−1.915

续表

经济因子	总效应	直接通径系数	决定系数	间接通径系数							
				X_1	X_2	X_3	X_4	X_5	X_6	X_7	X_8
X_2(农机总动力)	1.052	0.359	0.129	0.294	—	-0.244	0.329	-0.288	0.338	-0.070	0.334
X_3(耕地面积)	-1.336	1.093	1.194	-0.730	-0.744	—	-0.608	0.890	-0.567	-0.074	-0.597
X_4(人均工业产值)	-3.443	-1.120	1.255	-0.711	-1.028	0.624	—	0.689	-1.090	0.288	-1.095
X_5(人均耕地面积)	4.291	-2.665	7.104	2.586	2.136	-2.172	1.640	—	1.775	-0.679	1.670
X_6(农林牧渔业总产值)	3.955	1.253	1.569	0.888	1.180	-0.649	1.218	-0.834	—	-0.323	1.223
X_7(造林面积)	-0.012	0.185	0.034	-0.066	-0.036	-0.012	-0.048	0.047	-0.048	—	-0.035
X_8(建筑业总产值)	-0.073	-0.023	0.001	-0.015	-0.021	0.012	-0.022	0.014	-0.022	0.004	—

由表 12.32 可知，无定河流域各经济因子对径流量的影响各不相同，根据总效应结果可进行以下排序：X_5(人均耕地面积)>X_6(农林牧渔业总产值)>X_2(农机总动力)>X_7(造林面积)>X_8(建筑业总产值)>X_3(耕地面积)>X_4(人均工业产值)>X_1(总人口)。可见，经济因子中对径流量影响最大的是人均耕地面积(4.291)，其次为农林牧渔业总产值(3.955)和农机总动力(1.052)。其中，人均耕地面积对径流量的影响主要来自总人口(2.586)和农机总动力(2.136)对其的间接影响；农林牧渔业总产值对径流量的影响主要来自自身的直接影响和建筑业总产值的间接影响；农机总动力对径流量的影响主要来自自身的直接影响和农林牧渔业总产值的间接影响。

无定河流域径流量和人均耕地面积相关系数为 0.700，二者呈极显著正相关关系，且该流域径流量随着人均耕地面积的减少而减少，这与通径分析结果一致；总人口、农机总动力与人均耕地面积的相关系数分别为-0.970 和-0.801，呈极显著负相关，说明无定河流域总人口和农机总动力两个经济因子的增长变化对于人均耕地面积的下降起着主要间接影响。此外，间接影响农林牧渔业总产值的建筑业总产值和农机总动力两项经济因子的相关系数分别为 0.976 和 0.942，呈极显著正相关关系，与其通径分析结果一致。

农林牧渔业总产值对输沙量的影响主要是自身的直接影响(1.322)和建筑业总

产值(1.301)的间接影响；农机总动力对输沙量的影响主要是自身的直接影响(0.275)和农林牧渔业总产值(0.259)的间接影响(表 12.33)。

表 12.33 无定河流域输沙量与经济因子的通径系数

经济因子	总效应	直接通径系数	决定系数	间接通径系数					
				X_1	X_2	X_3	X_4	X_5	X_6
X_1(农林牧渔业总产值)	3.836	1.332	1.775	—	−0.344	0.942	−0.691	1.301	1.296
X_2(粮食作物播种面积)	−0.221	0.328	0.107	−0.085	—	−0.362	0.105	−0.107	−0.100
X_3(农机总动力)	0.756	0.275	0.076	0.259	−0.100	—	−0.187	0.256	0.253
X_4(耕地面积)	−0.732	0.172	0.030	−0.089	0.055	−0.681	—	−0.094	−0.096
X_5(建筑业总产值)	−1.512	−1.173	1.377	−1.146	0.382	0.931	0.641	—	−1.146
X_6(人均工业产值)	−0.593	−0.724	0.524	−0.704	0.221	0.918	0.403	−0.707	—

结合以上因子与输沙量相关关系，农林牧渔业总产值和农机总动力与输沙量分别呈显著和极显著负相关关系，相关系数分别为−0.432 和−0.462，随着农林牧渔业总产值和农机总动力的增长变化，无定河流域输沙量呈现减少趋势。

由此可见，随着农机总动力和农林牧渔业总产值的不断增长，无定河流域农业机械化水平得到提升，农业现代化进程逐渐加快，社会经济也不断发展进步，直接和间接地促进了生态环境建设发展，水土流失现象在一定程度上得到控制，流域径流量和输沙量减少。

2. 无定河流域气候、生态因子与水沙变化的响应关系分析

为更好地反映气候因子与流域水沙变化的响应关系，通过走访调研，选取反映气候变化的 6 项指标：X_1 为降水量、X_2 为温度、X_3 为湿度、X_4 为降水量变率、X_5 为温度变率和 X_6 为湿度变率，与无定河流域的径流量(Y_1)和输沙量(Y_2)数据建立研究关系。

1) 各因子与水沙数据的相关性分析

将所选的 6 个气候因子与无定河流域水沙原始数据统一进行 z-score 标准化处理，应用 SPSS 18.0 数据分析软件对上述因子进行 Pearson 相关关系分析，得到相关系数，见表 12.34。

表 12.34 无定河流域气候因子与径流量、输沙量相关关系

指标	Y_1	Y_2	X_1	X_2	X_3	X_4	X_5	X_6
Y_1(径流量)	1	—	—	—	—	—	—	—

续表

指标	Y_1	Y_2	X_1	X_2	X_3	X_4	X_5	X_6
Y_2(输沙量)	0.622	1	—	—	—	—	—	—
X_1(降水量)	0.558	0.362	1	—	—	—	—	—
X_2(温度)	−0.528	−0.007	−0.214	1	—	—	—	—
X_3(湿度)	0.312	0.047	0.583	−0.206	1	—	—	—
X_4(降水量变率)	0.121	0.409	0.26	0.12	−0.074	1	—	—
X_5(温度变率)	0.166	0.175	0.072	−0.005	0.106	−0.114	1	—
X_6(湿度变率)	−0.216	−0.017	−0.331	0.253	−0.073	−0.163	−0.165	1

结果显示，无定河流域降水量、温度与径流量呈极显著相关关系，湿度与径流量呈弱相关关系，而降水量变率、温度变率和湿度变率 3 项因子与之没有显著相关性。其中，除温度与径流量呈负相关关系，其他气候因子均与之呈正相关关系。

在与输沙量的相关关系中，降水量和降水量变率与之呈显著正相关，其余 4 项因子与该流域输沙量无相关关系。

2) 气候因子与水沙数据的多元回归分析

为了更好地解释各气候因子对径流量和输沙量的响应关系，采用多元回归分析方法，分别将与径流量相关性较好的降水量、温度和湿度 3 项因子、与输沙量相关性较好的降水量和降水量变率 2 项因子代入回归模型进行线性回归分析。

由表 12.35 可知，气候因子与径流量的多元回归方程为

$$Y=0.508X_1-0.434X_2-0.074X_3$$

气候因子与输沙量的多元回归方程为

$$Y=0.272X_1+0.344X_2$$

表 12.35　无定河流域气候因子与径流量回归方程系数

指标	径流量			输沙量	
	降水量	温度	湿度	降水量	降水量变率
标准系数	0.508	−0.434	−0.074	0.272	0.344
Sig.	0.007	0.006	0.673	0.128	0.058

由表 12.36 可知，气候因子对径流量和输沙量有主要影响。

表 12.36　无定河流域气候因子与水沙回归模型

因变量	R	R^2	调整 R^2	估计误差	Sig. F 更改
径流量	0.700	0.490	0.431	0.75409211	0.000
输沙量	0.492	0.242	0.186	0.90247367	0.024

3) 气候因子与水沙数据的通径分析

各因子分别与径流量、输沙量的直径通径系数(选用回归模型当中的标准系数作为直接通径系数)、间接通径系数如表 12.37 和表 12.38 所示。

表 12.37　无定河流域气候因子与径流量通径系数

气候因子	总效应	直接通径系数	决定系数	间接通径系数		
				X_1	X_2	X_3
X_1(降水量)	0.696	0.508	0.259	—	−0.109	0.296
X_2(温度)	−0.252	−0.434	0.189	0.093	—	0.089
X_3(湿度)	−0.102	−0.074	0.005	−0.043	0.015	—

表 12.38　无定河流域气候因子与输沙量通径系数

气候因子	总效应	直接通径系数	决定系数	间接通径系数	
				X_1	X_2
X_1(降水量)	0.344	0.272	0.074	—	0.071
X_2(降水量变率)	0.434	0.344	0.119	0.090	—

由表 12.37 可知，无定河流域各气候因子对于径流量变化的影响各不相同。通径分析总效应排序如下：X_1(降水量)>X_3(湿度)>X_2(温度)。其中，降水对于流域径流量的影响主要是自身的直接影响(0.508)和湿度的间接影响(0.296)。

可见，气候因子中降水量对于流域径流量影响最大，温度影响最小，且随着流域降水量减少和温度上升，径流量呈逐渐下降趋势。

由表 12.38 可知，在无定河流域降水量和降水量变率这两个气候因子中，降水量变率对于输沙量影响程度大于降水量，即 X_2(降水量变率)>X_1(降水量)。

结合相关系数可知，降水量变率和降水量因子与径流量均呈显著正相关关系，其相关系数分别为 0.409 和 0.362，这与通径分析结果一致。

可见，影响流域输沙量的首要气候因素为降水量变率，即随着无定河流域降水量变率的不断减小，输沙量呈现下降趋势。

4) 生态因子与水沙变化的相关关系分析

由于林地、草地等土地利用类型资料数据的时间序列较短，选取归一化植被指数(NDVI)代表林草数据来反映生态因子对水沙变化的影响。

对黑木头川流域 2000～2009 年生态因子和水沙数据进行 z-score 标准化处理后，采用 SPSS 18.0 软件进行 Pearson 相关关系分析，如表 12.39 所示。

表 12.39　无定河流域生态因子与径流量、输沙量相关关系

指标	Y_1	Y_2	X_1
Y_1(径流量)	1	—	—
Y_2(输沙量)	0.622	1	—
X_1(NDVI)	−0.486	−0.241	1

由此可见，NDVI 与无定河流域的径流量呈极显著的负相关关系，相关系数为−0.486，但其与输沙量没有显著相关性。

3. 无定河流域经济、气候和生态因子与水沙变化的响应关系分析

1) 经济、气候和生态因子与径流量变化的响应关系分析

通过对无定河流域的各经济因子、气候因子和生态因子的研究分析，将影响径流量变化的总人口、工业总产值、农机总动力、耕地面积、人均工业产值、人均耕地面积、农林牧渔业总产值、造林面积和建筑业总产值 9 项经济因子，降水量、温度和湿度 3 项气候因子，以 NDVI 为代表的生态因子共计 13 项因子依次编号为 $X_1 \sim X_{13}$，以研究其与流域径流量(Y)变化的响应关系。

对影响无定河流域径流量的 13 项经济、气候和生态因子及径流量数据进行相关关系分析，分析结果如表 12.40 所示。

表 12.40　无定河流域经济、气候和生态因子与径流量相关关系

指标	Y	X_1	X_2	X_3	X_4	X_5	X_6	X_7	X_8	X_9	X_{10}	X_{11}	X_{12}	X_{13}
Y(径流量)	1	—	—	—	—	—	—	—	—	—	—	—	—	—
X_1(总人口)	−0.687	1	—	—	—	—	—	—	—	—	—	—	—	—
X_2(工业总产值)	−0.467	0.630	1	—	—	—	—	—	—	—	—	—	—	—
X_3(农机总动力)	−0.555	0.818	0.916	1	—	—	—	—	—	—	—	—	—	—
X_4(耕地面积)	0.610	−0.668	−0.552	−0.681	1	—	—	—	—	—	—	—	—	—
X_5(人均工业产值)	−0.472	0.634	1	0.918	−0.557	1	—	—	—	—	—	—	—	—
X_6(人均耕地面积)	0.700	−0.97	−0.61	−0.801	0.815	−0.615	1	—	—	—	—	—	—	—
X_7(农林牧渔业总产值)	−0.441	0.709	0.973	0.942	−0.519	0.973	−0.666	1	—	—	—	—	—	—
X_8(造林面积)	0.379	−0.357	−0.255	−0.195	−0.067	−0.257	0.255	−0.258	1	—	—	—	—	—
X_9(建筑业总产值)	−0.438	0.653	0.978	0.931	−0.546	0.977	−0.626	0.976	−0.187	1	—	—	—	—
X_{10}(NDVI)	−0.486	0.825	0.806	0.864	−0.710	0.808	−0.835	0.842	−0.235	0.799	1	—	—	—
X_{11}(降水量)	0.558	−0.152	−0.009	−0.025	0.117	−0.011	0.158	−0.009	0.411	−0.011	0.063	1	—	—
X_{12}(温度)	−0.528	0.651	0.251	0.417	−0.374	0.255	−0.610	0.294	−0.334	0.282	0.327	−0.214	1	—
X_{13}(湿度)	0.312	−0.123	−0.138	−0.129	0.110	−0.14	0.104	−0.126	0.250	−0.113	−0.015	0.583	−0.206	1

由表 12.41 可知，在排除"工业总产值"变量因子后，径流量回归模型 Sig.$F<0.05$，回归方程成立。

表 12.41　无定河流域经济、气候和生态因子与径流量回归分析

因变量	R	R^2	调整 R^2	标准估计的误差	更改统计量				
					R^2	F	df1	df2	Sig. F
径流量	0.926	0.857	0.757	0.49328234	0.857	8.515	12	17	0.000

注：已排除变量"工业总产值"。

在排除"工业总产值"因子后，可以建立径流量的多元回归方程：

$$Y=-3.35X_1+0.305X_2+0.976X_3-1.93X_4-2.911X_5+1.092X_6-0.142X_7+0.77X_8+0.217X_9+0.561X_{10}+0.03X_{11}-0.192X_{12}$$

各因子与径流量间的直径通径系数(选用回归模型当中的标准系数作为直接通径系数)、间接通径系数和自变量排序如表 12.42 所示。

表 12.42　无定河流域经济、气候和生态因子与径流量通径系数

影响因子	总效应	直接通径系数	决定系数	间接通径系数											
				X_1	X_2	X_3	X_4	X_5	X_6	X_7	X_8	X_9	X_{10}	X_{11}	X_{12}
X_1(总人口)	-10.117	-3.350	11.223	—	-2.741	2.238	-2.125	3.251	-2.376	1.196	-2.187	-2.763	0.511	-2.181	0.411
X_2(农机总动力)	1.238	0.305	0.093	0.249	—	-0.208	0.280	-0.244	0.287	-0.059	0.284	0.263	-0.008	0.127	-0.039
X_3(耕地面积)	-2.029	0.976	0.952	-0.652	-0.664	—	-0.543	0.795	-0.506	-0.066	-0.533	-0.693	0.114	-0.365	0.107
X_4(人均工业产值)	-7.691	-1.930	3.725	-1.224	-1.771	1.075	—	1.187	-1.877	0.496	-1.886	-1.560	0.021	-0.492	0.271
X_5(人均耕地面积)	8.132	-2.911	8.474	2.825	2.333	-2.372	1.791	—	1.939	-0.742	1.824	2.431	-0.460	1.777	-0.303
X_6(农林牧渔业总产值)	4.543	1.092	1.193	0.775	1.029	-0.566	1.063	-0.728	—	-0.282	1.067	0.920	-0.010	0.321	-0.138
X_7(造林面积)	-0.004	-0.142	0.020	0.051	0.028	0.010	0.037	-0.036	0.037	—	0.027	0.033	-0.058	0.047	-0.035
X_8(建筑业总产值)	3.183	0.770	0.593	0.503	0.717	-0.421	0.752	-0.482	0.752	-0.144	—	0.616	-0.009	0.217	-0.087
X_9(NDVI)	0.810	0.217	0.047	0.179	0.187	-0.154	0.175	-0.181	0.183	-0.051	0.173	—	0.014	0.071	-0.003
X_{10}(降水量)	1.072	0.561	0.315	-0.086	-0.014	0.066	-0.006	0.089	-0.005	0.231	-0.006	0.036	—	-0.120	0.327
X_{11}(温度)	0.045	0.030	0.001	0.020	0.013	-0.011	0.008	-0.018	0.009	-0.010	0.009	0.010	-0.006	—	-0.006
X_{12}(湿度)	-0.229	-0.192	0.037	0.024	0.025	-0.021	0.027	-0.020	0.024	-0.048	0.022	0.003	-0.112	0.039	—

由表 12.42 可知，无定河流域经济、气候和生态因子对于径流量的影响各不相同，总效应结果显示：X_5(人均耕地面积)>X_6(农林牧渔业总产值)>X_8(建筑业总产值)>X_2(农机总动力)>X_{10}(降水量)>X_9(NDVI)>X_{11}(温度)>X_7(造林面积)>X_{12}(湿度)>X_3(耕地面积)>X_4(人均工业产值)>X_1(总人口)。

可见，在影响径流量的各类因子中，经济因子影响作用最大，人均耕地面积、农林牧渔业总产值、建筑业总产值和农机总动力总效应分别为 8.132、4.543、3.183 和 1.238；其次为气候因子，即降水量因子(1.072)；生态因子影响最小，即 NDVI 因子，其通径总效应为 0.810。除经济因子影响作用较强，气候因子即降水量对无定河流域径流量的影响主要是通过自身的直接影响(0.561)和湿度(0.327)对径流量的间接影响作用实现的，生态因子 NDVI 对径流量的影响主要是自身的直接影响(0.217)和农机总动力(0.187)、农林牧渔业总产值(0.183)的间接影响。

再结合无定河流域经济、气候和生态因子与径流量的相关关系来看，经济因子中人均耕地面积和农机总动力与径流量分别呈极显著正相关(0.700)和负相关(−0.555)，农林牧渔业总产值和人均工业总产值与径流量均呈显著负相关，相关系数分别为 −0.441 和−0.472。气候因子中，降水量与径流量呈极显著正相关关系(0.558)，即降水量减少，直接影响流域径流量不断下降。以 NDVI 为代表的生态因子则与径流量呈极显著负相关关系(−0.486)，体现了流域下垫面植被的保水保土作用。

可见，随着社会经济不断发展，无定河流域城镇建设水平和农业机械化水平不断提升，在保障粮食总产量不断增加的基础上，流域内人均耕地面积呈现减小趋势；加之 20 世纪 90 年代以来陕北地区三北防护林建设的影响，流域植被盖度得到明显提高，水土流失现象得到有效控制，径流量呈现减小趋势。

2) 经济、气候因子与输沙量变化的响应关系分析

将影响无定河流域输沙量变化的工业总产值、农林牧渔业总产值、粮食作物播种面积、农机总动力、耕地面积、建筑业总产值和人均工业产值 7 项经济因子，降水量和降水量变率等 2 项气候因子，共计 9 项因子依次编号为 X_1~X_9，以研究上述因子与流域输沙量(Y)变化的响应关系(其中，以 NDVI 为代表的生态因子与流域输沙量无相关关系，因此主要研究无定河流域经济、气候因子与输沙量间的响应关系)。

对影响无定河流域输沙量的 9 项经济、气候因子及输沙量数据进行相关关系分析，分析结果如表 12.43 所示。

表 12.43　无定河流域经济、气候因子与输沙量相关关系

指标	Y	X_1	X_2	X_3	X_4	X_5	X_6	X_7	X_8	X_9
Y(输沙量)	1	—	—	—	—	—	—	—	—	—

指标	Y	X_1	X_2	X_3	X_4	X_5	X_6	X_7	X_8	X_9
X_1(工业总产值)	−0.518	1	—	—	—	—	—	—	—	—
X_2(农林牧渔业总产值)	−0.432	0.973	1	—	—	—	—	—	—	—
X_3(粮食作物播种面积)	0.542	−0.305	−0.258	1	—	—	—	—	—	—
X_4(农机总动力)	−0.462	0.916	0.942	−0.362	1	—	—	—	—	—
X_5(耕地面积)	0.443	−0.552	−0.519	0.32	−0.681	1	—	—	—	—
X_6(建筑业总产值)	−0.524	0.978	0.976	−0.325	0.931	−0.546	1	—	—	—
X_7(人均工业产值)	−0.518	1	0.973	−0.306	0.918	−0.557	0.977	1	—	—
X_8(降水量)	0.362	−0.009	−0.009	0.18	−0.025	0.117	−0.011	−0.011	1	—
X_9(降水量变率)	0.409	−0.191	−0.205	0.217	−0.171	0.259	−0.204	−0.189	0.26	1

将上述 9 项与输沙量具有较强相关性的因子代入回归模型当中进行线性回归分析，可得表 12.44。

表 12.44　无定河流域经济、气候和生态因子与输沙量回归分析

因变量	R	R^2	调整 R^2	标准估计的误差	更改统计量				
					R^2	F	df1	df2	Sig.F
输沙量	0.820	0.672	0.548	0.6725	0.672	5.389	8	21	0.001

由表 12.44 可知，排除人均工业产值后；剩余 8 项指标经济和气候因子对于流域输沙量有主要影响。

再将排除人均工业产值因子后的 8 项经济、气候因子按照 $X_1 \sim X_8$ 序号重新进行编排，可得影响输沙量的多元回归方程：

$$Y = -1.098X_1 + 2.127X_2 + 0.187X_3 - 0.268X_4 - 0.047X_5 - 1.188X_6 + 0.257X_7 + 0.252X_8$$

各因子与输沙量间的直径通径系数(选用回归模型当中的标准系数作为直接通径系数)、间接通径系数和自变量排序如表 12.45 所示。

表 12.45　无定河流域经济、气候和因子与输沙量通径系数表

影响因子	总效应	直接通径系数	决定系数	间接通径系数							
				X_1	X_2	X_3	X_4	X_5	X_6	X_7	X_8
X_1(工业总产值)	−3.086	−1.098	1.206	—	−1.068	0.335	−1.006	0.606	−1.074	0.010	0.209

续表

影响因子	总效应	直接通径系数	决定系数	间接通径系数							
				X_1	X_2	X_3	X_4	X_5	X_6	X_7	X_8
X_2(农林牧渔业总产值)	6.170	2.127	4.523	2.069	—	−0.549	2.003	−1.103	2.076	−0.019	−0.435
X_3(粮食作物播种面积)	0.087	0.187	0.035	−0.057	−0.048	—	−0.068	0.060	−0.061	0.034	0.041
X_4(农机总动力)	−0.684	−0.268	0.072	−0.246	−0.253	0.097	—	0.183	−0.250	0.007	0.046
X_5(耕地面积)	0.028	−0.047	0.002	0.026	0.024	−0.015	0.032	—	0.026	−0.005	−0.012
X_6(建筑业总产值)	−3.325	−1.188	1.411	−1.162	−1.160	0.386	−1.105	0.649		0.013	0.242
X_7(降水量)	0.385	0.257	0.066	−0.002	−0.002	0.046	−0.007	0.030	−0.003	—	0.067
X_8(降水量变率)	0.243	0.252	0.064	−0.048	−0.052	0.055	−0.043	0.065	−0.051	0.065	—

在影响输沙量的各类因子总效应中，经济因子中农林牧渔业总产值的影响作用最大(6.170)，且该因子对输沙量的影响作用主要是自身的直接影响作用(2.127)和建筑业总产值(2.076)与工业总产值(2.069)(水坝、库建设和工业用水增加)的间接影响。其次为气候因子中的降水量(0.385)和降水量变率(0.243)，降水量因子对输沙量的影响主要是自身的直接影响和降水量变率的间接影响，降水量变率主要通过其自身的直接影响发挥作用。此外，经济因子中的粮食作物播种面积(0.087)和耕地面积(0.028)等因子较以上因子排序靠后。

整体来看，在排除与输沙量不相关的生态因子后，影响流域输沙量的主要因素是经济因子，其次是气候因子，这与影响流域径流量的整体因子排序一致。

结合无定河流域经济、气候因子与输沙量的相关关系来看，农林牧渔业总产值和输沙量呈显著负相关(−0.432)，降水量和降水量变率与输沙量呈显著正相关，相关系数分别为 0.362 和 0.409，这与经济、气候因子与径流量的相关性一致。

可见，随着无定河流域社会经济的不断发展，农业科技水平得到提升，加之退耕还林还草政策的深入落实实施，流域水土保持工作成效显著，水土流失现象减少，流域输沙量减少。同时，在降水量和降水量变率等气候因子的影响下，流域径流量减小，水流挟沙能力减弱，输沙量呈现减少趋势。

4. 无定河流域经济、气候和生态因子与水沙变化的突变分析

无定河流域 1981～2010 年径流量和输沙量的 Mann-Kendall 检验均显著(Sig.

分别为 0.000 和 0.015)，存在突变点，其中径流量的突变点分布在 1988 年和 2005 年，输沙量的突变点在 1994 年，如表 12.46 所示。

表 12.46　　无定河流域输沙突变点分析

白家川站		Mann-Kendall 检验				Pettitt 检验	
		S	Z	Sig.	显著性	max(K_T)	突变年份
无定河流域	径流量	−218	−3.91	0.000	**	—	1988/2005
	输沙量	−120	−2.16	0.015	*	—	1994

根据无定河流域径流量通径分析可知，影响径流量变化的因子包括总人口、农机总动力、耕地面积、人均工业产值、人均耕地面积、农林牧渔业总产值、造林面积、建筑业总产值、降水量、温度、湿度和 NDVI12 项因子，分别以 1988 年和 2005 年为径流量的两个突变点，整理 1981~1988 年(前期)、1989~2005 年(中期)和 2006~2010 年(后期)三个阶段各类因子数据的算术平均值，见表 12.47。

表 12.47　　无定河流域不同时期径流影响因子分析

阶段	径流量/m³	总人口/人	农机总动力/kW	耕地面积/亩	人均工业产值/(元/人)	人均耕地面积/(亩/人)	农林牧渔业总产值/万元	造林面积/亩	建筑业总产值/万元	植被指数	降水量/mm	温度/℃	湿度/%
前期	1049943708	142.95	268964.25	319.02	72.41	2238.50	32043.75	77.31	2256.63	0.25	397.28	7.92	52.75
中期	867282793	184.44	504447.06	301.65	2133.97	1649.14	145366.47	47.27	70936.29	0.32	364.37	8.83	53.15
后期	758411078	203.69	1076724.20	279.88	22269.73	1373.80	599275.40	34.54	518406.00	0.40	384.90	8.99	52.55
变化率/%	−27.77	42.49	300.32	−12.27	30653.03	−38.63	1770.18	−55.32	22872.63	59.21	−3.11	13.38	−0.38

从前、中、后期三个阶段的变化情况来看，无定河流域径流量整体呈现下降态势，前后期降幅为 27.77%，与之呈相同变化趋势的有耕地面积、人均耕地面积和造林面积 3 项经济因子，其中降幅最为显著的为造林面积，降幅为 55.32%。在其他因子当中，除降水量和湿度呈起伏下降波动，其余因子均呈现增长态势，其中增幅最大的因子为人均工业产值，达 30653.03%，增幅最小的为温度，为 13.38%。这与各因子同径流量的相关关系结果一致。

为进一步分析不同阶段各因子对径流量的影响作用，将通径分析结果中总效应排序前 50%的因子与径流量按照"中期变化量"和"后期变化量"进行整理分析，如表 12.48 所示。

表 12.48　无定河流域不同时期各因子对径流量的影响

阶段	径流量/m³	正相关			负相关		
		人均耕地面积/(亩/人)	降水量/mm	农机总动力/kW	农林牧渔业总产值/万元	建筑业总产值/万元	NDVI
中期变化量	182660915	589.36	32.91	235482.81	113322.72	68679.67	0.06
后期变化量	108871715	275.34	20.54	572277.14	453908.93	447469.71	0.09

由表 12.48 可知，无定河流域径流量在中期下降幅度明显大于后期，即随着时间变化，径流量下降趋势逐渐减缓。再从影响径流量变化主要因子来看，与径流量呈正相关关系的人均耕地面积和降水量 2 项因子的中期变化量大于后期变化量，与径流量呈负相关关系的 4 项因子中期变化量显著小于后期变化量。

无定河流域径流量随着人均耕地面积和降水量因子的下降幅度增大而增长，随着农机总动力等 4 项因子增幅的增大而减小。在中期之前 1981~2005 年的 15 年间，径流量主要受人均耕地面积和降水量影响较大；但在后期阶段(2005~2010 年)，随着流域各项经济因子的快速增长，径流量不断减少，这主要与 2000 年以来陕北地区三北防护林建设和退耕还林还草政策的落实实施有关，且随着经济的不断发展，环保投入力度得到提升，水土流失现象减少，径流量减少。

再从影响输沙量变化的各类因子来看，主要包括工业总产值、农林牧渔业总产值、粮食作物播种面积、农机总动力、耕地面积、建筑业总产值、降水量和降水量变率 8 项。以 1994 年输沙量的突变时间点，分别整理 1981~1994 年(前期)和 1995~2010 年(后期)两个阶段各类因子数据的算术平均值，见表 12.49。

表 12.49　无定河流域不同时期输沙量影响因子分析

阶段	输沙量/t	工业总产值/万元	农林牧渔业总产值/万元	粮食作物播种面积/亩	农机总动力/kW	耕地面积/亩	建筑业总产值/万元	降水量/mm	降水量变率/%
前期	62031795.79	28906.93	52646.64	323645.71	291534.64	318.31	4072.93	390.47	0.23
后期	46251034.65	1844296.75	311681.50	245697.50	751840.63	288.95	234936.19	364.40	0.20
变化率%	−25.44	6280.12	492.03	−24.08	157.89	−9.22	5668.24	−6.68	−11.86

可见，无定河流域输沙量与径流量相同，均呈减小变化的趋势，与之变化趋势相同的影响因子有粮食作物播种面积、耕地面积、降水量和降水量变率 4 项经济和气候因子，其中降幅最大的为粮食作物播种面积(−24.08%)，降幅最小的为降水量(−6.68%)。与输沙量变化呈相反趋势变化的因子主要为其余 4 项经济因子，其中增幅最大的为工业总产值(6280.12%)，增幅最小的为农机总动力(157.89%)。这与输沙量和各影响因子间的相关性分析一致。

5. 无定河流域生态系统弹性力与水沙变化的关系分析

生态系统弹性力选用 1985 年、1996 年、2000 年和 2010 年 4 期弹性力,并通过 ArcGIS 软件求取平均值数据;径流量和输沙量选用 1981~2010 年共计 30 年数据,同时以 1985 年、1996 年、2000 年和 2010 年为时间节点,分别计算 4 个阶段水沙数据的算术平均值进行分析,如表 12.50 所示。

表 12.50 无定河流域生态系统弹性力和水沙阶段变化

时间	生态系统弹性力	径流量/m³	输沙量/t
1981~1985	0.30	1044468000	51835145
1986~1996	0.36	999169580	75953987
1997~2000	0.35	854667712	44378718
2001~2010	0.51	770353632	33627724
变化率%	69.92	−26.24	−35.13

由表 12.50 可知,30 年间无定河流域生态系统弹性力整体增幅达到 69.92%,其中 2001~2010 年 10 年间增幅达 45.71%,生态系统的自我调节能力和可恢复性逐渐增大,生态环境大幅改善。无定河流域水沙整体呈现减少态势,径流量和输沙量不断减小,30 年来径流量整体降幅为 26.24%,输沙量整体降幅为 35.13%,2001~2010 年 10 年间径流降幅分别为 9.87%和 24.22%,输沙量降幅明显大于径流量。

为进一步研究流域生态系统弹性力和水沙变化关系,进行 Pearson 相关关系分析,相关系数见表 12.51。

表 12.51 生态系统弹性力和水沙变化相关关系

指标	生态系统弹性力	径流量	输沙量
生态系统弹性力	1	—	—
径流量	−0.842	1	—
输沙量	−0.538	0.716	1

由表 12.51 可知,无定河流域生态系统弹性力与径流量和输沙量均呈负相关关系,相关系数分别为-0.842 和-0.538,这与黑木头川流域生态系统弹性力与水沙相关关系结果一致。

可见,随着生态系统弹性力的不断增大,流域生态系统的自我调节能力和抗干扰能力不断增强,自然环境得到改善,水土流失现象得到有效控制,流域径流量和输沙量也呈现减小的变化趋势。

12.3.3　不同尺度流域下经济、气候和生态因子与水沙变化的响应关系

黑木头川流域是无定河流域的子流域，研究大小流域间影响水沙变化的因子特征，对于分析不同流域间生态环境治理和保护有着重要意义。

通过对黑木头川流域和无定河流域两个不同尺度流域下的经济、气候和生态因子与水沙变化的响应关系进行分析，发现影响流域水沙变化的因子各有不同，为进一步探究影响水沙变化因子的尺度差异，从径流量和输沙量的两个角度展开分析。

1. 不同尺度流域下经济、气候和生态因子选择

为更好地分析在黑木头川和无定河两个不同尺度流域下，影响径流量变化的各类因子特征，将径流量突变年份、经济因子、气候因子和生态因子等影响因素整理如表 12.52。

表 12.52　不同尺度下径流量因子

因子	黑木头川流域径流量	无定河流域径流量
突变年份	1994 年/2003 年	1988 年/2005 年
经济因子	工业收入变率	人均耕地面积、农林牧渔业总产值、建筑业总产值、农机总动力、耕地面积、人均工业产值、总人口
气候因子	平均气温、平均气压变率、日照时数变率、平均风速	降水量、温度、湿度
生态因子	NDVI 变率	NDVI

从两个流域径流量突变时间来看，无定河流域第一突变年份早于黑木头川流域，这主要受流域控制面积等尺度因素影响有关，但第二突变年份与黑木头川流域相近且较之略晚。综合无定河流域其他子流域第二突变年份来看，无定河各流域径流量突变年份逐步趋于一致，可见在 2000 年以后，影响无定河整个流域径流量变化的因子的响应范围不断扩大且趋于统一。

从影响径流量变化的经济、气候和生态因子情况来看，黑木头川流域和无定河流域均受三者影响，但具体影响因子各不相同。其中，影响黑木头川流域径流量的经济因子仅有工业收入变率 1 项，这与该流域煤炭开发利用等化工经济发展相关，影响无定河流域径流量的经济因子包含人均耕地面积、农林牧渔业总产值等 7 项因子。可见，在单一小流域中，影响径流量变化的经济因子主要与当地经济发展主体方向有关，而随着流域控制面积的不断增长，影响大流域径流量变化的经济因子增加且越发全面。再从影响径流量变化的气候和生态因子的特点来看，黑木头川流域地处风沙草滩区，流域控制面积小且日照强度大，该流域整体呈现

的地域特征较为浓厚，径流量受日照和风速等气象因子影响较大；无定河流域整体受南部黄土丘陵区影响，气候较小流域湿润，且整体植被覆盖面积比较大，因此降水量、湿度和 NDVI 影响较大。

结合两流域径流量的通径分析总效应结果，黑木头川流域各类因子影响排序为"气候因子>经济因子>生态因子"，无定河流域为"经济因子>气候因子>生态因子"。可见，在不同流域尺度下，生态因子对于径流量的影响最小，经济因子和气候因子则因流域尺度的大小不同而影响效应不同。

2. 不同尺度流域下经济、气候和生态因子与输沙量变化的响应关系

影响黑木头川流域和无定河流域的突变年份、经济因子、气候因子和生态因子等因素见表 12.53。

表 12.53　不同尺度下输沙量因子

因子	黑木头川流域输沙量	无定河流域输沙量
突变年份	—	1994 年
经济因子	工业收入变率、人均农作物播种面积、人均现价工业总产值、农村净收入	农林牧渔业总产值、粮食作物播种面积、耕地面积、农机总动力、工业总产值、建筑业总产值
气候因子	平均气温、平均风速变率	降水量、降水量变率
生态因子	植被指数变率	—

从输沙量突变年份来看，黑木头川流域输沙量整体变化较为平稳，无显著突变，无定河流域输沙量突变年份为 1994 年，这主要与无定河流域三北防护林建设有关。

从影响两个流域的经济因子来看，黑木头川流域输沙量主要受工业收入变率等 4 项经济因子影响，无定河流域输沙量则受农林牧渔业总产值等 6 项经济因子的影响。总体来看，黑木头川流域的输沙量变化主要受当地工业发展和农村经济收入变化影响较大，而无定河流域所受经济因素的影响较多且全面，这与不同尺度流域下影响径流量变化的因子特征一致。

再从影响输沙量变化的气候和生态因子来看，无定河流域输沙量主要受降水量和降水量变率影响，黑木头川流域的输沙量主要与气温和其平均风速变率相关，即随着风速变率的减小，流域输沙量减小。同时，流域输沙量变化还与其生态因子中的 NDVI 变率有关。

影响无定河流域输沙量因子主体排序为经济因子>气候因子，即流域输沙量受生态因子影响不显著。

综上可以发现，影响黑木头川流域水沙变化的主要因子为气候因子，其次为

经济因子，生态因子影响效应最小，这主要与流域的地理条件和当地经济发展的主体方向相关。影响无定河流域水沙变化的主要因子为经济因子，其次为气候因子，这主要与流域的尺度效应有关，流域尺度越大，经济因子的影响就越全面和突出，气候因子中降水量因子影响最为显著。

参 考 文 献

付金霞, 2017. 小理河流域径流泥沙对气候和土地利用变化的响应研究[D]. 杨凌: 西北农林科技大学.

李二辉, 2016. 黄河中游皇甫川水沙变化及其对气候和人类活动的响应[D]. 杨凌: 西北农林科技大学.

李庆云, 2011. 黄土丘陵区流域径流泥沙对气候变化和高强度人类活动响应研究[D]. 北京: 北京林业大学.

张建军, 2016. 黄河中游水沙过程演变及水文非线性分析与模拟[D]. 杨凌: 教育部水土保持与生态环境研究中心.

张鹏, 2014. 近 50 年极端降水变化对黄河流域河龙区间水沙变化的影响研究[D]. 杨凌: 西北农林科技大学.

第 13 章   结   论

　　1999 年黄河中游地区实施以退耕还林还草、坡改梯、淤地坝等生态工程以来，区域下垫面发生了明显变化，黄河泥沙锐减。针对黄土高原大规模生态工程导致下垫面明显变化和黄河泥沙锐减的问题，本书以黄土高原典型流域为对象，以植被恢复、坡沟工程等生态建设活动对生态-水文过程的作用机理为核心，系统地开展了大规模生态工程的流域生态-水文响应过程及其变化规律对区域生态环境稳定性和可持续发展影响研究，取得的主要结论如下。

　　(1) 揭示了退耕还林还草、坡改梯、淤地坝等生态建设工程对流域产汇流过程径流侵蚀能量的分散消耗与调峰消能的侵蚀产沙阻控机制。植被和坡改梯强化了流域下垫面入渗和抗侵蚀能力，减缓了流域汇流流速，分散消减了径流侵蚀能量，发挥减水减沙作用；合理级联的淤地坝系调蓄沟道汇流的洪水过程，削减了洪峰流量，延长洪水时间，发挥了蓄洪调峰滞时和固沟减蚀作用；生态建设工程不但在当地发挥分散削减径流侵蚀能量的作用，且对其下游汇流流径具有影响，并形成多措施交叉协同的后续作用。

　　(2) 阐明了生态工程加大了流域水循环的调蓄能力。生态建设后流域蓄水量变幅加大，土壤水同位素均表现为上层贫化，深层富集，生态建设显著增加了流域蒸散量；土壤水向下传输方式，林地为活塞式推进并伴有优先流，草地以优先流为主，农地以活塞式为主；级联坝系流域的平均汇流滞时是无坝流域的 3 倍以上，治理流域降水转化为地表水的水传输时间是未治理流域的 1.81 倍，水量转化与释放的过程延长。

　　(3) 揭示了生态工程对地表水-土壤水-地下水转化的作用机理。生态工程改变了植被-土壤系统组成与结构，进而改变了坡面土壤水分分布格局，流域水分消耗与补偿格局得到明显改善；林地入渗性能高，滞蓄作用明显；坝地保水能力强，洪水拦蓄率高于 70%，雨洪资源利用潜力高。

　　(4) 提出了基于生态-水文过程与生态系统服务功能的调控体系与治理格局。生态建设发挥强化入渗与分散削减径流作用，提升了流域水资源的调节能力，提高了流域生态系统弹性力和抗干扰能力；区域生态系统水源涵养、土壤保持、固碳等服务功能均呈增加趋势；大规模生态建设提高了区域社会经济与生态建设区域生态经济的协调比例；在此基础上提出了区域治理布局与治理方略。

　　本书对深化黄土高原地区流域水蚀动力机制认识、推动流域水沙学科发展、强化水土流失过程预报和防治、促进区域社会经济与生态建设可持续协调发展具有重要科学意义和应用前景。